ARTÍFICES DO SONHO
OITENTA ANOS DO CURSO DE QUÍMICA DA
U F *m* G

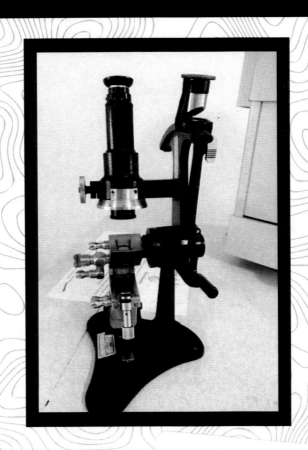

Luiz Cláudio de Almeida Barbosa
Organizador

ARTÍFICES DO SONHO
OITENTA ANOS DO CURSO DE QUÍMICA DA UFMG

Copyright © 2024 Luiz Cláudio de Almeida Barbosa

Editores: José Roberto Marinho e Victor Pereira Marinho
Projeto gráfico e Diagramação: Horizon Soluções Editoriais
Capa: Horizon Soluções Editoriais
Imagem da capa: Luiz Cláudio A. Barbosa (refratômetro da década de 1970)

Texto em conformidade com as novas regras ortográficas do Acordo da Língua Portuguesa. As informações e opiniões pessoais apresentadas em cada capítulo desta obra são de inteira e exclusiva responsabilidade dos respectivos autores.

Dados Internacionais de Catalogação na Publicação (CIP)
(Câmara Brasileira do Livro, SP, Brasil)

Ártifices do sonho: oitenta anos do curso de Química da UFMG./ Organização Luiz Cláudio de Almeida Barbosa. - 1. ed. - São Paulo: LF Editorial, 2024.

Vários autores.
Bibliografia.
ISBN: 978-65-5563-443-3

1. Química 2. Universidade Federal de Minas Gerais (UFMG) I. Barbosa, Luiz Cláudio de Almeida.

24-201385   CDD: 540

Índices para catálogo sistemático:
1. Química 540

Aline Graziele Benitez – Bibliotecária – CRB - 1/3129

ISBN: 978-65-5563-443-3

Todos os direitos reservados. Nenhuma parte desta obra poderá ser reproduzida sejam quais forem os meios empregados sem a permissão do organizador. Aos infratores aplicam-se as sanções previstas nos artigos 102, 104, 106 e 107 da Lei n. 9.610, de 19 de fevereiro de 1998.

Impresso no Brasil | *Printed in Brazil*

LF Editorial
Fone: (11) 2648-6666 / Loja (IFUSP)
Fone: (11) 3936-3413 / Editora
www.livrariadafisica.com.br | www.lfeditorial.com.br

Conselho Editorial

Amílcar Pinto Martins
Universidade Aberta de Portugal

Arthur Belford Powell
Rutgers University, Newark, USA

Carlos Aldemir Farias da Silva
Universidade Federal do Pará

Emmánuel Lizcano Fernandes
UNED, Madri

Iran Abreu Mendes
Universidade Federal do Pará

José D'Assunção Barros
Universidade Federal Rural do Rio de Janeiro

Luis Radford
Universidade Laurentienne, Canadá

Manoel de Campos Almeida
Pontifícia Universidade Católica do Paraná

Maria Aparecida Viggiani Bicudo
Universidade Estadual Paulista - UNESP/Rio Claro

Maria da Conceição Xavier de Almeida
Universidade Federal do Rio Grande do Norte

Maria do Socorro de Sousa
Universidade Federal do Ceará

Maria Luisa Oliveras
Universidade de Granada, Espanha

Maria Marly de Oliveira
Universidade Federal Rural de Pernambuco

Raquel Gonçalves-Maia
Universidade de Lisboa

Teresa Vergani
Universidade Aberta de Portugal

O mestre que caminha à sombra do templo, rodeado de discípulos, não dá de sua sabedoria, mas sim de sua fé e de sua ternura.
Gibran Khalil Gibran (O Profeta)

Este livro é dedicado a todos os docentes, estudantes e funcionários técnico-administrativos que, ao longo de oito décadas, contribuíram para a construção do Departamento de Química da UFMG e aos que seguem acreditando no sonho de, progressivamente, consolidá-lo como Centro de Excelência em Química em Minas Gerais.

AGRADECIMENTOS

Em 2023, quando o Departamento de Química (DQ) da Universidade Federal de Minas Gerais (UFMG) celebrou os 80 anos de criação do Curso de Graduação em Química, propus-me o desafio de reunir em um livro as memórias de algumas pessoas que contribuíram para que o DQ alcançasse o patamar de excelência que sustenta atualmente. Com essas memórias, almejo que as novas gerações venham a conhecer um pouco mais sobre as origens e institucionalização de seu Curso de Química.

Meus primeiros agradecimentos vão para cada um dos autores que aceitaram o convite para contribuir com esta obra e torná-la uma realidade. O convite foi feito a alguns dos muitos professores que dedicaram décadas ao DQ e que, em suas áreas de especialização, contribuíram na sua construção, adicionando mais uma pedra aos alicerces de nosso Departamento.

Diversos outros colegas do Departamento de Química contribuíram com informações incorporadas em vários capítulos, com destaque para o Capítulo 1. A esses colegas, o meu agradecimento pela participação solidária.

Agradecimento especial também é devido ao Professor José Israel Vargas, que tão gentilmente recebeu um pequeno grupo em seu apartamento para conceder as entrevistas que resultaram no conteúdo do Capítulo 2.

Reconhecemos a participação de Maria de Andrade Neves Brasil, secretária do Departamento de Química, que se empenhou na compilação dos nomes de servidores técnico-administrativos e de docentes apresentados no último capítulo.

À historiadora Dra. Mônica Liz Miranda (UFVJM), ao Professor Vinicius Catão de Assis Souza (UFV) e à Professora Maria Helena de Araújo (UFMG), nossos agradecimentos pela leitura crítica de parte do texto e pelas sugestões.

Registro também meu apreço e agradecimento aos Professores Carlos Alberto Lombardi Filgueiras e José Domingos Fabris, pela participação em inúmeras discussões e pela apresentação de sugestões durante a edição deste livro, apoiando, de forma irrestrita, o desenvolvimento deste projeto.

Luiz Cláudio de Almeida Barbosa
Organizador

PREFÁCIO

Em 2023, o Curso de Química da Universidade Federal de Minas Gerais (UFMG) completou oficialmente 80 anos. Lá se vão, portanto, oito décadas de desafios diários, de sonhos perseguidos, de passos grandiosos e de conquistas impressionantes daquele que então viria a se tornar uns dos melhores Cursos de Química do país. A iniciativa de escrever um livro sobre os primeiros 80 anos do Curso de Química, compilando relatos de alguns dos muitos personagens que foram protagonistas importantes na construção desta história, é não só um gesto de sensibilidade e reverência do organizador, mas o pagamento de um tributo respeitoso ao palco acadêmico que moldou a trajetória de milhares de indivíduos ao longo de sua existência. Como eterna aprendiz, e tendo pisado nesse palco pela primeira vez em 1983, regozijo-me da honra infinita de prefaciar obra coletiva tão relevante e do privilégio da prioridade da sua leitura, a qual me encantou e me impactou profundamente.

Sem dúvida, os desafios foram muitos, mas o resultado – extraordinário! – encherá de orgulho e nostalgia cada um e cada uma que tiveram uma passagem, breve ou longeva, pelo Departamento de Química (DQ) da UFMG. Ao longo dos 20 capítulos do livro, o leitor terá, por meio da voz de testemunhas temporais das transformações ocorridas no tecer dos anos, a prazerosa oportunidade de acompanhar como se deu a construção da estrutura atual do DQ, em todos os seus aspectos, sejam eles físicos, humanos, acadêmicos e científicos, não apenas dentro de um contexto local, mas como parte da grande teia do conhecimento na qual o Curso de Química se insere dentro da UFMG, no cenário nacional e na ciência contemporânea. Os reflexos do passado que estruturaram o nosso presente, que por sua vez impactará o nosso futuro, no grande "correr da vida", são abordados e contados com elegância, paixão, bom humor, às vezes com poesia, na maioria das vezes com amor, transformando-se em uma fonte riquíssima de inspiração para os jovens, responsáveis pela continuação da história do DQ.

Os autores foram instigados a contar suas memórias em relação ao DQ e, embora tenham feito muitas vezes com distintos enfoques (autobiografia, crônicas pitorescas, reflexões sobre a vida política da Universidade e do país, histórias sobre a implantação de diferentes áreas de pesquisa no DQ, relatos sobre importantes personagens em cada tempo, papel do DQ no ensino, na pesquisa e na extensão, entre outras abordagens), sempre seguiram o fio condutor da reflexão e da análise crítica sobre o processo do "construir". Ao contarem a sua vida acadêmica e avaliarem suas trajetórias individuais, abordando o contexto histórico e o ambiente ao seu redor, esses autores conseguem transmitir ao interlocutor como se deu a formação do "organismo coletivo" ao longo das décadas, em todas as suas especificidades, e quais foram os principais fatores que influenciaram a "identidade" atual desse organismo, além de mostrarem como a força da coletividade resultou na grandiosidade do DQ atual.

Para a geração que vivenciou algumas das fases descritas nos capítulos ou cruzou com as dezenas de personagens apresentados no texto, certamente uma grande dose de saudade, orgulho, empatia e emoção aflorará ao longo da leitura. Para a geração mais jovem, muitas das histórias relatadas se encontram tão afastadas da realidade atual que será difícil acreditar que esse passado realmente existiu!

Fica evidenciado ao longo desta preciosa obra coletiva que o DQ sempre teve vocação para a liderança, a mudança e o vanguardismo, sempre fazendo parte e contribuindo para um projeto institucional rico e de excelência, em toda a sua pluralidade. O leitor certamente será impactado pelos relatos. Impossível não se emocionar em vários trechos, sorrir de forma imoderada em outros, admirar genuinamente as histórias e os fios que se entrelaçaram nesse caminhar em busca do melhor. Embora discorra sobre técnicas e métricas, é um livro essencialmente humano e traz grandes reflexos de alma. São histórias envolventes e extraordinárias, um trabalho belíssimo de composição de uma obra em permanente evolução.

Ao leitor, a apreciação!

Rossimiriam Pereira de Freitas
Presidente da Sociedade Brasileira de Química (2024-2026)

SUMÁRIO

APRESENTAÇÃO, 17
Luiz Cláudio de Almeida Barbosa

1. **DO SONHO A UMA VISÃO ATUAL DO DEPARTAMENTO DE QUÍMICA DA UFMG, 21**
   Guilherme Ferreira Lima e Luiz Cláudio de Almeida Barbosa

2. **JOSÉ ISRAEL VARGAS – A FORMAÇÃO DE UM PIONEIRO DA QUÍMICA NUCLEAR BRASILEIRA, 35**
   Luciano Emerich Faria e Luiz Cláudio de Almeida Barbosa

3. **QUÍMICA DOS PRODUTOS NATURAIS NA UFMG: O QUE VI E O QUE VIVI, 63**
   Alaíde Braga de Oliveira

4. **REMINISCÊNCIAS DE UM QUÍMICO – MEIO SÉCULO DE LEMBRANÇAS, 81**
   Carlos Alberto Lombardi Filgueiras

5. **CAMINHANDO PELAS ALAMEDAS DA UNIVERSIDADE, TECENDO UMA VIDA COM FIOS DE MÚLTIPLAS E MAGNÉTICAS RESSONÂNCIAS, 119**
   Dorila Piló Veloso

6. **"MINHA" UFMG: RECORDAÇÕES DE UMA TRAJETÓRIA ACADÊMICA DESORGANIZADA, 149**
   Mauro Braga

7. **PEQUENAS HISTÓRIAS DE UM GRANDE AMOR: O DEPARTAMENTO DE QUÍMICA, 193**
   Haroldo Lúcio de Castro Barros

8. OS PRIMÓRDIOS DA QUÍMICA TEÓRICA NA UFMG, **209**
   Heloiza Helena Ribeiro Schor

9. UM TEMPO PRODIGIOSO, **221**
   José Domingos Fabris

10. UM TRIBUTO AOS PIONEIROS DO LABORATÓRIO DE ESPECTROSCOPIA DE ANIQUILAÇÃO DE PÓSITRONS DO DEPARTAMENTO DE QUÍMICA DA UFMG, **233**
    Welington Ferreira de Magalhães

11. OLHOS DE RAIOS X, **251**
    Nelson Gonçalves Fernandes

12. 80 ANOS DO CURSO DE QUÍMICA DA UFMG: MINHA VIVÊNCIA EM FRAGMENTOS DE MEMÓRIAS E HISTÓRIAS, **261**
    Ana Maria Soares

13. MEMÓRIAS DE UM TEMPO NA UFMG, **265**
    Ilton José Lima Pereira

14. ORIGEM E EVOLUÇÃO DAS PESQUISAS EM QUÍMICA BIOINORGÂNICA E QUÍMICA MEDICINAL INORGÂNICA NO DEPARTAMENTO DE QUÍMICA DA UFMG, **273**
    Heloisa Beraldo

15. A INSERÇÃO DA EDUCAÇÃO QUÍMICA NO DEPARTAMENTO DE QUÍMICA DA UFMG: UM ATO POLÍTICO E PEDAGÓGICO, **281**
    Luiz Otávio Fagundes Amaral, Roberta Guimarães Corrêa, Rosária Justi e Ana Luiza de Quadros

16. BREVE HISTÓRICO DO CURSO DE LICENCIATURA EM QUÍMICA, MODALIDADE A DISTÂNCIA, DA UFMG, **295**
*Amary Cesar, Ione Maria Ferreira de Oliveira e
Simone de Fátima Barbosa Tófani*

17. ATIVIDADES DE EXTENSÃO NO DEPARTAMENO DE QUÍMICA DA UFMG – ALIANÇA ENTRE SOCIEDADE, ENSINO E PESQUISA, **313**
*Isabel Cristina Pereira Fortes, Vânya Márcia Duarte Pasa e
Ângelo de Fátima*

18. A RELEVÂNCIA ÉPICA DO CORPO TÉCNICO-ADMINISTRATIVO DO DEPARTAMENTO DE QUÍMICA DA DÉCADA DE 1980, **325**
Luiza de Marilac Pereira Dolabella

19. UM PERÍODO DE CRESCIMENTO: EXPANSÃO DO DEPARTAMENTO DE QUÍMICA DE 2002 A 2006, **337**
Ione Maria Ferreira de Oliveira

20. OITENTA ANOS DO CURSO DE QUÍMICA DA UFMG E SEUS ARTÍFICES, **343**
*Guilherme Ferreira de Lima, José Domingos Fabris e
Luiz Cláudio de Almeida Barbosa*

APRESENTAÇÃO

Muito comumente, nossa índole de recato desvia-nos do bom hábito de preservar e destacar as melhores memórias de nossos antecessores, em instituições acadêmicas. O Departamento de Química, do Instituto de Ciências Exatas da UFMG, completou, em 2023, 80 anos da criação do Curso de Graduação em Química, na então Faculdade de Filosofia de Minas Gerais. Apesar da longa e bem-sucedida trajetória em ensino, pesquisa e extensão, não existe registro histórico sistemático sobre a evolução institucional do Curso de Química e do próprio Departamento de Química (DQ). A proposta desta coletânea de depoimentos é compensar, ainda que parcialmente, essa lacuna na celebração histórica e trazer à tona memórias pessoais de alguns docentes que contribuíram para concretizar o sonho da criação de um Curso de Graduação em Química em Minas Gerais.

Neste livro, não se teve a pretensão de retratar a história plena do DQ, uma ambição que demandaria pesquisa minuciosa nas fontes historiográficas originais, que ainda está por ser sistematicamente feita. Esta coletânea é composta de memórias de alguns dos muitos docentes que dedicaram grande parte de suas vidas ao ensino e à pesquisa de Química na UFMG.

Os autores convidados a contribuir com suas memórias foram alunos da UFMG. Muitos estudaram aqui, desde as décadas de 1960 e 1970, e continuaram no DQ como docentes, tendo sido pioneiros em diversas atividades profissionais. Foi dada aos convidados total liberdade para abordar o assunto da forma que lhes fosse individualmente mais apropriada. Os estilos textuais dos capítulos são, pois, variados e tratam de relatos biográficos ou crônicas. Cada capítulo pode ser lido separada e independentemente, sem a necessidade de obedecer a uma ordem preestabelecida.

As pessoas convidadas atuaram em diferentes áreas da Química, o que dá ao leitor uma visão da evolução do Departamento nas últimas cinco ou seis décadas, em suas mais diferentes facetas, até para além do ensino e da pesquisa, da extensão e da prestação de serviços. Antes que o leitor mergulhe nas memórias desses sonhadores e construtores da Química na UFMG, Guilherme Ferreira de Lima e Luiz Cláudio de Almeida Barbosa apresentam, em capítulo de abertura, uma visão panorâmica do Departamento de Química hodierno. Trata-se de um texto com a intenção de oferecer uma visão atual ampla sobre a infraestrutura, os corpos técnico, docente e discente, os laboratórios, as diversas linhas de pesquisa, as inovações efetuadas e os produtos desenvolvidos por pesquisadores do DQ. A excelência no ensino de graduação e na pós-graduação é destacada, registrando o sucesso do sonho originalmente gestado na Faculdade de Filosofia de Minas Gerais (FFMG), desde bem do início da década de 1940.

O Capítulo 2 exalta uma série de memórias do Professor José Israel Vargas, Licenciado em Química, em 1952, pela FFMG, e o mais antigo ex-aluno e Professor Emérito, ainda ativo no Departamento de Química. O Professor Vargas concedeu uma série de entrevistas aos autores desse capítulo, em que nos deu o privilégio de compartilhar da sua riquíssima trajetória de vida. Com casos pitorescos e muitas vezes divertidos, o texto mostra como se deu a formação intelectual de quem veio a se tornar um dos mais influentes e brilhantes cientistas nas áreas de Química e de Ciência no Brasil e no mundo.

Em outros capítulos são abordadas experiências pessoais dos primeiros doutores nas áreas de Físico-Química, Química Inorgânica e Química Orgânica, em que, além de suas origens e formação, os autores compartilham com os leitores os desafios encontrados para realizar pesquisas nas condições da década de 1970. Foi nessa década, a qual o Professor José Domingos Fabris intitulou "Um tempo prodigioso", que a pós-graduação de fato começava, mais efetivamente, a se consolidar no Departamento de Química. Nesse tempo estavam sendo estabelecidas as bases mais sólidas para a realização de pesquisas nas mais diversas áreas.

O leitor irá, ainda, descobrir como foram implantadas as linhas de pesquisa nas áreas de Química Orgânica, Físico-Química, Química Inorgânica e Química Analítica, seguindo-se a Química Teórica, Química Nuclear, Química Bioinorgânica e Química Medicinal Inorgânica. Acrescentam-se a isso relatos sobre a criação dos Laboratórios de Ressonância Magnética Nuclear e do Laboratório de Raios X, além do Laboratório com instrumentação para medidas espectroscópicas da aniquilação do positrônio, pioneiro no Brasil.

Uma das novas áreas surgidas no Departamento de Química, na década de 1990, foi aquela denominada Educação em Química. Inicialmente, os Cursos de Licenciatura em Química foram concebidos segundo um modelo no qual, nos três primeiros anos, os estudantes recebiam formação em disciplinas de Química, Física e Matemática, enquanto no último ano cursavam matérias de formação pedagógica. Ao longo das décadas, o modelo passou por alterações, resultando na introdução de disciplinas de Instrumentação para o Ensino de Química. Tal modificação foi implementada no DQ na década de 1990 e resultou na transformação do Curso de Licenciatura em Química, culminando com a criação da modalidade noturna em 1994. A essa inovação se somou outra, bem mais recente, que foi a introdução da Licenciatura a Distância, a partir de 2008. A evolução da nova modalidade no DQ, que ora conta com o envolvimento de três professoras dedicadas ao ensino de Química, é detalhadamente narrada pela Professora Ana Luiza de Quadros e colaboradores.

A Professora Luiza de Marilac Pereira Dolabella apresentou-nos um levantamento sobre a contribuição do corpo técnico do DQ durante a década de 1980, período em que ela própria iniciou sua carreira como Técnica de Química. Além do relato de sua própria carreira como Técnica de Química e posteriormente Professora do DQ, Luiza de Marilac fala dos problemas de infraestrutura na década de 1980, bem como das atividades desempenhadas pelos técnicos. Visando homenagear seus colegas técnicos, ela listou todos os servidores que, de forma pioneira, contribuíram para o crescimento e fortalecimento do DQ. Essa lista foi complementada com várias tabelas no capítulo final, em que se encontra um breve histórico da criação do Curso de Química, com registro dos nomes de todos que passaram pelo DQ e contribuíram para a construção do "sonho", nas oito décadas mais recentes.

Finalmente, em alguns capítulos, foram narradas perseguições sofridas por alguns autores nas décadas de 1960 e 1970 durante o regime militar, em um ambiente político tenso. Esses relatos evidenciam como jovens que acreditavam na liberdade e no valor social da Universidade, mesmo sendo perseguidos pelo regime vigente, não se acovardaram. O ambiente hostil da época, assim como as diversas transformações pelas quais o mundo passava, moldou toda uma geração que, com determinação, se tornou líder na área de ensino e pesquisa de Química em Minas Gerais, contribuindo para a configuração do Departamento que temos atualmente. São nomes e histórias que serão lembrados e, por meio desses autorrelatos, mais conhecidos pelas novas gerações. Que sejam vistos também como fonte de inspiração e estímulo à coragem de todos aqueles que enfrentam adversidades em seus sonhos e possam deixar suas próprias contribuições para um futuro ainda mais destacado para a Química em Minas Gerais.

Luiz Cláudio A. Barbosa
Belo Horizonte, março de 2024

DO SONHO A UMA VISÃO ATUAL SOBRE O DEPARTAMENTO DE QUÍMICA DA UFMG

Guilherme Ferreira de Lima[1]
Luiz Cláudio de Almeida Barbosa[2]

Deus quer, o homem sonha, a obra nasce.
Fernando Pessoa

Os capítulos que formam esta obra comemorativa podem ser individualmente considerados peças, principalmente, do gênero textual biografia ou crônica, em que os autores aludem diretamente a fatos ou ideias que estearam a construção do Departamento de Química (DQ) do ICEx-UFMG.

Desde bem do início, há 80 anos, as gerações assentavam-se no sonho arrojado de construir uma instituição acadêmica devotada à formação de educadores, investigadores científicos e profissionais técnicos especialistas nos diversos setores empresariais da produção e que fosse baseada em Química, no estado de Minas Gerais e em todo o Brasil. Muitos dos relatos aqui levam-nos a desvendar mais realisticamente as condições físicas e estruturais mais restritivas que nossos antecessores tiveram, em estádios mais iniciais, e a evolução dos seus trabalhos, desde então. Os capítulos abordam as vidas e os esforços de alguns dos nossos colegas para superarem as limitações, com destaque a partir da década de 1970, e as realizações conquistadas, desde então.

Muitos servidores técnicos e docentes são mencionados; no entanto, ao longo das oito décadas de existência do Curso de Química, que a partir de 1967 passou a ser ofertado pelo recém-criado Instituto Central de Química, posteriormente Departamento de Química. Um enorme contingente de pessoas contribuiu para a construção do DQ que temos hoje.[3] Aos tantos anônimos agradecemos e reconhecemos, com profunda gratidão, as suas contribuições individuais ou coletivas.

---

[1] Subchefe do Departamento de Química (ICEx-UFMG) – Gestão 2022-2023.
[2] Chefe do Departamento de Química (ICEx-UFMG) – Gestão 2022-2023.
[3] Uma lista com os nomes de servidores técnicos e docentes que passaram pelo Departamento de Química encontra-se no capítulo final deste livro.

Neste capítulo são mais conclusivamente expostas algumas informações sobre o DQ no ano 2023, em seus mais variados aspectos, sobretudo aqueles relacionados às infraestruturas física e laboratorial, ao ensino nos níveis de graduação e de pós-graduação, à extensão e às ações diretamente relacionadas à busca de soluções para problemas concretos da sociedade, à inovação e ao desenvolvimento de novos produtos. A intenção aqui não é apresentar o DQ por completo, pois uma tarefa desse tipo exigiria um livro inteiro. Parece-nos realisticamente mais apropriado oferecer ao leitor uma visão mais ampla sobre o resultado que vemos, respaldado nos sonhos dos que nos antecederam. Cumpre-nos seguir a trajetória sobre as bases dessas gloriosas ações.

Infraestrutura física e de pessoal

O DQ ocupa hoje uma área física de 22.248,89 m², localizada entre o Centro de Atividades Didáticas (CAD-3) e o prédio do Colégio Técnico (Coltec), no Campus Pampulha da UFMG (Figura 1). A mais do prédio inicial, construído e ocupado em 1967 (Figura 2), onde estão todas as estruturas administrativas – biblioteca, cantina, gabinetes de docentes e alguns laboratórios de pesquisa – existem três prédios anexos e alguns laboratórios externos. O Anexo I é composto por 32 laboratórios dedicados às atividades didáticas, cada um com capacidade para receber até 18 alunos; salas de apoio técnico; sala de informática; e um auditório com capacidade para 100 pessoas. No Anexo II estão os laboratórios que compõem a Central Analítica do Departamento, incluindo Laboratório de Raios X, Laboratório de Magnetismo, de Análise Elementar, de Ultravioleta-Visível, de Absorção Atômica, de Cromatografia e de Espectrometria de Massas. Mais recentemente, o Anexo III, inaugurado em 2020, conta com 39 laboratórios de pesquisa e 62 salas de apoio. Além desses prédios, existe um do Laboratório de Reações Químicas Especiais, destinado à realização de experimentos com maior potencial de riscos. Também, há um entreposto de reagentes, onde ficam armazenados os solventes em maior volume; e, por fim, o Laboratório de Ressonância Magnética Nuclear, um Laboratório Multiusuário com equipamentos modernos e o Laboratório de Ensaios de Combustíveis (LEC).

Figura 1 – Edificações do Departamento de Química em 2023.

Fonte: Plano-Diretor do Departamento de Química.

Figura 2 – Prédio principal do Departamento de Química em 1975.

Fonte: Acervo da Pró-Reitoria de Administração da UFMG.

O Quadro 1 ilustra a evolução do espaço ocupado pelo DQ no Campus Pampulha da UFMG, com aumento de mais de 100% em relação à área inicial do final da década de 1960.

O corpo de funcionários do DQ, em 2023, é formado por 101 docentes, 41 servidores técnico-administrativos da Educação e 19 funcionários terceirizados. Virtualmente, todos os docentes são doutores, a maioria com alguma formação acadêmica no exterior. Desde 2015, houve significativa expansão e renovação do corpo docente do DQ, tendo sido contratados 30 novos docentes nos últimos 10 anos. O corpo técnico qualificado inclui pessoal com formação em áreas relacionadas a Química, Administração, Direito, Saúde e Inovação Tecnológica. Muitos têm pós-graduação em nível de Especialização, Mestrado ou Doutorado. Em tendência independente do quadro docente, o número relativo de servidores técnico-administrativos vem sendo paulatinamente reduzido, o que tem sido altamente prejudicial para o desenvolvimento das atividades cotidianas do Departamento.

Quadro 1 – Principais edificações que formam o Departamento de Química da UFMG

DESCRIÇÃO	ANO DA CONSTRUÇÃO DO PRÉDIO	ÁREA CONSTRUÍDA (m²)
PRÉDIO PRINCIPAL	1967	9.649,42
ANEXO I	2004	4.701,51
ANEXO II	2005	879,06
ANEXO III – BLOCO A	2021	5.896,84
LAB. DE ENSAIOS DE COMBUSTÍVEIS (LEC)	2005/2008	789,96
DEPÓSITO DE SOLVENTES – ENTREPOSTO	2003/2004	129,00
LAB. RESSONÂNCIA MAGNÉTICA (LRM)	FIM DA DÉCADA DE 1990	122,10
LAB. REAÇÕES ESPECIAIS	2003	81,00
TOTAL DE ÁREA CONSTRUÍDA		22.248,89

Cursos de graduação e pós-graduação

O DQ oferece três cursos de graduação: (i) Química, nas modalidades bacharelado e licenciatura, no período diurno; (ii) licenciatura e Química Tecnológica, no período noturno; e (iii) licenciatura a distância. Todos os cursos de graduação receberam nota 5, máxima, na última avaliação do Exame Nacional de Desempenho dos Estudantes (ENADE). São aproximadamente 600 alunos matriculados nos cursos de graduação oferecidos pelo DQ. Além de formar profissionais da Química na UFMG, o Departamento desempenha papel importante na formação de estudantes de outros cursos. Apenas nas disciplinas de Química Geral Teórica, o DQ atende cerca de 900 alunos por semestre, a maioria dos quais também cursa a disciplina Química Geral Experimental, com aulas oferecidas nos laboratórios do Anexo I.

Nosso corpo docente ministra disciplinas para cursos de diversas unidades da UFMG, nomeadamente Farmácia, Biomedicina, Nutrição, Ciências Biológicas, Geologia e Aquacultura, e para quase todos os cursos oferecidos pela Escola de Engenharia. Em 2023, houve 2.000 matrículas de alunos de outras unidades acadêmicas em disciplinas oferecidas pelo DQ, sustentando o importante papel desempenhado pelo Departamento na formação de diversos profissionais que se graduam pela UFMG.

Na pós-graduação, o DQ oferece um programa em Química, iniciado em 1967, e sedia um Programa de Pós-Graduação em Inovação Tecnológica, iniciado em 2019. O Programa de Pós-Graduação em Química, com cursos de mestrado e doutorado, alcançou o nível máximo na CAPES, em 2010, e mantém essa posição desde então. Cerca de 70% do corpo docente do DQ atua ativamente nesse programa, orientando estudantes e ministrando disciplinas avançadas. Neste ano de 2023 estão matriculados cerca de 90 mestrandos e aproximadamente 105 doutorandos. Esses estudantes recebem formação de alto nível, com ótima inserção no mercado de trabalho.

Os egressos do programa de pós-graduação do DQ exercem profissionalmente funções docentes e de liderança de novos grupos, em instituições acadêmico-científicas, em empresas ou em centros avançados de pesquisa científica e de desenvolvimento tecnológico, no Brasil e no exterior. Com efeito, vários egressos estão engajados em cargos estratégicos em empresas de grande porte instaladas no Brasil, como a BASF e a Natura. Desde a criação do programa de pós-graduação até setembro de 2023, foram defendidas 854 dissertações e 719 teses.[4] A qualidade dos trabalhos acadêmicos no âmbito do Programa de Pós-Graduação em Química do nosso Departamento é amplamente reconhecida no nível institucional. Duas teses já receberam o Grande Prêmio de Teses da UFMG na grande área de Ciências Exatas e da Terra e Engenharia, além de três menções honrosas.

---

[4] Dados até o dia 4 de novembro de 2023.

O Programa de Pós-Graduação em Inovação Tecnológica[5] é multidisciplinar e envolve nove unidades acadêmicas da UFMG: Escola de Engenharia; Faculdade de Ciências Econômicas – FACE; Faculdade de Direito; Faculdade de Farmácia; Faculdade de Filosofia e Ciências Humanas – FAFICH; Faculdade de Medicina; Faculdade de Odontologia; e Instituto de Ciências Biológicas – ICB. Foi o primeiro programa de pós-graduação nessa temática no Brasil, no que o DQ teve papel decisivo na sua criação e na sua implantação, bem como sedia o programa, com ativo de liderança de coordenação e atuação docente em orientações acadêmicas. Atualmente, o programa é avaliado pela CAPES como de nível 5, possui 120 estudantes matriculados e conta com um corpo de 70 docentes, atuando em cinco áreas de concentração temáticas.

Como um produto direto do desenvolvimento da pós-graduação no DQ, as atividades de pesquisa têm excelência em publicações científicas de alta relevância, no âmbito internacional. Os números dos últimos anos apontam para a publicação de um artigo científico envolvendo nossos corpos docente e discente a cada dois dias! A Figura 3 ilustra a evolução das publicações científicas dos últimos 45 anos, o que evidencia a tendência crescente da produção, ora equivalente a cerca de 5% do total das publicações científicas da UFMG.

Figura 3 – Número de artigos científicos publicados anualmente por docentes do DQ, de 1976 a 2023.

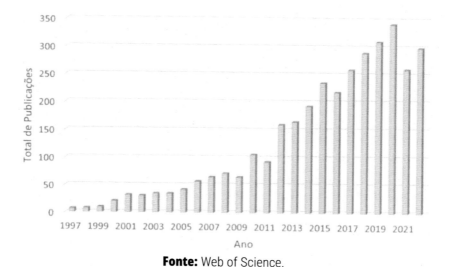

Fonte: Web of Science.

---

[5] Para detalhes sobre o programa, acesse: https://www.ufmg.br/pginovacaotecnologica.

Impactos da pesquisa e da extensão universitária do DQ sobre a sociedade

Em decorrência da própria natureza da Química, a pesquisa no DQ é amplamente diversificada e interconecta várias outras áreas do conhecimento. São grupos de excelência trabalhando com aspectos mais fundamentais da Química que sustentam a produção de tecnologias acessíveis à população. O Programa de Pós-Graduação em Química lista 11 linhas de pesquisa, que compreendem áreas de vanguarda do conhecimento científico do século XXI (Quadro 2).

Quadro 2 – Linhas de pesquisas desenvolvidas no Departamento de Química

1	Energia, água e ciências ambientais
2	Físico-química, biofísica e química computacional
3	Macromolécula e materiais
4	Nanociências e nanotecnologia
5	Produtos naturais e biodiversidade
6	Química analítica e de alimentos
7	Química inorgânica e estrutural
8	Química para inovação industrial
9	Química verde e biotecnologia
10	Síntese química
11	Química medicinal e biologia química

O DQ alia a produção intelectual de artigos científicos de qualidade ao desenvolvimento de tecnologias com ganho potencialmente direto para a vida das pessoas. Cerca de 300 patentes de tecnologias desenvolvidas no DQ foram depositadas no Instituto Nacional da Propriedade Intelectual. Até aqui, a produção tecnológica do DQ equivale a 25% de todas as patentes já registradas pela UFMG. Algumas dessas patentes foram transferidas e se tornaram produtos disponíveis no mercado. Por exemplo, a fita anticovid, o antisséptico à base de nióbio e o biofertilizante de aminoácidos (ilustrações na Figura 4).

Figura 4 – Antisséptico à base de nióbio, fita anticovid e biofertilizantes de aminoácidos são exemplos de produtos desenvolvidos no Departamento de Química e que estão disponíveis no mercado. À direita, imagem de cerâmicas produzidas com rejeitos de barragem de mineração.

Fonte: Internet ou fornecida pelo criador do produto.

Na Química Forense, professores do DQ desenvolveram um método colorimétrico para detecção seletiva de drogas da classe das feniletilaminas. Essa nova tecnologia foi licenciada para uso pela Polícia Civil do Distrito Federal e é aplicada na rotina pericial para análise química de drogas apreendidas. Mais recentemente, o grupo liderado pelo Professor Ângelo de Fátima também foi responsável pelo planejamento e síntese da calixcoca, uma vacina terapêutica capaz de produzir anticorpos anticocaína/crack, o que potencialmente diminui o efeito da droga sobre os usuários dessas substâncias psicoativas. Embora ainda em fase de desenvolvimento, essa tecnologia inovadora recebeu o Prêmio Euro de Inovação em 2023.[6] Essas são apenas algumas das muitas tecnologias e produtos desenvolvidos no DQ e que estão disponíveis no mercado para solução de problemas do nosso cotidiano.

Um projeto com potencial de grande relevância social associado à Rede Candonga, desenvolvido por pesquisadores do Departamento de Química da UFMG e que tem como foco principal a utilização de sedimentos resultantes do rompimento da barragem de Fundão, localizada no Complexo Industrial de Germano, no município de Mariana (MG), no dia 5 de novembro de 2015. Amostras de sedimentos coletadas da dragagem da hidrelétrica de Candonga, situada no município de Rio Doce, são reutilizadas para diversas aplicações. Tecnologias inovadoras estão sendo desenvolvidas para transformar os resíduos da mineração em materiais

---

[6] https://www.correiobraziliense.com.br/ciencia-e-saude/2023/10/5136053-vacina-brasileira-contra-dependencia-em-cocaina-e-crack-vence-o-premio-euro.html.

para a construção civil, como pisos, tijolos, telhas e tintas (Figura 4). As transformações do material sedimentar são realizadas por meio da utilização de tecnologias de materiais cimentícios e de geopolímeros, além de produtos como madeira plástica e arquitetura da terra. Como propósito do projeto, as tecnologias mais avançadas em Química e Ciência dos Materiais asseguram os esforços de minimização dos impactos ambientais negativos causados por desastres relacionados à indústria de mineração.[7]

Como ilustração dos exemplos anteriormente citados, as pesquisas científicas e tecnológicas realizadas no DQ não se limitam aos intramuros da UFMG. De fato, tem havido forte interação com empresas, sobretudo nos últimos anos, com envolvimento de pesquisadores do DQ em assuntos os mais cotidianos, que impactam diretamente a sociedade. Exemplos dessa forte interação envolvem projetos desenvolvidos em parceria com grandes empresas, como BOEING, PETROBRAS, CEMIG, EMBRAPA, CODEMIG, VALE, IVECO, GERDAU, IPIRANGA e FIOCRUZ. Além disso, existem projetos desenvolvidos em parceria com a Polícia Civil e a Polícia Federal, no sentido de desenvolver mais metodologias, sobretudo químico-analíticas, para a solução de problemas forenses, nos moldes do que já foi mencionado neste capítulo.

O DQ contribui com 20% das transferências de tecnologia de toda a UFMG para o setor empresarial produtivo. O caminho tem se mostrado bastante promissor para o futuro do financiamento da pesquisa no Departamento e, de certo modo, é mais uma forma de fazer retornar à sociedade o investimento que a nossa Universidade faz no DQ.

Mais extensão universitária

A relação do DQ com a sociedade também se concretiza mediante diversas ações de extensão. Um capítulo importante dessas ações é escrito pelo Laboratório de Ensaio de Combustível (LEC), que foi criado no ano 2000 para auxiliar a Agência Nacional do Petróleo (ANP) e o Ministério Público/Procon-MG nas ações de fiscalização da qualidade dos combustíveis no país. O LEC tornou-se tão grande que hoje ocupa 600 m² de área construída, em uma estrutura à parte dos principais edifícios do Departamento de Química, como pode ser visto na Figura 1 (número 5). Há mais

---

[7] Para mais informações sobre projetos de impacto social desenvolvidos no Departamento de Química, acesse o link do ESCALAB: www.escalab.com.br.

de R$ 15 milhões em equipamentos instalados, além de negociações avançadas para a construção de um segundo andar. Vários ensaios realizados no LEC são acreditados segundo padrões INMETRO, e toda a gestão é feita conforme as normas ISO. Hoje, o LEC não é apenas um Centro de Extensão Universitária, mantendo convênios com a ANP, o Procon-MG, com empresas do setor de refino, comércio varejista de combustível e empresas do setor de mineração, mas também é um importante Centro de Pesquisa na área de combustíveis de aviação. Os recursos do LEC, desde a sua inauguração, somam aproximadamente R$ 19 milhões em atividades de pesquisa e R$ 30 milhões em prestação de serviços.

Outra ação que evidencia a relevância do DQ para a sociedade ocorreu com o advento da tragédia de Brumadinho. Em janeiro de 2019, a barragem da Mina Córrego do Feijão rompeu-se e causou a morte de 272 pessoas e graves danos ambientais, com a liberação de resíduos de minério pela Bacia do Rio Paraopeba. Com a tragédia, diversas ações civis e penais foram impetradas contra a empresa dona do empreendimento. Nesse contexto, a Universidade vem colaborando com o Poder Judiciário na elaboração de laudos periciais isentos e de qualidade para fins de subsidiar o processo. Nesse cenário, o DQ novamente demonstrou sua responsabilidade social, instalando o Centro de Referência Ambiental (CRA) no recém-inaugurado Anexo III. Cerca de R$ 26 milhões em equipamentos foram adquiridos, e alguns são únicos na América Latina. Diversos professores com formação em Química Analítica atuaram no CRA por mais de dois anos, desenvolvendo e validando novos métodos analíticos, bem como elaborando os laudos referentes a uma ampla variedade de amostras ambientais coletadas ao longo de toda a área afetada pelo rompimento da barragem.

O futuro

A celebração dos 80 anos do Curso de Química é também a oportunidade para revisitar o rol das conquistas e considerar as razões de o DQ ter-se posicionado no cenário nacional como grande ator dos desenvolvimentos científicos e tecnológicos. É também a oportunidade para refletirmos sobre o nosso sonho, nosso futuro e como é necessário atuar para mantermos a relevância conquistada e ampliarmos ainda mais a nossa efetiva contribuição para o desenvolvimento do estado de Minas Gerais e do Brasil. Várias ações estão em andamento para garantirmos o futuro ainda maior do nosso DQ, e uma delas é organizar, fortalecer e certificar o nosso Núcleo de Extensão e Prestação de Serviços. O NEPS conta com Laboratórios de Análise Térmica e Calorimetria, Cromatografia e Espectrometria de Massas,

Difração de Raios X, Espectroscopia Vibracional, Espectroscopia no UV-VIS, Espectrometria de Absorção Atômica e Laboratório de Magnetismo. Além disso, o Laboratório de Ressonância Magnética Nuclear, que compõe o NEPS, é um laboratório institucional de pesquisa (LIPq) da UFMG. O NEPS hoje atende às comunidades acadêmica e empresarial, de forma organizada e eficiente, sob uma gestão responsável e sustentável dos recursos. Todas as análises são precificadas e estão acessíveis não apenas aos acadêmicos da UFMG, mas também a todas as outras Instituições de Ensino Superior e empresas.

O DQ participa de três das quatro unidades da Empresa Brasileira de Pesquisa e Inovação (EMBRAPII) instaladas no Campus da UFMG. Trata-se de uma nova forma de pesquisa conjunta, na parceria com empresas, que vem crescendo no país. O DQ está efetivamente inserido nesse cenário.

O Centro de Educação em Ciências e Inovação em Química (CECIQ) é outra ação para o futuro. Com cerca de R$ 12 milhões aprovados, em parceria com o governo do estado de Minas Gerais, o CCECIQ irá atuar na formação de estudantes e professores em um nível mais avançado da Ciência. Trata-se de uma demanda objetiva da sociedade, e o DQ participará desse desafio.

O DQ hoje ocupa um lugar de destaque na Ciência brasileira.[8] Membros desse Departamento fazem parte da Academia Brasileira de Ciências (ABC) e são *fellows* da *Royal Society of Chemistry*. Além disso, coordenam laboratórios e empresas de grande relevância para a sociedade brasileira e atuam em Conselhos da Presidência da República e de agências de fomento à pesquisa em níveis estadual e nacional. Contudo, a principal força deste Departamento está na sua coletividade, formada por servidores docentes e técnicos, em vários estágios de suas carreiras. Essa diversidade garante a transmissão de conhecimentos e experiências dos mais antigos para os mais jovens, bem como é oxigenada pelas contribuições e experiências inovadores destes últimos. É o trabalho de toda essa comunidade vibrante que nos impulsiona a avançar e a ocupar um lugar de destaque nos cenários nacional e internacional.

---

[8] No mês de novembro de 2023 foi publicado um trabalho produzido pela Universidade de Stanford (USA), em que é apresentada uma lista dos cientistas mais influentes do mundo com dados da base Scopus, da Editora Elsevier. Essa lista conta com 64 pesquisadores da UFMG, em que seis são professores do DQ. Ver a matéria completa em: https://ufmg.br/comunicacao/noticias/ufmg-tem-64-cientistas-entre-os-mais-influentes-do-mundo.

Os desafios do futuro: novos sonhos

Desde 1943, quando foi criado o Curso de Química na Faculdade de Filosofia, Ciências e Letras da UFMG, o Brasil e o mundo experimentaram transformações profundas. A ciência avançou muito; no caso da Química, o avanço foi ainda mais extraordinário. Diversos métodos de análise, sobretudo instrumentais, foram criados, como espectrometria de massas, ressonância magnética nuclear, fluorescência de raios X e tantos outros. Foram desenvolvidos novos métodos de síntese de compostos orgânicos, organometálicos, ligas metálicas, catalisadores, fibras óticas, polímeros e cristais líquidos com as mais diversas funcionalidades.

As reais consequências e impactos da nanotecnologia ainda estão por ser mais realisticamente avaliados. Os passos gigantescos ainda vêm ocorrendo na área de Biologia Molecular. Desde a descoberta da estrutura de dupla hélice do DNA em 1953, as metodologias de sequenciamento genético avançaram, com grande impacto na medicina, tanto em nível de diagnóstico de enfermidades quanto no desenvolvimento de terapias avançadas, para tratamento de doenças como o câncer. São eventos que mudaram a feição mundial desde a criação do Curso de Química, há 80 anos, e têm ensejado aos docentes do DQ a focarem na modernização do ensino e da pesquisa em Química.

Em sintonia com os avanços ocorridos nas diversas áreas da Química nas últimas décadas, o DQ vem renovando seu quadro de professores/pesquisadores formados em áreas avançadas do conhecimento. Cabe a essa nova geração de professores e servidores técnico-administrativos, juntamente com o grande contingente de estudantes de graduação e pós-graduação, o desafio de elevar o DQ a um novo patamar de excelência no futuro, sempre em sincronia com as necessidades da sociedade.

A modernidade trouxe-nos bens de consumo que nos proporcionam mais conforto em nosso dia a dia, assim como medicamentos que aliviam o nosso sofrimento. Todavia, paralelamente a isso tudo, a humanidade tem enfrentado novos desafios causados pela mais que comprovada mudança climática, com suas consequências desastrosas, associadas à degradação do meio ambiente. Temos no Brasil problemas gigantescos de desigualdades sociais, fome de uma grande parcela da sociedade, dependência de empresas transnacionais no fornecimento de fármacos, agroquímicos e diversos produtos eletrônicos, entre muitos outros. A solução para muitos desses desafios passará, de uma maneira ou de outra, pela Química. É nesse cenário que a nova geração do DQ encontra seu campo de ação, devendo colocar todos os seus esforços e inteligência em busca de soluções eficientes e inovadoras para esses e outros desafios que surgirão nas décadas vindouras.

Se a trajetória do DQ tem sido gloriosa em tantos aspectos, nosso otimismo nos impulsiona a vislumbrar um futuro ainda mais promissor. Os alicerces estabelecidos por aqueles que moldaram nossa história são robustos o suficiente para sustentar inúmeros pilares, capacitando-nos a continuar fazendo a diferença na sociedade. Sim, o legado do passado nos enobrece e, ao mesmo tempo, nos impõe uma responsabilidade monumental em relação ao futuro. Temos plena confiança de que a atual geração está sendo preparada para cumprir o compromisso de tornar o mundo em que vivemos um lugar ainda melhor.

JOSÉ ISRAEL VARGAS – A FORMAÇÃO DE UM PIONEIRO DA QUÍMICA NUCLEAR NO BRASIL

Luciano Emerich Faria
Luiz Cláudio de Almeida Barbosa

À parte isso, tenho em mim todos os sonhos do mundo.
(Tabacaria)
Fernando Pessoa, sob o heterônimo Álvaro de Campos.

A carreira acadêmico-científica de José Israel Vargas abrange parte considerável da história da ciência no Brasil a partir de meados do século XX, que coincide com o efetivo nascimento e o desenvolvimento da tecnologia nuclear. J. I. Vargas é uma personalidade genuína, com invejável memória de fatos e feitos da sua época, sob o olhar de sua ampla cultura. Seus interesses intelectuais vão muito além da Química e passam pelas formas humanas de expressão ou de comportamento, em pintura artística, literatura, sociologia e política científica. Intelectualmente eclético e pessoalmente determinado, tem aguçado pensamento crítico, é íntegro, criativo e bem-humorado. É o que se depreende de poucos minutos de conversa com ele. Tem sido uma permanente fonte de inspiração para muitas gerações passadas e presentes.

Neste capítulo, não se tem a audaciosa pretensão de discorrer, em detalhes, sobre toda a rica trajetória da vida de José Israel Vargas; o que mais se busca é destacar alguns personagens e situações que o levaram a estudar e a se dedicar à Química. Suas sólidas formações científica e intelectual, associadas a uma energia invejável, transformaram-no em um profissional de referência no ensino, na pesquisa, no desenvolvimento tecnológico e na vida pública. Apesar de ter passado por diversas instituições no Brasil e no exterior, foi na Universidade Federal de Minas Gerais onde se graduou e onde ainda continua ativo, orientando estudantes de iniciação científica e compartilhando com vários colegas suas ideias para o desenvolvimento de novas tecnologias de interesse da sociedade brasileira.

Ao longo de sua vida, o Professor J. I. Vargas concedeu muitas entrevistas, nas quais relatou diversos aspectos de sua trajetória acadêmica, que envolveram também forte atuação na política científica brasileira. Essas entrevistas foram publicadas na forma de livros ou artigos, alguns dos quais são listados nas Referências. Entre as várias citações, destacamos o livro organizado pelo Professor Márcio Quintão

Moreno (Moreno, 2007), que corresponde a uma coletânea de discursos e palestras apresentados por J. I. Vargas, entre os anos 1974 e 2007. Outra leitura indispensável é o livro "Desafiando fronteiras", de autoria da historiadora Lígia M. L. Pereira (Pereira, 2015). A autora descreve as origens de J. I. Vargas na sua matriz familiar, a sua formação e a sua longa e rica carreira acadêmica.

O historiador José Carlos Meihy publicou, também, uma excelente entrevista realizada em 2014, em que o Professor J. I. Vargas relata aspectos importantes da sua formação acadêmica e atuação no desenvolvimento de políticas científicas no Brasil, incluindo informações sobre a criação do programa nuclear brasileiro (Meihy, 2014).

Além dessas obras – que podem ser encontradas em livrarias ou em endereços das respectivas editoras –, no preparo deste capítulo contamos ainda com depoimentos não impressos nem disponibilizados em formato *on-line*, mas que foram falas que precederam cerimônias de outorga da Medalha Professor José Israel Vargas pelo Professor Carlos Alberto Filgueiras, em 2018, e pela Professora Alaíde Braga de Oliveira, em 2022. O discurso da Professora A. B. de Oliveira é agora publicado neste livro e tece mais informações e comentários sobre a carreira do Professor J. I. Vargas.

Para subsidiar este texto, utilizamos ainda informações constantes em seu Currículo Lattes (atualizado até o ano 2022), bem como dados obtidos de duas entrevistas que realizamos com o professor nos dias 15 e 20 de julho de 2023 (Fig. 1).

Figura 1 – Em sua residência, o Professor José Israel Vargas recebeu os autores deste capítulo, no dia 15 de julho de 2023.

A juventude de um futuro cientista

O Professor Vargas nasceu em Paracatu, Oeste de Minas Gerais, em 9 de janeiro de 1928. Ele é neto do que podemos entender hoje como um "caixeiro viajante" e herdeiro de uma tradição de explorar os sertões – ou dos ermos do interior de Minas Gerais. Verdadeiros sertanejos que usavam, para tais empreitadas, todas as ferramentas às quais pudessem ter acesso ou, mesmo, as que se podiam construir. Durante o período em que realizou o doutorado e também em sua trajetória de vida acadêmica, J. I. Vargas voltaria a explorar os vazios, desta vez dos átomos, também utilizando alternativas que ele mesmo propusera ou criara para vencer as distâncias entre a teoria e a prática.

José Israel Vargas alternava as suas férias na juventude entre as estradas que partiam de Belo Horizonte para sua cidade natal e, de lá, para Pirapora e o rio São Francisco, onde o rio-mar se mostrava como nova opção de caminho a ser percorrido para a manutenção da tradição empresarial da família. No início do século XX, a família Vargas era responsável pela distribuição de bens de consumo geral, demandados pela comunidade da região de Paracatu, e isso era feito por meio de transporte fluvial. J. I. Vargas ajudava a família sempre que era requisitado no trabalho e, com isso, pegou gosto pelas técnicas da navegação a vapor. Por trabalhar, desde cedo, com mecânica e funilaria, tomou gosto e interesse pela carreira técnica e pretendeu ser engenheiro, ainda mais diante do incentivo que ganhava de seu pai, João Vargas, um pensador livre, que por certa época trabalhou na extração e venda de quartzo. O mineral tinha valor na exportação, por ser estratégico para sustentar a máquina americana de guerra, durante os anos do prelúdio da Segunda Guerra, e era empregado na fabricação de radiotransmissores. As aspirações científicas do moço já estavam gravadas no próprio nome e no interesse do pai em ver o filho cursar Engenharia, conforme ele nos relatou durante uma entrevista:

> Aliás, eu me chamo Israel, não por qualquer ligação com a cultura judaica, mas sim em homenagem a Israel Pinheiro, que se destacou como o primeiro aluno de sua turma na Escola de Minas de Ouro Preto.[1] Ele era amigo do meu pai, um intelectual autodidata, que escolheu este nome para mim.

---

[1] Israel Pinheiro da Silva (1896-1973) é mais conhecido por ter sido governador de Minas Gerais entre 1966 e 1971, mantendo tradição familiar, uma vez que seu pai, João Pinheiro (1860-1908), também já havia ocupado tal cargo. Israel Pinheiro formou-se em 1919 em Engenharia Civil e de Minas pela Escola de Minas de Ouro Preto (EMOP). Recebeu como prêmio uma viagem à França,

Com incentivo de seus pais e familiares, a vinda de Israel Vargas para a efervescente capital mineira, em 1939, marca o início de seus contatos com as ciências naturais e os primeiros passos rumo ao seu objetivo. Parte de sua vida colegial – o equivalente ao nosso atual Ensino Fundamental – foi cursada no Colégio Arnaldo, uma das melhores escolas privadas de Minas Gerais (se não a melhor da época), e sua matrícula foi uma conquista familiar, dadas as dificuldades financeiras sentidas à época. O Colégio Arnaldo foi, provavelmente, o primeiro local em que o futuro cientista teve contato mais direto com disciplinas como Química, Física e Biologia, ministradas em salas específicas para cada conteúdo (Fig. 2). Esse Colégio foi criado a partir do interesse de uma associação confessional católica, a Congregação do Verbo Divino, originada na Holanda, Bélgica e Alemanha. O nome homenageia o padre Arnaldo Janssen (1837-1909), fundador da Congregação que incentivava o ideário científico em suas práticas pedagógicas (Cançado, 1999; Leite, 2011). O Colégio, que passou por algumas hostilidades durante o período da Primeira Guerra Mundial (por ter sido intitulada a "Escola dos Alemães"), mantém até hoje um belo prédio na região central de Belo Horizonte.

Figura 2 – Exemplos de gabinetes de ciências da década de 1930 do Colégio Arnaldo
Fonte: Imagens obtidas das redes sociais de ex-alunos.

Inglaterra e Alemanha, onde efetuou estudos de aperfeiçoamento no setor siderúrgico (CPDOC-FGV, s.d.). Conforme as datas apresentadas acima, é mais fácil entender que Israel Pinheiro tenha sido o *primeiro* ou *de destaque de sua turma*, uma vez que a EMOP foi fundada em 1876. Além do nome, Israel Vargas e Israel Pinheiro dividem também o mês de nascimento – o primeiro nasceu no dia 04 de janeiro e o segundo, no dia 09. Destacamos que Israel Pinheiro se tornou muito conhecido, antes de ser governador, por ter sido o presidente da NOVACAP, a companhia estatal que construiu a cidade de Brasília, nos anos de 1950.

No entanto, a proposta pedagógica de conteúdos científicos era acompanhada de intenso rigor e rigidez comportamental, na forma do internato semi-integral, que era adotada pela Direção do Colégio Arnaldo. José Israel Vargas tinha restrições com relação à disciplina rígida adotada pelos padres, mas considera até hoje que o Colégio era muito bom (Pereira, 2015).

Ainda que não tenhamos a data da mudança, o estudante J. I. Vargas passou a ser aluno do Colégio Marconi[2], um educandário fundado com o apoio do governo da Itália, que tinha como objetivo colaborar com a formação de filhos de imigrantes italianos em Minas Gerais. O governo italiano também contribuiu no financiamento da construção do prédio, da montagem de salas de aula e dos laboratórios, bem como na contratação dos melhores professores de descendência italiana da capital mineira. O nome do Colégio é inspirado em Guglielmo Marconi (1874-1937), considerado um dos maiores físicos de sua época, que rivalizou com Nikola Tesla (1856-1943), de origem austro-húngara, na disputa pelo pioneirismo da transmissão de sinais de radiofrequência a longas distâncias, em uma das mais acirradas concorrências pela conquista do avanço tecnológico mundial. O italiano sagrou-se "vencedor" da peleja ao transmitir, ao longo do oceano Atlântico, entre o Reino Unido e o Canadá, sinais de telégrafo, sem que fosse necessário o uso de cabos metálicos – um marco para a transmissão sem fio que até hoje utilizamos (O'Shei, 2008)

Não era surpreendente que os ex-alunos do Marconi buscassem seguir os passos do patrono da escola, da qual J. I. Vargas ainda guarda memórias juvenis, vivas e frescas. A estrutura da escola, que adotava uma abordagem liberal no tratamento dos alunos, cativava os jovens e seus pais, em um período marcado pela ditadura imposta por países que foram responsáveis pela eclosão da Segunda Guerra Mundial, em 1939.

O Colégio Marconi contava também com docentes de destacado nível intelectual da época, a exemplo do Professor Arthur Versiani Velloso (1906-1986). Velloso era inspiração para os alunos que almejavam mudanças no cenário catastrófico em que viviam e se questionavam sobre a forma capitalista de domínio mundial. Formado em Direito, lecionava Filosofia no terceiro ano e era também responsável pela formação artística de alguns dos alunos ao apresentá-los aos clássicos da literatura, como nos relata o Professor Vargas:

---

[2] O colégio foi fundado como Instituto Ítalo-Mineiro Guglielmo Marconi, em 1937.

> Bom, o Velloso dava sonetos de Camões para decorarmos. Alguns, por exemplo, sobre o amor que eu nunca me esqueci, é: "Amor é fogo que arde sem se ver; É ferida que dói, e não se sente; É um contentamento descontente; É dor que desatina sem doer." [...] "Alma minha gentil, que te partiste. Tão cedo desta vida descontente, repousa lá no céu eternamente, e viva eu cá na Terra sempre triste. Se memória desta vida se permite, não te esqueças jamais daquele amor, que tão cedo nos meus olhos viste" Beleza, não é?

Ficamos admirados ao ver que, mesmo com poucas falhas nos versos do poema de Luís Vaz de Camões[3], o Professor Vargas mantém nítidas lembranças das aulas do seu professor, que teve influência definitiva e fundamental em sua vida, alterando os planos que seu pai havia traçado para vê-lo se tornar engenheiro. Conforme o próprio Professor Vargas nos relata em seu depoimento, Velloso foi o principal responsável por sua escolha de formação em Química:

> Eu encontrei o Velloso na charutaria Flor de Minas, na rua da Bahia, quase com a Afonso Penna. Na esquina tinha um engraxate e vendedor de loteria. Aí, ele, o Velloso, era solene quando tratava com estudante – "O senhor está inscrito pra fazer – isso na sexta-feira – o vestibular na segunda-feira na Faculdade de Filosofia". "Mas professor, eu já estou me inscrevendo para fazer o vestibular para a Escola de Minas, que é que o meu pai deseja". O Velloso então me disse: "O senhor vai fazer o vestibular para química". Bom, mas aí tem... aí quando eu disse para ele que eu ia para a Escola de Minas, ele falou: "não faça isso! o senhor não tem vocação para engenheiro, não tem cabeça de hormigón armado! (risos).

Apesar da premonição do Professor Velloso de que J. I. Vargas não seria vocacionado para a Engenharia e do fato de ele logo ter-se dedicado à Ciência, à Química e à Física, o sonho de seu pai vê-lo engenheiro não seria de todo esvanecido. Em 1979, quando ele foi nomeado para ocupar o cargo de Secretário de Tecnologia, do Ministério da Indústria e do Comércio, o despacho presidencial, incidentalmente, refere-se a ele como "Engenheiro" (Fig. 3).

---

[3] Para poemas de Camões, veja: https://www.pensador.com/poemas_de_luis_camoes_amor.

Figura 3 – Foto do despacho da Presidência da República nomeando o "Engenheiro" José Israel Vargas para o cargo de Secretário de Tecnologia Industrial do Ministério da Indústria e do Comércio, em 15 de março de 1979.

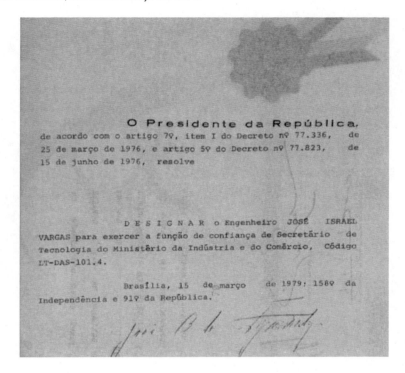

Sua graduação e seus amores pela Química e pela Física

A "Faculdade de Filosofa de Minas Gerais (FAFI-MG) foi o embrião do que conhecemos hoje como a Faculdade de Filosofia e Ciências Humanas – FAFICH, da UFMG. A FAFI-MG foi criada em 21 de abril de 1939 (Fig. 4) pelas mãos do próprio Arthur Versiani Velloso, em conjunto com um grupo dos professores que, ao estudarem a nova legislação, viram a possibilidade de se estabelecer uma Faculdade de Filosofia em Belo Horizonte" (Haddad, 2015). Para isso, o grupo foi autorizado a utilizar toda a estrutura do Colégio Marconi. Foram ainda incentivados na empreitada pelo adido cultural da Itália em Belo Horizonte, Vicenzo Spinelli, que, futuramente, também se tornaria professor dos cursos da FAFI-MG.

Figura 4 – Sessão de criação da Faculdade de Filosofia de Minas Gerais. Na visão frontal da foto, da esquerda para a direita, estão Arthur Versiani Velloso, Braz Pellegrino, Lúcio José dos Santos (futuro Reitor da UMG), Padre Clóvis de Souza e Silva e José Lourenço de Oliveira (UFMG, 2023).[4]

Entre o desejo de criação da Faculdade de Filosofia e o reconhecimento do novo estabelecimento de ensino superior, restavam as condições legais para a abertura das turmas e matrículas dos alunos. A Revista Kriterion, fundada pelos professores da FAFI-MG, traz na apresentação de seu primeiro número, de 1947, um breve relato histórico da regularização formal da faculdade:

> Reconhecida pelo Decreto Federal N 20.825 de 26 de março de 1940. Histórico: A Faculdade de Filosofia de Minas Gerais, fundada em Belo Horizonte, no Colégio Marconi, no dia 21 de abril de 1939, de acordo com o Decreto-Lei de número 1.190 de 4 de abril de 1939, como pessoa jurídica, e com finalidades exclusivamente culturais, foi autorizada a funcionar pelo Decreto n.º 6.486 de 5 de novembro de 1940, havendo sido seu Regimento Interno aprovado pelo Conselho Nacional de Educação a 10 de novembro de 1940 (Parecer n.º 264 de 10 de novembro de 1940). Inspecionada pelo

---

[4] A fotografia original está disponível na Biblioteca da FAFICH-UFMG.

Governo Federal desde 1940, a Faculdade de Filosofia de Minas Gerais foi oficialmente reconhecida a 26 de março de 1946 pelo Decreto n.º 20.825, havendo-lhe concedido o Governo do Estado, devidamente autorizado pelo Presidente da República, o patrimônio de trinta milhões de cruzeiros (Decreto-Lei n.º 1.954 de 16 de dezembro de 1946) em apólices nominativas, com juros anuais de cinco por cento. Organização: A Faculdade de Filosofia de Minas Gerais é regida pelo Decreto-Lei de n.º 1.190 de 4 de abril de 1939, e está organizada nos mesmos moldes da Faculdade Nacional de Filosofia do Rio de Janeiro. Suas finalidades são as seguintes: a) preparar trabalhadores intelectuais para o exercício das altas atividades culturais de ordem desinteressada ou técnica; b) preparar professores; c) realizar pesquisas nos vários domínios da cultura. Cursos: A Faculdade de Filosofia de Minas Gerais mantém 12 cursos, saber: Curso de Filosofia. Curso de Matemática. Curso de Física. Curso de Química. Curso de História Natural. Curso de Geografia e História Curso de Ciências Sociais. Curso de línguas e letras clássicas. Curso de línguas e letras neolatinas. Curso de línguas e letras anglo-germânicas. Curso de Pedagogia. Curso de Didática (Kriterion, 1947).

Todavia, todo o processo burocrático de instalação da Faculdade teve atraso de dois anos, e o início do seu funcionamento efetivamente ocorreu em 1941 (Santos, 2013). Os 12 cursos da FAFI-MG foram formalmente reconhecidos somente em 1946. É interessante observar que, por trazer os "mesmos moldes da Faculdade Nacional de Filosofia do Rio de Janeiro", implicava a FAFI-MG apresentar a seus alunos de Química os mesmos preceitos de formação, com demandas de disciplinas e cargas horárias, que deveriam estar em acordo com o determinado pelo Decreto-Lei 1.190, de 4 de abril de 1939 (Brasil, 1939):

SECÇÃO IV
Do curso de Química
Art. 12. O curso de Química será de três anos e terá a seguinte seriação de disciplinas:

Primeira série	*Segunda série*	*Terceira série*
1. Complementos de matemática.	*1. Físico-química.*	*1. Química Superior*
2. Física geral e experimental.	*2. Química orgânica.*	*2. Química Biológica*
3. Química geral e inorgânica.	*3. Química analítica quantitativa.*	*3. Mineralogia*
4. Química analítica qualitativa.		

É muito provável que o jovem J. I. Vargas não tenha cursado todas as disciplinas desse conteúdo proposto e usado como modelo para embasar o Curso de Química, uma vez que ele mesmo afirma que se punham à disposição dos alunos duas opções de integralização do curso, bacharelado ou licenciatura. No caso do curso de licenciatura, um número de disciplinas voltadas à Didática era a exigência para que o aluno pudesse completar sua formação. Além disso, a licenciatura era entendida como estratégica para o estado de Minas Gerais, conforme seu depoimento:

> Era muito raro que alguém fosse fazer carreira de pesquisa. Era para ser professor de secundário. Era pra isso... Eram as escolas normais que estavam formando moças que iam dar aulas pro primário. Então não havia gente para dar aula no secundário e no superior, né?

Em seu Currículo Lattes, o Professor Vargas registra que, inicialmente, concluiu a graduação em "Licenciatura em Química" em 1952; no ano seguinte, o "Bacharelado em Química" (Vargas, 2022). Apesar das críticas que fez em relação aos cursos de Didática e à forma como a licenciatura era concebida, Vargas destaca que na Faculdade, e considerando outras instalações em Belo Horizonte, as oportunidades de pesquisa e desenvolvimento intelectual na FAFI-MG eram invejáveis. Um dos locais em que realizou estágio, por exemplo, foi o Instituto de Tecnologia Industrial (ITI), um dos órgãos estaduais voltados para o apoio e incentivo ao avanço das indústrias mineiras e responsáveis por avaliações técnicas de produtos e equipamentos (semelhante ao que o Instituto Nacional de Tecnologia e o INMETRO se propõem a fazer em nível federal nos dias atuais). Além disso, o ITI desempenhou papel fundamental em fazer de Minas Gerais um estado de destaque na descoberta e exploração de reservas minerais, como o fosfato e o nióbio.

Segundo o Professor Vargas, além dele, vários outros de seus colegas do Colégio Marconi tiveram forte influência de Arthur V. Velloso e se decidiram pelo Curso de Química da FAFI-MG:

> Hélio Silva, eu próprio. José Carlos Prates e Albert Millet. Este último era filho de um inglês, ex-diretor da Mina Morro Velho, que continuava vivendo em Belo Horizonte. [...] tinha ainda o Benito Savassi, que eu acho que está vivo, e o Herbert Magalhães. Desses seis, o único que desenvolveu a atividade industrial foi o Benito. Ele criou o refrigerante

> Mate Couro[5]. Dirigiu a empresa e depois vendeu pra Antártica ou pra Brahma, sei lá, [...] O Hélio Silva deixou a química e acabou sendo um importante fotógrafo no cinema brasileiro. Ele foi o fotógrafo de "Rio 40°", um filme importante. Foi ainda o fotógrafo de dois filmes sob temas nordestinos: "Vidas secas", do Graciliano Ramos [...]. O José Carlos Prates foi para Ribeirão Preto, fez medicina. Ele ficou em Ribeirão Preto, tornando-se um importante professor na faculdade de medicina. Desse grupo, o Herbert Magalhães Alves, eu acho, foi o principal dentre nós, porque era o mais vocacionado para química.

Para completar essa narrativa, em entrevista ainda na década de 1970 (CPDOC-FGV, 1977), o Professor Vargas afirma que, mais tarde, Albert Millet alcançou o cargo de diretor da Goodyear do Brasil.

Entre os seis colegas de turma do Colégio Marconi, como já afirmou o Professor Vargas, "o mais vocacionado para Química" foi o Herbert Magalhães Alves (1929-2011), que se tornou importante Professor de Química Orgânica na UMG. O Professor Herbert *foi o mais jovem catedrático da Universidade, da Escola de Engenharia, que era a mais prestigiada e a mais rica [unidade acadêmica da universidade]*. Junto com a FAFI-MG, ambas já faziam parte da Universidade de Minas Gerais (UMG), a partir da federalização, que ocorreu no ano 1949[6]. Sobre o Herbert Magalhães, o Professor Vargas acrescenta:

> Na década de 1950, foi assistente do professor Aluísio Pimenta. Em 1953, trabalhou no Instituto Superiore di Sanità, em Roma, junto com o cientista Daniel Bovet, que receberia, em 1957, o Prêmio Nobel de Medicina e Fisiologia, em função de seus trabalhos sobre compostos sintéticos com ação no sistema vascular, entre os quais o veneno brasileiro curare (UFMG, 2011).

---

[5] Benito Savassi aparece, tempos mais tarde, buscando parceria do grupo Pepsi-Cola no Sul do país, conforme Fig. 3. Os refrigerantes "Mate Couro" existem até os tempos atuais, e sua primeira fábrica foi criada em 12 de setembro de 1947 com desejo de se criar uma bebida gostosa a partir de extratos vegetais (https://matecouro.com.br/empresa).

[6] O nome Universidade Federal de Minas Gerais (UFMG) somente veio a ser utilizado em 1965. Para mais informação, veja: https://www.fisica.ufmg.br/memoria/federalizacao-da-umg.

O Professor Herbert Magalhães trabalhou na Universidade de Shefield (Inglaterra) na equipe do Professor William David Ollis (1924-1999), que havia estabelecido parceria com o químico brasileiro Otto Richard Gottlieb (1920-2011).[7] Essa parceria permitiu não apenas a interação de Herbert Magalhães com o grupo de Shefield, mas garantiu intensa cooperação na análise e descoberta de produtos naturais de plantas brasileiras, como as avocatinas, isoladas da semente do abacate (Blackburn; Sutherland, 2001).

Como Professor Titular do Departamento de Química da UFMG, Herbert Magalhães foi (1967-68) um dos fundadores da Pós-Graduação em Química, em que atuou nas áreas de Química Orgânica e Química de Produtos Naturais (UFMG, 2011). Nesse processo, muito contribuiu o Professor José I. Vargas, então consultor da Financiadora de Estudos e Projetos (FINEP). A implantação da pós-graduação resultou também do empenho do Professor Rui Magnane Machado, doutor pela Universidade de Grenoble, França, e assistente do Professor Vargas.

Retornando mais uma vez ao termo, "o mais vocacionado para a Química ter sido o Herbert Magalhães" significa, para o Professor Vargas, que sua própria formação sempre se inclinou mais para a Física, que teria sido sua primeira alternativa caso os cursos da FAFI-MG oferecessem a opção. Inconformado com a falta da opção de formação em Física, o jovem J. I. Vargas requereu sua transferência da Faculdade de Filosofia de Minas Gerais para uma instituição equivalente em São Paulo, a Faculdade de Filosofia, Letras e Ciências Humanas (FFCLH), fundada em 1934, como parte do projeto de criação da Universidade de São Paulo (USP). Entre 1937 e 1947, a FFCLH ocupou endereços na Rua da Consolação, Praça da República, Avenida Tiradentes e Avenida Brigadeiro Luís Antônio, com os Cursos de Química, Ciências, Letras, Matemática, Geografia e História, Ciências Sociais e Física (Senise, 1999).

Sem precisar ano ou data corretos de sua transferência para a FFCLH, J. I. Vargas afirmou que... *como podia transferir, eu me transferi para lá. Porque eu imaginava que foi na Faculdade de Filosofia* (de São Paulo) *que a química e toda a física brasileira nasceu*. A transferência foi possível graças à ajuda de seu amigo Francisco Iglesias – famoso historiador e geógrafo, nascido em Pirapora (MG) e também egresso da FAFI-MG (Santos, 2013) –, que tinha contatos na USP. Em seu depoimento, Vargas afirma:

---

[7] O Professor Otto Richard Gottlieb, por iniciativa do Professor Herbert Magalhães, tornou-se Professor Visitante do Departamento de Química, onde orientou muitos professores e ministrou diversos cursos. O Professor Otto muito contribuiu para a implantação de uma forte linha de pesquisa em Química de Produtos Naturais na UFMG.

> Então, ele telefonou para o Antônio Cândido (de Mello e Souza – ex-professor da FFCLH) ... e meus papéis de transferência foram levados ao Antônio Cândido, que cuidou da minha matrícula. ... e porque eu achava que como a química lá era alemã, o diretor do Instituto de Química da Faculdade de Filosofia – não tinha esse nome, era Departamento, acho – era Rheinboldt[8] que tinha sido reitor da universidade de Bonn, na Alemanha.

Com os documentos da transferência devidamente organizados, J. I. Vargas sai de Belo Horizonte, em direção a São Paulo, em busca de seu objetivo de conhecer outras universidades e aumentar seu contato com a Física, oferecida pela USP. Em sua entrevista, Vargas nos relatou que, após um interregno de dois anos na USP, voltou a Belo Horizonte e concluiu a Licenciatura em Química na UFMG, em 1952.

> Fiquei dois anos lá. Eu passei a assistir mais as aulas de física, sabe? E fiz contato e alguma amizade com Elias Silva, José Goldenberg que estavam ativos... José Goldemberg era físico. E eu me meti muito em política universitária na União Estadual de Estudantes e toda campanha para "O Petróleo é nosso". [...] Por participar do primeiro ato público em defesa do petróleo, fui preso ao ser dissolvida a manifestação a patas de cavalo do governo Ademar de Barros. Esse fato explicaria meu futuro relacionamento com o presidente Geisel, na ocasião presidente do Conselho Nacional do Petróleo – CNP.

Vargas imaginava que a estrutura acadêmica da USP seria diferenciada, em relação ao que se estudava na FAFI-MG, contudo, muito provavelmente devido ao seu espírito inquieto e à sua inteligência, não imaginou que os conteúdos com os quais estava tendo contato na FFCLH eram melhores dos que teve em Belo Horizonte, ministrados pelo Professor Cássio de Mendonça Pinto.

Nessa sua primeira estadia no estado de São Paulo, J. I. Vargas estabeleceu vários contatos, possibilitados pelos movimentos estudantis, que teriam influência para moldar o seu futuro, e conheceu seu contemporâneo de faculdade, Fernando

---

[8] Heinrich Rheinboldt foi o fundador do Departamento de Química da Universidade de São Paulo, que tinha estreita relação com o patrimônio científico de Alfred Werner, ganhador do Prêmio Nobel de Química em 1913.

Henrique Cardoso (FHC), que, mais tarde, seria eleito o 34º Presidente do Brasil, em 1995, com seu segundo mandato encerrado em 2004. Segundo Vargas,

> Fernando Henrique era estudante na Faculdade de Filosofia. Só que ele era de sociologia. Ele, e a mulher, a Ruth, que se tornaram meus amigos ... Mas o contato maior com ele foi posteriormente, quando eu estive no ITA[9]. Porque eu ia uma vez por semana a São Paulo para assistir o seminário do David Bohm[10], que era um grande físico americano, perseguido pelo macartismo, que fugiu para o Brasil.

Ainda na capital paulista, Vargas foi "seguido" por Virgílio Possas, mais um dos brilhantes alunos do Colégio Marconi (o que aumentou para sete o número de ex-alunos que foram cursar Química na FAFI-MG). Daquela época, Vargas ainda tem boas lembranças de um caso pitoresco envolvendo esse colega dos tempos da USP:

> Ah, eu tinha me esquecido do Virgílio Hudson Possas. Ele era um dos seis lá do Colégio Marconi. Virgílio Hudson, com H, nome do rio Hudson. O Virgílio Possas era um sujeito raro. Ele tinha feito um curso de português muito bom no Colégio Marconi, cujo professor era o Wilton Cardoso de Souza, um dos melhores aqui da praça. Foi meu professor também lá no mesmo colégio. Mas o Virgílio, além disso, andou estudando para fazer um concurso federal, desses para funcionário público. E daí se interessou por esses concursos. O certo é que qualquer concurso que abrisse, o Virgílio entrava e ganhava em primeiro lugar. Contra juízes, promotores, ele ganhava todos os concursos. Ele fez química comigo, e quando eu fui para São Paulo, ele resolveu me acompanhar. Transferiu-se para a Faculdade de Filosofia de São Paulo, e nós passamos a morar em numa pensão na rua Tabatinguera, que é ali no centro de São Paulo, a dois quarteirões da Praça da Sé. Essa pensão já era de um casal português, cuja proprietária era dona Brejanda [...]. O Virgílio e a dona Brejanda

---

[9] Vargas e FHC se encontrariam vezes mais tarde quando o primeiro foi indicado para lecionar, como auxiliar de ensino, no Instituto Tecnológico da Aeronáutica (ITA), entre 1954 e 1955.
[10] David Joseph Bohm (1917-1992) foi um físico americano cassado pelo governo americano por seus ideais comunistas. Sempre manteve ótima relação com Albert Einstein em comunicações que se faziam por cartas (https://www.bbc.com/portuguese/geral-57730270).

começaram a criar galinhas. Mas na pensão não tinha comida no sábado, então o Virgílio resolveu domar as galinhas. Para isso ele comprou um saquinho de milho, e espalhava esse milho para as galinhas, que saíam atrás. Assim as galinhas iam até ao quarto dele, e botavam ovos no travesseiro [...]. No sábado, nós tínhamos 4 ou 5 ovos para comer. [risos].

Após sua experiência na USP, onde foi aluno de Rheinboldt[11] e Hauptmann[12], expoentes da Química alemã, Israel Vargas retorna a Belo Horizonte em 1952. Logo após chegar, adoeceu e desistiu de integralizar sua formação em Física, completando finalmente sua Licenciatura em Química; no ano seguinte, recebeu o título de Bacharel em Química (Fig. 5).

Figura 5 – José Israel Vargas em sua formatura de 1952; e foto de seu diploma de conclusão do Bacharelado em Química, em 1º de junho de 1953, pela Faculdade de Filosofia de Minas Gerais.

---

[11] Heinrich Rheinboldt, além de sua atuação como químico, teve importantes contribuições na área de história da química no Brasil.
[12] Heinrich Hauptmann, também apontado como um dos fundadores do Departamento de Química da antiga Faculdade de Filosofia, Ciências e Letras da USP. Um prêmio universitário da USP leva o nome desses dois professores, como se sabe, ambos refugiados políticos do nazismo.

Os primeiros anos de docência e continuidade dos estudos

Com o diploma em mãos, não lhe faltaram opções para começar sua carreira em sala de aula, e a primeira oportunidade surge em Belo Horizonte, conforme relata em duas ocasiões:

> [...] depois de formado aqui, fiquei como assistente do Schmidt[13], em Física. Lecionei no Colégio Marconi e, em 1952, fui para São José dos Campos, como instrutor do ITA. Foi um período extremamente ativo do ITA (CPDOC-FGV, 2010).

> [...] tornei-me assistente de Física Geral e Experimental, trabalhando com os saudosos professores Eduardo Schmidt Monteiro de Castro, antigo assistente de Física na Universidade do Distrito Federal, e Francisco de Assis Magalhães Gomes. Ambos me indicaram ao Pompéia[14] para participar do primeiro curso de aperfeiçoamento do ITA, de professores de física do ensino secundário, organizado pelo CNPq.

Seu período no Instituto Tecnológico de Aeronáutica (ITA) foi marcado por dois momentos. Primeiro, após ser enviado de Belo Horizonte a São José dos Campos (SP) como aluno de uma série de cursos que eram ministrados para o aperfeiçoamento de professores de Física de cursos secundários, junto com Beatriz Alvarenga da Escola de Engenharia e do Colégio Mineiro. Nesse primeiro momento, J. I. Vargas fez curso de especialização em "Mecânica analítica e estatística" na USP, sob a orientação de Abraão de Moraes (1917-1970), Professor de Física da USP que sucedeu Wataghin[15], em 1949, na Chefia do Departamento de Física:

> O curso foi uma maravilha: não só revelara nossa ignorância no tratamento dos dados experimentais como também nos deu a oportunidade de conhecimento pessoal com grande

---

[13] Eduardo Schmidt Monteiro de Castro, assim como Francisco de Assis Magalhães Gomes (1906-1990), era Professor de Física, tanto na Escola de Engenharia quanto na Faculdade de Filosofia da Universidade de Minas Gerais (Vargas, 2007).

[14] Paulos Aulus Pompéia, um dos descobridores do chuveiro de raios cósmicos, primeira demonstração da complexidade de núcleos atômicos (prótons, nêutrons e mésons). Foi até então o único brasileiro chefe do Departamento de Física do ITA. Informação dada pelo Prof. José I. Vargas.

[15] Gleb Vassielievich Wataghin (1899-1986), físico teórico de origem russa naturalizado italiano, foi o responsável pela implantação da Seção de Ciências Físicas da Faculdade de Filosofia, Ciências e Letras da Universidade de São Paulo, em 1934 (http://acervo.if.usp.br/bio01).

número de luminares da física nacional: Sala, Tiomno, Leite Lopes, Abraão de Moraes, Cintra do Prado. Também compareceram dois luminares da Física moderna: David Bohm e Richard Feynman.[16] Este último repetiu a famosa conferência pronunciada na Academia Brasileira de Ciências, verdadeiro destampatório contra o ensino da física elementar em nosso País (Moreno, 2007).

Em um segundo momento, a convite de Paulo Aulus Pompéia (1911-1993), um daqueles que foram seus professores, J. I. Vargas ingressou como "Auxiliar de Ensino" no corpo docente do ITA, no período que durou entre 1953 e 1955. Porém, sua permanência naquele Instituto não durou muito tempo, pois, diante da doença e morte repentina do pai, José Israel Vargas retorna ainda em 1955 para Belo Horizonte. De pronto, consegue aprovação em um concurso para prover professores ao recém-criado Colégio Municipal de Belo Horizonte e se tornar "Professor Catedrático de Física".

Naquela época, o cargo de Professor Catedrático do Colégio Municipal era de grande prestígio, e o processo seletivo correspondia praticamente ao que era demandado para uma Cátedra na Universidade. Para alcançar aprovação, Israel Vargas apresentou uma tese intitulada *"Aspectos didáticos sobre a determinação de e/m do elétron"*. Como pode ser observado na Fig. 6, a tese está datada de 1953. Na mesma figura, pode-se também verificar que o ponto sorteado para a prova de didática foi o de número 4, correspondendo a "Movimento harmônico simples".

Esse último documento é datado de 26 de outubro de 1955 e vem assinado pelos membros da banca examinadora: Francisco de Assis Magalhães Gomes (Presidente), Rui Ferreira da Cunha, Oromar Moreira, Caio Libanode Noronha Soares e Alberto Teixeira Paes.

Segundo o Professor Israel Vargas, a diferença entre as datas da tese e do concurso se deveu ao fato de que, mesmo tendo concluído a tese em 1953, o concurso permaneceu aberto por um longo tempo, tendo apenas sido efetivamente realizado no final de 1955.

---

[16] Richard Phillips Feynman (1918-1988), físico envolvido no Projeto Manhattan (da primeira bomba atômica) e um dos vencedores do Prêmio Nobel de Física em 1965, veio ao Brasil para ministrar sua série de palestras oferecidas pela Caltech por todo o mundo.

Figura 6 – Frontispício da tese apresentada por José Israel Vargas para concorrer à Cátedra de Física do Colégio Municipal de Belo Horizonte em 1953. À direita, documento assinado pelos membros da banca examinadora, relativo ao ponto sorteado para a prova de didática.

A tese é dedicada a Francisco Iglésias e a Newton Bernardes. No Prefácio, Vargas faz outros agradecimentos, inclusive ao seu mestre Arthur Versiani Velloso, como se pode ler:

> Aqui estão resumidos os resultados de tentativas de encontrar métodos simples de determinação da razão carga/massa do eléctron, iniciadas na Faculdade de Filosofia da U.M.G e terminadas no Instituto Tecnológico da Aereonáutica, onde presentemente se encontra o autor.
> Agradecemos aos professores Arthur Versiani Velloso, Cassio de Mendonça Pinto e Eduardo Schmidt Monteiro de Castro o estímulo que nos tem dado em tôdas as ocasiões, sem o qual este trabalho teria sido impossível; ao colega professor Newton Bernardes da cadeira de Física Atômica do Instituto Tecnológico da Aereonáutica somos gratos pelas muitas sugestões relativas a montagem do método de Classen.
> Todos os conceitos aqui emitidos são, no entanto, de inteira responsabilidade do autor.[17]

---

[17] Texto reproduzido com a grafia original.

Segundo Vargas, ocupar a Cátedra de Física do Colégio Municipal lhe proporcionou a oportunidade do exercício do magistério em sua mais alta expressão, ou seja, a promoção de alunos de classes sociais muito baixas aos postos mais elevados da carreira universitária, tendo muitos de seus alunos, inclusive, realizado doutoramento na França. Ele se lembra de que, entre seus alunos do curso noturno que se destacaram, havia filhos de sapateiro, lavadeira e mestre de obra.

Um episódio que o Professor Vargas fez questão de destacar foi o caso de um aluno que, em certa ocasião, estava com problemas de visão e, ao ser levado para uma consulta com um oftalmologista famoso à época, este diagnosticou o problema como ocasionado por fome.

Entre os alunos com os quais se ocupou o Professor Vargas, três concluíram o doutorado na França, dois se tornaram Professores Titulares da UFMG e, o terceiro, da Escola de Minas de Ouro Preto.

Um dos alunos menos carente formou-se em Engenharia, tendo sido discente do Professor Herbert Magalhães Alves. Todos esses alunos frequentavam, aos sábados e domingos, os cursos práticos que ele oferecia no Laboratório de Física da Faculdade de Filosofia da UFMG, onde era assistente de Física do Professor Schmidt.

Outra oportunidade lhe bate à porta e, dessa vez, sua formação eclética entre Química e Física o capacita para ser selecionado a realizar um curso de "Especialização em Radioquímica e Química Nuclear" na Universidade de Concepción, no Chile. Esse curso foi ministrado por professores da Universidade de Cambridge e financiado pelo British Council, em 1956.[18] A participação nesse curso teve grande impacto na futura carreira de Vargas, uma vez que foi durante sua estadia no Chile que ele foi convidado por um professor da Universidade de Cambridge para fazer o doutorado na Inglaterra, conforme seu relato:

> Alfred Gavin Maddock (1917-2009), que, ao término do curso, me convidou para fazer o doutorado naquela universidade, vindo a ser meu orientador. Personagem extraordinário, que participou durante a Segunda Guerra do grupo inglês encarregado do desenvolvimento de armas nucleares (Pereira, 2017).

---

[18] Aqui encontramos uma incerteza de datas, pois em seu CV Lattes Vargas afirma ter realizado este curso por três meses no ano 1954.

> De volta ao Brasil, solicitei uma bolsa de estudos. Não havia bolsa disponível no CNPq; seu número era pequeno. Disseram-me que o Instituto Nacional de Pesquisas Educacionais, o INPE, organização criada e então dirigida por Anísio Teixeira, oferecia algumas bolsas. Procurei-o e ele recebeu-me muito gentilmente, dizendo: "Olha, meu amigo, a última bolsa de que dispúnhamos foi concedida pelo Presidente da República a um rapaz que vai estudar violino em Roma." Perguntei: "Mas ele vai aprender ou já toca violino?" "Não, não toca! Vai aprender." Quer dizer que era uma bolsa realmente fajuta, de favor. Bem, mas aí, de novo, surge o Arthur Versiani Velloso, com o Francisco Magalhães Gomes. "Não esmoreça! Você vai; esse convite para Cambridge é raro, importante. Você não pode deixar de ir. Você vai com o salário de assistente da universidade" e também do Instituto de Pesquisas Radioativas (IPR), da Escola de Engenharia, que o Magalhães havia fundado e para o qual havia sido recrutado, imagino que graças a meu desempenho no concurso para o Colégio Municipal, de que fora examinador (Meihy, 2014, p. 69).

No ano em que parte para a Inglaterra para o doutorado em Cambridge, em 1957, é instalado em Belo Horizonte um dos três reatores nucleares obtidos pela parceria estadunidense com o programa "Átomos para paz" (Vargas, 2007). O Instituto de Pesquisas Radioativas – IPR (mais tarde convertido no Centro de Desenvolvimento de Tecnologia Nuclear – CDTN) é um dos institutos capacitados para o importante papel de desenvolvimento das aplicações das técnicas nucleares, principalmente, para áreas que envolviam a utilização dos isótopos radioativos na indústria. Entre outras necessidades, era preciso formar os profissionais que iriam trabalhar no IPR e, para isso, somado ao seu salário de professor da UFMG, J. I. Vargas receberia também o salário como funcionário do IPR, conforme relata em entrevista, em 2014.

> Os salários eram baixos e reduziam-se rapidamente com a crescente inflação. Fui, assim mesmo, em pleno governo do Juscelino. [...] Nesse período, não recebia meus salários em Cambridge, por falta de divisas no Tesouro. Nossas conhecidas crises cambiais! O dinheiro depositado pela faculdade no Banco do Brasil não era convertido [...] Passei três ou quatro meses sem receber. Procurei meu orientador, Alfred Maddock, e

disse-lhe: "Eu vou embora, não posso, não tenho como sustentar-me", já que eu estava casado e tinha uma filha. Numa atitude bem típica de inglês, respondeu: "Eu vou ver o que posso fazer por você" [...] Na semana seguinte descobriu 600 libras mobilizáveis no seu College. Uma libra valia 4,02 dólares. Era bastante dinheiro. "Um escocês, no século XVIII, deixou 600 libras a serem dadas a um estudante estrangeiro, mas com uma condição: o beneficiado deveria passar as férias na Escócia!" Perguntei-lhe: "Ele estipulou a duração das férias?" e na sequência, "Não", respondeu-me o Maddock. "Então, está bem", repliquei. Fui, já de posse do dinheiro, passei três dias e, com isso, me safei (Meihy, 2014, p. 70).

Foi nos laboratórios de Cambridge (Fig. 7), sob a orientação de Aldred Maddock, que Vargas realizou, com sucesso, pesquisas que resultaram em sua tese. Seu primeiro trabalho de pesquisa versou sobre a influência de defeitos cristalinos em sólidos sobre o processo Szilard-Chalmer. Essa pesquisa resultou em sua primeira publicação científica, que se deu em 1959, na prestigiosa revista *Nature* (Fig. 8 A). Com a ética e o respeito que sempre manteve em suas relações sociais e no trabalho, o artigo se encerra com os seguintes dizeres: *Um de nós (J.I.V.) deseja agradecer a licença do Instituto de Pesquisas Radioativas e da Faculdade de Filosofia da Universidade de Minas Gerais, Brasil* (Maddock; Vargas, 1959).

Figura 7 – José Israel Vargas e seus colegas na Universidade de Cambridge, no final da década de 1950.

Seu certificado de conclusão do doutorado foi emitido pela Universidade de Cambridge, em 30 de abril de 1960 (Fig. 8B). Com isso, J. I. Vargas completa sua formação acadêmica e retorna ao Brasil para assumir seu cargo de Catedrático Interino na Universidade de Minas Gerais para o qual havia sido nomeado em 1956. Quatro anos após seu retorno, logrou aprovação em concurso para o cargo de Professor Catedrático Interino de Físico-Química e Química Superior na Faculdade de Filosofia da Universidade Federal de Minas Gerais. Para isso, submeteu a tese "Contribuição ao estudo das consequências físico-químicas da captura radioativa de nêutrons térmicos nos sólidos" (Fig. 9).

Figura 8 – A: texto completo do primeiro artigo publicado por J. I. Vargas, em coautoria a de A. G. Maddock, em 1959. B: Fac-símile do certificado de conclusão do doutorado (Doctor of Philosophy) na Universidade de Cambridge, em abril de 1960.

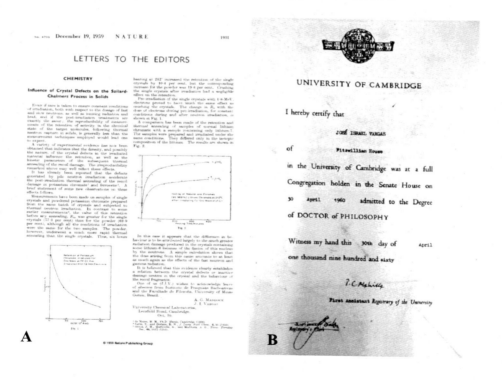

Figura 9 – Cópia do ofício da presidência da república nomeando o Professor José Israel Vargas para ocupar interinamente a Cátedra de Físico-Química e Química Superior na Faculdade de Filosofia da Universidade de Minas Gerais, em 1956. Capa da tese apresentada por J. I. Vargas, para o provimento, em caráter definitivo, da mesma cátedra, em 1964.

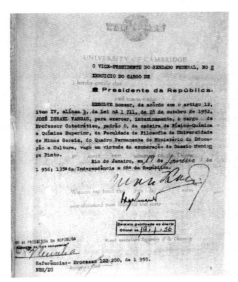

A sólida formação científica em Cambridge permitiu a Vargas continuar seus trabalhos na área de Química Nuclear na UFMG, criando uma linha de pesquisa que permitiu a formação de diversos mestres e doutores. Além disso, Vargas passou a ter papel central no desenvolvimento do programa nuclear brasileiro, ocupando importantes cargos de gestão e de representação em órgãos nacionais e internacionais. Essas representações o levaram a ter contato com cientistas ilustres do Brasil e de diversos países. Detalhes desses cargos são encontrados na sua biografia publicada pela Editora UFMG (Pereira, 2015). Apenas para ilustrar a diversidade de atividades realizadas pelo Professor Vargas, transcrevemos aqui parte do discurso que ele proferiu durante a cerimônia em que recebeu o título de Professor Emérito, em 11 de maio de 1990. No discurso, logo no segundo parágrafo, ele faz menção à influência que Arthur Versiani Velloso teve sobre sua trajetória acadêmica. Mais ao final, ele descreve resumidamente sua carreira assim:

> E assim caminhamos, alguns, como eu, perseguindo figurativamente as estrelas. Propicia-me nossa Universidade o acesso a estradas insuspeitadas que me levaram ao Instituto Tecnológico da Aeronáutica, em São José dos Campos; à Universidade

de São Paulo, à Universidade de Concepción, no Chile; à Universidade de Cambridge; ao trabalho no Instituto de Pesquisas Radioativas; na Comissão Nacional de Energia Nuclear; na Agência Internacional de Energia Atômica de Viena, Grenoble, com passagens por Oxford, Milão, Praga, Lyon, Genebra, ao comitê assessor das Nações Unidas para a Ciência, Tecnologia e Desenvolvimento. Por toda parte em busca de maior entendimento de segmento ínfimo das humanas elucubrações sobre o céu estrelado. A vertigem da descoberta; o encontro de muitas mentes e de algum coração amigo. [...] Lá em Brasília surpreende-me a indicação para concorrer a eleição no Conselho Executivo da UNESCO, à vaga deixada pelo falecimento de Paulo Carneiro ... (Vargas, 1990).

Após sua aposentadoria na UFMG em 1986, o Professor Vargas continuou exercendo muitos cargos no governo federal, como o de Ministro de Ciência e Tecnologia, nos governos dos Presidentes Itamar Franco e Fernando Henrique Cardoso, de 1992 até 1999. No ano 2000, durante o governo do Presidente Fernando Henrique Cardoso, foi nomeado Embaixador e Delegado Permanente do Brasil na UNESCO.[19] Nos últimos 10 anos, o Professsor Vargas vem orientando vários estudantes de iniciação científica, em projetos relacionados ao uso da modelagem matemática desenvolvida pelo físico e matemático italiano Cesare Marchetti, de quem se tornou amigo. O modelo matemático desenvolvido por Marchetti é capaz de descrever as mais variadas ações humanas ao longo do tempo, a exemplo da destruição de debulhadoras pelos trabalhadores agrícolas ingleses no século XIX e da construção de catedrais góticas entre os séculos XII e XIV.

Seu trabalho mais recente nessa área corresponde ao capítulo intitulado "Ciência, Liberdade e Tráfico de Escravos", em colaboração com o estudante de Engenharia Química Pedro Augusto F. Borges. O trabalho foi apresentado em palestra, durante evento comemorativo dos 200 anos da Independência do Brasil, em setembro de 2022 (Filgueiras; Barbosa, 2023). Nesse trabalho, esses autores ilustram diversas aplicações do modelo marchettiano, incluindo dados sobre a evolução histórica da eficiência termodinâmica em três tecnologias (máquina a vapor, produção de luz e síntese industrial de amônia), bem como a eficiência de dispositivos geradores de energia (mecânica, térmica e elétrica). O trabalho é complemen-

---

[19] Para mais detalhes dos cargos ocupados pelo Professor Vargas, veja o capítulo de autoria de Alaíde Braga de Oliveira neste livro, assim como o livro de Pereira (2015).

tado com dados coletados sobre a evolução anual do número de escravos embarcados para o Brasil, no tráfico transatlântico, entre 1501 e 1866. Os dados foram analisados segundo o modelo de Marchetti, e os autores mostram, pela primeira vez, que existe correlação clara entre a crescente eficiência termodinâmica das máquinas e a redução do tráfico de escravos. O auge do tráfico ocorreu em 1800, caindo a parir de então e sendo totalmente extinto por questões legais em 1866 (Vargas *et al.*, 2023).

Considerações finais

Para ser fiel com a Química e a Física, José Israel Vargas trabalhou exatamente na fronteira das duas ciências e, dessa forma, trouxe a Minas Gerais o estudo das consequências químicas das transformações nucleares nos sólidos e as interações hiperfinas, usando métodos físicos (correlação angular diferencial perturbada e variações das meias-vidas de isótopos pesados). Israel Vargas desenvolveu esses métodos físicos em Grenoble, onde chefiou o Grupo de Interações Hiperfinas do Centro de Estudos Nucleares de Grenoble e do Grupo *Recherche Coopération sur Programme* do *Conseil National de la Recherche Scientifique*, envolvendo os grupos de estudos das interações hiperfinas de Lyon, Paris (Orsay), Oxford (Inglaterra) e Grenoble. José Israel Vargas manteve, ao longo de sua extensa e rica formação nas Ciências Química e Física, as características de seus objetos de estudo. Soube se transformar, ao longo dos anos, sem nunca perder seu ímpeto ou sua intensidade. Sempre conservou o seu interesse e vigor com outras possibilidades de trabalho. Na natureza das imprevisibilidades, não se perdeu nem mesmo com os maiores percalços enfrentados e soube criar, com maestria, resultados da pesquisa científica e formar profissionais. Suas contribuições para o desenvolvimento da Química Nuclear no Departamento de Química da UFMG e no Brasil como um todo foram decisivas para o desenvolvimento dessa área. Além disso, a dimensão e estatura desse cientista transcenderam as nossas fronteiras, tornando-o respeitado em todo o mundo. Esperamos que, com estas poucas páginas, tenhamos conseguido resgatar um pouco das memórias deste ilustre ex-aluno e atualmente Professor Emérito da Universidade Federal de Minas Gerais.

Referências

BLACKBURN, G. M.; SUTHERLAND, I. O. William David Ollis, 22 December 1924 – 13 June 1999. Biographical Memoirs of Fellows of the Royal Society – Journals. **Royal Society of London**, n. 47, p. 395-413, 2001.

BRASIL. **Decreto-Lei 1.190**, de 4 de abril de 1939. Dá organização à Faculdade Nacional de Filosofia. Legislação Informatizada da Câmara dos Deputados. Disponível em: www.camara.gov.br. Acesso em: 27 out. 2023.

CANÇADO, J. M. **Colégio Arnaldo**: uma escola nos trópicos. Belo Horizonte, MG: Editora Arte, 1999. 114 p.

CPDOC (Centro de Pesquisa e Documentação de História Contemporânea do Brasil) – FGV (Fundação Getúlio Vargas). **VARGAS, José Israel. José Israel Vargas I (Depoimento, 1977)**. Rio de Janeiro, 2010. 52 p.

FILGUEIRAS, C. A. L.; BARBOSA, L. C. A. **Ciência e liberdade** – A busca pelo conhecimento da natureza no Brasil à época de nossa Independência. São Paulo, SP: Livraria da Física, 2023. 235 p.

HADDAD, M. L. A. **Faculdade de Filosofia de Minas Gerais**: sementes do espírito universitário. Belo Horizonte: BH Press Comunicação, 2015.

LEITE, G. L. **Juventude e socialização**: os modos de ser jovem aluno das camadas médias em uma escola privada de Belo Horizonte-MG. 2011. Dissertação (Mestrado em Educação) – Faculdade de Educação da Universidade Federal de Minas Gerais, Belo Horizonte, MG, 2011.

MADDOCK, A. G.; VARGAS, J. I. Influence of Crystal Defects on the Szilard-Chalmers Process in Solids. **Nature**, v. 184, 1959.

MEIHY, J. C. S. B. **Vida e Ciência**: entrevista com José Israel Vargas. Série Diálogos, 1. Salvador, BA: Editora Pontocom; Duque de Caxias, RJ: Unigranrio, 2014. 154 p.

MORENO, M. Q. (org.). **Ciência em tempo de crise – 1974-2007**. Belo Horizonte, MG: Editora UFMG, 2007.

O'SHEI, T. **Marconi and Tesla**: pioneers of radio communication (Inventors who changed the world). Berkeley Heights, NJ: MyReportLinks.com Books, 2008. 128 p.

PEREIRA, L. M. L. Memórias de um cientista sobre a energia nuclear no Brasil (1946-1964): entrevista com José Israel Vargas. **História Oral**, v. 20, n. 1, 2017.

PEREIRA, L. M. L. **Desafiando fronteiras** – Trajetória de vida do cientista José Israel Vargas. Belo Horizonte: Editora UFMG, 2015. 415 p.

PEREIRA, L. M. L. Memórias de um cientista sobre a energia nuclear no Brasil (1946-1964): entrevista com José Israel Vargas. **História Oral**, v. 20, n. 1, p. 217-236, jan./jun. 2017.

SANTOS, A. S. Francisco Iglesias e o curso de geografia e história da Faculdade de Filosofia de Minas Gerais (década de 1940). **História da Historiografia**, Ouro Preto, MG, n. 11, 2013.

SENISE, P. **Origem do Instituto de Química da USP** – Reminiscências e comentários. São Paulo, SP: Instituto de Química da USP, 2006. 188 p.

UFMG. **Morre o professor Herbert Magalhães, um dos fundadores da pós-graduação em Química da UFMG**. Disponível em: https://www.ufmg.br/online/arquivos/018467.shtml. Acesso em: 28 out. 2023.

UFMG. *Site* **da Filosofia da UFMG reúne memórias de oito décadas** – Arte e Cultura. 2023. Disponível em: https://ufmg.br/comunicacao/noticias/site-da-filsofia-da-ufmg-reune-memorias-de-suas-oito-decadas. Acesso em: 11 nov. 2023.

VARGAS, J. I. **Currículo do sistema Lattes**. Brasília, DF: 24 de março de 2022. Disponível em: http://lattes.cnpq.br/9416971538888241. Acesso em: 27 out. 2023.

VARGAS, J. I. **Discurso proferido na UFMG, por ocasião da outorga do título de Professor Emérito, em 11 de maio ode 1990**. Belo Horizonte, MG: Auditório da Reitoria, [s.d.]. (texto impresso e não publicado).

VARGAS, J. I. O desenvolvimento da energia nuclear: Minas e o Brasil – Antes que me esqueça. À memória de Francisco de Assis Magalhães Gomes. In: SIMPÓSIO COMEMORATIVO AO CENTENÁRIO DE NASCIMENTO DE FRANCISCO DE ASSIS MAGALHÃES GOMES – Átomos para o desenvolvimento, 2006, Belo Horizonte. **Anais...** Belo Horizonte, MG: Comissão Nacional de Energia Nuclear – Centro de Desenvolvimento da Tecnologia Nuclear, de 21 e 22 de agosto de 2006.

VARGAS, J. I.; OLIVEIRA, R. G.; BORGES, P. A. F. Ciência, liberdade e tráfico de escravos. In: FILGUEIRAS, C. A. L.; BARBOSA, L. C. A. **Ciência e liberdade** – A busca pelo conhecimento da natureza no Brasil à época de nossa independência. São Paulo, SP: Livraria da Física, 2023. p. 41-60.

QUÍMICA DOS PRODUTOS NATURAIS NA UFMG: O QUE VI E O QUE VIVI![1]

Alaíde Braga de Oliveira

Magnífica Reitora da UFMG, Professora Sandra Goulart Almeida; Senhora Pró-Reitora de Pesquisa da UFMG, Professora Jacqueline Aparecida Takahashi; Exmo. Senhor Diretor do Instituto de Ciências Exatas, Professor Francisco Dutenhefner; Exmo. Senhor Chefe do Departamento de Química, Professor Luiz Cláudio de Almeida Barbosa; Autoridades, Colegas, Amigos, Estudantes, Funcionários e Familiares.

Ser contemplada com a Medalha Professor José Israel Vargas é uma grande honra que recebo com muito orgulho e satisfação. Conforme informado pelo Professor Luiz Cláudio de Almeida Barbosa, "a criação desta medalha ocorreu em 13 de março de 2018 com o objetivo de prestar homenagem a pesquisadores atuantes na área da Química, de qualquer estado do Brasil, que tenham contribuído de forma significativa para o desenvolvimento das Ciências Químicas no país". E o primeiro cientista a receber esta honrosa homenagem não poderia deixar de ser o próprio Professor José Israel Vargas.

Transcrevo aqui um trecho do prefácio do livro de sua autoria, "Ciência em Tempo de Crise: 1974-2007", no qual é chamado de "um sertanejo peregrino" pelo político mineiro João Camilo Penna, engenheiro pela UFMG, que ocupou cargos importantes em Minas Gerais e foi ministro da Indústria e Comércio do Brasil (1979 a 1984). Ele conhecia bem o Professor Vargas, "o pesquisador, homem público e diplomata, o peregrino no mundo do conhecimento e das ideias", e o colocava entre as pessoas singulares que "querem saber mais e fazer mais[2]". Sem dúvida, o Professor Vargas é uma dessas pessoas singulares que sabem muito e fizeram muito pela ciência e tecnologia do Brasil.

Conheci o Professor Vargas, em 1972, como Chefe do Departamento de Química (DQ) do Instituto de Ciências Exatas da UFMG, criado na Reforma Universitária de 1968, no reitorado do Professor Aluísio Pimenta (*in memoriam*). O

---

[1] Discurso proferido no dia 11 de novembro de 2022, no Auditório B101 do CAD3 da UFMG, durante a cerimônia de outorga da Medalha Professor José Israel Vargas, concedida pelo Departamento de Química do ICEx-UFMG.
[2] MORENO, Márcio Quintão (org.). *José Israel Vargas – Ciência em tempo de crise 1974-2007*. Belo Horizonte: Editora UFMG, 2007. p. 13-15.

DQ reuniu, no Campus Pampulha da UFMG, todo o pessoal da Química originalmente alocado na Faculdade de Filosofia, na Faculdade de Farmácia e na Escola de Engenharia. Eu tinha conhecimento de que se tratava de um Químico formado pela Faculdade de Filosofia da Universidade de Minas Gerais (FAFI-UMG), Doutor pela Universidade de Cambridge, Reino Unido, e Pesquisador em Energia Nuclear em Grenoble, França. Procurei, então, saber um pouco mais sobre sua "opção pela ciência – ensino e pesquisa" – que marca sua trajetória de Paracatu, no sertão de Minas Gerais, para o mundo, como descrito no livro intitulado "Desafiando Fronteiras – Trajetória de vida do cientista José Israel Vargas", de autoria de Lígia Maria Leite Pereira, publicado em 2015 pela Editora UFMG.[3]

Trata-se de uma biografia entremeada de narrativas do Professor Vargas, a começar pelas memórias da origem da sua família, no início do século passado, em Paracatu-MG, onde nasceu em 9 de janeiro de 1928. Cursou o ginásio no internato do Colégio Arnaldo e o curso científico no Colégio Marconi, onde conheceu o Professor Artur Versiani Velloso. Pensava ser engenheiro, mas, sob a influência do Professor Velloso, que era também professor da FAFI-UMG e a favor da ciência pura, fez opção pelo Curso de Química da FAFI-UMG. Terminou a graduação em 1952 e começou sua peregrinação em busca de seu sonho: "Ser pesquisador em ciências".

Concluída a graduação em Química, começou como começa a maioria dos recém-formados: ministrando aulas em cursos preparatórios para o vestibular, monitor de Físico-Química no Curso de Engenharia Química da Escola de Engenharia da UFMG, Professor de Física no Instituto Tecnológico de Aeronáutica – ITA, em São José dos Campos, SP, no período de 1953 a 1955, quando deu continuidade às pesquisas em Física Nuclear iniciadas como estudante do Instituto de Tecnologia Industrial de Minas (ITI). Voltando a Belo Horizonte, foi aprovado em Concurso Público para Professor Catedrático de Física do Colégio Municipal, onde permaneceu por dois anos (1955-1957), e foi Professor Interino de Físico-Química da FAFI-UFMG. Deixou o Colégio Municipal e iniciou suas atividades de pesquisa no Instituto de Pesquisas Radioativas (IPR), criado em 1952 sob a liderança do Professor Francisco Magalhães Gomes, que o encaminhou para o doutorado na Universidade de Cambridge, Inglaterra, no período de 1956 a 1959. Sob a orientação do Professor Alfred Gavin Maddock, desenvolveu um projeto na área de Mecânica Quântica do Estado Sólido, dando continuidade aos trabalhos em

---

[3] PEREIRA, Lígia Maria Leite. *Desafiando Fronteiras*: trajetória de vida do cientista José Israel Vargas. Belo Horizonte: Editora UFMG, 2015.

Química de Átomos Quentes. A respeito do seu orientador, disse o Professor Vargas: "Era um 'cientista nuclear' de alto gabarito, extraordinário professor, cidadão do mundo e personalidade cativante". O primeiro artigo sobre seu trabalho de tese foi publicado em 1959, na conceituada revista Nature (Fator de Impacto em 2022: 69,504). Ele foi o primeiro de uma lista de 46 pesquisadores do IPR titulados entre 1959 e 1998.[2]

Na volta a Belo Horizonte, retomou suas funções na Faculdade de Filosofia da UFMG e no IPR. Sua equipe era formada por um grupo de Física e outro de Química, dando continuidade às pesquisas realizadas na Universidade de Cambridge, Inglaterra. Nesse período, colaborou em diversas atividades da Comissão Nacional de Energia Nuclear (CNEN), sendo nomeado para seu Conselho Deliberativo, do qual foi exonerado em 1964, quando teve início o Regime Militar no Brasil. As dificuldades em dar continuidade às pesquisas na área de energia nuclear no Brasil motivaram sua ida para Grenoble, França, em 1965. Como chefe de um grupo de pesquisas do Centre d'Études Nucléaires de Grenoble (CENG), desenvolveu projetos sobre Mecânica Quântica do Estado Sólido no Laboratório de Química Nuclear. Em Grenoble, conheceu o Professor Louis Néel, Prêmio Nobel de Física em 1970, com o qual teve sua atenção despertada para a relação entre ciência básica e tecnologia, cujo "objetivo", segundo ele, "é o de tornar as invenções confiáveis, econômicas e aceitáveis". Ao voltar ao Brasil, atuou como consultor da FINEP na formulação de um projeto de pesquisa e desenvolvimento de minerais estratégicos visando agregar valor aos produtos oriundos de nióbio, zinco e níquel. O projeto foi desenvolvido em universidades e centros de pesquisas em colaboração com mineradoras e indústrias de produtos daqueles metais. Assim, sob a sua influência, teve início na FINEP a elaboração de projetos de colaboração entre universidades e empresas que passaram a ser um modelo para instituições financiadoras de pesquisa no Brasil.

De Grenoble, o Professor Vargas retornou ao Brasil, em maio de 1972, ano em que assumiu a Chefia do Departamento de Química do ICEx-UFMG, como já mencionado. Como Presidente da Fundação João Pinheiro (FJP), coordenou um programa de desenvolvimento sustentável que incluía todos os órgãos do estado envolvidos com o setor de Ciência e Tecnologia. Além de apoiar a criação de riqueza pela agregação de valor, a FJP investiu na formação de administradores públicos. Foram estabelecidos os primeiros cursos de "Master of Business Administration" (MBA) no Brasil, em colaboração com a Universidade de Columbia, e que foram depois transferidos para a Fundação Dom Cabral.

Ainda na FJP, participou do Programa Pró-Nuclear, com o apoio do CNPq, o que permitiu o aperfeiçoamento, na Alemanha e em outos países, de 600 pesquisadores brasileiros de diferentes especialidades. Apoiou a criação da Diretoria de Tecnologia e Meio Ambiente, bem como assumiu sua Direção, tendo sido responsável pelo estabelecimento da política ambiental em Minas Gerais, com a criação da Secretaria de Ecodesenvolvimento. Foi sua a iniciativa de instalação da Secretaria de Ciência e Tecnologia (SECT) de Minas Gerais, em 1976, sendo seu primeiro secretário. O CETEC, vinculado à SECT e do qual era, portanto, presidente, apoiou importantes projetos nas áreas de meio ambiente, tecnologia de alimentos (carnes e derivados de leite), metalúrgica (zinco de Vazantes/Paracatu, manganês/Amapá, nióbio/Araxá, carvão vegetal e nióbio de Araxá). A execução desses projetos se fez por meio do programa de articulação entre universidades e empresas estatais e privadas.

Não poderia deixar de me referir ao plano de ação do projeto de tecnologias apropriadas para a prevenção da doença de Chagas em Juramento, uma cidade de três mil habitantes, no Norte do estado. A doença de Chagas é endêmica em Minas Gerais e pode causar complicações, como problemas digestivos, meningite, problemas no coração e até levar à morte. Seu agente causador é um protozoário denominado *Trypanosoma cruzi, que é transmitido pelo barbeiro. Na área rural, esse inseto se esconde* nos buracos das paredes das casas de pau a pique, nas camas, colchões, baús e, mais recentemente, foi observada sua presença nas palmeiras de açaí na Amazônia. A doença de Chagas e as casas de pau a pique são frequentes em Minas Gerais, principalmente nas áreas rurais. Uma forma de prevenção da doença é o reboco de rachaduras e frestas dessas casas. O CETEC desenvolveu em Juramento, MG, um trabalho de tecnologia para melhoria das casas da região, o que deve ter contribuído para a queda no número de casos da doença naquela região.

Na década de 1970, o Professor Vargas foi eleito para a Academia Brasileira de Ciências (ABC) e, em 1978, contemplado com o Prêmio IBM de pesquisa e desenvolvimento, por indicação do CNPq. Em junho de 1979, foi convidado por João Camilo Penna, ministro da Indústria e Comércio, para assumir a Secretaria de Tecnologia Industrial (STI). A reestruturação da STI absorveu as atividades do Instituto Nacional de Propriedade Industrial (INPI), sendo implantado o Instituto Nacional de Metrologia, Qualidade e Tecnologia (INMETRO), quando se criou o Instituto Brasileiro de Qualidade Nuclear (IBQN) para garantia da qualidade necessária para o acordo nuclear com a Alemanha. Com a crise do petróleo, o governo brasileiro criou, em 1975, o Programa Nacional do Álcool (Proálcool).

Ao Professor Vargas, que assumira a STI em 1979, coube a meta ambiciosa de tornar o etanol viável como fonte alternativa de energia. No período de 1985 a 1987, colaborou novamente com o Proácool, como assessor de Aureliano Chaves, ministro de Minas e Energia, e de 1986 a 1990 como membro da Comissão Nacional de Energia. Essa Comissão, constituída por aproximadamente 50 pessoas, em tempo integral, teve como objetivo avaliar todas as instituições e laboratórios da Nuclebrás. À frente dessa Comissão, o Professor Vargas, como vice-presidente da ABC, contribuiu para que o Conselho de Segurança Nacional permitisse a inclusão no Relatório da Comissão de Avaliação do Programa Nuclear Brasileiro, que era, até então, mantido como segredo de estado. Como vice-presidente da Academia Brasileira de Ciências (ABC), o Professor Vargas teve autorização para a publicação do referido relatório pela ABC. O sucesso dessa importante missão o levou a declarar que ela teria sido a iniciativa que ele mais valorizava na sua vida.

O Professor Vargas assumiu o Ministério de Ciência e Tecnologia (MCT) em 1992, no governo do Presidente Itamar Franco, quando foram desenvolvidos projetos de importância para a infraestrutura de ciência e tecnologia em diversos setores. Durante o governo do Presidente Fernando Henrique Cardoso, foi estabelecido o plano plurianual para C&T (1996-1999). As atividades desenvolvidas para atingir as metas propostas constam do relatório publicado em 1998, durante o segundo mandato do Professor Vargas no MCT, como o Programa de Apoio ao Desenvolvimento da Ciência e Tecnologia (PADCT) e o Programa de Apoio aos Núcleos de Excelência (PRONEX), desenvolvidos com recursos financeiros do MCT por intermédio do CNPq, da FINEP e de empréstimos externos do Banco Mundial, Banco Interamericano de Desenvolvimento (BID) e Eximbank (Japão). Com o PRONEX, criado em 1996, teve continuidade o apoio aos Núcleos de Excelência e houve a inclusão dos Grupos Emergentes. Dados que evidenciam o impacto dessa nova política nacional de C&T em diversos setores de pesquisa e produção são mostrados no relatório do MCT publicado em 1998.[4] Participei do grupo de estruturação do Subprograma de Química, parte do PADCT I, implantado em 1985. É sem dúvida notável a contribuição desse programa para a formação de pesquisadores nas universidades e centros de pesquisa e a capacitação tecnológica no setor produtivo.

Em 1982, o Professor Vargas foi eleito para o Conselho Executivo da Organização das Nações Unidas para a Educação, Ciência e Cultura (UNESCO), no qual permaneceu por sete anos (1982-1989); os dois últimos como presidente. No

---

[4] MCT – MINISTÉRIO DE CIÊNCIA E TECNOLOGIA. *Ciência e Tecnologia nos anos 90*: a década do crescimento. Brasília: Editora e Gráfica Stampato Ltda., 1998.

ano 2000, o Presidente Fernando Henrique Cardoso o nomeou para o cargo de Embaixador e Delegado Permanente do Brasil na UNESCO. Em reconhecimento pelas suas conquistas, recebeu inúmeras condecorações nacionais e estrangeiras.[2]

Este texto é um resumo sucinto da trajetória do Professor Vargas como cidadão e cientista, relatado por Lígia Maria Leite Pereira.[2] Digno de nota neste livro é a colocação da história do Professor Vargas no contexto mundial de ciência e política, por meio de suas próprias narrativas. Além das ações aqui resumidas, é importante enfatizar o número significativo de pesquisadores e dirigentes de instituições com os quais se relacionou e tratou de assuntos de alta importância nas áreas científica, tecnológica e social. Sua fantástica trajetória, que o levou do Sertão de Minas Gerais para o Mundo[2], compreendeu as etapas de Químico a Professor de Física, cientista em Energia Nuclear e formulador de Políticas de Ciência e Tecnologia.

A razão deste sucinto resumo da carreira do Professor José Israel Vargas foi saber um pouco mais sobre "um sertanejo peregrino" que sempre quis "saber mais e fazer mais"[1], bem como motivar outras pessoas a conhecerem um pouco mais sobre a sua trajetória, na qual os jovens encontrarão inspiração e estímulo para fazer ciência.

Minha trajetória

Minha trajetória começou em Morada Nova, uma cidade pequena e pacata, onde nasci em 10 de março de 1941. Aos cinco anos de idade, minha mãe me levou a Andrequicé de Presidente Olegário, uma vila no sertão das Gerais, a aproximadamente 200 km de Morada Nova, para conhecer meu avô paterno e os parentes do meu pai; minha avó já era falecida, morreu de pneumonia por falta de penicilina. A viagem a cavalo durou três dias, e não havia nenhuma outra cidade ou vila naquele trajeto, apenas algumas fazendas, cujos proprietários nos recebiam com muita atenção.

Terminado o primário, em Morada Nova, cursei o ginasial, no Colégio Santo Antônio, um internato de freiras, em Curvelo. A viagem realizada duas vezes por ano era uma aventura, sobretudo durante as chuvas de final de ano. Atravessávamos o rio São Francisco numa balsa, no porto das Melancias; Brasília não existia e não havia estrada asfaltada. Ao concluir o ginasial, tive de tomar a decisão entre seguir com o científico, uma preparação para o vestibular de um curso superior, ou fazer o Curso Normal para ser Professora Primária. Para uma moça, naquela época, "O NORMAL ERA FAZER O NORMAL". Fiz minha opção pelo científico, mesmo ainda sem ter ideia sobre qual profissão seguiria. Cursei o científico no internato do

Colégio Imaculada, na Rua da Bahia, ao lado da Igreja de Lourdes, hoje Basílica de Nossa Senhora de Lourdes. Tanto aqui como no internato em Curvelo, assistíamos à missa matinal das 6h30 e às 19 h rezávamos o terço na capela.

O curso científico despertou-me o interesse pela Química Orgânica, que era lecionada pelo Professor Henrique Luiz Lacombe, catedrático de Farmacognosia da Faculdade de Farmácia da UMG. Ao tomar uma decisão sobre a profissão a seguir, optei por Farmácia, tendo em vista sua relação com a área de saúde. Entrei para a Faculdade de Farmácia da UMG em 1959. Naquela época, a Faculdade formava Farmacêuticos Químicos, e, então, cursei as disciplinas de Química Analítica; Química Bromatológica, atualmente Química de Alimentos; Química Orgânica, cujo catedrático era o Professor Aluísio Pimenta; e Física Aplicada à Farmácia, ministrada pela engenheira e Professora Beatriz Alvarenga, que também foi professora de Física no ITA na mesma época do Professor Vargas, como informado por Lígia Pereira.[2] Cursei também disciplinas das áreas biológica e tecnológica do currículo de farmacêutico.

Na faculdade, manifestei ao Professor Aluísio Pimenta (*in memoriam*) meu interesse pela Química Orgânica, e ele me ofereceu uma bolsa de Iniciação Científica do CNPq. Passei a participar das aulas práticas ministradas pela Professora Lígia Pimenta, sua esposa, e realizei a síntese do prontosil, cuja metodologia foi implantada nas aulas práticas de Química Orgânica. O prontosil (KL730) foi um dos 35 corantes azoicos sintetizados por **Fritz Mietzsch e Josef Klarer**, na IG Indústria de Corantes (IG Farbenindustrie), na Alemanha, em 1931. Em 1932, Gerahad Dogmagk (1895-1964), médico patologista e bacteriologista da Bayer, parte do conglomerado da mesma empresa de corantes, demonstrou que o prontosil tinha efeito curativo contra septicemia estreptocócica em animais de laboratório, mas era inativo em experimentos *in vitro*. Introduzido na clínica médica em 1936, com o nome de Prontosil Rubrum, este corante salvou muitas vidas, inclusive de Churchill e de um filho do Presidente Roosevelt. Dogmagk demonstrou ainda que o efeito curativo do prontosil era devido à formação de uma sulfonamida (sulfamidocrisoidina) no seu metabolismo. Outras sulfas foram sintetizadas e introduzidas em uso clínico, marcando a era dos antibióticos sintéticos, uma vez que seu desenvolvimento precedeu a descoberta da penicilina por Alexander Fleming, em 1928, cujo uso clínico só teve início em 1940. Em 1939, Dogmagk foi contemplado com o Prêmio Nobel de Fisiologia ou Medicina "pelo desenvolvimento do prontosil". Sem dúvida, o prontosil mereceu ser chamado de "a notável nova droga" no

Times Magazine, edição de 28 de dezembro de 1936, em entrevista com a Senhora Eleanor Roosevelt, esposa do Presidente Roosevelt.[5]

Por que incluí aqui informações que vão além do que eu sabia sobre o prontosil naquela época? Porque queria chamar a atenção para o fato aqui relatado de que um resultado negativo de um ensaio *in vitro* não deve ser considerado o fim de um projeto de pesquisa na área de fármacos. Ensaios *in vivo* podem comprovar a ação de uma substância que se mostrou inativa *in vitro* e, portanto, não se perderia a rara oportunidade de descobrir um novo fármaco. Entretanto, a realização de ensaios *in vivo* é, em geral, mais complexa e, muitas vezes, não acessível aos pesquisadores.

A Farmacognosia foi outra disciplina do curso de Farmácia que me entusiasmou. O nome deriva de duas palavras gregas *Pharmakon* (Fármaco) e *Gnosis* ("o mais alto grau de conhecimento científico"). Sua origem está relacionada à Matéria Médica, uma das disciplinas que fazia parte do curso de Medicina e tratava de substâncias e outros agentes empregados como medicamentos. As substâncias eram de origem natural, sendo as plantas medicinais os principais agentes.

Ainda durante o curso de Farmácia, aprendi que Química Orgânica, Farmacognosia e Fármacos podiam ser associados à Fitoquímica, da qual tomei conhecimento por intermédio do Professor Otto Richard Gottlieb (*in memoriam*), que orientava pesquisas de professores da Faculdade de Farmácia e do Curso de Química da Faculdade de Filosofia. Naquela época assisti, pela primeira vez, a um curso de Ressonância Magnética Nuclear (RMN) ministrado pelo Professor Gottlieb para bolsistas de Iniciação Científica (IC) na Escola de Engenharia, da qual era Catedrático de Química Orgânica o Químico e Professor Herbert Magalhães Alves (*in memoriam*), colega e amigo dos Professores Vargas e Gottlieb. A IC proporcionou-me a vivência em um ambiente de pesquisa científica e contribuiu para a definição da minha trajetória como professora e pesquisadora. Concluída a graduação em 1963, passei a integrar, a partir de 1964, o grupo de pós-graduandos da Universidade de Brasília (UnB) que trabalhavam no Laboratório do Professor Herbert Magalhães, na Escola de Engenharia, enquanto aguardavam a construção do galpão SG11 (Serviços Gerais 11), onde foi provisoriamente implantado o Departamento de Química.[6] Os pós-graduandos eram, ao mesmo tempo, professores na graduação. Na pós-graduação tivemos, no espaço de um ano, aulas das espectrometrias no infravermelho, ultravioleta, RMN e massa, de química de carboidratos,

---

[5] PRONTOSIL, William Stork. *Chemical and Engineering News*, v. 83, n. 25, 2005.
[6] O Departamento de Química seria implantado no Instituto Central de Ciências (ICC), conhecido como Minhocão, que estava sendo construído.

métodos de isolamento, purificação e identificação de produtos naturais, todas ministradas pelo Professor Gottlieb. No entanto, os problemas políticos daquela época, que motivaram a ida do Professor Vargas para Grenoble e a sua permanência na França por mais de seis anos, também nos atingiram e motivaram o pedido de demissão da grande maioria dos professores da UnB. Voltando para o Laboratório do Professor Herbert, fui aprovada para o cargo de Professora Assistente de Química Orgânica da Escola de Engenharia da UMG, em 1966. Concluí meu trabalho de tese, sob a orientação do Professor Gottlieb, obtendo o título de Doutor pela Faculdade de Farmácia; a Pós-Graduação no Departamento de Química ainda não existia na UMG. Em 1967, casei-me com o Geovane, meu colega na graduação e também doutor pela Faculdade de Farmácia. Em setembro de 1968, saímos para o pós-doutorado no Departamento de Química da Universidade de Sheffield, em Sheffield, Inglaterra, sob a supervisão do Professor William David Ollis (*in memoriam*), colaborador do Professor Gottlieb. Trabalhamos com Síntese Orgânica e análise dos produtos por RMN. Voltamos a Belo Horizonte em setembro de 1969 e fomos para o Departamento de Química do Instituto de Ciências Exatas, criado durante o reitorado do Professor Aluísio Pimenta. Nosso título de doutorado, obtido pela Faculdade de Farmácia, foi reconhecido pelo colegiado do Curso de Pós-Graduação em Química, criado em 1972, sendo seu coordenador o Professor Ruy Magnane Machado. Foram anos de intensa atividade de ensino na graduação, na pós-graduação e na pesquisa vinculada à orientação de pós-graduandos.

  Como pesquisadora nos Cursos de Pós-Graduação em Química e de Farmácia (PPGCF), contribuí para a titulação de um total de 43 mestrandos e 42 doutorandos. Fui orientadora de mais de uma centena de bolsistas de Iniciação Científica, alguns dos quais seguiram a carreira acadêmica. Devo muito aos pós-graduandos, tão apaixonados, como eu, pela pesquisa de produtos naturais, na busca pelo conhecimento do potencial terapêutico de moléculas de variadas classes químicas pela valorização da pesquisa interdisciplinar. A dedicação do Geovane é reconhecida como fator essencial na condução dos trabalhos naquela fase inicial da nossa carreira acadêmica. Valiosa também foi a colaboração dos colegas Professores Doutores Maria Amélia Diamantino Boaventura, Délio Soares Raslan e Luiz Gonzaga Fonseca e Silva; os dois últimos obtiveram o doutorado sob a nossa orientação, naquela época. Agradeço também aos excelentes técnicos de laboratório: a engenheira Clarice Ribeiro de Castro (*in memoriam*), uma grande amiga; Ângela Cristina Assunção; e João Edmundo Guimarães, que se casou com a Professora Dênia Antunes Saúde Guimarães (UFOP), pós-graduanda do Curso da Química, naquela época, e que me honram com sua presença nesta solenidade.

Colaboração com pesquisadores brasileiros

Na década de 1970 teve início a nossa colaboração com o Professor Elisaldo Carlini (*in memoriam*) da Escola Paulista de Medicina, São Paulo, pesquisador de Psicofarmacologia, em que atuou por mais de 50 anos. Seu interesse por drogas psicotrópicas motivou a realização de estudos farmacológicos sobre a maconha e o levou à Universidade de Yale, Estados Unidos, no período de 1962-1964, para aprofundar seus conhecimentos sobre a farmacologia da maconha com o Professor Raphael Mechoulan, considerado o "pai da *Cannabis*". O Professor Carlini foi o primeiro pesquisador a demonstrar, em modelo animal, a ação do *Cannabis sativa* no controle de convulsões, descrita em artigo publicado em 1973.[7] Hoje são reconhecidos os efeitos benéficos do canabidiol (CDB), um dos componentes da maconha isolado pelo Professor Mechoulan para tratamento de pacientes com epilepsia e diversas outras doenças. Em 28 de julho de 2020, a revista brasileira Cannabis & Saúde publicou a seguinte notícia: "NY Times: febre do CBD começou com o cientista brasileiro Elisaldo Carlini". O Professor Carlini faleceu no dia 16 de setembro de 2020. Depois de mais de 50 anos de pesquisas, extratos padronizados das folhas de maconha foram, recentemente, introduzidos na clínica médica para tratamento da epilepsia.

O projeto que desenvolvemos em colaboração com o Professor Carlini compreendeu a síntese de derivados do eugenol e do chavibetol, dois alilfenóis naturais abundantes em algumas plantas da flora brasileira, de comprovada ação sobre o Sistema Nervoso Central (SNC) como anteriormente demonstrado pelo Professor Carlini. Diversos derivados foram sintetizados pelos mestrandos Thaís Horta Álvares da Silva e Ricardo José Alves no Departamento de Química, com o apoio da extinta Central de Medicamentos (CEME) do Ministério da Saúde. Estudos farmacológicos realizados pela equipe do Professor Carlini (UNIFESP) evidenciaram a ação anticonvulsivante e anestésica de alguns desses derivados.

Em colaboração com o Professor Egler Chiari (*in memoriam*), do Instituto de Ciências Biológicas (ICB) da UFMG, desenvolvemos pesquisas sobre atividade de produtos naturais contra o *Trypanosoma cruzi*, agente etiológico da doença de Chagas, uma enfermidade parasitária carente de recursos terapêuticos. Foi demonstrada a atividade tripanosomicida *in vitro* de algumas substâncias naturais

---

[7] KANIOL, I. G.; CARLINI, E. A. *Psychopharmacologia*, v. 33, p. 35-70, 1973. DOI: 10.1007/BF00428793.

isoladas por pós-graduandos do DQ. Entre as substâncias ativas, destaca-se a claussequinona, de uma nova classe de produtos naturais isolados de jacarandás do Cerrado mineiro pertencentes aos gêneros *Dalbergia* e *Machaerium* (Leguminosae). A fitoquímica de um grande número de espécies desses gêneros foi realizada, nas décadas de 1960 e 1970, com a colaboração entre os grupos dos Professores Gottlieb e Ollis (Universidade Sheffield). Várias substâncias inéditas, pertencentes a uma nova classe de flavonoides, os neoflavonoides, foram isoladas e sintetizadas por doutorandos do DQ e da Universidade de Sheffield. Posteriormente, novos representantes desse grupo de produtos naturais foram encontrados em leguminosas de alguns países da Europa e da Ásia. As atividades biológicas descritas para essas substâncias revelam seu potencial terapêutico.

Pesquisas sobre a atividade leishmanicida de produtos naturais visando à descoberta de potenciais agentes para tratamento da leishmaniose foram desenvolvidas, nos últimos anos, em colaboração com o Professor Sydnei Magno da Silva (*in memoriam*) e a Dra. Renata Cristina de Paula, da Universidade Federal de Uberlândia (UFU). A leishmaniose é uma doença endêmica negligenciada que afeta, principalmente, humanos e cães. O tratamento de primeira linha no Brasil se faz com antimoniais pentavalentes que são de baixo custo, mas muito tóxicos. Existem alguns medicamentos mais eficazes e menos tóxicos, porém são muito caros. Essa é, sem dúvida, uma área que se deve explorar no Brasil.

Colaborações internacionais

Sempre me esforcei para que, quando possível, os pós-graduandos tivessem conhecimentos e experiências em áreas complementares à Fitoquímica. Com esse objetivo, vários dos nossos orientados realizaram parte de seus trabalhos de tese em universidades estrangeiras, como relatado a seguir.

Marília Oliveira Fonseca Goulart e Antônio Euzébio Goulart Santana obtiveram o doutorado no Departamento de Química do ICEx-UFMG e realizaram estágio de doutorado sanduíche em Eletroquímica de Naftoquinonas, em 1986, na Universidade de Washington, Estados Unidos, sob a orientação do Professor Vladimir Horak, conhecido dos Professores Aluísio Pimenta e Lígia Pimenta. Por que eletroquímica de produtos naturais? A eletroquímica é aplicada ao estudo de produtos naturais, tendo em vista que reações de acoplamento oxidativo ocorrem na biossíntese de algumas classes de substâncias, como as lignanas e neolignanas, que derivam biossinteticamente da dimerização de arilpropanoides fenólicos, via radicais livres. Marília e Euzébio, professores da UFAL, Maceió, exploram ainda essa metodologia, não se limitando à sua aplicação a produtos naturais.

Nossa colaboração com o Institut de Chemie des Substances Naturelles (ICSN), Gif-sur-Yvette, França, teve início em 1985, sempre com o apoio do CNPq. Antônio Salustiano Machado e Ricardo José Alves, ambos com experiência básica em síntese orgânica durante o mestrado no Departamento de Química, realizaram o doutorado em sínteses a partir de carboidratos, sob a orientação do Professor Sir Derek H. Barton (Prêmio Nobel de Química de 1969), diretor do ICSN; e do Pesquisador Gabor Lukacs. Aurélio Maranduba, mestre pelo Departamento de Química, fez o doutorado na Universidade de Paris XI (Paris-Sud), França, em projeto sobre oligossacarídeos e antígenos de diferenciação molecular, sob a orientação do Professor Serge David. Realizaram parte dos seus trabalhos de tese em Síntese Orgânica no ICSN os doutorandos José Dias de Souza Filho e Maria Auxiliadora Fontes Prado, ambos sob a orientação do Pesquisador Gabor Lukacs; e Rossimirian Pereira de Freitas, orientada pelo pesquisador Simeon Arsenyiadis. O Professor Délio Soares Raslan, do Departamento de Química, realizou pós-doutorado em Síntese de Naftoquinonas via reações de selenização, em colaboração com a pesquisadora **Françoise Khuong-Huu**. Os pesquisadores Ricardo e Rossimirian são professores da UFMG, respectivamente na Faculdade de Farmácia e no Departamento de Química. Délio e José Dias são aposentados do Departamento de Química e Maria Auxiliadora, da Faculdade de Farmácia da UFMG. Antônio Salustiano e Aurélio Maranduba foram professores no Departamento de Química da Universidade Federal de Juiz de Fora (UFJF).

Carlos Leomar Zani e Tânia Maria Almeida Alves obtiveram o título de Doutor em Química pelo Departamento de Química do ICEx-UFMG, em 1988. Ambos realizaram estágio de doutorado sanduíche na Universidade de Waterloo, em Waterloo, Canadá, onde desenvolveram parte dos seus projetos de tese em Síntese de Naftoquinonas por metodologia de metalação regiosseletiva, sob a orientação do Professor Victor Snieckus. Atualmente, o Carlos está aposentado do cargo de Pesquisador Titular da FIOCRUZ, **no** Centro de Pesquisa René Rachou, em Belo Horizonte. Tânia é Pesquisadora Titular dessa mesma instituição.

Marcos Antônio Fernandes Brandão e Magda Narciso Leite obtiveram o título de Doutor em Química no Departamento de Química, em 1994. Também realizaram estágio de doutorado sanduíche na Universidade de Waterloo, Canadá, trabalhando em Síntese de Naftoquinonas Potencialmente Antiparasitárias. Ambos são professores da Faculdade de Farmácia da UFJF, a Magda em Farmacognosia e o Marcos em Química Farmacêutica. Como empreendedor, o Marcos criou empresas e *startups* na área farmacêutica, uma das quais foi transferida para a multinacional holandesa Fagron, em 2019.

Durante o doutorado no Departamento de Química, Jacqueline Aparecida Takahashi desenvolveu um projeto de Fitoquímica isolando e identificando diterpenos de diferentes classes estruturais, potenciais substratos para modificações estruturais por métodos químicos ou de biotransformações, estes últimos de natureza regiosseletiva. Com o objetivo de promover biotransformações dos diterpenos obtidos, Jacqueline realizou estágio de doutorado sanduíche na Universidade de Sussex, em Sussex, Inglaterra, sob a orientação do Professor James R. Hanson (*in memoriam*), pesquisador de reconhecida competência na área. Concluiu o doutorado em 1994 e, como Professora Titular do Departamento de Química do ICEx, tem contribuído para a formação de pesquisadores nessa área da biotecnologia, pouco explorada no Brasil. Atualmente é pró-reitora de Pesquisa da UFMG. É um prazer contar com a sua presença nesta mesa.

Lúcia Pinheiro Santos Pimenta concluiu o doutorado em Química no ICEx da UFMG em 1995 e realizou estágio de doutorado sanduíche na Faculdade de Farmácia da Universidade de Ohio, Estados Unidos, sob a orientação do Professor John M. Cassady (*in memoriam*), trabalhando com fitoquímico de *Annona crassiflora* (araticum). A pesquisa químico-biológica de plantas da família Annonaceae, em especial de espécies dos gêneros *Annona* e *Rollinia*, continua sendo sua principal linha de pesquisa, o que se justifica por serem produtoras de acetogeninas, uma classe de produtos naturais de estruturas complexas, de comprovada atividade anticancerígena e antimalárica. Lúcia ampliou seus interesses na área focalizando produtos naturais com possíveis atividades citotóxicas, antitumorais, pesticidas, antimicrobianas e antimaláricas, o que significa colaboração com biólogos nas diferentes especialidades. Atualmente é Professora Titular do Departamento de Química do ICEx-UFMG.

Um projeto de Cooperação Internacional CNPq-DFG Jülich (Cooperação Alemã para Pesquisa de Jülich) foi estabelecido em 1996, em colaboração com o Professor Hidelbert Wagner (*in memoriam*), da **Universidade Luís Maximiliano de Munique, em Munique, Alemanha**. Realizaram estágios na Faculdade de Farmácia daquela universidade a Professora Maria Amélia Diamantino Boaventura e a doutoranda Dâmaris Silveira, da Pós-Graduação em Química. Seus **projetos em Fitoquímica** compreendiam diferentes focos.

Fernão Castro Braga, como doutorando em Química, realizou estágio sanduíche na Universidade de Tübingen, Alemanha, sob a orientação dos Professores Ernst Reinehard e Wolfang Kreis, com o estudo fitoquímico de um cultivar brasileiro de *Digitalis lanata*. O objetivo foi avaliar a adaptação dessa planta no maciço do Itatiaia, isolar, identificar e quantificar por HPLC-DAD cardenolídeos digitálicos, primeiros fármacos utilizados no tratamento de insuficiência cardíaca que, após 200 anos de descoberta, continuam nessa terapêutica e, ainda hoje, são importados. Concluiu o doutorado na Química em 1997 e realizou um estágio pós-doutoral na Faculdade de Farmácia da Universidade de Munique, Alemanha, com a colaboração do Professor Hidelbert Wagner, trabalhando em ensaios biológicos de atividade anti-hipertensiva e de inibição da enzima conversora da angiotensina. Atualmente, é Professor Titular no Departamento de Produtos Farmacêuticos da Faculdade de Farmácia da UFMG. Cardenolídeos, assunto da sua tese, constituem a base de uma das suas linhas de pesquisa.

João Paulo Viana Leite concluiu o doutorado em Química no ICEx-UFMG, em 2002. Parte de seu trabalho de tese foi realizada na Faculdade de Farmácia da Universidade dos Estudos de Gênova (Facoltà di Farmacia, Università degli Studi di Genova), em Gênova, Itália, no âmbito do projeto de cooperação internacional Rede Latino Americana para o Estudo de Plantas Medicinais (ALFA-RELAPLAMED), financiado pela União Europeia e coordenado pelo Professor Arturo San Feliciano, da Universidade de Salamanca, na Espanha. Participaram do projeto pesquisadores das Universidades de Gênova, Coimbra, Salamanca, Valência, Colômbia, Panamá, Chile e Federal de Minas Gerais. Atualmente, o João Paulo é Professor Associado do Departamento de Bioquímica e Biologia Molecular da Universidade Federal de Viçosa, Coordenador do Laboratório de Biodiversidade e do Programa de Bioprospecção Molecular no Uso Sustentável da Biodiversidade (BIOPROS).

Pilar Luengas-Caicedo, professora da Faculdade de Farmácia da Universidade Nacional (UNAL) da Colômbia, Bogotá, realizou o doutorado em Ciências Farmacêuticas na Faculdade de Farmácia da UFMG, titulando-se em 2005. Foi bolsista por quatro anos do projeto de cooperação internacional ALFA-RELAPLAMED, da União Europeia.

Ronan Batista e Simone Andrade Gualberto concluíram o doutorado pela Faculdade de Farmácia da UFMG. Ambos realizaram estágio de doutorado sanduíche no Departamento de Química Farmacêutica da Universidade de Salamanca, em Salamanca, Espanha, sob a orientação dos Professores Arturo San Feliciano e José Maria Miguel Del Corral. Ronan desenvolveu um projeto de síntese de derivados de diterpenos caurânicos, obtidos na Faculdade de Farmácia da UFMG, e Simone realizou a síntese total de naftoquinonas. As substâncias sintetizadas pelos dois doutorandos foram avaliadas em testes *in vitro* de atividade antimalárica, no Laboratório de Bioensaios de Fitoquímica na Faculdade de Farmácia da UFMG e de atividade citotóxica em células tumorais humanas na Universidade de Salamanca.

Com o apoio do CNPq, visitaram o Departamento de Química, oportunidade em que ministraram cursos e, ou, palestras o Professor Hidelbert Wagner, da Alemanha; os pesquisadores Gabor Lukacs e Simeon Arasenyiadis, da França; Wolfang Kreis, da Alemanha; o Professor Victor Snieckus, do Canadá; e o Professor Minoru Isobe, da Universidade de Quioto, Japão.

Na Faculdade de Farmácia

Em 1991, fui aprovada em concurso público para Professora Titular da Faculdade de Farmácia, no Departamento de Produtos Farmacêuticos, Setor de Farmacognosia e Fitoquímica, onde permaneci como Professora Titular efetiva até 2001 e, desde 2003, como Professora Emérita.

Inicialmente, ministrei, na graduação, aulas de Farmacognosia e de Fitoquímica, esta última recém-implantada na época. Como coordenadora do mestrado do PPGCF, contribuímos para a aprovação do doutorado pela CAPES, em 1996. Esse Programa tem, atualmente, conceito 5 da CAPES e titulou 382 mestres e 172 doutores.

Em 2002, iniciamos, no Laboratório de Fitoquímica, a avaliação da atividade antimalárica de plantas medicinais, produtos naturais, sintéticos e semissintéticos em colaboração com a Professora Marinete Póvoa, especialista em malária do Instituto Evandro Chagas, em Ananindeua, no Pará. Marinete recebeu em seu laboratório a doutoranda do PPGCF da UFMG Maria Fâni Dolabela, professora da Faculdade de Farmácia da UFPA, Belém, para realizar os ensaios *in vitro* de atividade antimalárica, parte da sua tese, que foi concluída em 2007.

Com o apoio do Programa de Pesquisas em Malária do CNPq, um Laboratório de Bioensaios foi instalado no Laboratório de Fitoquímica. A implantação do cultivo do *Plasmodium falciparum* e dos ensaios de atividade antimalárica foi efetivada pelas doutorandas Renata Cristina de Paula e Maria Fernanda Alves do Nascimento, com experiência anterior nessas metodologias. O projeto compreendia o atendimento aos pós-graduandos do PPGCF-UFMG e a pesquisadores do NPPN da UFRJ, do INPA de Manaus e do PPGCF-UFPA de Belém. Mais de mil amostras compreendendo extratos vegetais e produtos naturais foram avaliadas, com alguns resultados promissores. Esse trabalho só foi possível graças ao apoio do CNPq e à dedicação e competência da Renata e da Maria Fernanda, que também concluíram o doutorado no PPGCF da UFMG.

Uma produtiva colaboração com a Professora Erna Geesien Kroon, do Departamento de Microbiologia do ICB-UFMG, teve início com a sua coorientação do doutorando Geraldo Célio Brandão do PPGCF-UFMG. Célio desenvolveu um projeto interdisciplinar compreendendo fitoquímica e virologia de extratos vegetais. A avaliação da atividade antiviral de 43 extratos de plantas de diferentes gêneros e de substâncias isoladas foi realizada no Laboratório de Virologia mediante testes *in vitro* contra os vírus da dengue, sorotipo 2 (DENV2), zica (Zika vírus), herpes simplex-tipo 1 (HSV-1), vaccinia (VACV) e encefalomiocardite murina (EMCV). Concluído o doutorado, Célio continuou na Fitoquímica por quatro anos, como bolsista de pós-doutorado da CAPES, dando continuidade aos trabalhos em Fitoquímica, na Faculdade de Farmácia, e em ensaios de atividade antidengue na Virologia, como parte de um projeto CNPq-INCT-DENGUE, coordenado pelo Professor Mauro Teixeira, do ICB-UFMG. Sou grata ao Célio pela sua colaboração na orientação de vários pós-graduandos e bolsistas de IC. Desde 2010, o Célio é professor e, atualmente, diretor da Escola de Farmácia da Universidade Federal de Ouro Preto (UFOP).

Como bolsista CAPES-PVNS (Professora Visitante Nacional Sênior), estive, por quatro anos, na Faculdade de Farmácia da UFPA, em Belém (2013-2017), ministrando disciplinas no seu PPGCF e participando de pesquisas em andamento. Orientandos da Professora Fâni Dolabela realizaram estágios no Laboratório de Fitoquímica da Faculdade de Farmácia da UFMG, desenvolvendo parte dos seus trabalhos experimentais. Foram eles: Dayse Lúcia do Nascimento Brandão, mestrado (2012) e doutorado (2018); Thiago Freitas Silva, mestrado (2015); Valdicley Vieira Vale, doutorado (2015); e Letícia Hiromi Ohashi, mestrado (2020). A colaboração da então doutoranda Tatiane Freitas Borgati e do pós-doutorando Douglas Costa Gontijo foi de fundamental importância na supervisão dos estagiários.

De 2020 a 2022, fui bolsista CAPES-PVNS na Universidade Federal do Oeste do Pará (UFOPA), em Santarém, PA, como coorientadora da doutoranda Maria Beatriz Viana dos Santos, orientada da Professora Rosa Helena Veras Mourão (UFOPA). A Maria Beatriz, vinculada ao PPGCF da UFMG, concluiu o doutorado no primeiro semestre de 2023, desenvolvendo parte significativa do seu trabalho de tese no Laboratório de Fitoquímica. O pós-doutorando Douglas Costa Gontijo participou ativamente da orientação da Maria Beatriz. Infelizmente, o isolamento social imposto pela pandemia da COVID-19 limitou meu tempo na

UFOPA e a realização de pesquisas com a rica biodiversidade de plantas da Amazônia brasileira, razão do meu interesse em trabalhar na região.

Voltando às considerações sobre minha carreira acadêmica, reconheço que fui privilegiada por ter iniciado pesquisas numa época que marcou um avanço na realização de projetos interdisciplinares de Química e Biologia-Farmacologia, visando à descoberta de substâncias bioativas, protótipos para o desenvolvimento de novos fármacos. No que se refere à Química, a disponibilidade de equipamentos de cromatografia e espectrometria no Brasil, a partir da década de 1980, teve impacto positivo marcante nas pesquisas em Fitoquímica. Na área biológica, o surgimento de metodologias simples de bioensaios, acessíveis aos pesquisadores em Fitoquímica, foi outro fator que contribuiu para acelerar as pesquisas focadas na descoberta de produtos naturais bioativos e impactou o crescimento do número de publicações científicas na área. No entanto, o desenvolvimento de aplicações tecnológicas desse conhecimento na produção de novos fármacos e medicamentos continua ainda um sonho quase impossível de se concretizar no Brasil, pois falta a devida interação entre universidades e empresas. As razões para tal situação são bastante complexas e não cabe considerar aqui.

Agradecimentos

Quando olho para trás, e lá se vão 57 anos de vida acadêmica, sinto-me em paz, consciente de que cumpri minha missão como professora e pesquisadora.

Neste momento, expresso meus cumprimentos a todos aqueles que contribuem para fazer da UFMG uma Instituição reconhecida pela sua excelência e colocada entre as melhores universidades do Brasil. As autoridades presentes nesta mesa, sem dúvida, fazem parte deste grupo restrito de idealistas.

Reverencio, com respeito, a memória dos Professores Aluísio Pimenta, Herbert Magalhães Alves e Otto Richard Gottlieb, aos quais devo o estímulo para trilhar o caminho da ciência com foco em produtos naturais da fantástica biodiversidade brasileira.

Aos colaboradores e pós-graduandos com os quais dividi experiências e muito aprendi na busca do conhecimento científico, sou imensamente agradecida.

A Rossimirian e Lúcia, agradeço e cumprimento pela organização desta bonita cerimônia; e ao José Dias, por me entregar a Medalha Professor José Israel Vargas, o que muito me honra.

Aos participantes do Ars Nova – Coral da UFMG, nosso cumprimento e agradecimento por nos ter proporcionado momentos de prazer com a sua apresentação.

Considero-me uma pessoa abençoada por ter tido meus pais Alzira e Delor, que foram exemplos de dedicação à família e ao trabalho. Pela sua vivência, nos ensinaram a cultivar os valores fundamentais de responsabilidade, honestidade, honradez, retidão moral e perseverança. De meu pai destaco a dedicação ao trabalho e a preocupação com os estudos dos filhos. Não deve ter sido fácil manter, ao mesmo tempo, quatro filhos no internato de bons colégios. Da minha mãe, lembro-me da sua alegria de viver e do seu espírito empreendedor. Enquanto meu pai era focado no trabalho, minha mãe, com aquela índole aguçada de empreender, contribuiu para a construção de um pequeno patrimônio da família. A lembrança deles está sempre presente na minha vida e na de meus irmãos.

Finalmente, agradeço aos meus colegas, estudantes, familiares e amigos que nos honram com a presença nesta cerimônia. Aos funcionários da Universidade Federal de Minas Gerais, suporte para as atividades de ensino e pesquisa; e, particularmente, àqueles que participaram da organização deste evento, o nosso reconhecimento.

REMINISCÊNCIAS DE UM QUÍMICO – MEIO SÉCULO DE LEMBRANÇAS

Carlos Alberto Filgueiras

Durante a pandemia, para aproveitar o tempo extra que tive que ficar em casa, resolvi escrever uma espécie de autobiografia, abordando casos pitorescos ao longo de minha vida, fossem eles ligados à família, aos amigos, à carreira acadêmica, e outros temas que encheram um grande número de tópicos, percorrendo toda a minha vida. O chefe do Departamento de Química, Prof. Luiz Cláudio de Almeida Barbosa, me pediu agora que contribuísse com algum texto para o volume que ele planeja publicar sobre a história do Curso de Química na UFMG. Optei, então, por usar alguns dos relatos já escritos e inéditos, esperando que tenham alguma serventia para este propósito. Eu estive ligado ao ensino de Química na UFMG desde bem antes da fundação do Departamento de Química e do ICEx, pois me tornei Professor de Química Geral e Inorgânica da Escola de Engenharia em março de 1968, logo após minha formatura como engenheiro químico, que ocorrera no mês de dezembro anterior. No semestre seguinte fui para os Estados Unidos fazer o doutorado, e quatro anos depois, em 1972, já diplomado, retornava para reassumir meu posto numa nova instituição, o Departamento de Química, um dos três departamentos originais do recém-criado Instituto de Ciências Exatas. O relato que se segue está dividido em pequenas crônicas, que fogem de descrições científicas ou, mesmo, acadêmicas. Acredito que muitos escreverão sobre estes últimos temas. Por isso optei por compartilhar casos pitorescos de mais de meio século vivido em vários lugares, cidades e países, ocorridos ao longo de minha vida. Privilegiei os casos de períodos mais antigos, para ficar dentro do espírito da celebração de aniversário do Curso de Química. Já no início do presente século passei vários anos no Instituto de Química da UFRJ, voltando depois à UFMG em 2010, onde me encontro até hoje. Os casos relatados aqui têm sempre alguma ligação, direta ou não, com minha carreira de químico. Espero não ter traído o espírito do que se pedia e trazido um pouco de vivência e humor a quem se dispuser a ler este texto.

Os primórdios de uma carreira acadêmica

Enquanto ainda estava no último ano de meu Curso de Engenharia Química, em 1967, já havia decidido que não seria engenheiro e, sim, químico. Vi então, em meados daquele ano, um anúncio no jornal Estado de Minas, publicado pelo então existente Consulado dos Estados Unidos em Belo Horizonte, da abertura de um processo de seleção para candidatos que desejassem fazer pós-graduação naquele país. Vivia-se um período em que as atividades científicas e seu financiamento tinham ganhado muita projeção, em decorrência da grande surpresa que ocorrera 10 anos antes, em 1957, com o lançamento, pela União Soviética, do primeiro satélite artificial. Seguiu-se uma intensa corrida espacial entre as duas potências, e os Estados Unidos se deram conta que tinham que dar uma resposta bastante robusta ao desafio que haviam sofrido, sob pena de terem seu *status* de potência dominante rebaixado na visão mundial, com todas as implicações políticas daí advindas. Seguiu-se um incremento extraordinário das atividades educacionais e de pesquisa nas ciências chamadas de "duras" nos Estados Unidos. Criaram-se também vários grupos de estudos sobre como mudar para melhor o ensino secundário das ciências no país, que se julgava deficiente, em face dos desafios a serem enfrentados naquele momento histórico. Surgiram, por exemplo, várias obras muito interessantes do ponto de vista didático, como os livros Chem Study e outras obras semelhantes na Física e na Biologia. Esses livros foram traduzidos aqui e largamente utilizados no Brasil. Do ponto de vista de estratégia política, o senador J. William Fulbright encabeçou a criação de várias atividades em apoio àquele esforço, criando o que veio a ser conhecido como a Comissão Fulbright. Entre outras iniciativas, esta passou a facilitar a concessão de meios para estrangeiros irem fazer cursos de pós-graduação no país. Eu me inseri nesse contexto. Depois de meses de provas de inglês e entrevistas sem fim, tanto com o pessoal diplomático americano quanto com professores de áreas científicas da UFMG com passado de estudo nos Estados Unidos, fui finalmente selecionado em abril de 1968. Eu me havia formado em dezembro do ano anterior e feito um concurso para Professor Auxiliar em fevereiro de 1968, de modo que, quando saiu a decisão a respeito de minha ida para o exterior, eu já me encontrava dando aulas na Escola de Engenharia. Solicitei, e consegui, uma licença de afastamento para fazer o doutorado. Durante minha ausência ocorreu a Reforma Universitária e foi criado o Instituto de Ciências Exatas, com seu Departamento de Química, para o qual fui transferido, sem mesmo saber o que acontecia. Mais tarde fiquei sabendo que havia ocorrido um grande afunilamento na seleção no Consulado; de 100 candidatos inscritos inicialmente, só dois acabaram indo, e um, que nunca conheci, voltou meses depois. Assim fui protagonista de um pífio rendimento de um por cento. Tornei-me, assim, o que se chamava na época, de forma grandiloquente, de um "Fulbright Scholar". Por isso, meu patrocinador oficial por quatro anos era o Departamento de Estado dos Estados Unidos. Todavia, o Departamento só me deu a passagem aérea, um seguro e o acompanhamento de minhas atividades nos Estados Unidos, através de um instituto educacional que ele mantinha. Também arranjaram para que eu fosse contratado pela Universidade de Maryland, onde estudei, para ser um "Teaching Assistant", ou seja, mão de obra barata para auxiliar no grande trabalho de ensino de graduação numa universidade com algumas dezenas de milhares de alunos. Foi assim que lecionei aulas de laboratório e de problemas para turmas de 24 alunos, com uma carga semanal de oito horas. Em adição, eu tinha que assistir, junto a outros colegas em situação idêntica, às três aulas semanais em que as pequenas turmas se juntavam em grandes turmas entre 250 e 300 alunos nas aulas teóricas dadas por um professor do Departamento de Química. Com o tempo também passei, ocasionalmente, a lecionar para essas turmas grandes. Nossas obrigações, todavia, não acabavam aí. Os assistentes tinham que ajudar o professor nas provas dadas à grande turma em conjunto e, depois, auxiliar na correção. Era muito trabalho para pouca remuneração. Trabalhei dessa maneira durante todo o período em que passei lá, dando aulas em várias áreas: Química Geral, Química Inorgânica e Química Orgânica. Só em meu último semestre é que fui dispensado de dar aulas, porque ganhei um prêmio, oriundo de votação de todo o corpo de alunos de graduação, denominado "Best Teaching Award". Ironicamente, o prêmio consistia na dispensa da obrigação de lecionar, mas foi muito bem recebido por mim, porque eu precisava de mais tempo para ultimar a tese, que foi feita dentro do prazo regulamentar de quatro anos, mesmo com todas as atividades didáticas que exercia. Apesar de tudo, foi uma excelente experiência, com a qual muito lucrei, e ela me foi de enorme valia depois de retornar ao Brasil.

Além do mais, a Universidade de Maryland fica em College Park, um subúrbio da capital americana, que oferecia incontáveis oportunidades culturais de ótimo nível, que fiz questão de aproveitar sempre que podia.

Antes de chegar em setembro de 1968 a Maryland, porém, fui convidado pelo Departamento de Estado a tomar parte, durante todo o mês de agosto, num curso de "orientação para estudantes estrangeiros", a ter lugar na Universidade de Indiana, em seu belo campus na cidade de Bloomington, naquele estado. Embora eu já falasse inglês, nunca havia tido a experiência de ouvir a língua o tempo todo e ter que pensar apenas em inglês, de modo que aquela experiência foi valiosa, pois sabia que assim que chegasse a Maryland teria que começar logo a dar aulas. O tal curso de orientação tinha 75 alunos, de todas as partes do mundo, inclusive de alguns países da Cortina de Ferro. Isso foi no auge da Guerra Fria. Entre os alunos havia três brasileiros. Além de mim, lá estavam uma moça carioca e um rapaz paulista. A experiência foi muito curiosa, e fomos até pagos para vivenciá-la. Ficamos muito bem alojados em dormitório da universidade, que estava vazia pelas férias de verão. Todas as manhãs tínhamos que ir cedo a uma conferência de algum professor, que nos despejava uma torrente de patriotadas, dizendo como os Estados Unidos eram o mais belo e poderoso país do mundo, como o seu sistema político é o mais avançado que existe e coisas do mesmo teor. Eles não se davam conta do ridículo que era essa tentativa de lavagem cerebral de estrangeiros, apresentada de forma tão primária. Nessa época, o país já estava envolvido até o pescoço na guerra civil do Vietnã, com milhares de vítimas fatais de ambos os lados, mas nunca ouvimos uma única palavra a esse respeito. Depois das conferências, nós nos dividíamos em grupos pequenos, de acordo com nossas áreas de estudo. Eu ficava no grupo de ciências exatas, e nos dirigíamos para o prédio do Departamento de Química, onde tínhamos contato com os laboratórios de pesquisa e com seus professores. Um dia, um professor disse que gostaria de que nós conhecêssemos um estudante que acabara de defender tese de Ph.D. em Química e queria que ele nos relatasse como havia sido sua experiência de estudar nos Estados Unidos. Para minha surpresa, ele era brasileiro, e foi assim que conheci o Dr. Eduardo Peixoto, que veio a tornar-se meu amigo e foi por muitos anos professor na USP, um dos principais fundadores da Sociedade Brasileira de Química e seu primeiro Secretário Geral e fundador da revista Química Nova.

Depois que acabou o estágio em Indiana, fui à cidade de Indianápolis e tomei um avião até Washington, para assumir meu posto em Maryland, quando então se iniciou a minha carreira acadêmica americana.

A salamandra das bochechas cor de rosa

Tive um orientador de tese extraordinário na Universidade de Maryland, o Professor James Edward Huheey, que faleceu em 2020. Como bom descendente de irlandeses, ele era muito cioso de suas origens étnicas. Assim é que todos os anos, no dia 17 de março, dia de São Patrício, o padroeiro da Irlanda, ele fazia questão de lhe render homenagem. De acordo com a tradição da Ilha Esmeralda, o cognome da Irlanda, país onde chove sempre, no dia 17 de março os irlandeses e seus descendentes devem vestir-se de verde ou, pelo menos, trajar alguma peça de vestuário verde. O Professor Huheey jamais deixou de seguir a tradição, todos os anos. Huheey era um grande docente e tornou-se conhecido em todo o mundo por causa de seu livro-texto de Química Inorgânica, que teve quatro edições em inglês e foi traduzido para várias línguas. Suas aulas eram fantásticas, e o livro de sua autoria revela bem essa característica. Muitos dizem que o livro dispensa o professor, de tão claras são suas explicações sobre qualquer assunto abordado. Eu acompanhei, quando estudante, a redação do livro e li muitas partes antes que elas fossem finalizadas. Ao final, quando as provas tipográficas ficaram prontas (isto era em 1972, quando não havia computadores pessoais), ele as entregou a mim dizendo que achava que estava tudo pronto. Aí, então, eu percebi que o título de um dos capítulos saíra como Nalogens and Hoble Gases e não Halogens and Noble Gases, como deveria ser. Imediatamente, mostrei-lhe o erro, que ele não havia percebido mesmo depois de reler o texto inúmeras vezes, num fenômeno muito comum entre autores. Foi bem a tempo, antes que as impressoras rodassem o livro.

Além da Química, o Professor Huheey tinha outra paixão, que era o estudo de répteis, ou Herpetologia. No porão de sua casa, ele mantinha uma imensa coleção de répteis em frascos com formaldeído, que para muitos era uma verdadeira coleção de horrores. Minha colega Judy Watts, também sua aluna, me prevenira a primeira vez que eu fui visitá-lo, para não me assustar com a coleção do que ela chamava de "pickled snakes", que ele mantinha em casa. Todavia, sua paixão entre os répteis eram as salamandras, sobre as quais havia publicado dezenas de trabalhos, entre artigos e livros. Ele havia descoberto uma nova espécie, denominada "huheeyensis", que ele havia cognominado de "pink-cheeked salamander", ou "salamandra das bochechas cor de rosa". Na parede atrás de sua escrivaninha havia uma grande foto colorida desse exemplar. Eu olhei bem e lhe disse que, para mim, ela era cor de rosa da ponta do focinho até a cauda. Acho que ele ficou um pouco desapontado e me disse: "Mas se você a visse pessoalmente iria perceber que as bochechas são mais cor de rosa que o resto do corpo". Ele gostava tanto de sua salamandra que em todas as edições de seu livro de Química Inorgânica há uma silhueta dela ao final do prefácio.

O Professor Huheey tinha uma enorme caminhonete toda equipada com holofotes por toda parte, que ele usava para ir estudar as salamandras, que têm hábitos noturnos. Nos verões, ele ia para o Parque Nacional das Great Smoky Mountains, na Carolina do Norte, em busca de suas amadas salamandras. Eu passei todo o verão de 1972 ultimando a redação de minha tese, que acabou sendo defendida no dia 19 de setembro daquele ano. Durante o verão, contudo, ele estava lá no parque nacional com suas salamandras. Eu lhe mandava diariamente um trecho da tese em papel, com uma fita cassete com comentários. Ele me respondia no dia seguinte, com seus comentários e sugestões gravadas na fita. Como o correio era muito eficiente, a correspondência ia de um dia para outro em ambos os sentidos. Foi assim que transcorreu a redação de minha tese. Quando ele retornou do parque, ela estava praticamente pronta.

Como começou e prosseguiu a carreira após o doutorado

Meu orientador de tese na Universidade de Maryland, o Professor Jim Huheey, deixou-me uma marca indelével, por seus conhecimentos, didática, forma de conduzir os trabalhos e grande afabilidade.

Depois de defender a tese, retornei ao Brasil no início de outubro de 1972. Encontrei uma Universidade bem diferente daquela que havia deixado. Eu saíra em agosto de 1968, como Professor Auxiliar da Escola de Engenharia, onde lecionara durante todo o primeiro semestre daquele ano. Naquele mesmo ano de 1968, após minha saída de cena, começou a ser implantada a Reforma Universitária, que mudou radicalmente a face da universidade brasileira. Foram extintas as cátedras, que davam poder discricionário a seus proprietários (sim, era este o termo oficial: os catedráticos eram nomeados pelo Presidente da República como "proprietários" de suas cátedras), e a Universidade se estruturou por departamentos, sendo criado o regime de tempo integral e dedicação exclusiva ao cargo de professor, assim como o sistema semestral para as disciplinas, que deixavam de ser anuais, e cada disciplina passou a valer certo número de créditos. Um aspecto de enorme importância foi o estabelecimento das bases da pós-graduação, até então inexistentes, assim como das atividades de pesquisa, que passariam a ser um dos pilares da Universidade. Anteriormente havia pesquisa, mas só por aqueles poucos abnegados que se dispusessem a fazê-la por iniciativa própria, arrostando uma série de dificuldades e tropeços, sem contar com qualquer incentivo ou reconhecimento.

Costumo dizer que minha verdadeira carreira universitária começou para valer depois de terminar o doutorado. Essa afirmação, hoje tão corriqueira, era um verdadeiro escândalo quando eu a proferia há meio século. Muitos acreditavam que o doutorado seria a culminação e não o início da carreira.

Naquela época, o Brasil inteiro possuía pouco mais de uma centena de doutores em Química, a maioria formada no exterior. Foi a partir daí que começou a aventura de criar um sistema de programas de pós-graduação, uma verdadeira ousadia para as circunstâncias então vigentes. Assim que cheguei ao meu novo departamento, levei um choque. Eu saíra quatro anos antes como professor da Escola de Engenharia. Durante minha ausência fora criada uma nova unidade, o Instituto de Ciências Exatas, do qual fazia parte o Departamento de Química, para o qual fiquei sabendo, ainda nos Estados Unidos, que eu havia sido transferido. Ao chegar ao novo departamento, fui recebido amavelmente por seu chefe, Professor Raimundo Gonçalves Rios, que me explicou pormenorizadamente o seu funcionamento e o que se esperava de mim. Um dos itens mais importantes dizia respeito à criação da Pós-Graduação em Química Inorgânica, em adição àquelas já em funcionamento desde há pouco tempo, em Físico-Química e Química Orgânica, sob o comando, respectivamente, dos Professores José Israel Vargas e Herbert Magalhães Alves. Para minha surpresa, disse-me o Prof. Rios que, como naquele mesmo ano, além de mim haviam chegado os Professores Eucler Bento Paniago e Haroldo Lúcio de Castro Barros, ambos também vindos dos Estados Unidos, ele havia tomado a iniciativa de criar a Pós-Graduação em Química Inorgânica e já havia até admitido quatro alunas para eu orientar em seus trabalhos de mestrado. Para alguém como eu, que um mês antes ainda era aluno de pós-graduação, a coisa caiu como um raio. Eu não tinha a menor ideia do que me esperava no Brasil e, de repente, aquela responsabilidade me atingia inesperadamente. Todavia, sou muito obstinado. Já que aquela era a situação, o melhor seria aderir e procurar fazer o melhor possível. Afinal, não era para isso mesmo que eu havia passado quatro anos nos Estados Unidos? Agora tinha que provar se o investimento feito em mim teria valido a pena.

    Conversei longamente com meus dois outros colegas. O Professor Eucler havia retornado um pouco antes de mim, talvez uns dois meses antes, e o Professor Haroldo mais ou menos na mesma época que eu. O negócio era arregaçar as mangas e começar a trabalhar. Ganhei um laboratório enorme, mas vazio de tudo o que fosse necessário para fazer experimentos químicos. No entanto, aos trancos e barrancos, o trabalho começou e teve sucesso. As quatro alunas iniciais levaram à frente seus projetos de pesquisa e finalizaram suas dissertações. Os trabalhos das quatro geraram publicações em revistas internacionais, e a coisa realmente continuou de vento em popa. Com o tempo foram chegando mais estudantes, inicialmente de mestrado, depois de doutorado e de pós-doutorado, sem esquecer, naturalmente, os estudantes de iniciação científica. Ao longo do tempo vim a ter estudantes que permaneceram comigo por períodos mais longos, da iniciação científica até o doutorado. Mais que estudantes, muitos deles vieram a tornar-se colaboradores em projetos os mais variados, amigos fraternos e colegas, em várias instituições pelo Brasil afora. Setembro de 2022 é a data de meus 50 anos de doutorado. Tenho a satisfação de ter orientado, em todo esse tempo, 50 estudantes de iniciação científica, 25 de mestrado e 23 de doutorado, quase uma centena no total. Aqui estão sendo considerados tanto estudantes da UFMG como da UFRJ, onde estive de 1997 a 2010. Lecionei e orientei estudantes de diferentes origens acadêmicas, tanto na Química como na História da Ciência, área em que passei a receber orientandos a partir de minha estada na UFRJ, em adição aos alunos de Química. Tive também vários pós-doutorandos, a partir da UFMG, mas também na UFRJ, além de colaboradores de natureza plural, oriundos de bom número de universidades em muitos países diferentes. Todo esse contingente, tão diverso, inspirou-me e foi meu parceiro numa série de atividades, como a publicação de trabalhos, a organização e participação em congressos de inúmeros tipos, além do trabalho diuturno no desenvolvimento de pesquisas as mais variadas. Sou um firme crente na necessidade de divulgar o que fazemos por meio de publicações e comunicações em congressos. Isso é uma verdadeira compulsão, e abomino quem faz pesquisa e depois a engaveta. Pesquisa engavetada tem valor social zero. É por isso que publiquei centenas de artigos, comunicações, livros e capítulos de livros. A redação de qualquer desses vários tipos de publicações é uma atividade que me dá sempre enorme prazer. Afinal, trata-se de dizer ao mundo exterior que o investimento de que fui alvo foi bem empregado, e que é assim que o país precisa proceder, estimulando e investindo em ciência e cultura, mas também cobrando resultados. A interação constante com tantos estudantes em diversos níveis e assuntos foi um processo de ida e vinda e me mostrou como um professor pode aprender imensamente com seus alunos e colaboradores. Essa é uma constatação importante, a qual me patenteou como uma imersão total no ofício que acaba tornando o professor tão aluno como seus estudantes.

Interpelação do SNI

Ainda como recém-doutor, fui eleito em 1973 coordenador do Curso, hoje chamado Programa de Pós-Graduação em Química da UFMG. Eu ainda não tinha nem um ano de doutorado na época. É aquele ditado: em terra de cego, quem tem um olho é rei.

Vivíamos àquela época a fase mais dura da ditadura militar. Temia-se em toda parte o longo braço do Serviço Nacional de Informações (SNI), o órgão de vigilância e espionagem interna do governo federal. Naquele ano de 1973 foi publicado nosso novo Catálogo de Pós-Graduação em Química. Pouco depois de sua publicação, recebi um telefonema do diretor do Instituto de Ciências Exatas, convidando-me a ir até seu gabinete para uma conversa. Imediatamente me dirigi até lá. Ao chegar, ele me olhou de forma grave, com o semblante carregado, e logo fechou a sala à chave. Aí então abriu uma gaveta em sua escrivaninha, também fechada à chave, e de lá tirou um grande envelope coberto de carimbos vermelhos com a palavra "confidencial" em letras garrafais. Dentro havia um ofício do SNI que dizia ter chegado ao conhecimento daquele órgão que o Departamento de Química da UFMG acabara de publicar um Catálogo de Pós-Graduação em que se dizia que, entre os requisitos para alguém obter um diploma de pós-graduado em Química era necessário passar num exame de língua estrangeira, a escolher entre inglês, francês, alemão ou russo. E a palavra russo estava grifada com muito destaque. De fato, àquela época, em plena guerra fria, havia várias línguas científicas no mundo, ao contrário da situação atual, em que o domínio do inglês é total. O esbirro do SNI prosseguiu, perguntando se o Departamento de Química da UFMG, com aquela medida, estava com a intenção de formar agentes de Moscou na UFMG. Isso vinha escrito assim mesmo, no papel. Nosso diretor estava visivelmente abalado com o ofício e me perguntou o que é que eu tencionava fazer em relação àquela interpelação. Eu lhe respondi: "Nada!" Ele ficou incrédulo: "Mas, como?". Eu lhe disse então para não se preocupar, pois aquilo devia ter sido iniciativa de um subalterno imbecil que queria agradar a seus superiores, sem dar-se conta do ridículo em que estava incorrendo. E que o melhor seria não dar atenção ao tal ofício. A contragosto, o diretor seguiu o que eu dissera, pois não havia mesmo outra alternativa, e a história acabou aí.

Um aprendizado além da ciência

Pouco depois de retornar do doutorado, estive no Instituto de Química da USP. Isso ocorreu em abril de 1973. Foi naquela ocasião em que travei conhecimento com dois grandes professores de São Paulo, Paschoal Senise e Ernesto Giesbrecht. Nossos caminhos se cruzaram frequentemente a partir daí. Ao final de 1973, a CAPES decidiu elaborar seu primeiro Plano Nacional de Pós-Graduação, que seria publicado no ano seguinte, 1974. O Professor Senise ficou encarregado da área de Química. Para minha enorme surpresa, ele me telefonou, ainda em 1973, para auxiliá-lo na coleta dos dados pertinentes ao Brasil inteiro. Trabalhei com afinco na tarefa, que foi um treinamento importante para outras funções que viria a desempenhar no futuro na área de política e gestão científica e acadêmica.

Algum tempo mais tarde, já como Coordenador do Curso de Pós-Graduação em Química da UFMG, fui convidado a fazer parte de um novo tipo de colegiado que se inaugurava no Brasil, o Comitê Assessor do CNPq. Acabei, então, como o membro mais jovem do primeiro Comitê Assessor de Química, no biênio 1976-77. A sede do CNPq era bastante simples, na Avenida Marechal Câmara, bem perto do Aeroporto Santos Dumont, no Rio. Mais tarde, o órgão mudou para uma sede bem mais suntuosa, a Praia do Flamengo 200, onde esteve por vários anos. Só muito depois é que ocorreu a transferência para Brasília. Naquele primeiro comitê de cinco membros, porém, que funcionou como um precioso aprendizado para mim, os outros membros tinham idade quase para serem meus pais. Eram eles o Professor Walter Mors, da UFRJ; o Professor Ernesto Giesbrecht, da USP; o Professor Ricardo Ferreira, da UFPE; e o Professor Libero Antonaccio, do INT. Nessa ilustre companhia iniciei minha carreira em atividades dessa natureza. Mais tarde, voltei a ser membro do Comitê Assessor do CNPq várias vezes e também seu coordenador, também por mais de uma vez. O mesmo se deu também com relação à CAPES, com a qual trabalhei inúmeras vezes ao longo do tempo.

Como importar um professor estrangeiro

A Pós-Graduação em Química Inorgânica na UFMG começou no final de 1972, com apenas três professores: eu próprio, o Professor Eucler Bento Paniago e o Professor Haroldo Lúcio de Castro Barros. O interesse foi bem grande por parte dos estudantes, e logo sentimos a necessidade de aumentar o corpo docente. Só que não havia pessoal disponível no país, tamanha era nossa carência na época. Decidimos, então, fazer uma prospecção para trazer alguém do exterior. Em 1977, a Professora Olívia Ottoni, da Universidade de Brasília, contou-me que havia estado num congresso nos Estados Unidos e lá conhecera um químico inorgânico irlandês, então realizando pós-doutorado em Vancouver, ao qual ela contara nosso desejo e perguntara-lhe se ele não gostaria de tentar essa aventura. Ele concordou, e eu comecei a montar o processo burocrático para trazer o Professor Nicholas Farrell para nossos quadros. Quando tudo já estava pronto, ele me telefonou do Canadá, dizendo que estava impedido pelo Consulado-Geral do Brasil naquele país de conseguir o visto permanente de que necessitava para poder assumir e exercer o cargo na UFMG. Desesperado, ele me disse ao telefone que uma funcionária brasileira do Consulado do Brasil lhe dissera que não lhe podia conceder o visto porque ele mentira em sua documentação. E ela prosseguiu, acrescentando que ele havia dito que era doutor em Química, mas apresentara um diploma onde se lia que era Doutor em Filosofia. E ela: "Não entendo nada de nenhuma das duas, mas sei que Química e Filosofia não são a mesma coisa". Nick estava furioso ao telefone. Como pode, num país de língua inglesa, um funcionário de um órgão diplomático não ter ideia do que significa um diploma de Ph.D.?

Pedi-lhe para se acalmar, que eu iria tentar resolver a situação. Telefonei ao setor cultural do Itamarati, em Brasília, e fui muito bem atendido pelo Embaixador responsável pela área. Ele foi bastante gentil e se desculpou pelo sucedido, dizendo que muitos funcionários de representações brasileiras não são da carreira diplomática e não possuem a qualificação que se exige dos diplomatas. Para resolver a questão, ele acrescentou que eu pedisse a nosso reitor que enviasse uma correspondência oficial da UFMG ao Itamarati, solicitando uma solução para o caso. Assim fiz e fui muito bem recebido pelo reitor, Professor Eduardo Cisalpino, que riu do episódio e logo tomou a providência solicitada, enviando um telex a Brasília. Em face disso, o Itamarati mandou imediatamente uma ordem para o Consulado Geral do Brasil no Canadá expedir um visto permanente para Nick, o que foi feito, e a novela se encerrou satisfatoriamente. Nick permaneceu entre nós por 10 anos bastante produtivos e depois foi para os Estados Unidos.

Aprendizado e bom rendimento numa viagem

Como membro do primeiro Comitê Assessor de Química estabelecido no Brasil, ao final de 1977 fui convidado pelo CNPq, em conjunto com o Centre Nationale de la Recherche Scientifique, da França, e o British Council, do Reino Unido, a fazer uma viagem de prospecção a vários centros de pesquisa em Química naqueles dois países, no início do ano seguinte, 1978, com a finalidade de estabelecer intercâmbios. Pude até escolher um companheiro de viagem, que foi o Professor Eucler Paniago. Dessa maneira, passamos cerca de cinco semanas, em fevereiro e março, visitando diversos laboratórios de pesquisa em Química Inorgânica naqueles dois países. É preciso enfatizar que isso aconteceu numa época em que esse tipo de atividade, pesquisa em Química Inorgânica, era quase inexistente no Brasil. Visitamos, então, uma série de universidades nos dois países: na França, em Paris, Toulouse, Nice, Estrasburgo e o Centro Nuclear de Grenoble; na Inglaterra, o Imperial College e o Queen Mary College, ambos em Londres, mais as Universidades de Manchester e de Cambridge. A viagem rendeu inúmeros dividendos científicos. Cerca de uma dúzia de brasileiros acabou indo doutorar-se nessas instituições a partir das informações e contatos que obtivemos na viagem. Também começaram a se estabelecer várias colaborações científicas a partir daí. Eu próprio convidei Brian Johnson, da Universidade de Cambridge, a vir a Belo Horizonte no ano seguinte, 1979, o que efetivamente ocorreu. Em troca, ele me convidou a passar um ano em Cambridge, em 1980-81, o que também veio a acontecer. Nossa única frustração nessa viagem, que se mostrou tão produtiva, foi a passagem por Manchester. Havia um desejo das autoridades científicas brasileiras de estabelecer algum vínculo com um famoso professor de Manchester, que se destacara por seus trabalhos na área da Química do Flúor, em virtude das jazidas existentes no Brasil contendo fluoretos. Só que, sem que soubéssemos, o tal professor havia recentemente deixado suas funções de pesquisador e cientista e assumido a direção da universidade, o equivalente a um reitor no Brasil. Parece que ele também havia sido picado pela mosca azul, pois decidira viver de forma a mais aristocrática possível. Entre outras coisas, diziam que ele só queria deslocar-se de helicóptero. Pois bem, tudo isso ensejou um ambiente tão hostil a ele que, quando chegamos a Manchester, os estudantes lhe haviam declarado guerra. Em resumo, nem conseguimos nos avistar com o tal professor. O campus parecia praça de guerra. Ficamos bastante frustrados e encurtamos a estada na cidade, retornando a Londres no mesmo dia.

Outro incidente, este de certa forma cômico, aconteceu no domingo em que estávamos em Londres. Minha primeira mestra havia defendido dissertação no início de 1977 e, em seguida, seguira para o Imperial College, onde já havia iniciado o doutorado, que seria mais tarde coroado de êxito. Pois bem, ela nos convidou a almoçar em sua casa, em Chelsea, no domingo. Fomos pegar um trem do metrô para chegar lá. Só que naquele domingo haveria um jogo de futebol entre dois arquirrivais: o time do Manchester United e aquele do Chelsea. Assim que entramos no trem, este se encheu de torcedores do Manchester, uniformizados de vermelho e branco, recém-chegados daquela cidade. Eles vociferavam o tempo todo: "We want blood!". Nós nos encolhíamos no trem lotado, sem dar um pio. Também decidimos descer do metrô uma estação antes, para evitar o confronto entre as torcidas. Assim fizemos, mas, para nossa surpresa, os torcedores do Manchester United também fizeram o mesmo. Aí, então, vimos a torcida azul e branco do Chelsea caminhando em nossa direção, para um embate com os rivais. Mais que depressa pegamos a primeira rua lateral e nos escafedemos.

Uma mulher extraordinária

Em 1977 participei da Conferência Internacional de Química de Coordenação, que se realizou no campus da USP, em São Paulo, com a presença de milhares de participantes, vindos de todo o mundo. Foi nesse congresso que conheci uma mulher extraordinária, Lucia Piave Tosi, uma pessoa com três nacionalidades, argentina de nascimento, brasileira por casamento e francesa de coração. Lucia dedicava-se à Química Bioinorgânica na Faculdade das Ciências da Universidade de Paris. Ela se formara em Buenos Aires, depois estudara em Paris e acabara no Rio de Janeiro, casada com um dos grandes intelectuais brasileiros do século XX, Celso Furtado. Como seu marido fora o primeiro ministro do planejamento do Brasil, no governo João Goulart, os dois tiveram que se exilar após o golpe militar de 1964. Depois de passarem por vários países, como Chile e Estados Unidos, eles se fixaram em Paris, onde Celso desenvolveu uma carreira acadêmica exitosa na área de economia, e Lucia fez o mesmo na Química. Mais tarde, seu laboratório francês acolheria vários pesquisadores brasileiros, que lá realizaram seus doutorados.

Durante o congresso de 1977, o Professor Eucler Paniago e eu, que também lá estávamos, convidamos Lucia a vir nos visitar em Belo Horizonte. Esse foi o início de uma longa associação com a UFMG, que rendeu frutos copiosos, e da qual lucramos bastante em termos acadêmicos e pessoais. Para além de ser uma química de muito mérito, Lucia era também uma intelectual de peso e dedicava-se com afinco ao desenvolvimento da história das ciências e da contribuição feminina ao progresso intelectual. Seus inúmeros textos publicados nessas áreas são até hoje antológicos. Ela deixou uma marca profunda na UFMG e em todos que com ela conviveram.

Lucia tinha um apartamento bem pequenino num dos recantos mais bonitos de Paris, numa rua com o nome pitoresco de *Rue du Pas de la Mule*, na esquina da *Place des Vosges*, talvez a mais bela praça da capital francesa, com todos os edifícios datando do século XVII. Um jantar em sua casa era sempre um acontecimento único, por inúmeras razões. Além da gastronomia francesa de alto nível que ela cultivava, sua cultura refinadíssima prendia a todos os ouvintes, e sua fina ironia me dava, às vezes, a impressão de estar na companhia de um espírito gêmeo ao de Voltaire.

Uma mudança para melhor na vida

Desde que terminei o doutorado, em 1972, dediquei-me com afinco a criar um grupo de pesquisa em Química Inorgânica no Departamento de Química da UFMG e trabalhar, junto a meus colegas, na criação e fortalecimento da pós-graduação na área. Comecei a orientar estudantes de mestrado desde o final de 1972; mais tarde, vieram as teses e os estágios dos pós-doutorandos que trabalharam no laboratório que eu tinha montado. Um reforço bastante grande nessas atividades surgiu após meu estágio de um ano como pesquisador visitante, tecnicamente um pós-doutorado, do ponto de vista do CNPq, na Universidade de Cambridge, no Reino Unido, em 1980-81.

Em 1984, sem que eu soubesse o que sucedia, o Colegiado de Graduação em Química decidiu criar duas novas disciplinas, História da Química A e História da Química B. Elas foram inspiradas por uma iniciativa anterior, no Departamento de Física, do notável professor daquele departamento, Francisco de Assis Magalhães Gomes. Era notório que eu sempre gostei de História, mas apenas como leitura, sem qualquer veleidade profissional. Todavia, tive a grande surpresa de encontrar em meu escaninho uma Portaria do chefe do Departamento de Química designando-me, sem me consultar previamente, para organizar essas duas novas disciplinas e lecioná-las no ano seguinte, 1985. Ainda atônito com o que acontecera, entrei na biblioteca do Departamento, segurando o papel com a Portaria. Sempre achei que para dar aulas do que quer que seja é preciso pesquisar naquele campo de conhecimento, sob pena de as aulas serem fósseis, ou seja, de falarmos sobre coisas que foram pesquisadas apenas pelos outros. Por isso achava que teria que fazer alguma pesquisa histórica para poder ter vivência do que é fazer História. Assim, comecei a procurar alguma inspiração nas prateleiras da biblioteca. Deparei com a coleção da Revista da Sociedade Brasileira de Química, instituição que precedeu sua homônima atual, e que existiu, sediada no Rio de Janeiro, entre 1922 e 1951. Ao folhear ao acaso um número de 1944, minha atenção foi despertada por uma nota de rodapé em um artigo, que mencionava um certo Vicente Coelho de Seabra Silva Telles, o "primeiro químico brasileiro". Isso me caiu como uma bomba, pois jamais havia ouvido falar da personagem. Contudo, fiquei muito interessado em deslindar o mistério e comecei a perguntar a muita gente a respeito. A resposta era sempre negativa. Um ex-aluno meu era na época professor na Escola de Farmácia de Ouro Preto. Eu, então, lhe pedi que procurasse tentar descobrir alguma coisa sobre o tal antepassado científico nosso. Poucos dias depois, ele me disse que havia descoberto na biblioteca da Escola de Minas dois livros de Vicente Seabra, encadernados juntos, e tinha conseguido cópias xerográficas dessa encadernação. É claro que as coisas mudaram muito, e hoje não seria possível fazer essas cópias de obras raras do século XVIII. Todavia, isso foi o início de minhas pesquisas na área de História da Ciência. Ampliei bastante o trabalho e redigi um artigo, que saiu como capa de Química Nova em 1985. Como um parêntese, naquela época sem computadores pessoais e muito menos Internet, os manuscritos eram enviados às revistas em papel, na forma datilografada, e depois, caso fossem aceitos, eram enviados pela revista a uma gráfica para se fazer a composição tipográfica e posterior impressão. Isso ocasionava muitos erros, é claro. Nesse meu artigo sobre Vicente Seabra Telles contei 27 erros que não são de minha autoria. A prova dessa afirmação é o fato de que até meu nome saiu grafado errado, e ninguém erra seu próprio nome.

Bem, estava então iniciada uma nova etapa profissional. Lecionei as duas disciplinas de História da Química por dois anos, em 1985 e 1986. Depois deixei-as aos cuidados de outros professores, que cuidaram muito bem delas, e assim as coisas prosseguiram. Tive que deixar de lecioná-las no que chamei de divórcio por excesso de amor. Eu dirigia àquela época um laboratório de sínteses muito ativo e tinha um grande número de estudantes de pós-graduação e graduação. Tudo isso me exigia uma enorme dedicação. Todavia, o vírus da pesquisa histórica já havia sido inoculado e nunca me deixou, mesmo que eu não desse mais aulas na área. Só vim a dar aulas de História da Ciência, depois de 1986, a partir de 2004, no Rio de Janeiro, ano em que, juntamente com Ildeu de Castro Moreira, José Pinguelli Rosa e outros, fundamos na UFRJ um Programa de Pós-Graduação em História das Ciências, das Técnicas e Epistemologia, com a sigla HCTE, de que vim a ser coordenador por vários anos. Minhas atividades de pesquisa na área de História lucraram bastante quando, em 1987, a CAPES me concedeu uma bolsa de três meses para fazer pesquisas históricas na Universidade de Coimbra. Aproveitei ao máximo essa oportunidade, tanto em Coimbra como em Lisboa, esquadrinhando onde podia bibliotecas de obras raras, arquivos e o que fosse, enviando para o Brasil dezenas de caixas com livros e papéis de toda sorte com resultados preciosos daquela pesquisa. Continuei a pesquisar e publicar no Brasil, ao lado dos trabalhos de Química Inorgânica.

Algum tempo depois fui abordado no Departamento de Química por um colega que me disse: "Estou muito preocupado com você". Eu lhe agradeci, mas perguntei qual era a causa de tanta preocupação. Ele me respondeu bem assim: "é por causa dessa sua mania (sic) de trabalhar com História da Ciência. O seu laboratório é um dos mais produtivos em Química, com quase uma publicação internacional por mês, e tanta dedicação à História da Ciência vai acabar por prejudicar a produção em Química. Isso é muito perigoso, pois poderá afetar nossa nota na CAPES". Então, retruquei-lhe que agradecia muito sua preocupação com meu bem-estar profissional, mas que, apesar de me ter formado inicialmente como engenheiro químico, optei por uma carreira acadêmica, possivelmente muito menos lucrativa que a carreira de engenheiro. Contudo, a Universidade nos dá muita liberdade de fazermos o que desejarmos, desde que sejamos fiéis a nossas responsabilidades perante os estudantes, à própria Universidade e aos órgãos que nos financiam. Esta liberdade é preciosa e não tem preço. Na Universidade não temos um patrão, apenas temos que ser responsáveis. Quanto à questão de uma possível queda em minha produção como químico, eu tinha plena consciência de minha responsabilidade e arcaria com todas as consequências de minhas ações. Além de tudo, porém, minha carreira paralela em História da Ciência havia começado à minha revelia, a partir de uma Portaria, muitos anos antes, do então chefe do Departamento que, sem sequer me consultar, me havia designado para implantar as disciplinas históricas na Química. E continuei: "Todavia, serei sempre extremamente grato àquele chefe de Departamento que me fez um bem tão grande. Caso você tenha esquecido, a assinatura naquela Portaria era a sua. Nunca me esquecerei de lhe agradecer".

Quem se imprime, oprime-se

O título acima é uma frase cunhada pelo escritor e professor de Letras da UFMG Eduardo Frieiro, em face dos empastelamentos comuns que ocorriam quando um autor submetia seus textos à publicação e depois, com certa frequência, saía publicada alguma asneira perpetrada na impressão. Isso já me aconteceu inúmeras vezes, e tinha que engolir quando alguém me dizia: "Li seu texto, mas queria dizer-lhe que tal palavra não se escreve como saiu. A grafia correta é assim", e procedia a uma lição de ortografia. Às vezes, a coisa era mais grave, porque implicava um erro conceitual. Muitas vezes tive que engolir tudo aquilo, pois afinal o nome que aparece na publicação é o do autor e é dele a responsabilidade final dos erros, do ponto de vista do leitor. Mesmo que o autor seja inocente dos delitos apontados, é ele quem paga o pato. Em 1985 escrevi um artigo sobre o primeiro químico brasileiro, Vicente Coelho de Seabra Silva Telles, e o submeti à revista Química Nova. Ele foi muito bem recebido e saiu na capa da revista. No entanto, contei na versão publicada 27 erros de vários tipos, que não são de minha autoria, a começar por meu próprio nome, que saiu como *Figueiras*. É claro que ninguém erra seu próprio nome, mas tive que aguentar muitas críticas por conta dos erros que a gráfica me impôs. Hoje, a coisa melhorou com a submissão dos textos sob a forma eletrônica e sem a necessidade de fazer depois a composição tipográfica. Mas, mesmo assim, ainda perduram muitas agruras para os autores. Lembro-me bem de um livro que escrevi e que foi publicado em 2002, dentro de uma coleção intitulada *Imortais da Ciência*, organizada por Marcelo Gleiser. Trata-se de uma biografia intitulada *Lavoisier, o estabelecimento da Química moderna*. O livro foi idealizado como divulgação para um público geral, mas procedi como se fosse um texto acadêmico, a partir de uma pesquisa rigorosa e acurada, embora buscasse na redação atingir um público-alvo mais amplo que aquele de especialistas em Química. Caprichei bastante e, além do texto, enviei à editora um conjunto de ilustrações, sobretudo reproduções de gravuras antigas ilustrando tanto personagens como fatos e experimentos. As ilustrações foram postas num conjunto de figuras ao final do livro. Também travei uma longa batalha com os "revisores", que não entendiam nada do assunto e incorriam em "correções" desastrosas, que me custaram a resolver. Enfim, o texto ficou pronto, e eu concordei com a editora que ele poderia ser impresso de acordo com a minha última revisão. O que eu não sabia, porém, até que o livro me foi enviado impresso, é que o dono da editora resolveu contratar um ilustrador para adicionar mais figuras ao livro, de acordo com sua livre interpretação. Aí o desastre foi total, para meu desespero. Vou mencionar apenas duas preciosidades saídas da cabeça do ilustrador, que nunca fiquei sabendo quem era. A primeira mostra um homem conduzindo pelas mãos duas crianças na Paris do século XVIII. A legenda é: "Lavoisier e seus dois filhos". Quando protestei, dizendo que Lavoisier nunca teve filhos, a resposta estapafúrdia que me deram foi: "Trata-se do pai de Lavoisier, que tinha o mesmo sobrenome, passeando com o jovem Lavoisier e sua irmã". Nada adiantou que eu reclamasse que quando se menciona o nome de Lavoisier, sobretudo num livro sobre o químico francês, o nome não se refere a seu pai, cuja única importância histórica foi ter gerado o futuro grande químico. Outra ilustração foi muito pior e consiste numa demonstração cabal da mais crassa ignorância científica. Ao falar da pesagem de materiais antes e depois de serem calcinados, algo essencial quando se discute a obra do químico francês, aparece um desenho com um indivíduo em frente a uma balança de dois pratos, com um material queimando num dos pratos. A ignorância do desenhista e de quem encomendou o desenho é de tal monta que nem merece comentários. Basta dizer que os dois nem conseguiram perceber que a pesagem de alguma coisa em combustão não tem sentido, pois a massa varia durante o processo. Os desenhos foram todos feitos à minha revelia e incorporados ao livro sem meu conhecimento prévio, ou sequer a menção do que ia ser feito. Contudo, a culpa das asneiras, do ponto de vista do leitor, é toda do autor do livro. É claro que meus veementes protestos de nada adiantaram, uma vez que o livro já estava impresso. Só posso concordar com a frase-título do Professor Eduardo Frieiro.

Política estudantil equivocada

Uma vez, nos anos de 1980, cheguei à sala onde ia lecionar uma aula de Química Geral, quando fui abordado por um estudante que, de forma muito cortês e educada, pediu-me que lhe concedesse os últimos cinco minutos da aula para ele falar a seus colegas sobre sua candidatura a um cargo na Direção do Diretório de Estudantes do Instituto de Ciências Exatas. Eu lhe disse que sim e que ele podia voltar ao final de minha aula e dirigir-se aos colegas. Assim foi, e ele retornou no tempo combinado. Para minha surpresa, contudo, em seu discurso ele passou a dizer que " a universidade, como parte da sociedade, caracteriza-se pela luta de classes, na qual presenciamos uma disputa constante entre a classe dos opressores, os professores, e a classe dos oprimidos, os alunos". Eu mal tinha digerido esta demonstração explícita de pseudomarxismo requentado, quando ele continuou: "Aqui no ICEx já vi vários professores defenderem que precisamos lutar para que só haja pesquisas de alto nível. Ora, isto é altamente antidemocrático; precisamos nos esforçar para que haja pesquisas de baixo nível também". Nesse ponto, eu não aguentei mais e o interrompi: "Não se preocupe, porque esta reivindicação já foi atendida há muito tempo".

Generosidade Portuguesa

Ao final de 1986 cheguei à conclusão de que, para prosseguir em meus estudos das origens da ciência em Portugal e no Brasil no século XVIII, era imperativo que eu passasse algum tempo na Universidade de Coimbra, para coletar material em suas bibliotecas e arquivos, assim como também em Lisboa. Por isso, fiz um pequeno projeto para a CAPES, solicitando uma bolsa de pós-doutorado por três meses, para que eu realizasse aquele objetivo, no início de 1987. Lembro-me bem de que a concessão do pedido foi feita diretamente pelo então Diretor-Geral da CAPES, Professor Edson Machado de Souza, homem de grande cultura, sensibilidade e argúcia. Ele me telefonou e disse que fazia a concessão com grande prazer e esperava que daí saíssem muitas coisas. Procurei não decepcioná-lo, e usei muito bem o que me foi concedido, que utilizo até hoje.

Quando cheguei a Coimbra, em janeiro de 1987, uma das primeiras pessoas que conheci na universidade foi o diretor de sua Biblioteca Geral, Professor Aníbal Pinto de Castro. Ele era uma pessoa de grande simpatia e enorme afabilidade, que desde o início me distinguiu de todas as formas. Foi ele que me guiou pela primeira vez num *tour* memorável pela magnífica Biblioteca Joanina de Coimbra, uma das mais belas do mundo, com sua imensa coleção de tesouros bibliográficos e artísticos. Mais tarde, eu viria a ser um usuário constante de sua coleção de obras raras. Eu também sabia que a Universidade de Coimbra havia publicado muitas obras que me interessavam na época, quando eu investigava a introdução e o desenvolvimento da ciência moderna em Portugal no século XVIII, com enorme repercussão para o Brasil. Assim, perguntei ao Professor Aníbal de Castro se havia um catálogo com as publicações da universidade à venda. Ele imediatamente me deu um catálogo que continha dezenas de títulos que me fizeram salivar de desejo. E acrescentou que eu escolhesse o que quisesse. Como o número de títulos era muito grande, disse-lhe que iria levar aquilo para poder estudar melhor em casa as escolhas que faria e depois voltaria à biblioteca, no dia seguinte. Na realidade, o catálogo tinha tanta coisa que me interessava, com edições fac-similares de todos os documentos e livros da época pombalina sobre a reforma da universidade e seus estatutos, assim como de todo o ensino em Portugal no século XVIII, que eu queria praticamente tudo. Disse-lhe então, um pouco embaraçado, que meu interesse era por quase todos os títulos, mas que eu fazia questão de pagar por todo o material. O Professor Aníbal, então, com um largo sorriso, me disse: "De maneira alguma. Para um investigador brasileiro, faço questão de oferecer tudo". Dito isso, ele chamou um funcionário da biblioteca e mandou-o acondicionar aquele material todo em várias caixas de papelão. Levei alguns dias para carregar tanta coisa para casa. Mais tarde despachei todo o conjunto para o Brasil, pelo correio, e tenho-o comigo até hoje. Ele me foi de enorme utilidade inúmeras vezes.

E o CNPq quase morreu, e seu presidente não sabia

No início dos anos de 1990, o CNPq foi presidido por um grande professor de Bioquímica da UFMG, Marcos Mares Guia. Sempre me dei muito bem com ele, e uma vez causei-lhe um grande espanto a respeito do órgão que ele presidia. Isso se passou quando as comunicações eram ainda feitas por cartas sobre papel. Eu tinha um ex-aluno que se encontrava na Inglaterra, e um belo dia ele me deu um envelope que havia recebido do CNPq. Naquela época, usavam-se envelopes para o correio aéreo com uma borda verde e amarela. O tal envelope era desse tipo. Como eu estava indo para uma reunião de Comitê Assessor do CNPq em Brasília, levei-o comigo, pois queria entregá-lo diretamente ao presidente do órgão. Todavia, acabei encontrando-me com ele, por acaso, ainda no Aeroporto de Brasília. O envelope tinha um timbre impresso com o endereço do CNPq e acima deste a inscrição: "Dead Office". Era uma coisa incrível: como puderam imprimir uma coisa assim, onde queriam escrever, provavelmente, "Head Office", ou "Escritório Central". Entreguei o envelope a Marcos, que não sabia da coisa. Eu acrescentei que não tinha conhecimento de que o CNPq havia chegado àquele ponto, tanto que já se proclamava morto nas correspondências com o exterior. Ele riu muito e disse que ia descobrir e espinafrar com os responsáveis por tamanha ridicularia.

Como responder a um examinador petulante

Quando fiz concurso para Professor Titular da UFMG, a banca era bastante eclética, mas com uma maioria de membros notáveis, que fazia perguntas interessantes que permitiam aos candidatos exporem seus pontos de vista e suas pesquisas. Contudo, havia também um professor que era intragável. Sua postura foi sempre arrogante e presunçosa. Quando chegou minha vez, ele simplesmente me disse: "Professor, vejo que o senhor trabalha com sínteses". Eu respondi: "Sim, é verdade!". E ele retrucou: "Pois é, síntese não é ciência. Ciência é só aquilo que é feito com o uso de equações diferenciais, como Cinética e Eletroquímica. É o que eu faço". Nunca me deixei atemorizar por examinadores e pensei com meus botões: "Vou pegar este gajo arrogante". Respondi a sua provocação com todo o respeito e deferência, mas sem jamais me deixar atemorizar, pois era evidente que isso era o que ele desejava. Então lhe disse: "Professor, concordo que a síntese se faz sem grande matemática, mas a caracterização espectroscópica só é possível com o uso do cálculo. Isso não significa, porém, que a atividade de síntese não seja absolutamente lógica e racional. Ademais, o senhor deve ter percebido de meu currículo que, ao lado da Química Inorgânica Sintética e da Espectroscopia, eu me interesso bastante por História da Ciência. Pois bem, a História da Ciência nos ensina muita coisa preciosa para nossa carreira e para a vida. Uma dessas coisas é que até o início do século XIX praticamente não existia Química Orgânica, que é hoje a área mais desenvolvida e com o maior número de praticantes de nossa ciência no mundo. A Química Orgânica começou a desenvolver-se no século XIX, e seu progresso foi tamanho, que a partir da segunda metade dos oitocentos ela acabou por tornar-se a área hegemônica da Química. Não só isso, mas ela gerou a Revolução Industrial da Alemanha. A Alemanha chegou atrasada à corrida pela Revolução Industrial, depois da Inglaterra e da França. Entre outras coisas, a palavra Alemanha era apenas um termo geográfico, e seu território consistia em muitos estados independentes, que custaram a unificar-se. A partir da segunda metade do século, porém, a nação alemã unificou-se e criou uma grande novidade, a Indústria Química, que veio a tornar-se um fator decisivo de seu progresso e prosperidade. A Indústria Química alemã trabalhava sobretudo com a produção de compostos orgânicos os mais variados. Toda essa evolução científica ocorreu sem qualquer uso de matemática, num processo único na história da ciência. Talvez não exista outro caso na história em que um importante ramo científico se tenha estruturado e desenvolvido com a pujança da Química Orgânica na Alemanha, gerando até mesmo uma nova modalidade industrial, inexistente no resto do mundo, com esse imenso desenvolvimento científico processando-se sem a utilização de matemática. O que se usava era apenas uma simples aritmética para executar cálculos estequiométricos simples, rendimentos de reações e pouca coisa mais. Ninguém pode dizer que um fenômeno histórico como esse, com tão estrondoso êxito durante tanto tempo, tenha ocorrido de forma não lógica ou não científica. Muito ao contrário. Esse fenômeno histórico demonstra claramente que a matemática é uma ferramenta preciosa na Química, mas ela é exatamente isto, uma ferramenta, não a ciência química. Hoje, a coisa é totalmente diferente e a Química Orgânica talvez seja a área da Química que mais utiliza teorias complexas do ponto de vista matemático, como a Teoria de Orbitais Moleculares. Mas para sermos honestos não podemos desconhecer o que aconteceu no passado, sob pena de dizermos inverdades".

O examinador não disse nem uma palavra mais e acabou aprovando-me num concurso em que acabei classificado em primeiro lugar, entre os nove concorrentes.

O CNPq e um feliz acaso

Tive um estudante que fez o mestrado e o doutorado comigo e se desenvolveu muito, em termos pessoais e científicos, ao longo do tempo. Ele era daqueles que tinham "dedos de ouro", pois todas as reações que fazia pareciam dar certo imediatamente. Seu trabalho envolvia a síntese, caraterização, espectroscopia e aplicações, tanto de complexos organometálicos de estanho como de compostos heterometálicos. Além do mais, ele tinha um pendor para quase sempre obter monocristais em suas sínteses, o que facilitava enormemente a caracterização dos produtos, seja por espectroscopia, mas sobretudo por difração de raios X de monocristais, o que era um grande trunfo na elucidação das estruturas dos produtos. Naquele tempo, início dos anos de 1990, eu tinha um grande amigo inglês, o Professor John Nixon, que veio várias vezes ao Brasil, assim como eu também o visitei mais de uma vez em Brighton, na Inglaterra, onde fica a Universidade de Sussex. Numa das visitas de Nixon a Belo Horizonte, eu lhe falei do trabalho do estudante com os compostos organometálicos de estanho e lhe expliquei que o Brasil mantinha um programa, através do CNPq, que permitia aos estudantes de doutorado fazer um estágio sanduíche no exterior, a fim de ter a oportunidade de aprofundar seus estudos. Nixon se interessou vivamente pelo assunto e pelo estudante, que eu lhe apresentei e com o qual ele conversou por um bom tempo. Pouco depois, montei um projeto para o CNPq, solicitando uma bolsa-sanduíche para o rapaz passar um ano em Sussex. O projeto foi aprovado em todos os seus aspectos, menos um: o candidato não conseguia obter a nota mínima exigida pelo CNPq no exame de inglês, o famoso IELTS. Mesmo fazendo o exame mais de uma vez, ficava sempre faltando meio ponto. Então, nada de bolsa-sanduíche. Todavia, por uma casualidade, nessa mesma época o Presidente do CNPq, Professor Jacob Gerhard, do Instituto de Física da UFRGS, calhou de fazer uma visita a várias universidades britânicas, com a finalidade de estreitar a cooperação entre elas e congêneres brasileiras. Uma das universidades visitadas foi justamente a de Sussex, e o Professor Nixon era seu "Dean", ou Diretor, da School of Molecular Sciences, que compreendia várias áreas, inclusive a Química. Por essa razão, Nixon foi o anfitrião do Presidente do CNPq. Este explicou ao colega inglês a intenção do CNPq em intensificar as relações com as instituições científicas britânicas, sobretudo pelo intercâmbio de estudantes. Qual não foi o espanto do Presidente do CNPq quando o Professor Nixon lhe disse que não acreditava naquilo, pois ele próprio conhecia pessoalmente um estudante brasileiro que ele havia convidado a ir a Sussex, mas o CNPq negava a ida por causa de sua deficiência em inglês. Nixon acrescentou: "Eu já conversei longamente com o estudante no Brasil, e ele está perfeitamente apto a vir para cá, por isso não entendo a não aprovação da bolsa". O Presidente do CNPq, que obviamente não conhecia o caso, ficou embaraçado e disse que iria verificar a situação. Ele voltou a seu hotel e telefonou para a sede do CNPq em Brasília, pedindo a uma sua assessora que investigasse o caso. A assessora era minha velha amiga Adélia Aquino. Ela imediatamente me telefonou, mas eu não me encontrava em Belo Horizonte e, sim, em São Paulo. Estava numa reunião de Diretoria da Sociedade Brasileira de Química em sua sede, na USP. Adélia me encontrou lá num sábado e me disse que o Presidente do CNPq queria uma resposta rápida do estudante, se ele realmente queria ir para Sussex. Eu respondi que assim que retornasse ia cuidar do assunto. Na segunda-feira cedo, eu entrava no campus da UFMG quando avistei o estudante. Parei o carro e disse-lhe: "Entre aqui". Ele assim fez e eu lhe perguntei: "Você quer ir para a Inglaterra?". E ele: "Eu queria, mas o CNPq não deixa". E eu: "Pois faça as malas, porque já vai logo". Assim foi, e ele passou um ano muito produtivo em Sussex. Sua tese foi tão boa que constou de dois volumes grossos e dela foram publicados 18 artigos científicos, um sucesso total.

A carga que pesa sobre a palavra Química

A palavra química é usada pelos leigos das formas mais diversas e, às vezes, contraditórias. Lembro-me de ter visto, num jornal televisivo de projeção nacional, um dos apresentadores relatar um acidente com um caminhão "carregado de produto químico", que havia tombado sobre um curso d'água junto a uma estrada. A notícia era só isso, sem que ocorresse ao apresentador que a expressão usada, "produto químico", era totalmente desprovida de qualquer significado. Estava implícito na notícia, da forma como foi dada, que "produto químico" é necessariamente algo maléfico, deletério, quase demoníaco. Ora, o caminhão podia estar transportando, por exemplo, uma carga de açúcar ou sal, ambos produtos químicos obtidos em alto grau de pureza, em forma cristalina. Mas para que se importar com esses pormenores insignificantes? Produto químico é uma expressão que se satisfaz a si mesma na linguagem da televisão. É algo de que se deve querer distância, um artifício diabólico. Para piorar a situação, e sem que os apresentadores do jornal se dessem conta de sua aparente leviandade profissional, poucos minutos depois a colega do apresentador noticiou que certa atriz estava de namorico com um jogador de futebol. E sentenciou que entre os dois "havia uma ótima química". É estarrecedor constatar que em cinco minutos a mesma palavra passou de um significado diabólico para outro, associado a algo benfazejo. A mudança foi de demônio para anjo. E tudo é considerado natural num país em que a cultura da ciência é tão escassa na população.

Camelos em Caxambu

Durante muitos anos mantive intensa colaboração com o Professor John Nixon, químico da Universidade de Sussex, no Reino Unido. Ele veio ao Brasil em várias ocasiões, assim como eu também o visitei mais de uma vez. Da mesma forma, enviei muitos estudantes brasileiros a seu Departamento de Química na cidade de Brighton. Em 1991, quando eu era presidente da Sociedade Brasileira de Química, John veio a nossa Reunião Anual em Caxambu para apresentar uma conferência plenária. Durante os dias do congresso, enquanto John e eu ficávamos ocupados com os trabalhos da reunião, sua esposa Kim passeava por Caxambu e adjacências. À noite nos reuníamos no jantar para trocar impressões sobre o dia. Numa dessas ocasiões, eu lhe perguntei: "Então, Kim, como foi o dia de hoje?" Como boa andarilha, ela respondeu que havia caminhado quase 20 quilômetros, e saíra da cidade, até chegar a uma bela fazenda cheia de laranjeiras carregadas de frutas. E prosseguiu: "Eu quis pular a cerca e apanhar algumas laranjas até que percebi que estava numa fazenda de criação de camelos, e eles estavam com uma cara bastante feroz". Eu ouvia a história incrédulo, e lhe disse: "Mas, Kim, isso é estranho, pois no Brasil, em especial em Caxambu, não se criam camelos. Como eram eles?" Ao que ela respondeu: "Diferentes. Eles eram brancos e tinham chifres". Aí eu percebi a reação de alguém que nunca tinha visto um zebu ao dar de cara com um deles.

Colisão aérea e compadres

Uma vez fui convidado a fazer uma palestra num simpósio que teria lugar em Blumenau. Um professor de Florianópolis, que também ia comparecer, combinou comigo que me pegaria no aeroporto da capital e depois me daria uma carona até a bela cidade do Itajaí. Fui ao Aeroporto de Confins numa tarde e tomei assento num Boeing 737 da Varig, junto a uma janela bem à frente. Eu devia fazer uma conexão no Rio de Janeiro e depois seguir viagem até a capital catarinense. O avião decolou, mas ainda no processo de subida, talvez a apenas uns 500 metros de altura, percebi um clarão na turbina do meu lado, acompanhado de uma explosão. Os comissários ainda estavam com seus cintos afivelados, e eu os chamei até a janela. Eles vieram e depois se dirigiram à cabina. Logo em seguida, o avião foi tomado por um cheiro forte de churrasco. Nesse ponto, o comandante usou o sistema de comunicação para informar que tínhamos que retornar ao aeroporto por um problema técnico. Na realidade, fora um urubu que entrara na turbina e lá se desintegrara. Eu acabara de sobreviver a uma colisão aérea em pleno voo. Voltamos a Confins e lá tive que esperar várias horas até conseguir um novo voo. Cheguei ao Rio ao anoitecer e, como rezam as normas, a Varig me levou para um hotel de cinco estrelas para o pernoite até poder pegar o próximo voo para Florianópolis, que só sairia na manhã seguinte. Ao chegar, telefonei tanto a Blumenau como a Florianópolis, relatando o sucedido. Ficou então combinado que meus anfitriões de Blumenau mandariam um carro da universidade para me pegar na manhã seguinte no aeroporto da capital, e de lá eu seguiria direto para o local do congresso. Eu não tinha escolha; logo procurei fazer o melhor que podia da situação. Tinha comigo o esboço de um artigo que queria publicar. Então fui para o quarto e trabalhei bastante nele. Por volta de umas 20 horas, achei que já era hora de relaxar um pouco e fui jantar. A Varig me havia enviado para um hotel magnífico, o Glória, que dispunha de cinco restaurantes. Fui a um deles que ficava defronte a um belo jardim, onde uma ala de Escola de Samba se exibia para cinegrafistas de uma TV alemã. Na manhã seguinte segui para Florianópolis e depois para Blumenau. É claro que cheguei atrasado para o simpósio, que havia começado de manhã. Eu devo ter chegado por volta de 13h30, e quando entrei no auditório havia um professor falando. Ele era da região, mas vivia e trabalhava numa capital do Sudeste. Quando cheguei, sentei-me bem ao fundo de um auditório lotado e o ouvi contar à plateia como funcionava o CNPq. Dizia ele: "Lá no CNPq, em Brasília, tem um grupo de cinco compadres que se reúnem periodicamente e logo perguntam aos dirigentes do órgão quanto dinheiro há para distribuir. O CNPq responde que tem tanto. Aí então os compadres dizem: É tanto para mim, tanto para você, tanto para o outro, e assim continua a coisa. Quem não faz parte da panela não leva nada. Na minha universidade, então, nada". Eu ouvi calado, enquanto os presentes faziam exclamações de espanto com tamanha corrupção e descaramento. Quando acabou a exposição, houve uma sessão de perguntas, que giraram sobre aquela sem-vergonhice que ocorria no CNPq. Eu esperei calmamente e, depois que todos se calaram, levantei a mão e pedi a palavra. Eu disse: "Queria dizer que eu sou um dos cinco compadres mencionados, grupo que se chama na realidade Comitê Assessor de Química. Aliás, sou atualmente o coordenador desse Comitê. Entre nós há um colega de departamento do professor que fez a exposição, e eu gostaria de ressaltar que vários membros desse departamento têm sido contemplados pelo Comitê, ao contrário do que se afirmou. Todos os julgamentos têm seus resultados divulgados amplamente, e qualquer pessoa que se sinta injustiçada pode recorrer livremente de qualquer decisão". O palestrante que me havia precedido encolheu e não disse uma palavra. Ele jamais havia imaginado que iria defrontar-se com uma situação tão embaraçosa.

Química e música

Durante muitos anos, tive vontade de estudar a obra e a carreira de Alexandre Borodin. Ele foi um indivíduo extraordinário que seguiu dois chamamentos absolutamente diferentes, vindo a trilhar com grande desenvoltura e reconhecimento carreiras distintas na ciência e na arte. A singularidade de sua pessoa e as atividades que exerceu merecem um estudo, sobretudo no mundo do século 21, quando o divórcio entre a ciência e a cultura humanística e artística é tido por muitos como inevitável, embora deplorável. Só depois que grandes bibliotecas do mundo puseram seus acervos na Internet, disponíveis a quem os quisesse consultar, foi que meu desejo pôde tornar-se realidade. Embora eu não domine a língua russa, por sorte Borodin publicou a grande maioria de sua obra em francês e em alemão, línguas que me são acessíveis. A partir daí, pude então estudar a trajetória de Borodin. Escrevi um artigo, que foi publicado em Química Nova em 2002, intitulado "Entre a Batuta e o Tubo de Ensaio", que me deu enorme satisfação. Algumas sentenças do presente texto foram copiadas do que escrevi naquele artigo, mas, se o leitor quiser ler mais sobre Borodin, sugiro que consulte o artigo de Química Nova, que está disponível na Internet. Quando finalizei meu trabalho, fui convidado a falar sobre a dupla carreira de Borodin na Casa da Ciência, uma instituição mantida pela UFRJ em Botafogo, para divulgar a ciência para o grande público leigo. Foi um evento memorável, sobretudo pela colaboração importantíssima de meu amigo Maestro Marco Maceri, do Rio de Janeiro. Marco dirigia uma orquestra de cordas com 24 músicos jovens, que eu já tinha ouvido em várias ocasiões. Para a apresentação na Casa da Ciência, ele atendeu meu pedido de fazer uma apresentação de peças do compositor russo, que é um músico ainda relativamente pouco conhecido no Brasil. Fiz mais: pedi a Marco para fazer uma coisa diferente, um "tour de force". Borodin se caracterizou em buscar nas raízes mais profundas da alma russa a inspiração para sua música, com muita coisa derivada das tradições musicais da Ásia Central. Nesse aspecto, ele divergia muito de seus contemporâneos, muitos dos quais grandes músicos, mas dentro da tradição da música da Europa ocidental. Talvez o maior representante dessa corrente tenha sido Piotr Tchaikovsky. Por isso pedi a Marco Maceri que tocasse Borodin com sua orquestra, mas que também executasse alguma peça de Tchaikovsky, para evidenciar para a plateia a grande diferença entre os dois. Ele concordou entusiasticamente. A apresentação foi um êxito total. Dois de meus alunos de Química vieram dizer-me que haviam ficado muito emocionados, porque nunca tinham tido uma experiência daquela natureza. O maestro ficou tão entusiasmado, que "adotou" Borodin e depois me presenteou com uma partitura com uma transcrição de sua autoria da peça borodiniana chamada "Chanson de la Forêt Sombre", para orquestra de cordas, que ele teve a gentileza de me dedicar.

Antes de Borodin, o alemão Wilhelm Herschel (1738-1822) iniciou sua vida como músico, tocando oboé com a Guarda de Hanover desde os 14 anos. Cinco anos depois estava na Inglaterra, onde mudou o prenome para William. Sua carreira artística continuou até ser nomeado organista na cidade de Bath. Ao mesmo tempo, foi crescendo nele um interesse pela astronomia, que acabou suplantando a música. A carreira musical foi abandonada completamente, e Herschel se tornou um cientista importante, tendo descoberto com o telescópio um grande número de corpos celestes. Suas descobertas mais famosas foram o planeta Urano, em 1781, e a radiação infravermelha.

Borodin é um caso totalmente à parte na história da ciência. A devoção tanto à Química como à música foi uma constante, tornando-se o único praticante de uma carreira dupla dessa natureza ao longo de toda a vida. Ao contrário de Herschel, Borodin se rebelaria contra a sentença dada pelos versos do poeta inglês Alexander Pope:

*"One science only will one genius fit;
So vast is art, so narrow human wit."*

Contudo, a importância de Borodin na história da música, por sua originalidade e pioneirismo, é de tal monta que hoje poucos conhecem seu papel como pesquisador e Professor de Química na Rússia do século 19. Sua trajetória como químico, mesmo sem que tivesse tido uma carreira tão distinguida na música, merece também ser analisada.

Bem recebido pelo anfitrião

Durante meus anos no Rio de Janeiro, usei e abusei dos grandes e ricos acervos disponíveis na cidade e em suas imediações. Uma das instituições onde trabalhei frequentemente foi o Arquivo do Museu Imperial, em Petrópolis. Certa vez, estava eu lá num ambiente magnífico, um salão todo envidraçado, em meio a luxuriante vegetação que o envolve. Nesse dia, o arquivo estava quase vazio. Além de mim, só havia uma senhora, pesquisando a partir de um monte de livros empilhados no chão a seu lado. Lá pelas tantas, ela se dirigiu a mim e perguntou: "Professor, o senhor já viu os diários do Imperador?" Eu lhe respondi que tinha o CD publicado pelo Museu Imperial, com todos os diários de D. Pedro II. Ela me retrucou, porém: "Não, eu estou me referindo aos diários originais". Respondi-lhe que não, os originais eu nunca tinha consultado. Ela então me disse que estava com a coleção completa ali e se eu não queria dar uma olhada. É claro que eu não podia resistir a um convite assim e lá fui. D. Pedro II escrevia sempre a lápis, com uma letra horrível, em garranchos talvez só superados em feiura pelos meus próprios. Os diários hoje estão todos primorosamente encadernados em couro. Peguei um dos volumes a esmo e abri uma página, também ao acaso. Para meu pasmo, assim estava escrito, na letra do Imperador: "Hoje o Filgueiras veio ver-me". Fiquei chocado e lamentei não dispor de uma câmera fotográfica para registrar coisa tão insólita. Sei que José Pereira Filgueiras foi um importante participante da Confederação do Equador e depois o primeiro governador do Ceará após a Independência do Brasil, mas isso ocorreu antes do nascimento de D. Pedro II. Não consegui descobrir quem foi o visitante do segundo Imperador. O nome do primeiro governador, nenhum parente meu, é hoje o nome da rua onde fica o palácio do governo do Ceará, em Fortaleza. Todavia, tive que concordar, cerca de um século e meio depois, que a afirmação do Imperador, mesmo não direcionada a mim, estava certa. Até hoje fico aturdido com uma coincidência tão extraordinária.

Quem descobriu o oxigênio?

Dois importantes químicos americanos, Carl Djerassi e Roald Hoffman, escreveram há pouco mais de 20 anos uma peça de teatro intitulada "Oxigênio". A peça trata de dois temas bastante importantes, a originalidade na descoberta científica e a ética na ciência. Alguns professores me pediram, no tempo em que eu estava no Instituto de Química da UFRJ, que montássemos a peça. Assim foi feito, com estudantes de graduação em todos os papéis. A peça tem dois grupos de protagonistas, um grupo do presente e o outro de mais de dois séculos antes, mas os membros de um grupo nunca dialogam com membros do outro grupo. O argumento revolve em torno de uma decisão do atual Comitê do Prêmio Nobel na Academia Sueca das Ciências, que decide dar um Prêmio Nobel retroativo pela descoberta do oxigênio, que tanta importância teve na estruturação da Química moderna a partir do final do século XVIII. Só que há três candidatos. Num lance de ficção, o Rei da Suécia decide convidar os três, que são o sueco Carl Wilhelm Scheele, o inglês Joseph Priestley e o francês Antoine Laurent Lavoisier, a irem a Estocolmo para se decidir quem era o verdadeiro descobridor do oxigênio. A peça é muito bem humorada e começa com as mulheres dos três vestidas com várias toalhas fofocando sobre os maridos numa sauna sueca. As personagens antigas nunca se encontram com as modernas, e a peça transcorre com muito bom humor, mas sem chegar a qualquer conclusão. A mãe de um dos estudantes, justamente o Lavoisier da peça, era diretora profissional de teatro no Rio de Janeiro e chamou a si a direção teatral da produção, que foi um grande sucesso. Ela fez o prodígio de transformar alunos de Química em atores. Chegou até a conseguir no Theatro Municipal do Rio de Janeiro o empréstimo de roupas de época e cabeleiras para as personagens do século XVIII. A peça acaba de forma melancólica, com Lavoisier na prisão à espera de sua execução na guilhotina, enquanto uma gravação se ouve ao fundo com a voz de Nana Mouskouri cantando um grande sucesso de fins do século XVIII, *Plaisir d'amour*.

A peça foi levada à cena três vezes: a primeira vez em 2002, num anfiteatro da UFRJ, com 400 assistentes. A segunda apresentação ocorreu na 26ª Reunião Anual da SBQ, em Poços de Caldas, em 2003, perante 800 assistentes, muitos dos quais tiveram que assisti-la num telão fora do auditório onde foi encenada. Já a terceira e última apresentação também ocorreu na UFRJ, no segundo semestre de 2003, com uma plateia de 600 espectadores. Como a prioridade na descoberta do oxigênio até hoje provoca controvérsias, em cada uma das apresentações os assistentes receberam, ao entrar, um papel com uma pergunta: "depois de assistir a esta peça, por favor responda: na sua opinião, o verdadeiro descobridor do oxigênio foi: (a) Scheele, (b) Priestley e (c) Lavoisier". O interessante foi que em cada uma das vezes ganhou um dos três, o que provou, com boa amostragem estatística, como o assunto ainda é controvertido nos dias de hoje. Por isso, sem me estender aqui sobre o assunto, sempre defendi que se deva dar o crédito aos três em conjunto.

Otto Gottlieb e a música lírica

O Professor Otto Gottlieb foi um dos grandes químicos do Brasil no século XX. Ele foi um daqueles que acreditaram no sonho de Darcy Ribeiro quando este fundou a Universidade de Brasília, em 1960, e para lá foi, saindo do Rio de Janeiro. Poucos anos depois, em 1965, a Universidade sofreu uma das mais violentas intervenções políticas de que foi vítima qualquer universidade brasileira. Centenas de professores foram sumariamente demitidos ou se demitiram em solidariedade aos colegas perseguidos. Este último foi o caso de Otto Gottlieb, um oponente de ditaduras desde a juventude. Ele acabou indo para a Universidade Federal Rural do Rio de Janeiro e, alguns anos depois, para a USP. Enquanto estava na UFRRJ, ele vinha todas as semanas a Belo Horizonte. Nessa época, eu era aluno de graduação e fiz iniciação científica nos anos de 1966 e 1967, quando, então, me formei. Um dia por semana, durante aqueles dois anos finais da graduação, juntamente com colegas da Escola de Engenharia, da antiga Faculdade de Filosofia e da Faculdade de Farmácia, tínhamos aulas noturnas com o Professor Gottlieb, aulas fascinantes de que nunca me esqueci. Muito mais tarde, quando assumi a presidência da SBQ, em 1990, o Professor Gottlieb era o conferencista de abertura de nossa reunião anual, em Caxambu. Antes de começarmos a sessão, convidei-o a jantar comigo no Hotel Glória. Ele passou todo o jantar a falar de música, sem nunca tocar em Química. Otto era um apaixonado da ópera e me revelou que tinha um irmão que havia sido cantor lírico na Ópera de Paris. Depois de aposentado, seu irmão se tornara professor de canto na mesma instituição. Otto dizia que toda vez que ia à Europa arranjava um jeito de ir passar uma tarde na Ópera da capital francesa, assistindo às aulas do irmão. Muitos anos depois, quando a UFRJ lhe conferiu o título de doutor *honoris causa*, em 2002, fui convidado pela direção do Instituto de Química a fazer o discurso de saudação. Além de abordar aspectos pessoais e sobretudo da carreira química do homenageado, fiz questão de ressaltar sua profunda ligação com a música lírica. Ao entrarmos no salão da solenidade, foi tocado, a meu pedido, o coro *Va pensiero*, da ópera Nabucco, de Verdi, em que os hebreus, cativos do Rei Nabucodonosor em Babilônia, cantam que seu pensamento é livre para voar em asas de ouro em direção à Terra Prometida. Otto, nascido na atual República Tcheca, e que veio com a família para o Brasil em 1939, fugindo de grilhões ainda mais cruéis que aqueles da ópera, ficou emocionadíssimo. No discurso que fiz ainda revelei um outro pormenor. Ele redigiu, durante vários anos, em parceria com sua esposa, D. Franca, uma crônica musical para o Jornal Israelita do Rio de Janeiro. Na crítica de 31 de agosto de 1958, dia do aniversário de Otto, os dois assim escreveram, de forma bem humorada, sobre um concerto do Maestro Heitor Villa-Lobos no Theatro Municipal do Rio de Janeiro: "o quarto concerto da Série Nacional da Orquestra Sinfônica Brasileira deu a Heitor Villa-Lobos, no duplo papel de compositor e regente, mais uma oportunidade de demonstrar a sua inesgotável vitalidade, a plenitude de sua força criadora tanto no campo da música descritiva como no da música pura". E mais adiante, com uma jocosa alusão ao canto lírico: "Encerraram o concerto os Choros nº 6 (do total de 16) em que instrumentos brasileiros são usados em profusão para ilustrar temas e ritmos familiares ao povo. Estes surgem pitorescos, envoltos em roupagens sinfônicas, não raro lembrando algo do efeito que produziria Renata Tebaldi se insistisse em apresentar Ó jardineira por que estás tão triste?".

Otto Gottlieb era por muitos considerado um homem sempre sério e compenetrado, mas era dotado de grande humor e sensibilidade, que é importante relembrar.

Política e burrice de mãos dadas

Muito já falei e escrevi sobre uma figura que admiro há anos, o primeiro químico brasileiro, Vicente Coelho de Seabra Silva Telles (1764-1804), que chamarei de Seabra apenas, para encurtar. Ele nasceu em Congonhas do Campo e estudou no Seminário de Mariana. Aos 19 anos foi para Portugal, onde passou o resto da vida, morrendo precocemente pouco antes dos 40 anos. Ele foi um cientista notável e publicou vários livros, embora seja lamentável que não tenha tido a repercussão e a influência que merecia. Na cidade onde nasceu é completamente desconhecido. No ano de 2014, promovi na UFMG um Simpósio comemorativo de seus 250 anos, para o qual vieram pesquisadores de vários estados do Brasil e de Portugal. Ao final foi publicado um livro com os trabalhos apresentados.

Antes do simpósio, descobri que o município de Congonhas do Campo, terra natal de Seabra, tinha uma secretária da Cultura. Procurei seu número de telefone e liguei para ela. Expliquei o motivo da ligação e que gostaria muito de ter a presença da secretária da Cultura da cidade de Seabra, já que se tratava de um evento cultural para homenagear uma figura tão merecedora nascida em Congonhas e eu achava que seria interessante que sua cidade natal estivesse representada. Para minha estupefação, a secretária respondeu-me da forma mais seca e grossa: "Não tenho nenhum interesse nisso!" Ante tamanha grosseria, respondi-lhe: "Minha senhora, aposto que em Congonhas do Campo deve haver rua com nome de deputado Fulano e deputado Beltrano. Contudo, duvido que haja um logradouro público com o nome do filho mais ilustre da terra. Passe bem!" E desliguei.

Um livro que me fazia falta

No início de 2015, participei de um congresso de História da Ciência em São Paulo. Uma das atividades paralelas do evento foi um jantar de confraternização num restaurante. Confesso que não gostei nada do cardápio do restaurante a que fui levado, mas tive uma enorme compensação pelo prazer de me sentar ao lado de uma velha amiga, a Professora Itala Maria Loffredo d'Ottaviano, matemática e filósofa da Unicamp, que eu conhecia de muitos congressos e por ambos fazermos parte do Centro de Lógica, Epistemologia e História da Ciência da Unicamp (CLE) desde muitos anos. Durante o jantar, Itala me disse que o CLE já havia publicado livros sobre a história das várias ciências, mas não tinha nada de Química. Em seguida me disparou: "Por que você não escreve um livro para nós publicarmos?". Tal provocação veio ser o estopim que originou meu livro *Origens da Química no Brasil*, que viria a ser publicado em outubro do mesmo ano de 2015 em coedição da Editora da Unicamp, da Sociedade Brasileira de Química e do Centro de Lógica. O convite de Itala despertou uma corda adormecida, na qual jazia uma convicção de muitos anos de que eu devia mesmo escrever um livro dessa natureza. Tradicionalmente, sempre existiu no Brasil um grande desconhecimento de nosso passado científico. Na minha geração, todos sabíamos de cor as últimas palavras de

César em latim, mas pouco de nossa própria história, e menos ainda de nosso passado científico. E ainda se desdenhava e até se zombava da ideia de que é importante conhecer a história da ciência no Brasil. Desde muito cedo me convenci do erro dessa atitude, e foi nesses termos que respondi ao convite de Itala, propondo-lhe escrever sobre a Química no Brasil desde a época do descobrimento até nossos dias, omitindo a história de pessoas vivas, sobre as quais não há o necessário distanciamento. Ela respondeu entusiasticamente, e foi assim que nasceu o projeto do livro. À época da proposta de Itala, eu já tinha um bom número de artigos sobre o assunto, publicados ao longo dos anos. Portanto, a partir dos dados contidos nesses artigos e muita pesquisa adicional, em que mergulhei de corpo e alma, foi possível construir um edifício coerente sobre o tema, embora ele também me tenha evidenciado quanta coisa mais ainda há a fazer na área. O trabalho me apaixonou e a ele me dediquei com um afinco intenso. A Editora da Unicamp, com a qual eu nunca havia trabalhado, se mostrou de um profissionalismo exemplar. No final, o resultado foi um livro de 500 páginas impresso em papel *couché*, com ilustrações primorosamente reproduzidas. As ilustrações em cores por vezes me lembraram ilustrações de livros de arte, tão boa foi sua impressão. Dos livros que escrevi, esse foi o que mais satisfação me deu, por várias razões. Para minha alegria, o livro teve excelente acolhida em diferentes círculos e acabou sendo premiado no ano seguinte, 2016, pela Associação Brasileira de Editoras Universitárias (ABEU) com o primeiro lugar entre os livros publicados no Brasil na categoria de Ciências Naturais e Matemáticas. Foi uma ótima conversa aquela mantida num restaurante sofrível.

A Tragédia do Museu Nacional

Em 2 de setembro de 2018, o descaso pela inteligência e pela cultura fez uma importante vítima no Brasil. Ardeu totalmente o Museu Nacional na Quinta da Boa Vista, no Rio de Janeiro, o palácio onde viveram nossos monarcas de D. João VI a D. Pedro II. Pouco depois, escrevi um texto com o título de *Requiem pelo Museu Nacional*, que circulou pela Internet e que a *History of Science Society*, dos Estados Unidos, me pediu que eu vertesse para o inglês para ser publicado em sua *Newsletter*, o que aconteceu no mês de outubro seguinte. Segue-se abaixo uma versão atualizada desse texto, que contém a maior parte do original.

Achei difícil escrever sobre o Museu Nacional naquele momento de luto profundo da cultura brasileira. Todavia, acreditei que devia fazê-lo. Passei 12 anos trabalhando no Instituto de Química da UFRJ e, paralelamente, exerci muitas atividades culturais, graças ao grande número de entidades de primeira linha no campo da cultura sediadas no Rio de Janeiro e à oportunidade de sorver o que aquelas entidades únicas põem à nossa disposição. A convivência com pessoas de escol no ambiente cultural também contribuiu decisivamente para isso.

Entre as entidades com que trabalhei mais de perto, destacam-se pelo menos quatro: o Museu Nacional, o Museu Imperial, a Biblioteca Nacional e o Instituto Histórico e Geográfico Brasileiro. Vou limitar-me aqui, no entanto, ao Museu Nacional. Esta foi uma instituição que conheci intimamente, em dezenas e dezenas de idas até a Quinta da Boa Vista. Uma das tarefas mais gratificantes foi a elaboração de uma agenda para o Instituto de Química da UFRJ para o ano 2008, a pedido de sua diretora, a Professora Cássia Curan Turci. Como o ano de 2008 seria aquele da comemoração do bicentenário da chegada da família real portuguesa ao Brasil, propus que usássemos objetos de dois museus da UFRJ: o Museu Nacional, fundado por D. João VI; e o Museu D. João VI, assim nomeado em homenagem ao Rei. A ideia subjacente era mostrar como um museu tem um número incontável de possibilidades culturais e científicas. Meu plano, e assim foi executado, era mostrar a imensa variedade de compostos químicos usados ao longo dos tempos na confecção dos mais variados objetos, utilitários, artísticos ou ornamentais. Tive a ajuda de um fotógrafo profissional e desenvolvi o projeto, ao longo do qual minha admiração e intimidade com o museu, que já eram grandes, aumentaram consideravelmente.

Voltando ao Museu Nacional, acho conveniente dar uma rápida pincelada naquilo que ele representou e sobre a sua importância não só para o Brasil, mas para todo o mundo.

Foram 20 milhões de objetos preciosos destruídos por descaso, displicência, irresponsabilidade, incompetência e ignorância de nossos governantes. O último presidente brasileiro a visitar o Museu Nacional parece que foi Juscelino Kubitschek. É uma triste constatação, pois depois dele até o fatídico incêndio houve 14 presidentes. Quando D. Pedro II visitou Victor Hugo em Paris, este lhe deu uma foto sua com a dedicatória: "Àquele que tem por ancestral Marco Aurélio". Este foi para o Imperador o maior elogio que recebeu na vida, ao ser comparado com o imperador filósofo da Roma antiga, autor das *Meditações*. O que dizer de nossos governantes atuais? No dia seguinte à destruição do Museu Nacional, um ministro do governo da época, falando em nome do Palácio do Planalto, disse não suportar as "viúvas" que estavam a se lamuriar pela perda sofrida pelo Brasil. Aliás, quando do bicentenário do museu, em junho de 2018, nenhum ministro do governo federal quis comparecer ao museu, numa demonstração flagrante do descaso e da ignorância cultural em que chafurdamos na atualidade.

O poder público brasileiro não só devia financiar projetos culturais, mas dar uma atenção toda especial às atividades que não são autossustentáveis, como museus, bibliotecas e concertos de música clássica. Essas instituições e atividades, contudo, não rendem votos, por isso nada valem num país indigente culturalmente. Só um programa de levar a cultura a camadas cada vez mais amplas da população poderia mudar o panorama do país. No entanto, estamos cada vez mais longe disso.

Além de trabalhar pessoalmente durante anos com o Museu Nacional, até pouco antes do incêndio um de meus alunos de doutorado da UFMG lá esteve para estudar amostras mineralógicas antigas, tendo obtido dados preciosos para sua pesquisa. Esse é um pequeno exemplo de algo que não mais pode ser feito.

Hoje se foram todas as coleções egípcias adquiridas por D. Pedro I e por seu filho (mais de 2.000 peças), as coleções gregas, etruscas e romanas de D. Teresa Cristina, Princesa vinda de Nápoles, entre as quais mais de 2.000 peças de vidro de Pompeia, assim como quatro afrescos pompeianos do primeiro século A.D., o mais antigo fóssil humano do Brasil, assim como fósseis animais, de dinossauros a mamíferos de milhares de anos, coleções zoológicas, botânicas e mineralógicas (entre as quais a coleção de José Bonifácio). Também se perderam incontáveis coleções americanas, como múmias andinas, 20.000 peças de tecidos peruanos pré-colombianos, o manto real do rei do Hawaii, presenteado a D. Pedro I e único no mundo, a magnífica taça em prata dourada e coral, dada por D. João VI, além de quadros, móveis e inúmeros objetos preciosos insubstituíveis. Testemunhos preciosos da história do Brasil, como a antiga sala do trono, com seus preciosos estuques e pinturas, foram devorados pelo fogo. Ao contrário do que pensava o ministro do governo da época do incêndio, quem está viúvo é o Brasil, e com carradas de razão.

Na primeira década deste século pude presenciar um trabalho notável de aplicação de alta tecnologia à recuperação e conservação das três múmias egípcias do Museu Nacional. Com a umidade do Rio de Janeiro, as múmias estavam ameaçadas por micro-organismos, sobretudo fungos. Um de meus colegas do Instituto de Química da UFRJ esteve intimamente ligado a esse projeto, que foi interessantíssimo: as múmias foram postas num "casulo" de lâminas de sílica, como se fosse um saco de plástico transparente, só que não poroso, numa tecnologia muito sofisticada de origem japonesa. Dentro do casulo, o ar foi trocado por nitrogênio seco, o que fez perecerem os micro-organismos aeróbicos que haviam atacado as múmias. Tudo isso agora são apenas recordações.

O Liceu de Aristóteles

No início de 2019 fui insistentemente convidado, pelo Professor Henk Kubbinga, da Universidade de Groningen, na Holanda, que eu não conhecia, a ir apresentar uma palestra num Congresso de História da Ciência que se realizaria em setembro em Atenas. Tive sorte em ter aceitado, pois pouco depois surgiu a pandemia que nos impedia de ir a qualquer lugar. O congresso foi interessantíssimo, conduzido em várias línguas: grego, a língua dos anfitriões, inglês, francês, russo e mandarim. Em algumas dessas línguas, quase só seus falantes nativos compareceram às sessões. As sessões mais concorridas foram conduzidas em inglês ou francês. Os russos, por exemplo, preferiam falar em francês. Foram as sessões nessas duas línguas aquelas em que eu me concentrei e pude aproveitar bastante. Foi uma experiência interessante estar numa universidade grega, a de Atenas, com vários prédios inspirados na arquitetura clássica, e tantos cartazes e indicações redigidos em grego. Conheci vários professores da universidade, de alta cultura e simpatia; muito lucrei com sua convivência por uma semana. Eu já tinha ido à Grécia, nove anos antes, mas apenas como turista. Agora lá estava em caráter profissional. Lamento não saber a língua, pois acho o grego falado muito musical e agradável de ouvir. Fiquei também satisfeito com o interesse despertado pelo tema de minha apresentação, que versava sobre as origens da ciência no Brasil. Havia bastante gente no auditório, e me surpreendi com o número de perguntas no final.

Bem perto do local do congresso fica um sítio cuja visita me emocionou. Trata-se do Liceu de Aristóteles. Embora hoje só haja lá um grande jardim, fui até o lugar duas vezes, de dia e à noite, e me deixei impregnar com a lembrança de que naquele local funcionou durante tanto tempo a escola livre fundada pelo grande filósofo de Estagira e cujo nome, liceu, veio a tornar-se sinônimo de escola em muitas línguas ocidentais.

Alquimia Experimental

Em 2018 e 2019 tive uma experiência interessantíssima e única: consegui persuadir um grupo de quatro jovens estudantes de graduação da UFMG, duas moças e dois rapazes, a desenvolver um projeto sobre o qual eu andava a pensar havia algum tempo. Tratava-se de reconstituir num laboratório moderno de Química práticas de alquimistas do passado, para tirar a limpo dúvidas a respeito de seus procedimentos, motivações e argúcia, bem como de seu conhecimento e sua compostura ética, sobre a qual, às vezes, se leem as coisas mais disparatadas, ditas por muita gente que só conhece os problemas superficialmente ou de segunda mão. Por isso, propus ao grupo reconstituir 10 processos descritos por alquimistas do passado, variando do início da era cristã, em Alexandria, no Egito, ao século XVII, quando Isaac Newton trabalhou com afinco como alquimista. Existiam duas vertentes na alquimia, uma bastante mística e outra mais técnica. Nós nos concentramos na segunda e reconstituímos os 10 processos no laboratório a partir dos relatos originais. A partir daí, fizemos todas as caracterizações e análises dos produtos pelos métodos mais modernos em uso na atualidade, no que tivemos a colaboração preciosa de vários colegas meus, especialistas em diversas áreas da Química. O resultado surpreendeu-nos a todos e demonstrou uma coisa de que eu desconfiava há muito tempo. A má reputação ética que muitos imputam aos alquimistas do passado nem sempre se sustém. Na realidade, apesar do arsenal analítico limitadíssimo de que dispunham, eles o compensavam por vezes com uma grande sagacidade e um extraordinário espírito crítico, que lhes permitiu descobrir e inventar muitas coisas novas, como compostos e materiais, instrumentos de laboratório, procedimentos etc., ou seja, um cabedal imenso sobre o qual a Química pôde estruturar-se a partir de finais do século XVI.

Ao longo do projeto, pude constatar o entusiasmo dos estudantes, que foi aumentado ainda mais com o passar do tempo, como quando puderam apresentar parte de seus resultados num concorrido congresso em Juiz de Fora, ainda em 2018. O trabalho foi levado até o fim com sucesso, e seus autores puderam vê-lo publicado nas páginas da revista Química Nova, em 2020.

À guisa de encerramento

Todas essas crônicas, independentes umas das outras, fazem parte de um conjunto muito maior que escrevi por puro deleite. Escolhi apenas algumas entre mais de 130 para ilustrar aspectos de como vi e participei do desenrolar da História do Departamento de Química e do que se fez em conjunto com colegas e instituições do país e fora dele. Para além de um percurso puramente científico ou profissional, há que considerar que tudo o que ocorreu fez parte de uma trama humana, com uma grande riqueza de interações as mais variadas. Tive que restringir-me a apenas alguns poucos casos, entre tantos que tenho, para que coubessem num texto de tamanho razoável. Espero, contudo, que a amostragem tenha sido suficiente para mostrar, sobretudo àqueles que vieram depois, a diversidade de situações, ocorrências e oportunidades que nos deu o Departamento de Química em seu mais de rico meio século de existência.

ARTÍFICES DO SONHO: OITENTA ANOS DO CURSO DE QUÍMICA DA UFMG

(A) Formatura como Engenheiro Químico, dezembro de 1967, com o Professor Cássio Pinto, Diretor da Escola de Engenharia, do qual fui monitor.
(B) Diploma de doutorado, Universidade de Maryland, 1972.
(C) Consequência de trabalho como historiador da ciência: conferência no Instituto Histórico e Geográfico Brasileiro, anos depois, em 2003.
(D) Sendo recebido pelo Ministro da Educação, Prof. Murílio Hingel, 1993.
(E) Sessão da Sociedade Brasileira de Química durante minha presidência da mesma. Caxambu, 1991. Estou ladeado por Eduardo Peixoto e Cláudio Airoldi. Sentados, de costas, estão Hans Viertler e Henrique Toma.
(F) Com várias gerações de estudantes orientados por mim, no dia do cinquentenário de minha defesa de doutorado, setembro de 2022.

CAMINHANDO PELAS ALAMEDAS DA UNIVERSIDADE, TECENDO UMA VIDA COM FIOS DE MÚLTIPLAS E MAGNÉTICAS RESSONÂNCIAS

Dorila Piló Veloso

Mudam-se os tempos, mudam-se as vontades, muda-se o ser, muda-se a confiança; todo o mundo é composto de mudança, tomando sempre novas qualidades.
(Luis de Camões)

Quando o Professor Luiz Cláudio me convidou a escrever algo sobre o passado do Departamento de Química (DQ) do ICEx da UFMG para fazer parte de documentação comemorativa de seus 80 anos, fiquei a imaginar o que poderia relatar e como fazê-lo. Afinal, vivo uma longa jornada, há mais de 60 anos, em simbiose com a Universidade. Resolvi, então, rever o meu Memorial, escrito em 1991 para o concurso de Professor Titular. Nele estão relatados fatos e experiências que mostram um pouco do que ocorria na UFMG e em nosso Departamento de Química (DQ) a partir da década de 60 do século XX. Sendo assim, mergulhei no passado e me embrenhei na aventura.

Minha opção pela Química foi se definindo no curso científico, devido ao entusiasmo dos Professores Abdênago Lisboa, Maria Luiza Tupinambá e Eládio de Almeida Pimentel. Nunca me esqueci do Professor Abdênago, no Colégio N. S. do Monte Calvário, traçando na lousa imensos círculos, fazendo um paralelo entre a estrutura atômica e o universo e falando entusiasmada e veementemente. Aquilo me fascinou!

Assim, parti para o Curso de Química da Faculdade de Filosofia da então Universidade de Minas Gerais, no ano 1963. O ambiente intelectual da Faculdade era muito rico. Do oitavo andar onde ficavam os Departamentos de Filosofia e História ao subsolo onde funcionava o Curso de Química, cada andar abrigava um universo diferente, com interesses singulares. No saguão da entrada do prédio da Faculdade eram afixados cartazes com a programação diária das conferências sobre temas diversos, o que me levava a circular por todos os andares. Estudar na Faculdade de Filosofia foi um grande privilégio, que me proporcionou usufruir do dinâmico ambiente cultural ali existente. O contato com colegas de diferentes cursos foi o início de uma convivência que, em muitos casos, me acompanha ao longo da vida. Ali no "murinho" do pátio interno do prédio, tecíamos grandes sonhos para mudar o país! Tudo isso contribuiu para uma jovem, saindo da adolescência, encontrar seu caminho no mundo! Logo, daquele turbilhão de informações, novas ideias e discussões foram me aflorando uma série de reflexões.

    Bem, sou fruto de uma família de classe média tradicionalmente católica. Tive o privilégio de ter vivido junto à casa matriz de meus avós. Nossa Grande Família tinha de tudo um pouco, um universo onde a vida se tecia em múltiplas facetas. No nosso terreiro, além das brincadeiras da meninada, havia as famosas brigas que o vovô apartava com seu modo severo, mas afetuoso. Estudei desde a tenra infância num colégio de freiras do jardim da infância ao início do curso científico: o Colégio Nossa Senhora do Monte Calvário. Ali, onde fiquei deslumbrada com a minha primeira aula de Química. Quando fui fazer os dois últimos anos do curso científico no Colégio de Aplicação e mesmo quando entrei na Faculdade de Filosofia, sentia muita falta das aulas diárias de religião e das reflexões, nas sextas-feiras, sobre o Evangelho do próximo domingo. Entretanto, as ideias novas que me chegavam na Faculdade pelas conferências de temas variados, assim como pelas discussões com os novos colegas, foram me encantando e substituindo minha ansiedade pelas reflexões semanais das aulas de religião. Tomei contato com o Documento Básico da Ação Popular e me engajei na luta política contra a ditadura. Ah, menina! Obviamente do universo "da direita" desembarcara no universo "da esquerda". Nossa formatura foi de protesto, rezava o ano 1966: tempos de luta, de rebeldia, de gestação de novos caminhos. Fizemos, naquela formatura, tudo diferente do usado até então. A FAFI inovou!

    Quiseram os caminhos da vida que, ao longo da caminhada e de muitas reflexões, eu me tornasse agnóstica. Já era a ovelha negra da família por defender a luta armada (meus amores: Che Guevara e Mao Zedong, entranhados, desde então, em meu coração). Imaginem quando proclamei no seio do clã familiar a minha nova filosofia! Tornara-me agnóstica. No entanto, família é família, nunca me faltaram. Sempre solidária. Para mim, hoje, Deus é a mais linda invenção daquela criatura que aflorou da libertação da mera programação genética!

    Militava nas hostes de um grupo político de origem católica, a Ação Popular (AP), que priorizava a luta política a partir de fundamentos católicos: uma organização clandestina, reunindo a pujança da juventude de classe média ao suor da classe operária e a tantos outros brasileiros, também indignados com a opressão das

Botas da Ditadura (Figura 1). Fomos um rio caudaloso, infelizmente dispersados pela repressão ditatorial: uns foram barbaramente assassinados; outros partiram para o exílio; muitos buscaram a reinserção na "vida normal"; alguns se isolaram em algum rincão da imensidão do mundo; e, ainda, houve aqueles que, matreiramente, conseguiam despistar os algozes carrascos e se somaram a outros grupos políticos, outras siglas. Atualmente, vejo muitos dos antigos companheiros militando no PC do B. Ironias da vida: a cria da Igreja Católica fortaleceu este partido em nosso país!

Quando não havia mais caminhos traçados, Voamos. Rilke

Figura 1 – Tropas policiais invadem o antigo prédio da FAFICH, na Rua Carangola, 1968.

Foto: Acervo do Projeto República/UFMG.[1]

Os bravos companheiros me lembram aquelas plantinhas, as quais, vencendo as difíceis aparências das leis da Física, insistem e conseguem com energia, triunfalmente, brotar das rachaduras das paredes de casas, pedras e cimento! Triunfo da Natureza, que nos remete a indagações ancestrais: como é que a poeira das estrelas se organizou, redundando em vida inteligente?

De fato, nas frestas da construção, nas rachaduras dos muros é por onde atravessa a história. O tempo que vivi foi um tempo mutante, em que aconteciam mudanças profundas sem que nos déssemos conta da magnitude do que ocorria. Mu-

---

[1] Disponível em: https://www.flickr.com/photos/portalpbh/13902592005.

dava a política, mudava a cultura, mudavam as artes; revolucionava-se o comportamento, tudo mudava, inclusive nós mesmos, sem que nos apercebêssemos – mudava a mudança. Vivíamos um tempo revolucionário, com profundas transformações no sistema capitalista que atravessava um processo de mudanças científicas e tecnológicas de grande envergadura, mudanças na organização do trabalho nas fábricas, nas universidades, no ensino e na pesquisa; além de uma revolução comportamental e na vida cotidiana como nunca ocorrera no passado. Cito parte do meu discurso quando recebi da UFMG, em 2015, o título de Professora Emérita:

> Nasci num tempo de guerra (1944). Vivi a juventude entre jovens revolucionários que queriam mudar o mundo. E conseguiram. Beatniks, hippies, existencialistas, vanguardas e correntes políticas, de posse das armas da crítica e da crítica das armas, romperam comportamentos, hábitos, culturas, ideologias: revoluções proliferavam nos cantos mais ocultos do Planeta, disseminando ideias que ofereciam um futuro radiante e glorioso. A confiança era o mundo encantado das revoluções comportamental, política, científica, tecnológica, cultural, sociológica. Revolução das mulheres pela igualdade de gênero, rebelião dos negros contra o racismo, levante das periferias do sistema social e econômico contra a miséria, resistência ao colonialismo, lutas de libertação nacional; enfim, tempestades solapavam a sociedade velha, cujas bases não resistiram aos terremotos que, como se fossem cogumelos do outono, brotavam na primavera.

Assim, o que um "obscuro" filósofo grego havia previsto se confirmou: tudo muda, exceto a mudança. Personagens de dimensões grandiosas saltaram na história de um tempo mutante: Gamal Abdel Nasser, Ahmed Ben Bella, Mao Zedong, Ho Chi Min, Ernesto Che Guevara, Nelson Mandela, Patrice Lumumba, Federico Fellini, Luchino Visconti, Elvis Presley, Beatles, Rolling Stones, Simone de Beauvoir, Jean Paul Sartre, Herbert Marcuse, enfim, uma infinidade de personagens históricos preenchiam nossos dias com suas ideias de mudar o mundo, romper o passado de barbáries que nos havia legado 50 milhões de mortos, nas insanidades da primeira metade do século XX. Cito os versos: "E quem pensou que era uma maré, descobriu que foi um dilúvio. Foi um tempo de guerra, de gritos e sussurros; memória não faltará. E de tanto perder: Vencemos".

Nasci e cheguei até aqui, aos quase 80 anos de idade – quase a idade do DQ –, como uma privilegiada: tudo na minha vida até os caminhos mais tortos e penosos, no fim, acabaram em etapa vencida com sucesso. Agradeço ao Universo. Tornei-me PACIFISTA, o que cala no fundo d'alma até o momento.

No início do curso, sentia-me atraída pela Físico-Química e gostava muito de conversar com o Professor Édson Profeta, que trabalhava com pesquisas do Grupo do Tório, sendo muito ligado ao Professor José Israel Vargas. Além deste último, que era o catedrático da Físico-Química, tínhamos o catedrático de Química Analítica, Professor Willer Florêncio, e o de Química Orgânica, Professor Aluísio Pimenta.

Estudávamos muito, o Curso de Química nos envolvia completamente, pois pela manhã havia aulas teóricas e, à tarde, aulas práticas, das segundas às sextas-feiras (Figura 2). Tínhamos acesso às chaves do Departamento para estudar na biblioteca aos sábados e domingos. Mariza Guimarães Drumond e eu, ela colega e amiga de sempre, ali passávamos as manhãs de sábados e feriados estudando juntas (Figura 3). O ambiente da biblioteca era muito tranquilo. Às vezes, ficávamos estudando no auditório, onde também sempre fazíamos reuniões do Grêmio Cultural. Fui Diretora Social e depois Diretora Cultural desse Grêmio, quando organizei um ciclo de palestras muito interessantes sobre a evolução da Ciência em várias áreas.

Figura 2 – À esquerda, em pé, na primeira foto, o Professor Willer Florêncio.

Fonte: Livreto "QUÍMICA" – Publicação do Grêmio Cultural do Instituto de Química da Faculdade de Filosofia, Ciências e Letras da UMG (1967).

Figura 3 – Alguns colegas da minha turma: de costas, da esquerda para a direita: Francisco Daniel, o Chico; Ana Maria Soares, a Aninha; Mariza; Ronaldo Shirmer, o China; Lucy Rodrigues; e José Carlos Amaral. De frente, mesmo sentido: Antônio Carneiro Barboza, Dorila e Else. Em pé, o Otávio, monitor da disciplina.

Fonte: Livreto "QUÍMICA" – Publicação do Grêmio Cultural do Instituto de Química da Faculdade de Filosofia, Ciências e Letras da UMG (1967).

As aulas dos Professores José Caetano Machado, José Israel Vargas e Rui Magnane Machado eram excelentes. O Caetano tinha um caderno imenso, tipo livro de atas, onde trazia suas anotações para ministrar a aula. Ele era magrinho e baixo, e aquele caderno me parecia desproporcional à sua figura. Entretanto, sem consultá-lo, ia escrevendo sua aula no quadro negro. Nas aulas práticas, ele usava uma maquininha verde, da Facit, para fazer os cálculos. Eu sempre conseguia terminar as contas mentalmente antes daquela geringonça, a qual tinha uma manivela que engastalhava sempre e não rodava direito. Era bem divertido. As aulas de Física e de Matemática eram no terceiro andar, onde funcionavam os respectivos Departamentos; as de Mineralogia eram no quinto andar. O currículo do curso era bem diversificado (Figura 4).

Figura 4 – Páginas do Folheto "QÚIMICA" do Grêmio Cultural sobre os Currículos do Curso de Química da FAFI-UMG (na foto, à esquerda, podem ser vistos o Caetano e o Ruy) e as finalidades do Grêmio.

Fonte: Livreto "QUÍMICA" – Publicação do Grêmio Cultural do Instituto de Química da Faculdade de Filosofia, Ciências e Letras da UMG (1967).

Quando o Professor Vargas foi para o exterior, após o golpe militar, não houve clima para me agregar àquele setor. Como a Bioquímica também me fascinava, fui fazer estágio de iniciação científica com o Professor Anibal A. S. Pereira, que desenvolvia suas pesquisas nos laboratórios da Faculdade de Medicina, nos quais tive meu primeiro contato com a pesquisa científica, desenvolvendo trabalhos sobre calicreína e bradicininógeno. Aos sábados, havia seminários do grupo de bioquímicos, em que eu adquiria novos conhecimentos e me inteirava dos demais trabalhos de pesquisa em curso no Departamento de Bioquímica, num ambiente dinâmico e de muita discussão científica. Tudo ia muito bem até que o Jader Barroso foi encarregado de me ensinar a sacrificar uma cobaia. Senti-me como uma bruxa medieval! A partir daí percebi não ser aquela a minha vocação.

A pesquisa em Química Orgânica dava seus primeiros passos no Departamento, com a Fitoquímica, sob a batuta do Professor Visitante Otto Richard Gottlieb, envolvendo o recém-contratado Professor Jaswan Ray Mahajan. Como eu lecionava Química Orgânica no Colégio Estadual e tomara gosto pela matéria, deixei a Bioquímica e mudei-me para a Química Orgânica. Comecei a assistir às aulas que o Professor Gottlieb ministrava à noite na Escola de Engenharia, para os alunos de Iniciação Científica. Foram cursos muito interessantes, que me propiciaram amadurecimento nos princípios das reações orgânicas. Ao final das aulas, o Professor Gottlieb seguia para a residência dos Professores Aníbal e Marília, onde era hospedado quinzenalmente.

Depois da formatura, iniciei os estudos de pós-graduação, sob a orientação do Professor Mahajan, em 1967. Trabalhei com ele durante um ano até que se mudou para a Universidade de Brasília, com outros professores: Alaíde Braga, Beatriz Monteiro, Geovani Geraldo de Oliveira e Guglielmo Stefani Marconi, capitaneados pelo Professor Gottlieb. Sob a orientação meticulosa e exigente de Mahajan, iniciei estudos sobre o isolamento e análise de produtos naturais, pesquisando o óleo de copaíba (*Copaifera langsdorfii*).

Logo após a partida do Professor Mahajan devido ao Plano de Reestruturação da Universidade, ainda em 1967 fomos transferidos para o Campus Universitário da Pampulha, como Instituto de Química Básica, o qual reunia professores de Química da Escola de Farmácia, Escola de Engenharia e Faculdade de Filosofia.

Uma lembrança dolorosa daquela época foi ver as marretas destruindo os Laboratórios de Química da Faculdade de Filosofia, onde iniciei minha formação na área. O reitor da UFMG, Professor Aluísio Pimenta, era oriundo do Instituto de Química; a transferência era inadiável. O novo Campus precisava ser instalado, e a Química iria dar o bom exemplo. Assim, o Instituto de Química Básica, cujo diretor era o Professor Herbert Magalhães Alves, vindo da Escola de Engenharia, onde fora o catedrático mais jovem da UFMG, foi uma das primeiras unidades a se instalarem na Pampulha. Tínhamos algumas aulas nas dependências dos Institutos de Mecânica e Eletrotécnica – atual Colégio Técnico.

Com a reforma universitária de 1968, passamos a integrar o Instituto de Ciências Exatas (ICEx). O Instituto de Química Básica foi transformado em Departamento de Química (DQ), e seus diferentes departamentos tornaram-se setores do novo DQ.

O grupo de Fitoquímica, instalado no Setor de Química Orgânica, se envolvia na pesquisa com muito ânimo e coragem, implantando algo novo, num clima confuso de um país sem tradição científica. Naquelas alturas, muitos dos que tinham ido para Brasília haviam retornado, devido a problemas com a ditadura militar. Os pioneiros da Fitoquímica na UFMG, Professores Hebert Magalhães Alves, Marília O. S. Pereira, Antônio Lins Mesquita, Alaíde Braga de Oliveira e José Rego de Souza, tateavam os caminhos, em colaboração com Otto Richard Gottlieb, buscando consolidar a prática da pesquisa.

Dos estudos do óleo de copaíba iniciados com o Professor Mahajan, passei às reações de ozonólise e ao estudo do jatobá (*Hymenaea stignocarpa*) e da Fotoquímica Orgânica, sob a orientação da Professora Marília Ottoni.

Fiz parte da primeira turma de um Curso de Pós-Graduação, que se organizava em novos moldes no país e no DQ, aqui plasmado pelo trabalho incansável e eficiente de Marília Ottoni e Ruy Magnane. Lembro-me das fichinhas de cartolina nas quais "dona Marília" ia escrevendo as notas de cada aluno, registrando o dossiê e o currículo do estudante. No início, as áreas de pesquisa disponíveis para os pós-graduandos eram a Fitoquímica e a Físico-Química. Por ocasião do retorno dos Professores Eucler Bento Paniago e Carlos Alberto Lombardi Filgueiras do doutorado nos Estados Unidos, foram iniciadas as pesquisas em Química Inorgânica.

Éramos uma grande família. Frequentemente havia jantares de confraternização na casa de algum professor, festas de Natal no fim do ano, com "amigo oculto" e o tradicional Papai Noel, encenado pelo Luíz Gonzaga Fonseca e Silva. O casamento do Professor Willibrordus Joseph A. Copray, ex-frei Eduardo, foi realizado com grande festa no saguão do DQ. Quando fomos apresentar nossos primeiros trabalhos de pesquisa numa reunião da SBPC em Blumenau, SC, em 1966, os professores se cotizaram para pagar a estada dos estudantes e conseguiram um ônibus da Universidade, em que todos, alguns professores e alunos, viajamos juntos.

Participávamos também de cursos de inverno, organizados pelo Professor Gottlieb na Universidade Federal Rural do Rio de Janeiro, no mês de julho, onde, além de professores visitantes estrangeiros, reuniam-se docentes e pós-graduandos de diferentes universidades brasileiras interessados na Química Orgânica. Os professores de Orgânica do DQ também participavam, e a Professora Marília ministrava cursos. O fato de termos convivido com tantas pessoas, em regime de internato na UFRRJ nesses cursos, criaram-se laços profundos e identidades que considero terem tido reflexos importantes no desenvolvimento da Química Orgânica brasileira.

Sinto que, na formação atual dada aos nossos estudantes, não se tem o cuidado de agrupá-los, o que os impede de se reconhecerem em torno de objetivos comuns. Esse é um defeito oriundo da Reforma Universitária de 1968, a qual, de certo modo, dispersou o corpo discente, por ter acabado com a "turma", empobrecendo sua formação e isolando os estudantes em suas individualidades. Hoje, quando ouço o neurocientista Miguel Nicolelis falar em *brain net*, percebo o privilégio que foi a riqueza de minha formação acadêmica, com a possibilidade de também usufruir da convivência com uma "turma" de faculdade. Quando fiz a graduação, tive os mesmos colegas durante todo o curso. Isso me possibilitou criar laços profundos de companheirismo e amizade, além dos estudos conjuntos fundamentais para meu aprendizado e amadurecimento. Durante os muitos anos de docência universitária, testemunhei os efeitos da Reforma Universitária de 1968 no viver estudantil: não se propiciava criar uma rede de convivência intensa entre colegas. Portanto, sempre procurei motivar os estudantes a se entrosarem para trabalhar em grupo, como forma de minorar o isolamento a que foram compelidos.

Em 1969, ainda na pós-graduação, tornei-me docente da UFMG, por concurso público para Auxiliar de Ensino. Naquela época, não era exigido titulação pós-graduada para ser professor universitário, mesmo porque nem havia doutores em número suficiente para atenderem às demandas do país. Os docentes do DQ não tinham, em sua maioria, pós-graduação; somente os catedráticos eram doutores. Mais tarde, o Caetano e o Ruy foram para a Bélgica e a França, respectivamente, onde se doutoraram. Da nova geração de então, Alaíde Braga, Antônio Marques Neto, José Rego, Marconi e Nelson Pereira fizeram o doutorado no DQ e, com exceção dos dois últimos, todos completaram a formação científica indo para o exterior realizar estágio pós-doutoral. Da minha turma da pós-graduação, tornaram-se professores no DQ: Elzi Fantini, Mariza Guimarães Drumond, Tanus Jorge Nagen e eu.

Assim que fui contratada como Auxiliar de Ensino, integrei a equipe que ministrava as aulas práticas de Química Orgânica I. Essas aulas se baseavam nos livros "Laboratory Practice of Organic Chemistry", de G. Ross Robertson e S. Thomas L. Jacobs; "Experimental Organic Chemistry", de C. A. Mackenzie; e "A Text Book of Practical Organic Chemistry", de Arthur Vogel. O livro-texto adotado "Selected Experiments in Organic Chemistry", de G. K. Helm Kamps e H. W. Johnson Jr., propiciava a realização de experimentos simples, interessantes e compatíveis com nossas condições de trabalho. Os estudantes reclamavam sobre o fato de o livro-texto ser em inglês, o que expressa, no meu entendimento, uma lacuna de formação (Figura 5).

Figura 5 – Capas de livros adotados para aulas práticas e teóricas na década de 1970.

Foto: Cortesia de Sérgio Ferreira da Silva, bibliotecário do DQ.[2]

Em 1970, também ministrei o curso prático de Química Orgânica II, em que uma das práticas realizadas era a "Nitração do Benzeno". Além disso, havia a parte de "Assunto Especial" – Pesquisa Bibliográfica. A programação geral do curso estava intimamente ligada ao curso teórico, envolvendo a realização de algumas reações estudadas teoricamente. Ao final, havia o estudo comparativo por infravermelho entre benzeno e nitrobenzeno, o que constituía mais uma ponte ligando os cursos teóricos aos cursos práticos. Na parte relativa à pesquisa bibliográfica, trabalhava-se com o Chemical Abstracts e os principais periódicos ligados à Química Orgânica, objetivando propiciar ao aluno perceber a importância de se trabalhar com a literatura científica.

Alguns semestres mais tarde, comecei a ministrar também o curso de "Análise Qualitativa – Identificação de um Composto Desconhecido", uma versão simplificada de curso similar ministrado pelo Professor David Lee Nelson, para a pós-graduação. O "composto desconhecido" era um verdadeiro desafio, embora para a professora não fosse tão desconhecido assim, segundo desabafo crítico de alguns estudantes, quando havia algum transtorno.

As aulas práticas eram ministradas nos laboratórios do prédio que sofreu um grande incêndio em 1987 e que atualmente pertence à Escola de Engenharia.

---

[2] HELMKAMPS, G. K.; JOHNSON JR., H. W. Selected Experiments in Organic Chemistry. In: RICHARDS, J. H.; CRAM, D. J.; HAMMOND, G. S. (org.). *Elements of Organic Chemistry*.

Felizmente, como o incêndio ocorreu durante a noite, não houve vítimas. Os danos materiais foram imensos, tudo destruído. Interessante foi observar, após o rescaldo, que os botijões de gás permaneceram intactos! Logo se formou uma Comissão para avaliar a situação – entre outros, Marília Ottoni, Ruy Magnane e Romilda Rachel Soares da Silva, formiguinhas incansáveis que se destacavam para mim. Houve um esforço muito grande para a continuidade das aulas práticas, que não sofreram interrupção. Foram usados laboratórios do Instituto de Ciências Biológicas (ICB) e da Faculdade de Farmácia (FAFAR), que prontamente nos socorreram. Em seguida, a Universidade construiu laboratórios provisórios para o ensino na Unidade Administrativa II. Esse evento ocorreu durante o reitorado do Professor Cid Veloso.

No primeiro semestre de 1970, também participei da equipe que ministrava o curso teórico de Química Orgânica I. O livro adotado era o "Organic Chemistry", de R. T. Morrison e R. N. Boyd, que a Professora Marília introduzira no Curso de Química, após o seu retorno dos Estados Unidos.

Há duas correntes no ensino da Química Orgânica. Em uma delas, o "Livro do Boyd" era um dos expoentes, apresentando as funções da Química Orgânica separadamente, com a subdivisão de cada capítulo em métodos de obtenção e reações características principais das substâncias de determinada função orgânica. E a outra corrente procura mostrar o que há de comum entre essas diferentes funções, de modo que os capítulos são estruturados tendo como base o tipo de reação química e seus mecanismos.

Particularmente, sou favorável à segunda abordagem, pois propicia o estabelecimento de relações entre propriedades e similaridades das substâncias, independentemente das funções às quais pertençam, o que facilita o raciocínio e induz à generalização, quesito importante para o amadurecimento do conhecimento científico. Devido a isso, no segundo semestre de 1971 iniciamos um movimento para a mudança do livro adotado para o ensino das Químicas Orgânicas I, II e III. O objetivo era a adoção de um livro-texto cuja apresentação da matéria fosse baseada nos tipos de reações da Química Orgânica.

Ao final do debate foram escolhidos os livros "Elements of Organic Chemistry", de J. H. Richards, D. J. Cram e G. S. Hammond[3], para as Químicas Orgânicas I e II; e "A Guidebook to Mechanism in Organic Chemistry", de Peter

---

[3] Como esses mesmos autores tinham outro livro mais completo e maior, essa versão simplificada era vulgarmente conhecida como "Cramzinho".

Sykes, para a Química Orgânica III. Esses livros foram adotados a partir do segundo semestre de 1973. Tive a oportunidade de conhecer pessoalmente o Professor Sykes quando estive na Inglaterra, em 1980.

Em setembro de 1973, parti para estudos na França, não chegando, portanto, a ministrar as disciplinas Química Orgânica I e II com o novo livro-texto. O Professor Herbert Magalhães ministrava a Orgânica III. Ao retornar ao DQ, em 1979, adotava-se para essas duas disciplinas uma tradução do "Química Orgânica" de Allinger, N. L., Cava M. P. e colaboradores. Esse livro é fruto de uma tentativa de misturar as duas correntes metodológicas de ensino da Química Orgânica, porém com peso maior na apresentação tradicional dos conteúdos, centrada nas funções orgânicas.

Dez anos depois daquele debate de 1971, ao voltar a ministrar as Orgânicas I e II, já era utilizado outro livro, também traduzido para o português, "Química Orgânica", de Solomons T. W. G., de constituição similar à do livro anteriormente citado, porém mais simplificado.

No segundo semestre de 1970, iniciáramos um estudo crítico da metodologia do ensino da Química Orgânica. Vínhamos ministrando aulas expositivas sobre os pontos principais de cada capítulo e aulas de resolução dos respectivos problemas. Propusemos uma modificação para um curso "centrado no estudante", o qual devia ler a matéria antes da aula, formular questões sobre o assunto e trazer para discussão com o professor e os colegas. Como melhor explica Albert Jacquard: "Não se trata de compreender os outros, mas de colocá-los em condições de compreender (compreender é tão importante para cada um de nós quanto amar)".

Após muitas discussões e reuniões entre a equipe da Orgânica I e o Setor de Química Orgânica, iniciamos o curso proposto. Isso se deu no primeiro semestre de 1971, quando o livro-texto ainda era o do "Boyd". Ao final do curso, pela avaliação conjunta docente-discente, verificou-se o grande sucesso da experiência. O índice de aprovação foi muito bom, 93% dos estudantes sugeriram que a nova metodologia de ensino deveria ser aplicada também ao Curso de Química Orgânica II, o que ocorreu a partir de então. Ao voltar a ministrar esses cursos em 1983, as limitações dos horários e da nova grade curricular não mais permitiram a continuidade daquele método de ensino "centrado no estudante". Adotava-se uma metodologia possível para turmas de 40 a 50 alunos, um híbrido das aulas de motivação e de discussões.

No segundo semestre em que lecionei Química Orgânica I Teórica, elaborei uma apostila sobre Estereoquímica, para fornecer aos alunos dados sobre os principais elementos de simetria que se aplicam ao estudo de moléculas orgânicas. Ali eram apresentados, de modo simples, os principais grupos de ponto nos quais as moléculas orgânicas são classificadas em função dos elementos de simetria que apresentam. Desse modo, era possível mostrar aos estudantes a existência de outras maneiras de abordagem do tema. Também para o Curso de Química Orgânica II, redigi uma apostila complementar, dessa vez sobre Ressonância Magnética Nuclear, Infravermelho, Ultravioleta e Espectrometria de Massas, com o objetivo de aprofundar um pouco mais o conhecimento dos princípios básicos do assunto.

Em 1980, o Professor Herbert me chamou em sua sala e, com aquele seu modo peculiar, solenemente me comunicou que eu passaria a substituí-lo como professora da disciplina Química Orgânica III, do Curso de Bacharelado em Química. Senti-me muito honrada e ministrei essa disciplina até me aposentar, em 2014. O Professor Nelson de Souza Pereira foi o responsável pela parte prática do curso, numa parceria que durou longo tempo até o seu falecimento, em novembro de 2002. Com turmas menores, retomamos a metodologia, em que o estudante participava ativamente das aulas e, assim, realizamos vários projetos interessantes, incluindo a produção de insumos básicos para a pesquisa – com financiamento pelo PADCTINSUMOS-FINEP –, como os ácidos benzoico, *meta*-clorobenzoico e *meta*-cloroperbenzoico. Esse projeto beneficiou o Curso de Química de 1984 a 1995, suprindo a necessidade desses reagentes para a pesquisa de diferentes grupos do DQ e de outras universidades. Contávamos com o apoio do Jafé Mariano, laboratorista (Figura 6).

Figura 6 – Jafé Mariano (à esquerda), Antônio Flávio C. Alcântara (ao centro) e Flavio Leite dos Santos.

Foto: Acervo pessoal da autora.

Em 1987, propus ao Colegiado de Pós-Graduação o curso de Técnicas Modernas de Ressonância Magnética Nuclear (RMN) aplicada a ^{13}C e ^{1}H. Essa iniciativa surgiu da necessidade de aprofundamento e ampliação do curso de Métodos Espectrométricos de Análise Orgânica, tendo em vista a grande revolução que a técnica trouxe ao estudo da estrutura molecular. Isso foi interessante porque a primeira turma era bem grande, incluindo vários professores do DQ e da Escola de Farmácia, além dos pós-graduandos. O DQ foi um dos pioneiros nos estudos de RMN e na implementação dessa técnica no país.

> *"Construa sua vida em harmonia com a necessidade imperiosa e ardente daquilo que você quer ser."*
> (Rilke)

O primeiro Laboratório de Ressonância Magnética Nuclear do Departamento de Química do Instituto de Ciências Exatas da UFMG foi instalado em 1968, com a criação desse Instituto. Naquela época, dispunha-se do espectrômetro *Varian HA*-60-IL, que foi trazido pelo Professor Herbert Magalhães Alves, ao retornar da Universidade de Sheffield, Inglaterra, em 1966. De fato, ele o recebera como doação e o instalou, inicialmente, nas dependências do Instituto de Pesquisas Radioativas (IPR), atual Centro de Desenvolvimento de Tecnologia Nuclear (CDTN). O Professor Geraldo Tupinambá, da Escola de Engenharia, foi quem se ocupava do equipamento, junto com Willian George Dodd, o Bill, do DQ (Figura 7).

Figura 7 – Willian G. Dodd (à direita) e José Israel Vargas (à esquerda) conversando com Dorila.

Fonte: Acervo pessoal da autora.

Quando o atual prédio do DQ foi construído, projetou-se uma sala com suporte de concreto adequado para manter o potente imã permanente imune às eventuais trepidações do solo. Hoje, essa sala abriga o Espectrômetro de Massas. Era um aparelho enorme, imponente, cheio de válvulas e, comparado aos primeiros espectrômetros de RMN construídos no mundo, de 20 ou 30 MHz, foi classificado à época como de "alta resolução". Foi o primeiro Espectrômetro de RMN instalado no país, mas, como a tecnologia avança rapidamente, logo depois foi suplantado por um de 100 MHz, da UFRJ. Lembro-me muito bem do sufoco do Bill para operá-lo, sempre se queixando das dificuldades para conseguir fazer o *Lock*! Não consigo me lembrar do Bill sem associá-lo a esse espectrômetro; era a sua vida.

Esse espectrômetro esteve em operação até 1975, tendo sido sua parte eletrônica enviada, em 1991, para a Receita Federal. Seu imã, que pesava toneladas, fora encaminhado à UFRJ, em 1987, para o grupo de EPR do Professor Ney Vulgman.

Durante mais de 16 anos, a parafernália eletrônica desse espectrômetro ficou paralisada em sua sala, onde passei alguns meses, no final de 1990, estudando para o concurso de Professor Titular. O cheiro de mofo era fortíssimo, e tive que colocar vários desumidificadores por todo lado para conseguir permanecer o dia todo naquele ambiente. Afinal foi ótimo, pois ficava tranquila, sem ninguém me perturbar.

Em 1975 houve a aquisição do espectrômetro *Varian EM 360*-AL, via um projeto da Professora Alaíde Braga de Oliveira, financiado pelo CNPq. Esse aparelho era menor e foi instalado provisoriamente no segundo andar, onde até recentemente era a sala do Professor Gilson de Freitas. Algum tempo depois, esse espectrômetro foi transferido para a sala do antigo equipamento. À época, havia uma técnica nova trabalhando ali, a Terezinha Miguet.

Em início de 1982, o chefe do Departamento, Eucler Bento Paniago, nomeou o Professor Afonso Celso Guimarães e eu para cuidarmos do Laboratório de RMN do DQ. Começava, assim, o meu envolvimento com esse serviço na UFMG (Figura 8).

Figura 8 – Da esquerda para a direita: Afonso Celso Guimarães, Dorila Piló Veloso, Jane Magalhães Alves e Marco Antônio Teixeira.

Foto: Acervo pessoal da autora.

Durante meu doutoramento na França, trabalhei por seis anos com Ressonância Paramagnética Eletrônica (RPE). Meu doutorado em Grenoble fora em Físico-Química Orgânica, sintetizando as substâncias (*nitroxide radicals*) marcadoras de spins (*spin labels*), para os estudos por RPE. Ao voltar, tentei trabalhar esse tema com o pessoal do Departamento de Física, mas a abordagem deles era bem diferente. Então, não havendo como trabalhar com RPE no DQ, invertendo o *spin*, pude me mergulhar plenamente na Ressonância Magnética Nuclear (RMN), fundamental para os estudos estruturais de substâncias. De modo que foi muito bem-vinda a minha indicação para a nova tarefa que o Eucler me atribuíra. Mais tarde, entre outras atividades, estabeleci cooperação com o Professor Burkhardt Bechinger, da Université Louis Pasteur, de Strasbourg, França, e trabalhamos com estudos por RMN de peptídeos antimicrobianos. Fomos pioneiros no país na síntese manual dessas moléculas. Desenvolvemos essa metodologia com o Professor Marcelo Benquerer, a pós-doutoranda Cléria Mendonça de Moraes e com outros pesquisadores do ICB, do Departamento de Bioquímica e Imunologia – que também se formaram na França – e treinamos, no DQ, pessoal de outras universidades do Brasil com a síntese de peptídeos. Foi para Strasbourg que enviei meus dois estudantes à época, primeiro o Jarbas Magalhães Resende e, depois, o

Victor Hugo Munhoz, no programa de doutorado sanduíche do CNPq. Ambos tiveram a oportunidade de realizar estudos de RMN em fase sólida, trazendo novos conhecimentos para o Laboratório de RMN. Ainda estiveram lá, no âmbito de um programa de Cooperação financiado pela CAPES (CAPES-COFECUB), os Professores Antônio Flávio de Carvalho Alcântara e Amary Cesar. O Professor Bechinger esteve várias vezes nos visitando. Também esteve aqui conosco, por um mês, o Professor Philippe Bertani, do grupo do Bechinger.

De 1985 a 1990, fui a Coordenadora Científica do Laboratório de Ressonância Magnética Nuclear de Alta Resolução (LAREMAR) do DQ. De 1987 a 1988, a Professora Miriam Bernardes Gomes de Lima também participou da equipe, anteriormente constituída pelo Afonso e por mim. Em 1989, o Professor José Dias de Souza Filho se incorporou à Coordenação do Laboratório de RMN do DQ. Ele foi dos mais entusiasmados e dedicados membros da equipe, numa parceria que durou até a minha aposentadoria, em agosto de 2014, quando prosseguiu até se aposentar em 2019. A Professora Maria Helena Araújo se reuniu à equipe da Coordenação a partir do início de 2014. Apesar de aposentados, o Professor José Dias e eu continuamos a colaborar voluntariamente com o LAREMAR. Em 2000, a Câmara Departamental aprovou o nome do Professor José Israel Vargas como seu patrono, considerando seu apoio fundamental para a implementação desse laboratório (Figura 9).

Figura 9 – Dorila Piló Veloso e José Israel Vargas, em evento no DQ.

Foto: Acervo pessoal da autora.

Para o bom funcionamento inicial do Laboratório de RMN, entre outros, contei com um grande apoio do Professor francês Jean Marie Bernassau, que veio ao DQ como Professor Visitante, com financiamento da FAPEMIG, no segundo semestre de 1982. Ele era muito entusiasmado e me enviava pelo correio peças e suprimentos para o equipamento. Isso me fazia passar o maior aperto com a Receita Federal e com os Correios. Mas era para uma boa causa...

Em função da minha atuação no Laboratório de RMN, em outubro e novembro de 1986 a FAPEMIG financiou a minha ida semanal à UFRJ para fazer o curso de RMN ^{13}C e de Técnicas de Pulsação, ministrado pelos Professores D. Figueiroa, L. A Colnago e P. R. Seidl, sob os patrocínios da UFRJ, IME, CENPES-PETROBRÁS. Nessa ocasião, também me reunia com esses e outros pesquisadores, incluindo Sonia Cabral de Menezes, para discussões e providências que resultaram na criação da Associação de Usuários de Ressonância Magnética Nuclear (AUREMN).

Em 1987 foi instalado no DQ um espectrômetro utilizando a técnica de RMN de impulsos com a transformada de Fourier, um *Bruker AC* 80, o que permitiu ampliar as aplicações da técnica, possibilitando a utilização de sonda multinuclear e apresentando versatilidade computacional na aquisição e tratamento de dados, além da possibilidade de emprego de técnicas uni- e –bidimensionais (Figura 10).

Figura 10 – Espectrômetro *Bruker AC* 80 – Dorila P. Veloso (à esquerda) e Izabel de Jesus Tércio, no final da década de 1980.

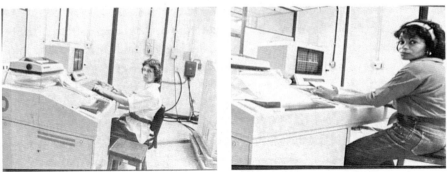

Foto: Acervo pessoal da autora.

Lembro-me de que num domingo de setembro de 1987 fui ao DQ pela manhã terminar um trabalho para apresentar no I Encontro de Usuários de RMN, em Angra dos Reis. Quando estava saindo na portaria do *Campus*, ouvi um chofer perguntar ao porteiro se ali era o CNPq. Curiosa, aproximei-me e vi a papelada que aquele homem tinha nas mãos. Nada mais era do que a fatura do nosso novo espectrômetro *Bruker*! Imediatamente me introduzi na conversa, telefonei para o chefe do Departamento, o Peregrino do Nascimento Neto, que me autorizou a assinar o recebimento da mercadoria e voltei acompanhando o caminhão até ao DQ. Cancelei a minha viagem a Angra dos Reis.

Quando fomos instalar o aparelho também na antiga sala do *Varian HA-60-IL*, tivemos que liberar espaço e repassamos o pesado ímã desse velho espectrômetro para a UFRJ. Havia necessidade de um sistema de refrigeração a água para o novo eletroímã. Foi uma peleja com os serviços da UFMG para a construção de uma edícula no pátio interno do prédio do DQ, perto da janela da sala, que possibilitasse a passagem dos canos de água. Como a demora foi ficando grande, o ordenador de pós-graduação à época, o Eucler Paniago, sugeriu fazermos um "galinheiro" de lataria e tela para abrigar o equipamento. O pessoal da nossa oficina de mecânica construiu a casinha, preparou a passagem dos canos e tubos para a sala, e a água de refrigeração chegou ao eletroímã. Ficou tudo ótimo e pronto numa semana! Quando muitos meses depois os arquitetos da UFMG chegaram para ver como atender à nossa demanda de obras, já estávamos trabalhando há tempos e a pesquisa correndo seu curso com grande entusiasmo.

Esse foi o primeiro espectrômetro pulsado instalado em uma Universidade no país. Concomitantemente, o Professor Massayoshi Yoshida, da USP, também recebera um aparelho idêntico. A técnica Terezinha ficou certo tempo nos serviços e, após a sua saída (foi tentar a vida no exterior), tivemos a colaboração dos técnicos Ricardo de Assis Machado e Izabel de Jesus Tércio Pereira.

Lembro-me das nossas preocupações quando havia tempestades em Belo Horizonte e faltava energia. Muitas vezes, saíamos correndo de madrugada de nossas casas para ir ao DQ verificar o estado do aparelho. Ricardo sempre dava uma passada pelo laboratório nos finais de semana para verificar a situação. Quando havia greve dos servidores, lá ia eu para o Comando de Greve reivindicar a liberação dos técnicos para o Serviço Essencial, que não podia ser interrompido. Sempre fui atendida. Era um sufoco! Em 1993, Ivana Silva Lula foi integrada à equipe técnica do laboratório, substituindo Isabel, que partiu para os Estados Unidos. Em 2016, o Ricardo aposentou-se e a Ivana continuou como a responsável pelo apoio técnico.

No ano seguinte à instalação do espectrômetro no DQ, recebi auxílio do CNPq para participar dos treinamentos oferecidos pela *Bruker* na Europa. Assim, em março de 1988, segui o "Curso de Técnicas Modernas de Ressonância Magnética Nuclear" ministrado por professores da BRUKER SPECTROSPIN, em Falladen, Zurique, Suíça; Karlsrue, Alemanha; e Wissembour, França. Isso me permitiu propagar para professores e alunos da pós-graduação as novidades da técnica na época.

O DQ era uma referência na área de RMN no país. Em 1989, participei como palestrante da mesa-redonda "Aquisição, Instalação e Operação de Equipamentos de RMN", no II Encontro de Usuário de RMN em Angra dos Reis, RJ. Também nesse ano, ministrei o "Curso de Técnicas Modernas de Ressonância Magnética Nuclear" para alunos do curso de pós-graduação em Farmácia, da Faculdade de Farmácia da Universidade Federal do Rio Grande do Sul, em Porto Alegre.

Com a publicação do Edital PADCT QEQ-02/91 – Chamada 01 –, foi apresentado um projeto à Financiadora de Estudos e Projetos (FINEP), sob a minha coordenação, de uma forma consorciada envolvendo mais cinco universidades federais mineiras –Fundação de Ensino Superior de São João del-Rei (FUNREI), Universidade Federal de Juiz de Fora (UFJF), Universidade Federal de Ouro Preto (UFOP), Universidade Federal de Uberlândia (UFU) e Universidade Federal de Viçosa (UFV) –, para a aquisição de um espectrômetro com magneto supercondutor para atendimento multiusuário no estado de Minas Gerais. Assim, coordenei, de 1993 a 1997, esse projeto, que foi aprovado: "Aquisição de Espectrômetro de Ressonância Magnética Nuclear para Atendimento Multiusuário em Minas Gerais".

Quando, em 1993, recebemos a notícia da aprovação do projeto pela FINEP, a Professora Marília Ottoni, que participava do Conselho Universitário da UFMG, me levou para conversar com a reitora Vanessa Guimarães para pleitearmos a construção de novas instalações para abrigar o recém-aprovado espectrômetro. Ela nos atendeu prontamente, e foi, então, construído o atual Anexo onde funciona o Laboratório de Ressonância Magnética de Alta Resolução (LAREMAR). Portanto, quando em abril de 1995 o Espectrômetro de RMN de 400 MHz chegou ao DQ, o anexo de 100 m^2 estava pronto! Era equipado com sistema de refrigeração central e constituído de sala de recepção de amostras e entrega de resultados, sala de tratamento de dados (adaptada posteriormente para a instalação do espectrômetro de 200 MHz), sala grande para o espectrômetro de 400 MHz (que hoje abriga três equipamentos), sala de preparo de amostras (capela, geladeira, armários para solventes e vidraria) e sala de gases e equipamentos auxiliares *(nobreak*, compressor seco, desumidificador, linhas e cilindros de gases).

O processo de negociação do projeto foi muito interessante. Inicialmente, solicitamos um espectrômetro de 300 MHz. Mas a evolução rápida da tecnologia avançou sobre o tempo dos trâmites do julgamento do projeto na FINEP e conseguimos, com os recursos aprovados, adquirir dois equipamentos, sendo um de 400 MHz e outro de 200 MHz, ambos da firma Bruker: o Espectrômetro AVANCE DRX 400 e o Espectrômetro AVANCE DPX 200. A aquisição dos dois equipamentos foi possível graças a intensas negociações com a *Bruker*, pois conseguimos a compra do primeiro aparelho por um preço menor que o previsto inicialmente. Com o saldo assim conseguido, em 1996 propusemos, e foi aprovada pelo PADCT, a atualização (*upgrade*) do então antigo espectrômetro *Bruker* AC 80 do DQ, o qual entrou nas negociações como parte do pagamento para a aquisição do espectrômetro *Bruker* AVANCE DPX 200. Desse modo, o LAREMAR foi organizado utilizando este último espectrômetro para trabalhos de rotina, o que propiciou o emprego do outro equipamento, de 400 MHz, para uso de técnicas mais sofisticadas ou para o estudo de substâncias naturais menos abundantes, assim como para estudos de RMN em fase sólida.

Em abril de 1995, eu ocupava o cargo de pró-reitora de Pesquisas da UFMG, e por isso, o Professor José Dias, o Peixe, assumiu todas as tarefas para a instalação do novo espectrômetro de 400 MHz, de modo que, em setembro do mesmo ano, o laboratório começou o atendimento aos usuários. O mesmo ocorreu em abril de 1997, quando recebemos o espectrômetro de 200 MHz. O entusiasmo e dedicação do Peixe foi fundamental para o sucesso da nossa empreitada. Nunca tinha imaginado que alguém pudesse ser mais entusiasmado com a Ressonância Magnética Nuclear do que o fora o Professor Bill, cerca de 20 anos antes. No entanto, o Peixe o superou! Ele sempre viveu em simbiose com o laboratório de cuja sigla LAREMAR foi o autor, que no fundo, no fundo seria também o "lar e mar" do Peixe.

A seguir, transcrevo um depoimento que solicitei ao José Dias (o Peixe):

> Ter feito parte da equipe responsável pela RMN no Departamento de Química da UFMG coordenada pela Professora Dorila foi um dos grandes feitos da minha vida acadêmico-científica. A constante preocupação com a manutenção da infraestrutura do LAREMAR garantia sua prestação de serviços para as diversas instituições que demandavam essa ferramenta analítica maravilhosa. Lembro que ao retornar da França, fui convidado pelo Professor Marco Antônio Teixeira para integrar a equipe responsável pela RMN. Como fazia parte do grupo de pesquisa em química coordenado pela Professora Alaíde Braga de Oliveira, me reuni com ela para pedir

sua opinião sobre o assunto. Ela, sempre como visionária que é, me aconselhou a aceitar o convite argumentando que isso seria muito importante para mim e para o DQ. Estava certa! Nessa época o laboratório tinha apenas o Varian e o AC80 com todos seus problemas de manutenção. Felizmente a UFMG e o DQ contavam com equipes de manutenção de diversas naturezas que suportavam as necessidades do laboratório. E assim, com a minha filiação à AUREMN, conheci personagens brasileiros e estrangeiros interessantíssimos tais como Sônia Cabral, Figueroa, Newton Bratz, Tito, Edson, Torrossian, Marcel, Eberhardt, Weissman, Sylvain, dentre muitos outros. Quanto ao LAREMAR, seu projeto arquitetônico feito sob a orientação do Sr. Eberhardt Humpfer (Eba) que era engenheiro de aplicações da Bruker. Eba, quando do workshop em 1996 exclamou "gostaria que esse fosse meu laboratório na Alemanha"! O LAREMAR era a vitrine da Bruker na América do Sul. A criação do LAREMAR contribuiu significativamente para a pesquisa em nosso estado. Enfim, eu tenho muito que agradecer à Professora Dorila por sua aceitação pela minha colaboração. Formávamos uma equipe apaixonada que não media esforços para o cuidado dos bens públicos.

O LAREMAR foi implantado para funcionar 24 horas por dia (durante a semana e os fins de semana também), tendo uma equipe de Coordenação local: Dorila Piló-Veloso, José Dias de Souza Filho, Ruben Dario Sinistera (até 8/1996), Robson Mendes Matos (de 9/1996 a 10/1997) e Geraldo Magela de Lima (a partir de 11/1997). Contou ainda com o trabalho dos técnicos Ivana Silva Lula (Bacharela em Química, hoje doutora em Química) e Ricardo de Assis Machado (Técnico de Eletrônica) – ambos operando os equipamentos – e de um graduando estagiário de Formação Tecnológica (Figura 11).

Criamos o Serviço de Ressonância Magnética de Minas Gerais (SERMMG), gerido por um Colegiado Diretor congregando os Professores Dorila Piló-Veloso (Coordenadora Científica), Honória de Fátima Gorgulho (FUNREI), Jorge Luiz Humberto (UFOP), José Dias de Souza Filho (UFMG), Luiz Cláudio de Almeida Barbosa (UFV – Atualmente do quadro docente da UFMG e chefe do DQ) e Ana Paula Soares Fontes (UFJF). Esse serviço, baseado no LAREMAR, contribuía significativamente para o desenvolvimento da pesquisa de diferentes grupos de Universidades e Institutos de Pesquisa do Estado, na formação de recursos humanos altamente qualificados, atendendo às instituições que participaram da apresentação do Projeto à FINEP, além de outras que foram integradas ao projeto original: Centro de Pesquisa Rene Rachou (CPRR), Fundação Ezequiel Dias (FUNED) e Universidade Federal de Lavras (UFLA). Cada instituição consorciada recebeu um aplicativo da *Bruker*, de modo que era possível, remotamente, acessar e processar os espectros realizados no LAREMAR. Além de atender a grupos de pesquisa de Minas Gerais, atendíamos grupos da Universidade Federal do Amazonas (UFAM) e do Instituto de Pesquisa da Amazônia (INPA). Foi iniciada a Prestação de Serviço, atendendo à farmacêutica QUIRAL Química do Brasil S.A., à Celulose Nipo-Brasileira – Cenibra, a Lagos Química e à Polícia Militar de Minas Gerais (PMMG). A partir da experiência do SERMMG e da importância do alcance da RMN para estudos estruturais de substâncias ao longo dos últimos anos, cinco instituições no estado de Minas Gerais constituíram seus próprios laboratórios para uso da técnica, contando com o apoio e experiência do LAREMAR: UFV, UFJF, UFOP, Universidade Federal dos Vales do Jequitinhonha e Mucuri (UFVJM) e UFSJ, em seu *Campus* Centro Oeste Dona Lindu (CCO/UFSJ), em Divinópolis. Assim, o LAREMAR, desde a sua origem, tem atendido pesquisadores de Minas e do país, cujos trabalhos envolvem a aplicação da RMN em Química, Belas Artes, Bioquímica, Ciências dos Materiais, Engenharias, Farmácia, Física, Fisiologia, Medicina e Medicina Veterinária, principalmente.

Figura 11 – À esquerda: Peixe e Dorila no LAREMAR, ao lado do magneto do espectrômetro *Bruker Avance DRX* 400. À direita: Peixe, técnico da *Bruker* e Ricardo, no LAREMAR.

Foto: Acervo pessoal da autora.

Em 1997, após o LAREMAR estar completamente equipado para atender à comunidade, no segundo semestre o Peixe propôs ao Colegiado do Programa de Pós-Graduação em Química a criação de um curso prático para capacitar os estudantes no uso da técnica de RMN, no que foi atendido. Como resultado, foi criada a disciplina Tópicos em Química Orgânica Avançada A – Experimentos Básicos de RMN, a qual teve seu início no primeiro semestre de 1998. Uma apostila muito bem elaborada e ilustrada foi então redigida, sendo atualizada e adaptada ao longo dos últimos 25 anos, estando em uso até hoje. No início, o curso era ministrado no espectrômetro de 200 MHz; atualmente, está sendo no espectrômetro *Bruker AVANCE* III. Desde 1998, a Professora Rosemeire Brondi Alves foi integrada à nossa equipe, e os três temos oferecido essas aulas práticas aos estudantes semestralmente.

O LAREMAR, desde a sua instalação, atuou dinamicamente e tornou-se referência na área no Brasil. Assim, foi realizado na UFMG, em março de 1996, um curso de treinamento ministrado por pesquisadores da *Bruker* para os usuários do Consórcio e demais interessados do país, tendo participado 12 pesquisadores de diferentes instituições: UFMG, UFOP, UFV, USP, UFSCAR, UFRJ, FIOCRUZ e CPRR. Em 1994, candidatamos à Associação de Usuários de RMN (AUREMN) e recebemos uma bolsa para enviar um professor ao Laboratório de RMN de Sólidos do Professor Eric Munson, na Universidade de Minnesota. Devido a isso, de janeiro a março de 1995, o Professor Ruben Dario Sinisterra foi agraciado com essa bolsa para estagiar nos laboratórios do Professor Munson, na Universidade de Minnesota. Promovemos também a vinda de diversos especialistas em RMN, ou seja, Professores Visitantes estrangeiros, conforme descrevemos subsequentemente:

• Na UFMG e na UFV, em julho de 1996: Professor Oliver W. Howarth (Figura 12), do Laboratório de RMN da Universidade de Warwick, Inglaterra (ministrando curso para professores, técnicos e pós-graduandos e treinando professores e técnicos no espectrômetro, além da colaboração em pesquisa científica), vinda financiada pelo CNPq e pela FAPEMIG. Esse professor retornou ao DQ e à UFV de setembro a dezembro de 2001, com financiamento da FAPEMIG.

• Na UFMG, especialista em RMN de sólido, Professor Eric Munson, da Universidade de Minnesota, USA, em agosto de 1997 (ministrando curso para professores e pós-graduandos e treinando professores e técnicos no espectrômetro), também financiada pelo CNPq e pela FAPEMIG.

• Especialista em RMN de sólidos e de peptídeos, o Professor Burkhart Bechinger, da Université Louis Pasteur, Strasbourg, França, várias visitas de 2005 a 2007, ministrando cursos de RMN e seminários, orientando pesquisas na área, com financiamento da CAPES e da FAPEMIG.

• Professor Phillipe Bertani, especialista em RMN de sólidos e estudos de peptídeos por RMN da Université Louis Pasteur, Strasbourg, França, em abril de 2007, ministrando cursos e dando treinamento em RMN, com financiamento da CAPES. Além disso, em função da expertise desenvolvida (LAREMAR), em 2000 foi realizada em Belo Horizonte a VI Jornada Brasileira de RESSONÂNCIA MAGNÉTICA, evento bianual promovido pela AUREMN. Enfim, em 2015, juntamente com a AUREMN, foi realizado no DQ o curso "Understanding NMR Spectroscopy", ministrado pelo Professor James Keeler, da Universidade de Cambridge, Inglaterra.

Figura 12 – Professor Oliver Howarth em visita ao DQ, em 2001, e Dorila.

Foto: Acervo pessoal da autora.

Ao longo do tempo, o LAREMAR foi sendo atualizado. O Professor José Dias, em todos esses anos, apresentou projetos nas chamadas de Manutenção de Equipamentos da FAPEMIG, o que garantiu boa atuação do LAREMAR no apoio às atividades de pesquisa, ensino e extensão e à formação de recursos humanos em nosso estado.

Com o lançamento do EDITAL Nº. 11/2009 – CAPES – Pró-Equipamentos, por meio do Programa de Pós-Graduação em Química, foi adquirida uma Sonda de HR-MAS (*High Resolution on the Magic Angle Spinning*) para uso compartilhado de pesquisadores de vários Programas de Pós-Graduação da UFMG. Essa proposta foi anexada a um subprojeto do Departamento de Física, mais amplo, coordenado pelo Professor Sebastião José Nascimento e intitulado "Caracterização Físico Química de Materiais Avançados e Moléculas". Essa aquisição expandiu a capacidade de análise do LAREMAR. No segundo semestre de 2013, houve um aporte financeiro ao LAREMAR para atualização dos equipamentos, o que possibilitou a aquisição de um console *AVANCE* III 400 *Onebay HD* com um magneto de 9,4 T, *ASCEND US*, com uma nova unidade para CP-MAS e HR-MAS, assim como de um console *AVANCE* III 400 *Nanobay*, para substituir o console do "velho" *AVANCE DRX*400 (na época já com 18 anos de uso), juntamente com novas estações de trabalho e softwares. Os equipamentos chegaram em outubro e foram instalados em novembro/dezembro de 2014. Assim, o Laboratório ficou com dois espectrômetros de 400 MHz e o antigo DPX200, ambos em pleno funcionamento à época. Essa nova configuração dos equipamentos de RMN do LAREMAR permitiu o treinamento dos estudantes de pós-graduação também no espectrômetro *AVANCE* III 400 *Nanobay*.

Ainda em 2013, no mês de abril, um ano antes de minha aposentadoria, foi publicado o Edital da Chamada Pública MCTI/FINEP/CT-INFRA 01/2013. A Professora Heloísa Beraldo foi indicada para coordenar o projeto que foi submetido: "Modernização do Laboratório Multiusuário de Ressonância Magnética Nuclear na Universidade Federal de Minas Gerais". A proposta foi elaborada em conjunto com a equipe do LAREMAR, sendo inicialmente solicitado um espectrômetro de 700 MHz. Entretanto, devido ao montante da verba aprovada, às variações de câmbio e à liberação tardia dos recursos pela FINEP em dezembro de 2017, só foi possível adquirir o Espectrômetro Bruker AVANCE NEO 600 MHz. Em 2018, esse equipamento chegou ao DQ, e sua instalação ocorreu em fevereiro de 2019. Para tanto, o laboratório foi equipado com novos equipamentos de ar-condicionado e com *nobreak* dedicado ao novo espectrômetro de 600 MHz.

Em 2020, após 23 anos de funcionamento e uso constante pelos estudantes de pós-graduação, o espectrômetro DPX 200 sofreu um *Quench*, que é o processo através do qual o magneto supercondutor perde rapidamente seu campo magnético. Todos ficamos muito consternados! O Peixe ficou tristíssimo, ajoelhou-se diante do equipamento e chorou copiosamente. Transcrevo a seguir o depoimento da Ivana sobre o fato.

No dia 23 de março de 2020, o espectrômetro DPX200 deixou oficialmente de prestar serviços para a comunidade de ressonância da UFMG e de todo o Estado de Minas Gerais e algumas outras instituições Brasil afora. Foram 23 anos de elucidações estruturais para todo tipo de substâncias orgânicas e inorgânicas, contribuições em incontáveis dissertações, teses e artigos científicos.

Apesar do decreto federal declarando calamidade pública, em função da pandemia de COVID-19 ter sido publicado em 20 de março deste ano, a UFMG já estava trabalhando em escala reduzida, mas os equipamentos de RMN não podem simplesmente ser desligados e deixados em modo de espera. Os magnetos precisam ser abastecidos com nitrogênio líquido toda semana, para garantir a refrigeração do tanque de He líquido e a vida do magneto. O 200 MHz vinha apresentando sinais de perda de estabilidade e começou a consumir uma quantidade excessiva de N_2 líquido. O magneto precisava ser abastecido, toda segunda e toda sexta, consumindo praticamente o dobro do volume de cada um dos outros três espectrômetros instalados no LAREMAR. Fora isso, o funcionamento era perfeito para a aquisição de dados de RMN, principalmente para a pesquisa em heteronúcleos e a formação de alunos. Na semana de 16 a 20 de março tivemos problemas com o fornecimento de N_2 líquido, conseguindo apenas uma carga para cada magneto. O resto que ficou no tanque não completou a carga do 200 MHz na sexta-feira desta semana. Ao fechar as portas do laboratório naquela sexta, pode parecer ridículo, mas me despedi do magneto e disse "É meu amigo, segunda você não vai estar mais por aqui". Dito e feito; na segunda confirmei que o espectrômetro DPX200 havia sofrido um quench no fim de semana e que estava permanentemente fora de operação.

Para mim, que particularmente cuido dos equipamentos como se fossem meus bebês, foi uma perda incalculável, mas como a ciência não para, as atividades do 200 foram transferidas para o 400 NANOBAY, dando continuidade aos cursos de formação, a flexibilidade e independência aos alunos de PG (Ivana Lula).

Após quase 10 anos de aposentadoria, vou semanalmente ao LAREMAR, agora Professora Emérita, para, junto com a Rose Brondi, ministrar aulas práticas aos estudantes de pós-graduação. O Peixe, sempre presente, na condição de colaborador aposentado, é uma referência e um esteio para a vida ali em curso. Testemunho que o Laboratório passa por um momento de pujança. O LAREMAR está credenciado atualmente como laboratório multiusuário pela FINEP e pela Pró-Reitoria de Pesquisa como Laboratório Institucional de Pesquisa (LIPq). Está em operação com três espectrômetros: *Bruker AVANCE* III 400 MHz *Nanobay, Bruker AVANCE* III 400 MHz *Onebay* e *Bruker AVANCE NEO* 600 MHz (Figura 13).[4]

Figura 13 – Espectrômetro *Bruker* Avance Neo 600 MHz do LAREMAR.

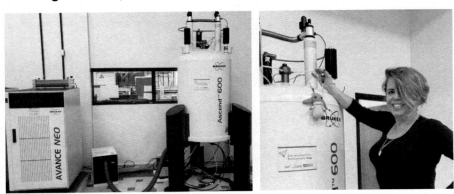

Foto: Acervo de Ivana Lula.

A estrutura administrativa do LAREMAR também foi modificada, estando agora constituída por três comitês: Comitê Gestor – CG, composto por nove membros, sendo cinco do DQ, dois de outras unidades da UFMG e dois de outras universidades do estado de Minas Gerais. O CG é atualmente presidido pelo Professor Jarbas Magalhães Resende, do DQ. Comitê Técnico – CT, composto por

---

[4] Para mais detalhes e fotos do LAREMAR, acessar: https://laremar.ufmg.br.

cinco membros: a Dra. Ivana Silva Lula, técnica administrativa em Educação do DQ; e mais quatro professores do DQ. Comitê de Usuários, que possui composição variável.

A vida na Universidade prossegue bravamente. A nova geração que nos substituiu brilha!

> *É assim que os homens vivem. Mas seus sonhos continuam a persegui-los.*
> (Louis Aragon)

Eu também prossigo minha caminhada.

> *Quanto mais nos aprofundarmos na natureza do tempo, mais compreenderemos que duração significa invenção, criação de formas, elaboração contínua do absolutamente novo.*
> (Henri Bergson)

"MINHA" UFMG: RECORDAÇÕES DE UMA TRAJETÓRIA ACADÊMICA DESORGANIZADA

Mauro Braga

O Professor Luiz Cláudio Barbosa, chefe do Departamento de Química da UFMG, contatou-me para me distinguir com um convite: escrever um capítulo para o livro que o Departamento publicará em celebração aos 80 anos de criação do Curso de Química da UFMG. Um convite da UFMG e, mais ainda, de seu Departamento de Química é, para mim, bem mais que isso, ou seja, é uma obrigação que a gente cumpre com grande prazer. Obrigação não para com a Universidade ou com o Departamento, mas para comigo mesmo.

Imediatamente, aceitei o convite e disse-lhe que era uma distinção da qual não conseguiria declinar, mesmo reconhecendo que meus méritos para tal honraria são muito limitados. O afeto para com esta casa – a UFMG e seu Departamento de Química –, onde teci minha vida, é maior, bem maior que a minha autocrítica.

O Professor Luiz Cláudio deixou-me à vontade, dizendo que "o texto, de redação livre, deve versar sobre sua experiência e vivência no DQ, abordando aspectos que julgar interessantes para serem compartilhados com a nossa comunidade, especialmente para os mais jovens que pouco conhecem das origens do nosso Departamento". Consultado sobre os limites do texto, ele me respondeu que seria de 10 a 30 páginas e completou: "Fique à vontade. Quanto mais memórias, melhor". Um pouco temerário de se dizer a quem, vez por outra, abusa da prolixidade. Não sei se conseguirei me manter dentro desses limites.

A forma do convite deixou-me à vontade para escrever um texto com um viés autobiográfico, em que falarei um pouco de minha relação com a UFMG e do muito que nela vivi. Afinal, em diferentes momentos, usei a seguinte frase para revelar como me sentia nessas quatro diferentes facetas que envolveram esta relação: "Não quero ser, na Química, um Professor da Físico-Química; não quero ser, no ICEx, um Professor da Química; e não quero ser, na UFMG, um professor do ICEx". Com isso, queria dizer que meu laço maior de pertencimento seria, e foi sempre, com a Instituição e com o institucional. Peço desculpas ao Professor Luiz Cláudio e ao leitor se eu cometer abusos ou for excessivamente enfadonho.

A Chegada

Cheguei a Belo Horizonte em 1967, ainda aos 16 anos. Era um nômade, dada a profissão de meu pai, bancário. Nasci em Ubá, MG, em 1950, e aquela era a minha oitava mudança de cidade. Era um forasteiro em cada lugar que morava, em cada colégio que estudava. Não desconfiei de que meus tempos de nômade haviam terminado; só me daria conta disso alguns anos depois. Mas, na vida escolar, ainda seria forasteiro por três anos. Eu cheguei, mas não vinha para a cidade; eu vinha para a UFMG. Disso eu soube desde o começo. Foi paixão à primeira aula.

O Colégio Universitário da UFMG – COLUNI –, de vida efêmera e qualidade notável, foi quem me seduziu. Um colégio que ministrava apenas o terceiro ano colegial. Uma obra concebida sob a liderança da Professora Magda Soares, com o talento e dedicação que foram a marca de sua vida profissional, transformada em realidade devido à liderança do reitor Aluísio Pimenta, outro que deixou marcas profundas na UFMG. O Professor Aluízio, com fortes vínculos com a Química, teve a primazia de "experimentar" a Reforma Universitária na Instituição, antes que ela existisse por lei, com a criação dos Institutos Centrais, assunto que voltaremos a ele no seu devido momento.

O COLUNI, que funcionava na parte velha do atual prédio da FAE, admitiu sua primeira turma em 1965 e rapidamente ganhou fama, sobretudo em uma cidade universitária como Viçosa, onde estudei dois anos alternados, 1964 e 1966. Tenho gratas e boas recordações do Colégio de Viçosa, também de qualidade muito boa, que me preparou para o COLUNI. Uso aqui o verbo preparar em sentido amplo, para me referir tanto aos aspectos de conteúdo quanto aos pedagógicos, estes últimos, então, relativamente modernos para a realidade daquele colégio. Anos depois, já com boa experiência docente, formei o juízo de que o Colégio de Viçosa, ao qual me adaptei muito bem, era bem melhor do que eu poderia esperar e nunca consegui entender isso.

O exame de seleção foi realizado em dezembro de 1966, sendo as provas aplicadas no Instituto de Educação. Prestei a seleção sem saber que estava com hepatite, razão do enorme desconforto estomacal em que me encontrava. Meu estômago não conseguia reter sequer água. Não esperava a aprovação – Uma surpresa que me deixou muito feliz. O COLUNI se organizava em três ramos: CIBI, CIEX e CISO. Minha opção pelo CIEX decorreu muito de meu gosto pela Matemática, associado a um bom quinhão do interesse pela Química. Para os jovens estudantes do Curso de Química, muitos dos quais, considerando minha experiência de décadas no DQ, talvez tenham buscado a Química um pouco para fugirem da Matemática, deixo aqui essa referência. A matemática é uma linguagem necessária para os químicos, indispensável em certo grau para todos, mas fundamental, em maiores detalhes, para quem já tenha definido seu interesse profissional por determinada área da Química que a requer de forma mais acentuada. Sugiro a todos que conversem com seus professores, com seus orientadores de iniciação científica ou de outros projetos, para se ajustarem às necessidades de conhecimentos matemáticos que terão em seu caminhar.

Vários de meus colegas de Viçosa foram também aprovados para o COLUNI, mas nenhum deles foi para a minha turma do CIEX G, de 1967. Novamente um forasteiro, considerando que muitos dessa turma tinham tido um ou dois colegas no ano anterior. O Colégio Universitário da UFMG foi o mais notável projeto de ensino de que participei, seja como estudante, seja como professor. Os professores e estagiários faziam parte de uma equipe, e todos atuavam em conformidade com a proposta de ensino do Colégio. O curioso é que os anos me mostraram que raros de seus professores tinham ou tiveram grande realce, seja na docência, seja como cientistas, literatos ou intelectuais. A excelência estava na atuação da equipe. Tratava-se efetivamente de um projeto. Ali o fundamental era estimular o raciocínio. Havia duas máximas de que não me esqueço, que se complementam e orientaram minha vida de professor. A primeira era valorizar a dúvida como caminho para o aprendizado; a dúvida, explicitada de forma organizada, indicava o início do aprendizado. A segunda sintetiza-se na frase: "se você quer saber o quanto uma pessoa aprendeu, não preste atenção nas respostas que ela dá; preste atenção nas perguntas que ela faz". A boa pergunta revela que novos horizontes se abriram, que novas dúvidas vão se estabelecer. Creio que assim progride o conhecimento, assim se processa o aprendizado.

Quero mencionar também uma lição que um colega e eu, que nos tornamos grandes amigos, tivemos logo no início das aulas dadas por alguém que, então, ainda era um estagiário. Um estagiário da Química, depois colega no DQ e um amigo: Antônio Ernani Teixeira. Perguntamos algo a ele. Não me lembro mais o que era. Marcou-me sua reação. Ele foi dialogando com a gente para entender o que queríamos saber e terminou dizendo: "Não sei; vou estudar e lhes respondo depois". Passaram-se poucos dias, e ele nos procurou para dizer: "Olha, aquilo que vocês perguntaram é assim, assim...". Um professor não se deve envergonhar de dizer "não sei" para um estudante. O fundamental é buscar os elementos que possam, de alguma forma, responder àquilo que foi perguntado.

Encerro esta referência de gratidão ao COLUNI-UFMG com um comentário sobre algo que não tem diretamente a ver com ele. Em minhas leituras sobre a educação secundária no Brasil só encontrei algo mais interessante no projeto da Professora Maria Nilde Mascellani dos Ginásios Vocacionais de São Paulo. A Professora Maria Nilde teve uma vantagem sobre o meu Universitário: trabalhou cerca de quatro anos com os estudantes. Certa vez, perguntada se a escola dela preparava os alunos para o vestibular, ela respondeu: "Não sei, eles saem preparados para a vida". Esse projeto – e talvez a amizade com Dom Paulo Evaristo Arns – levaria Maria Nilde ao cárcere e a enfrentar um processo. Sugiro ao leitor, sobretudo aos que são ou pretendem ser professores, assistir ao documentário Vocacional, uma aventura humana, realizado por ex-alunos décadas depois de ele ser fechado, disponível no Youtube.

A breve, mas marcante, passagem pela engenharia

Que me lembre, nunca esteve em meu projeto de vida ser engenheiro. No entanto me inscrevi para o vestibular da Engenharia da UFMG de 1968. Refletindo tanto tempo depois sobre essa escolha, não enxergo com clareza suas razões. Acredito que dois fatos contribuíram para ela: o traço pessimista que sempre me caracterizou – não imaginava que lograria a aprovação no vestibular – e o fato de os amigos terem se inscrito para esse curso. Àquela época, os vestibulares ocorriam por Escola, sem qualquer interferência da Reitoria. Na Engenharia eram 440 vagas para o conjunto dos seis cursos da época – Civil, Elétrica, Mecânica, Metalurgia, de Minas e Química. Não havia opção prévia por curso, e os aprovados faziam sua escolha sem qualquer restrição. Outra surpresa agradável me esperava: fui aprovado em 64º lugar. Optei pela Engenharia Química.

Aquele foi um ano raro na história recente da humanidade. Zuenir Ventura, um destacado escritor, qualificou-o como o ano que não acabou. A novidade de ser aluno de um curso superior encantou o jovem de 17 anos que ingressava na Escola de Engenharia. Reparti meu interesse entre o curso e a movimentação política daquele ano, com frequentes manifestações de ruas contrárias à ditadura cívico-militar que se instalara no país em 1964. O regime acadêmico ainda era anual. Por exemplo, Cálculo I e Cálculo II eram uma só disciplina, e o mesmo ocorria com as demais matérias. Embora não tenha obtido notas elevadas – salvo em Geometria Analítica, em que tive dois notáveis professores, Edson Durão Júdice e Aristides Camargo Barreto –, também não tive problemas para aprovação nas disciplinas de Cálculo, Física e Química, mas Desenho Técnico e Geometria Descritiva fizeram-me compreender, definitivamente, que eu não queria ser engenheiro. Na minha sala, apenas um colega da turma do CIEX-G, o Adelson, e um vizinho do CIEX-H, Evandro Afonso do Nascimento, que se tornaria um grande amigo.

Naquele agitado 1968, envolvi-me decididamente nas lutas estudantis contra a ditadura que se instalara no país, em 1964. A fogueira avivou-se com o assassinato do secundarista Edson Luís, no Rio de Janeiro. Participei de diversas passeatas, inclusive da última, fortemente reprimida, inclusive, com armas de fogo. Estava na Escola de Filosofia, a FAFICH da Rua Carangola, quando o prédio foi cercado pela polícia para impedir um congresso da União Estadual de Estudantes que lá se realizava. Como foi antes do AI5, a polícia só poderia invadir o prédio se o diretor da faculdade autorizasse. O Professor Pedro Parafita Bessa negou a autorização, e o cerco foi retirado, no final da tarde. Diz-se que o Professor Bessa, diante da insistência do delegado responsável pelo cerco para adentrar o prédio, teria respondido da seguinte forma: "Tem um problema, doutor. Para entrar aqui precisa passar no vestibular". Foi nesse dia que, casualmente, conheci a Professora Dorila Piló Veloso e, em pouco tempo, nos tornamos amigos e, posteriormente, colegas no DQ. O Curso de Química ainda funcionava na Rua Carangola, e eu não sabia que seria ele o curso que marcaria minha vida. Andando a esmo pelo prédio, cheguei por acaso às instalações da Química, localizadas no porão. Abri uma porta e encontrei dois rapazes e uma jovem, que pareciam estar escondendo algo. Os rapazes se assustaram, mas Dorila acalmou-os, dizendo: "É só um calouro perdido".

Devido à maneira com que o Diretório Acadêmico da Escola de Engenharia escolhia seus delegados aos congressos da UNE, embora calouro e distante das lideranças, fui um dos delegados indicados para o Congresso da UNE em Ibiúna, que resultou na prisão de cerca de 800 estudantes, tendo eu passado uma semana detido no Presídio Tiradentes, em São Paulo. Dessa experiência de vida, uma recordação triste são as pessoas que conheci e nunca mais encontrei, mas cujos retratos apareceram nos jornais pouco tempo depois, como "mortos em combate", quando boa parte desses morreu sob tortura. Deixei o presídio Tiradentes com um amigo, o advogado Luís Sérgio Fonseca Soares, que me tem acompanhado desde então. São já 55 anos de uma grande amizade.

Da Escola de Engenharia levei grandes amigos, alguns dos quais, de uma forma ou de outra, têm também me acompanhado pela vida. Lamento a morte prematura de alguns. Grandes amizades, em outras unidades da UFMG, também decorreram da minha participação no Movimento Estudantil (ME), particularmente na FAFICH e na Faculdade de Direito, onde conheci, em 1968, aquela com quem há 49 anos formamos uma família. Houve um tempo na vida em que eu brincava que meus amigos eram engenheiros ou advogados, dada a prevalência dessas duas formações em meu rol de amizades.

Os tempos de estudante de Química

A decisão de não ser engenheiro estava tomada. Doía-me deixar a Escola de Engenharia, mas, uma vez que decidi não ser engenheiro, quanto mais cedo se desse o desenlace, melhor. Pedi reopção para o Curso de Química. Seguia minha sina de forasteiro: cada ano um novo e desconhecido grupo de colegas. No ICEx, esperavam-me boas novidades. O ICEx começou, naquele ano de 1969, a implantação da Reforma Universitária de 1968, entre outras medidas, com a matrícula por disciplina. Ao contrário da grande maioria que teve dificuldades para se adaptar a esse novo modelo, ele se encaixou como uma luva para mim, que compartilhava os estudos com a militância no Movimento Estudantil (ME) e, dois meses depois, com o trabalho docente, iniciando minha vida de professor no Ginásio Domiciano Vieira, no Barreiro, ministrando aulas de Matemática no turno da noite, de segunda a sexta.

Abro aqui um parêntese para falar da Reforma Universitária de 1968, que tanto criticávamos no ME. Intrigava-me o fato de que os professores a favor da ditadura eram contra a reforma e aqueles contra a ditadura geralmente eram a seu favor. Sim, a reforma foi implantada por um regime autoritário, que excluiu, prendeu, torturou e matou muitos que se opuseram a ele, entre os quais vários estudantes, professores e servidores de Instituições de Ensino. Eu fui uma dessas vítimas, das pequeninininhas. No entanto, é preciso também reconhecer que a Reforma Universitária, implantada naquele clima de arbítrio máximo, modernizou o Sistema Público Universitário Brasileiro. A Reforma utilizou-se, inclusive, das ideias de intelectuais da esquerda brasileira, como Anísio Teixeira e Darcy Ribeiro; criou os Institutos Básicos, agregando professores de áreas similares do conhecimento; instituiu o regime docente de Dedicação Exclusiva; institucionalizou a pesquisa acadêmica, propiciando a ela fontes regulares de recursos financeiros, e incentivou, de diversas maneiras, a pós-graduação, sobretudo ao liberar jovens professores e promissores estudantes para realizarem, com salário e, ou, bolsa, seus estudos de mestrado e doutorado no exterior. Não se pode deixar de reparar que a área de Humanidades pouco se beneficiou, à época, desse progresso, pois foi quase que excluída das prioridades. Aquela ditadura, que tinha vezo de punir severamente, inclusive com a morte sem sentença, a quem, dentro ou fora das universidades, a ela se opunha, compreendeu que não se constrói um país sem universidades de excelência. Essa é uma lição que deveria ser aprendida por todos, inclusive por aqueles que, no tempo atual, sentem saudades de um regime ditatorial. Tristes os tempos em que muitos, aqui e alhures, clamam por ditaduras. Fecho o parêntese.

Entre as boas novas que encontrei no ICEx, talvez a melhor tenha sido seu diretor, o Professor Francisco de Assis Magalhães Gomes, carinhosamente chamado de Chiquinho Bomba Atômica, por ter sido o idealizador e criador do Instituto de Pesquisas Radioativas – IPR, que depois passou por sucessivos nomes até chegar à denominação atual – Centro de Desenvolvimento de Tecnologia Nuclear (CDTN) –, localizado no Campus da Pampulha. O Professor Magalhães era um notável mestre e um ser humano raro. Cativante, simpático, gostava de dialogar com os jovens. Já tendo ultrapassado os 60 anos, era usual que ele chegasse ao DA-ICEx, sem qualquer aviso, e se assentasse para conversar, com quem estivesse lá, sobre os mais variados assuntos. Jamais tentou fazer valer sua opinião. Negociava conosco os limites aceitáveis para a ação do Diretório Acadêmico (DA) e sempre chegamos a um acordo, sem necessidade de muita conversa.

No primeiro contato pessoal, minha simpatia e meu grande respeito por ele já se evidenciaram. Os tempos eram muito difíceis. O AI-5 estava em vigor, e toda a espécie de crimes e arbitrariedades começavam a ser cometidos. O ICEx era uma unidade recém-criada e seu DA não estava ainda institucionalizado. Para tanto, seria necessário um estatuto registrado em cartório, estatuto esse que sequer existia. Devido às minhas amizades na Faculdade de Direito, ofereci-me para essa tarefa. O Estatuto foi redigido, mas teria que ser aprovado pela Congregação. Para a reunião em que o assunto foi pautado, minha presença foi solicitada pelo Professor Magalhães. Aos 18 anos, era a minha primeira participação em Órgão Colegiado. E fui com a responsabilidade de defender um texto que sequer compreendia completamente. Eu cogitava, não sem motivo, que haveria professores que pretendiam a não aprovação do Estatuto; assim, o DA não poderia funcionar. Fui questionado seguidamente, por dois ou três integrantes do colegiado, sobre aspectos técnicos do Estatuto. Em dado momento, não conseguia mais responder e imaginei que tudo estava perdido. Nessa hora, o Professor Magalhães tomou a palavra e disse algo como: eu li o projeto; estou inteiramente de acordo com ele e proponho sua aprovação sem qualquer modificação. E assim aconteceu.

Pouco tempo depois, eu estava sendo processado pela Lei de Segurança Nacional, e precisava de indicar duas testemunhas de defesa. O Professor Magalhães já não era mais o diretor do ICEx. Fui à sua casa e pedi-lhe para ser uma dessas testemunhas, algo incomodado, por achar que o pedido era uma ousadia. Fui recebido com carinho e compreensão e, imediatamente, o Professor Magalhães aquiesceu ao meu pedido. Décadas depois, por ocasião do seu centenário de nascimento, levei à então reitora, Professora Ana Lúcia Almeida Gazzola, a proposta de fazer uma sessão especial do Conselho Universitário reverenciando a memória do Professor Magalhães, sugestão que teve pronta concordância.

Desde o primeiro ano no Curso de Química, minha inclinação pela Físico-Química se evidenciou. Tive dois destacados professores, que seriam grandes e saudosos amigos: Antônio Marques Neto, que foi meu orientador de Iniciação Científica; e Afonso Celso Guimarães. Afonso seria fundamental para que eu prosseguisse no curso. Repito, os tempos eram difíceis, e, logo no primeiro mês letivo de 1969, eu fui novamente detido em uma reunião na sede social do DCE, que se situava na Rua Gonçalves Dias, onde atualmente é o Cine Belas Artes. Fiquei cerca de 15 dias preso e fui solto em uma sexta-feira. No mesmo dia, andando pela rua, encontrei um colega de sala que me disse: amanhã tem prova de Físico-Química. Eu compareci. Dias depois, com o "rabo de ouvido", percebi o Marques dizer uma frase para o colega que me avisara da prova falando de mim: "a gente não dá nada por esse menino, e ele fechou a prova". Não foi sorte, a matéria que caiu eu havia estudado muito durante os feriados da Semana Santa. Afonso foi meu professor no segundo semestre, quando eu tentava conciliar a permanência no curso com uma atividade política contra a ditadura que não chegasse à militância clandestina. Fui abandonando todas as disciplinas em que matriculara, mas Físico-Química II me seduzia pela forma de atuar do Afonso. Ele jamais me respondeu a uma pergunta. Toda vez que eu perguntava, ele me devolvia outra pergunta e, nesse diálogo, ia direcionando meu raciocínio até eu mesmo encontrar a resposta adequada para a primeira pergunta que fizera. Ao final do ano, havia encontrado o equilíbrio necessário para seguir no curso.

No primeiro ano no ICEx, fiz amizades, dessas que duraram toda a vida, com Milton Francisco de Jesus Filho e Eva Villani Marques, ambos colegas de Departamento e Setor, pouco tempo depois. Milton, que me acolheu em sua casa em momentos que a minha integridade física estava ou parecia estar ameaçada, nos deixou muito jovem, em decorrência de um AVC, em 1996. Poucas pessoas na vida foram tão próximas a mim, por tanto tempo, quanto ele. Um irmão. Eva foi uma grande companheira, mesmo nos tempos em que a distância nos separou, após sua aposentadoria precoce decorrente de um câncer, do qual, felizmente, se curou, e, pouco depois, sua mudança para o Rio de Janeiro. Sucumbiu à Covid. Minha reverência, a ambos.

Organizei-me para prosseguir meus estudos no Curso de Química, de modo a cursar simultaneamente as duas habilitações: licenciatura e bacharelado. Eu já me tornara professor e começara também a lecionar Química no segundo grau, inclusive no Colégio Estadual Central. Senti-me bem com essa opção profissional, portanto a licenciatura seria inevitável. Todavia, algo me dizia que eu deveria concluir também o bacharelado. Levando em conta essa opção e o atraso curricular que eu tive no ano de 1969, organizei-me para, em cinco anos, concluir as duas habilitações, o que efetivamente conseguiria.

O ano de 1970 foi marcado por ter conhecido e me tornado, para sempre também, amigo do Professor Luís Otávio Fagundes Amaral, o Tavinho, então iniciando o curso de graduação. Outro de meus irmãos. Foi Dorila quem me recomendou procurá-lo. Uma pessoa notável, com um raro e amplo conhecimento de diversas áreas do saber e da cultura. Rapidamente nos tornamos próximos e, sob a liderança dele e com a importante colaboração de outros colegas, o incipiente DA-ICEx tornou-se, naquele momento, o mais atuante Diretório Acadêmico da UFMG. Nosso companheirismo seguiu ao longo dos anos e compartilhamos, por décadas, salas do Departamento de Química, se é que todos aqueles espaços em que estivemos – às vezes cubículos – podem ser chamados de salas. Em dado momento, nossa amizade provocou uma pequena dificuldade para o Departamento. Acontece que as salas de professores passaram a ser administradas pelos setores e nós pertencíamos a setores diferentes. Houve pressão para que nos separássemos, o que recusamos peremptoriamente e foi aceito, enfim. Tavinho é, entre os muitos amigos que tive e tenho, o que mais me ajudou.

No período final de minha graduação, um dos temas que chamaram a atenção dos professores e estudantes de Química foi o novo prédio da Química. Tratava-se da parte antiga do prédio atual. O ICEx tinha um histórico de problemas com suas construções. Aquela parte que se tornou conhecida como o Pavilhão Central de Aulas (PCA) tivera um desmoronamento parcial, em 1968, que, por pouco, não resultou em danos físicos para docentes do Departamento de Física. As investigações sobre o fato constataram problemas estruturais, atribuídos a um arquiteto então já falecido. O prédio da Química sofreu de desconfianças, quanto à sua segurança, que revelaram algum fundo de razão, de tal sorte que sua utilização foi postergada por algum tempo até que as devidas medidas de segurança fossem adotadas. Pouco tempo depois esse prédio abrigou também, por vários anos, o IGC, que se transferiu da Rua Carangola para o Campus Pampulha.

Próximo do final do curso, eu não tinha a pretensão de fazer mestrado e permanecer na UFMG. Cogitava ir para o interior e ser professor do ensino médio. Mas o acaso – ele costuma ser determinante em nossas vidas – entrou em ação. Há quem o chame de destino e aqueles com crença religiosa – que respeito muito, mas não professo – costumam falar em desígnios de Deus. Foi ele, o acaso, que, em três seguidos episódios, fez que eu construísse minha vida na UFMG.

O primeiro acaso chamou-se liberdade vigiada. Em dezembro de 1971, fui preso pela terceira vez. Fiquei cerca de 90 dias detido. Fui solto, depois de uma humilhação desnecessária. No último dia de matrícula, fui levado algemado ao ICEx para me matricular, o que sugeria que eles pretendiam me libertar, mas não naquele dia. Ao voltar ao DOPS, por volta das 17 horas, fui imediatamente solto. No entanto, com um processo nas costas e sob o regime de liberdade vigiada, o que me impedia de deixar Belo Horizonte e me obrigava a apresentar-me semanalmente ao DOPS. Isso durou até o julgamento, em julho de 1973, quando fui absolvido. O promotor que atuou no julgamento disse sobre mim apenas uma frase curta. Algo como: não sei o que está fazendo neste processo.

O segundo acaso chamou-se Professor José Caetano Machado. Caetano estava chegando do doutorado na Bélgica. Tinha três filhos, e a caçula nasceria logo depois de sua volta ao Brasil. Foi meu professor de Métodos Físicos de Análise I e II. A diferença de idade não impediu que se estabelecesse, rapidamente, uma amizade definitiva entre nós. Agora, o qualificativo de irmão viria dele, que se dizia o meu irmão mais velho. Naquele mesmo ano, passei a frequentar sua casa como amigo.

Sem poder sair da cidade e estimulado por Caetano, inscrevi-me na seleção para o mestrado e fui aprovado. A pós-graduação começava uma fase de sua consolidação, tanto no plano científico quanto na faceta institucional. A rota por um único curso, com áreas de concentração – Analítica, Físico-Química, Inorgânica e Orgânica – foi acertada, e creio que não haja quem discorde disso. O retorno, em curto espaço de tempo, de professores que haviam cursado o doutorado em excelentes universidades europeias ou americanas – Professores Ruy Magnane Machado, José Caetano Machado, Eucler Bento Paniago e Carlos Alberto Filgueiras – forneceu o suporte necessário para o bem-sucedido voo da institucionalização com qualidade. Nesse aspecto, deve-se agregar a esse quarteto o nome da Professora Marília Ottoni da Silva Pereira, que já havia concluído o doutorado há algum tempo. Outros professores deram importante suporte científico nesse período de consolidação da Pós-Graduação, sem um envolvimento tão expressivo, creio, no plano institucional. Os Professores Marília e Ruy não receberam, do ICEx, a homenagem que mereciam por seu trabalho. No final da vida de ambos, o Professor Carlos Alberto tomou a iniciativa de tentar reparar essa injustiça, tendo solicitado minha colaboração, pedido que acolhi de imediato e com muito bom grado. No entanto, a dificuldade de as gerações mais jovens compreenderem que a construção das instituições é um processo que se dá ao longo de muito tempo e que não é possível mensurar o mérito do passado com métricas do presente inviabilizou o sucesso dessa proposta.

Ruy Magnane foi um grande amigo, amizade que se iniciou com uma briga forte, mas que durou enquanto ele viveu. Na briga que tivemos, ele era o coordenador da Pós-Graduação e eu o representante discente. Nesse episódio, agora de somenos importância, eu estava com a razão, mas foi ele quem buscou a reconciliação, no mesmo dia, de uma maneira absolutamente racional, que me fez admirá-lo. Ele me disse algo como: eu refleti sobre o que você falou e cheguei à conclusão de que você tem razão. Já mudei minha deliberação. Ao longo dos anos, Ruy costumava me ligar em época de eleições para perguntar em quem iríamos votar. Mais recentemente, após a sua morte nos tempos da pandemia da Covid-19, uma amiga me disse algo que me emocionou. Quando ele se aposentou, disse a ela que sempre que tivesse uma dúvida sobre as questões da UFMG que conversasse comigo e fizesse o que eu recomendasse. A admiração que eu tinha por ele era mútua.

Determinante também, para a consolidação da nossa Pós-Graduação, foi o retorno do Professor José Israel Vargas de seu, digamos, precavido exílio francês, para o qual fora em decorrência do Golpe de 1964. O Professor Vargas já tinha uma vasta folha de serviços prestados à Química na UFMG, seja no plano do ensino, seja no plano da pesquisa, anteriormente a 1964. Não cabe mencioná-la aqui, pois não integram minhas memórias pessoais sobre a Química e a UFMG. Nesse segundo tempo da relação do Professor Vargas com o Departamento de Química, destaco a sua capacidade em articular o grupo de docentes do DQ para obter recursos que possibilitaram uma boa infraestrutura de apoio à pesquisa e, especialmente, a criação da FUNDEP, que impactou fortemente toda a UFMG. Essa Fundação começou a funcionar nas dependências do DQ. Ao longo de sua história, houve períodos em que setores da Universidade viam com muita desconfiança sua atuação. A despeito de ter partilhado, em curto tempo, dessa desconfiança, rapidamente mudei meu pensar e afirmo, sem qualquer dúvida, que a FUNDEP foi um dos pilares que permitiram à UFMG se destacar amplamente no cenário das universidades brasileiras, sendo usualmente reconhecida como a melhor das federais. A liderança do Professor Vargas e o respeito por ele eram incontestes. Relembro aqui um fato pitoresco: chamávamos sua sala de Olimpo e ele de Zeus.

Em 2015, a Editora UFMG produziu um livro de memórias sobre a vida do Professor Vargas, de autoria de Lígia Maria Leite Pereira. Tive a honra de haver sido um dos que foram entrevistados para essa obra. Pouco mais de uma dezena de pessoas cujas vidas foram, de alguma forma, positivamente afetadas pelo seu trabalho. Não sei quem sugeriu meu nome para essas entrevistas, mas desconfio que foi o Professor Márcio Quintão, um querido amigo. Nessa ocasião, realcei, em particular, a importância da contribuição do Professor Vargas para a UFMG, simbolizada pela criação da FUNDEP.

O terceiro acaso chamou-se Professor Substituto. Menos de seis meses após ingressar na pós-graduação, a Faculdade de Educação me contratou como Professor Substituto de Prática de Ensino de Química por seis meses. Não foi um de meus bons momentos e, findo o contrato, a FAE não se interessou por renová-lo e nem eu desejava isso. Logo em seguida, em março de 1974, o DQ necessitou de três professores substitutos para a área de Físico-Química. Inscrevi-me à seleção, realizada por análise de histórico escolar, e fui um dos três contratados, junto com Amélia Maria Cunha Gomes e Clotilde Otília Barbosa de Miranda Pinto. Se a memória não me falha, àquela época o contrato de substituto era em regime de 12 horas semanais, sendo logo depois alterado para 20 horas semanais. Logo após, foi-me oferecida a possibilidade de passar para Dedicação Exclusiva (DE), com o compromisso de concluir o mestrado em um prazo determinado. Era o meu desejo. A sedução se completou.

Minha dissertação de mestrado, realizada naturalmente sob a orientação do Caetano, se deu, portanto, em concomitância com meu primeiro momento como docente do DQ. Originalmente, meu trabalho seria relacionado à Radioquímica, um tema que já havia sido tentado antes, sem sucesso, por dois colegas, o que também se deu comigo e com quem tentou depois. Pedi ao Caetano um assunto que eu pudesse desenvolver dentro do limite que a UFMG tinha me dado. Estudei a decomposição térmica de um complexo de Cr(III), com o propósito de entender seu mecanismo cinético. Em minha dissertação, foi possível estabelecer que essa decomposição se dava por um processo autocatalítico, em que um dos produtos de decomposição, a benzanilida, se liquefazia e dissolvia parte do complexo ainda não decomposto, acelerando, assim, o processo de decomposição. A dissertação foi defendida dentro do prazo, mas antes que se pudesse estabelecer modelo matemático descrevendo completamente esse processo, o que ocorreria pouco tempo depois com a colaboração do Professor Gilles Duplatre, em publicação em conceituado periódico internacional.

Aqui é preciso abrir um novo parêntese, para falar de Gilles. Por iniciativa do Professor Vargas enquanto estava na França, a UFMG estabeleceu convênios com o governo francês, o que permitiu a vinda ao Departamento de Química de jovens doutores daquele país. Pessoas que, durante o seu processo de formação, foram dispensadas do Serviço Militar sob o compromisso de, após se doutorarem, participarem desse tipo de intercâmbio com países subdesenvolvidos. Posso estar me esquecendo de alguém, mas por aqui estiveram: Pierre Cavallini, Gilles Duplatre, Andre Boudry, Pierre Boyer e Allain Chape. Gilles, certamente, foi o que mais se adaptou ao nosso país, tanto é que voltaria a passar pelo menos uma segunda temporada na UFMG. Ele tem, ou tinha, um jeito que parece meio brusco ou inconveniente, mas é só casca. Quem se aproximou dele fez amizade.

Creio que conheci Gilles no início de 1973, tão logo ele chegou ao Brasil, devido ao hábito de comparecer ao ICEx mesmo fora do período letivo e sem qualquer obrigação de fazê-lo. Já tinha sido aprovado na seleção para o mestrado, mas ainda não fizera matrícula. De pronto, estabeleceu-se um clima de camaradagem entre nós, mas seu estilo aparentemente brusco recomendava cautela. Até aquela tarde. Gilles foi o orientador de mestrado de Milton. Estávamos os três no Laboratório 145. E, ao censurar algo que Milton havia feito, ele o chamou de burro. Antes da reação do Milton, eu falei algo como: Milton, não se importe, porque ele é um cavalo e, no reino dos equinos, o burro é mais inteligente que o cavalo. Gilles reagiu com uma sonora gargalhada.

São muitas as histórias curiosas que se podem contar de Gilles. Por exemplo, ele sabia sânscrito e arranjou um aluno no DQ: Tavinho. Saía pelos matos à procura de cogumelos, uma de suas grandes paixões. Ofereceu uma disciplina na pós-graduação, que teve dois alunos: José Domingos Fabris e eu. Suas provas começavam às duas horas da tarde e terminavam por volta das oito da noite. Em uma delas havia uma questão que envolvia um longo desenvolvimento matemático, e eu tinha segurança de que sabia fazê-lo. No entanto, ao chegar ao seu final, o Gilles passou pela minha carteira, deu uma olhada e disse: "está errado". Não havia como corrigir. Rasguei as folhas e comecei do zero. Cheguei ao mesmo resultado. Virei para o Gilles e disse: "não estava errado". E ele respondeu calmamente: "então o do Fabris está". Além de sua atuação na pesquisa e no ensino, Gilles deixou uma marca forte, que muito contribuiu para o relacionamento entre nós: os jogos de baralho que nos ensinou. Os que fizeram sucesso foram o Barbudo, o Whist e, sobretudo, o Tarot, uma diversão fascinante, especialmente quando jogado com cinco pessoas. Nunca se apostou algo. Os primeiros convertidos foram o Chico Zerlotini – da Espectrometria de Massa à época –, o Milton, o Nelson Gonçalves, outro de meus irmãos, e eu. Na hora do almoço, comíamos um sanduíche correndo e íamos para a sala do Zerlotini, para uma hora de jogatina. Em pouco tempo, estávamos nos encontrando nos finais de semana para longas noitadas de baralho. Com o tempo fomos incorporando novos adeptos: Eva, Benedito, Caetano. Não demorou muito para extrapolarmos os limites da Química. Até em uma reunião da SBQ, em Poços de Caldas, encontramos adeptos do Tarot fora de Minas. O hábito se manteve, incluindo atletas das gerações mais jovens, até a pandemia. Precisamos retomá-lo.

Docente no Departamento de Química – Parte I

Meus 40 anos como docente no DQ tiveram algumas interrupções, total ou parcial, em decorrência de atividades no âmbito da Reitoria. Vou dividir este relato em dois tempos, mas numa divisão que não será determinada pela cronologia. Nesta primeira parte, falarei essencialmente sobre o trabalho em salas de aula e em laboratórios. Na segunda, focarei minha atuação como coordenador da graduação, atividade que resultaria também em mudança em meus interesses de pesquisa, que se voltaram para a área de estudos sobre a Educação Superior no Brasil.

Iniciei o trabalho docente no DQ ministrando aulas para o curso de Farmácia e atuando nas aulas práticas para diversos cursos. Creio que a disciplina para o curso de Farmácia se chamava – talvez ainda seja este o nome – Elementos de Físico-Química. Inexperiente, talvez eu não tenha contribuído muito para o aprendizado dos alunos, por não compreender adequadamente as necessidades desse grupo específico de estudantes. Com o passar dos anos, compreendi que é comum os professores magnificarem a importância da disciplina que lecionam, imaginando que todos devem alcançar nela o mesmo nível de proficiência, independentemente de seu projeto de vida.

O tempo me levaria a uma compreensão que talvez não seja correta e nem é tão amplamente adotada. Não creio que o professor possa ensinar a alguém, mas ele pode ajudar o aprendizado de quem deseja aprender. E quanto melhor ele conhecer o estudante, maior é a probabilidade de essa ajuda ser efetiva. Aprender é algo que requer mudar a forma de pensar, e isso costuma ser um pouco doído e exigir esforço pessoal. A partir de então, preocupei-me não em ensinar, mas em ajudar o aprendizado.

A seguir lecionei Métodos Físicos de Análise I e II e Físico-Química Moderna, com um desempenho, penso, mais adequado que o do começo de carreira. Em uma eventualidade, supri uma deficiência momentânea da Físico-Química e ministrei as disciplinas de Mecânica Quântica Básica e Físico-Química Avançada I, na pós-graduação, cada uma delas por dois semestres. Uma ousadia feita com o propósito de colaborar com o setor, dada a ausência momentânea de docentes mais indicados para a tarefa. E, igualmente, participei da seleção dos candidatos ao mestrado.

Essas atividades didáticas eram conjugadas com as aulas de laboratório no ciclo básico, para estudantes de vários cursos. As aulas de Laboratório de Físico-Química eram muito bem organizadas pela saudosa e querida Professora Delba Gontijo Figueiredo, com o competente apoio da Técnica de Laboratório Therezinha Atanásio. Therezinha era enormemente dedicada e discreta. Nada precisava ser pedido a ela duas vezes. Passou a ser referenciada como Santa Therezinha.

Mas essas aulas de laboratório, creio, pecavam pelo excesso de organização, e o aprendizado tem certa dose de desorganização e envolve o erro como parte de seu roteiro. Faltavam a elas espaço para o erro e tempo para a discussão de seus propósitos e de seus resultados. Seu planejamento requeria que o aluno completasse o relatório do experimento durante a própria aula. Portanto, tudo estava pronto para que o estudante realizasse suas atividades quase que mecanicamente. Com o tempo, fui consolidando uma crítica a esse procedimento, inclusive com discussões com colegas de setor, notadamente com Nelson Gonçalves Fernandes e Welington Ferreira Magalhães, dois grandes amigos. E, pouco a pouco, fomos nos tornando um pouco rebeldes com relação a esse sistema.

Ao cabo de alguns semestres, modifiquei expressivamente minha forma de ministrar essas aulas. Escolhia sempre os horários do final da manhã ou do final da tarde, de forma que os alunos não estivessem pressionados quanto à hora de encerramento das aulas. No primeiro dia de aula, explicava a eles que nossas aulas de laboratório teriam algo das aulas práticas de cirurgia de um estudante de medicina. Havia um horário previsto para terminar, mas ninguém deixaria o laboratório "com um paciente de barriga aberta", ou seja, havia uma tarefa a ser feita e ela seria executada. O roteiro da aula deveria ser previamente lido e compreendido, como forma de acelerar a sua realização. As aulas começavam com uma discussão sobre o que faríamos, por que faríamos e como faríamos. Em seguida à realização do experimento, os resultados de todos os grupos eram apresentados no quadro e discutidos. O relatório seria elaborado após as aulas, com um prazo de 48 ou 72 horas para sua apresentação, e eu o corrigia imediatamente. De tal sorte que, na semana seguinte, os estudantes conhecessem minha forma de avaliação.

Nos primeiros anos de minha atividade docente no DQ, em decorrência de convite do Caetano, participei de uma comissão designada pelo reitor para propor uma forma de a UFMG se adaptar à Resolução 30/74, do Conselho Federal de Educação (CFE), que, sem qualquer consulta à comunidade universitária, modificava, de forma drástica, a legislação referente à formação de professores das áreas de Ciências e Matemática, para o ensino médio, com prazo relativamente curto para ser cumprida. Obrigava-se à Licenciatura Curta em Ciências, com duração de dois anos, que estava sendo instituída. Outros professores jovens participaram dessa Comissão: Luiz Otávio Amaral, pela Química; e, pela Matemática, Mário Jorge Dias Carneiro e Dan Avritzer. A Comissão foi coordenada pela Professora Vanessa Guimarães, que anos depois seria a primeira reitora da UFMG, realizando um belo trabalho. O ambiente acadêmico e as sociedades científicas eram francamente contrários a essa legislação, mas, ainda assim, a Comissão da UFMG se esforçou por encontrar uma forma de se adaptar à nova legislação. Não conseguiu e relatou isso ao Conselho Universitário, que aprovou a decisão de não organizar seus cursos na forma determinada pela Resolução 30/74, o que poderia levar à extinção dos cursos de Licenciatura da UFMG, nas áreas consideradas. Essa decisão foi objeto de editorial elogioso no jornal Estado de São Paulo, o que reabriu as discussões no âmbito do Conselho Federal de Educação (CFE) e resultou na revogação da obrigatoriedade de cumprimento da citada Resolução. O tema dos modelos para a formação de docentes para a educação básica foi recorrente em diversos momentos de minha carreira profissional, o que me levou a uma grande amizade com o Professor Attico Inácio Chassot, da UFRGS.

Paralelamente às atividades didáticas ou correlatas, eu desenvolvia pesquisas. Após a conclusão do mestrado, cheguei a imaginar uma migração para a Química Teórica, visando ao doutorado. No entanto, esse passo não foi bem-sucedido. Segui com as pesquisas no campo da análise térmica, estudando, em colaboração com diversos colegas tanto da Química quanto da Física, aspectos referentes à decomposição térmica de sólidos e publicando trabalhos decorrentes desses estudos. Dessa forma, colaborei com as dissertações de Benedito Francisco Rodrigues – outro de meus grandes amigos –, que me acolheu em sua casa, em épocas em que minha integridade física corria riscos, mesmo ele tendo um bebê, que por sinal é atualmente professor do DQ, o Bernardo; de Maria Irene Yoshida; e de Cornélio de Freitas Carvalho. Não tinha um projeto específico para o doutorado e cheguei a me desligar do corpo discente da pós-graduação.

No final dos anos de 1980, além das atividades didáticas, eu desempenhava cargo de chefia na Reitoria e Caetano colaborava comigo nessa atividade. Certo dia, ele me perguntou de chofre, mudando de assunto rapidamente: "Por que você não escreve sua tese de doutorado?" Surpreso, eu respondi: "Como, se nem projeto tenho?". Ele retrucou: "Seu doutorado está pronto. Junte alguns dos artigos que você publicou, escreva uma introdução e uma conclusão amarrando-os". Deu muito trabalho, mas saiu. Eu tinha filhas pequenas, meu dia de trabalho era intenso e o tempo para dedicar a essa atividade era, em grande parte, após as 10 horas da noite e nos finais de semana. Felizmente, desde a infância sofri de insônia. Defendi a tese em junho de 1989, com um trabalho que continha duas introduções, cinco artigos publicados que não envolviam uma dissertação de mestrado de terceiros e uma conclusão articulando esses trabalhos.

A fase final de meu trabalho em sala de aula na UFMG foi, quase toda ela, centrada na disciplina Físico-Química I, nos turnos diurno e noturno. Boa parte dessa atuação realizou-se em colaboração com Nelson e Welington. No turno diurno, havia três turmas de Físico-Química I. Sempre nos entendemos perfeitamente. A maturidade e colaboração desses colegas permitiram-me realizar um trabalho que muito me agradou e me trouxe retornos desses que não se esquecem. Fui, algumas vezes, paraninfo e homenageado pelas turmas que se graduaram em Química. E isso não pode ser creditado a uma possível leniência na avaliação dos estudantes, o que nunca ocorreu. Sempre fui considerado um professor exigente. Alguns deles ficaram meus amigos e frequentaram a minha casa. E cheguei a receber ligações de estudantes que eu não conhecia, que estavam se matriculando em FQI e queriam saber qual seria a minha turma para se matricularem nela.

Foi nesse período de meu trabalho docente que percebi que as avaliações podem, e devem, ser usadas também como forma de aprendizado. Todas as provas eram corrigidas imediatamente, de forma que, na aula seguinte, os estudantes recebessem a avaliação e discutíamos as questões em sala. Ao final, eu oferecia ao estudante a possibilidade de substituir aquela avaliação por outra que ocorreria em curto prazo. Para usufruir dessa possibilidade, o aluno teria que aceitar que a nota da segunda prova seria a que ficaria, independentemente de ser maior ou menor que a anterior. Também era necessário que ele realizasse uma lista de exercícios, que seria discutida em uma aula suplementar, adicional à carga horária do curso. Nas aulas de exercício, eu sempre estimulava um aluno que achava ter errado a solução que se dispusesse a apresentar a sua formulação no quadro. Assim, poderia perceber, como muitas vezes aconteceu, a razão do erro cometido, geralmente decorrente de uma compreensão equivocada de conceitos. Como eu brincava: só assim eu conseguia compreender os fios que ele ligara errado em seu cérebro e propiciava-lhe a possibilidade de corrigir essa ligação.

O breve momento APUBH e a polêmica questão sindical no serviço público

Há quem possa estranhar, mas fui um dos fundadores da Associação de Professores Universitários de Belo Horizonte (APUBH). Era um dos gatos pingados – não mais que 50 professores – que se reuniram em uma sala da Faculdade de Medicina, em uma noite, e decidiram fundá-la. Se a memória não está me pregando peças, éramos quatro professores do DQ: Luiz Otávio Amaral, Nelson Gonçalves, Ruy Magnane e eu. Originalmente, nada havia de sindical. Prova disso é que se tratava de uma Associação que congregava professores universitários de Belo Horizonte, o que se refletiu em seu nome. Entre os fundadores estavam, por exemplo, professores da PUC. O propósito era criar um espaço que, por meio de debates, discussões e manifestações, contribuísse para acelerar o processo de redemocratização do país, já iniciado, mas ainda tímido. O ano era 1977.

Eleita a Diretoria Provisória, passou-se à etapa da formulação, aprovação e registro de seu estatuto. O projeto original foi elaborado por uma comissão instituída pela Diretoria Provisória, porém um grupo de docentes ao qual esse projeto não agradou resolveu fazer outro. O projeto alternativo foi redigido na casa do Luiz Otávio, a seis mãos. Além do dono da casa, participaram Edgard Pontes de Magalhães, da FAFICH; e eu. Na assembleia, realizada também na Faculdade de Medicina, com pouco mais de 100 associados, o projeto alternativo venceu por larga margem de votos. Edgard seria o primeiro presidente da APUBH. E eu faria parte do Conselho de Representantes da Associação.

Embora não tivesse sido o propósito que originou a Associação, seria inevitável que a questão sindical fosse se tornando a face cada vez mais forte de sua atuação. Nada tenho contra sindicatos, pelo contrário, eles são essenciais a uma sociedade democrática. Confesso, no entanto, certa dificuldade em compreender a ação dos sindicatos na área pública, em especial nas greves e em eventos similares, sobretudo aqueles relacionados à saúde e à educação. Ocorre que, ao contrário do que acontece no setor privado, movimentos paredistas no setor público afetam, primordialmente, a população mais desprotegida socialmente. A isso se deve acrescer o fato de que nossas greves aconteceram quase sempre com a remuneração garantida e foram muito frequentes. Desgastaram-se devido a isso. Reconheço que elas trouxeram ganhos salariais que não teriam ocorrido sem as greves, e que isso teve repercussão muito positiva, inclusive, na Instituição, mas sublinho os aspectos negativos de uma greve no setor público. Há outra questão a considerar, que é a dificuldade de o sindicato público compreender que ele não pode ter o desejo – talvez o melhor fosse usar a palavra tentação – de se confundir com a Instituição e se tornar, de maneira indireta, a sua direção. Não raro isso ocorre, mas felizmente, na UFMG, nunca aconteceu, ainda que tenha havido alguns desejos frustrados.

O primeiro movimento do tipo paredista que vivemos antes da redemocratização foi uma tentativa de boicote à realização do vestibular da UFMG, creio que ainda nos anos de 1970 ou no começo da década seguinte. Talvez houvesse um pouco de ingenuidade no propósito. A ideia era de que, sem a realização do vestibular de apenas uma das universidades federais, o governo concedesse o reajuste salarial que, sistematicamente, vinha negando. E a ingenuidade, se é que existiu, foi além: imaginava-se possível o êxito do movimento. Não era. O trabalho no vestibular era remunerado. Eu trabalhava no vestibular. Compareci às assembleias, argui e votei contra o boicote, mas, uma vez que a assembleia o aprovou, não aceitei o convite para participar de sua execução naquele ano. Sem qualquer surpresa, vi que eu e outros que assim procedemos fomos substituídos por colegas que, aguerridamente, defenderam o boicote e votaram a seu favor. À época, o diretor do ICEx me disse o seguinte: "Você está f; não está nem de um lado nem do outro, vai levar chumbo de todo mundo". Ele estava errado.

Posteriormente, ocupando postos na Reitoria, tive vários embates com diferentes Diretorias da APUBH. Jamais me desfiliei da Associação, nem pensei nisso, mesmo quando se efetivou sua transformação em sindicato. Todavia, nunca mais voltei a participar de sua estrutura ou de suas assembleias. Compreendo a necessidade de sua existência como sindicato e usufruo de seus benefícios – sempre que necessitei de seus serviços jurídicos, fui muito bem atendido –, mas mantenho as reservas que mencionei.

Tempos de Reitoria – Primeira Parte

Fui pró-reitor de Graduação muito jovem, aos 33 anos. Foi o primeiro cargo que ocupei. Algum tempo depois, quando cheguei à Coordenação do Curso de Química, costumava brincar, dizendo que eu estava fazendo a carreira administrativa às avessas. Essa precocidade não resultou de qualidades da minha pessoa, mas da peculiaridade de um estatuto, que só posso compreender na perspectiva de defesa da UFMG contra uma eventual intromissão da ditadura. À época, o reitor só escolhia livremente dois pró-reitores: o de Administração e o de Planejamento.

Os pró-reitores Acadêmicos eram escolhidos por um procedimento algo complexo, cuja explicação foge ao objeto deste texto. O processo encerrava-se com uma lista tríplice que era encaminhada do reitor para indicar um deles como pró-reitor. Eu estava nessa lista, e os outros dois integrantes dela foram ao reitor para dizer que não aceitariam a indicação. Por isso, o Professor José Henrique Santos, que praticamente não me conhecia, indicou-me pró-reitor de Graduação, cargo que exerci, àquela época, por dois anos.

Esse período de minha primeira passagem pela PROGRAD foi uma época em que a UFMG se reorganizava para os tempos da democracia, cujo retorno já estava no horizonte. Um novo estatuto entraria em vigor nesses anos, dando aos reitores futuros a possibilidade de escolher todos os pró-reitores. E a PROGRAD começava a "arrumar a casa" para os novos tempos, criando maiores compromissos para seus estudantes. Até então, para evitar que um aluno que estivesse perseguido pela polícia ou preso perdesse sua vaga, evitava-se a exclusão de alunos que passassem seguidos semestres sem frequentar aulas e passou-se a exigir a matrícula semestral como requisito para a permanência do vínculo estudante-curso. Também foram estipulados prazos para o trancamento de matrícula e para a conclusão do curso. No reitorado seguinte, do Professor Cid Veloso, a Professora Vanessa Guimarães, pró-reitora que me substituiu, aprofundou bastante esse processo, criando um conjunto articulado de normas para o ensino de graduação. Outro aspecto a considerar em minha gestão foi que a evasão de alguns cursos começou a preocupar setores da Instituição e foi objeto de um trabalho que apresentamos em um Encontro de Pró-Reitores de Graduação. O Curso de Química era um dos que mais sofria o problema, e a relação entre graduados e ingressantes raramente chegava a 50%.

Fazer parte da equipe do reitorado do Professor José Henrique, a quem admiro muito, foi um aprendizado importante da estrutura e gestão universitárias. Pude conviver com três ex-reitores, Professores Marcelo Coelho, Eduardo Osório Cisalpino e Celso Vasconcelos Pinheiro, pessoas muito corretas que, em seus reitorados, atuaram com dignidade, em um período politicamente muito difícil, e deixaram contribuições expressivas para a UFMG. Com todos eles, tive convivência muito agradável posteriormente, inclusive no Conselho Universitário e em comissões de trabalho vinculadas ao Conselho. Devo muito também à Professora Lúcia Massara, Procuradora da Universidade, naquele momento e em vários outros reitorados, que se tornou uma boa amiga. Ela me ensinou qual deveria ser o papel do procurador ao me dizer certa vez o seguinte: "O Conselho Universitário é o órgão que pode fazer do preto vermelho e do redondo quadrado, e o meu papel é dizer que ele está correto", ou seja, o Procurador deve defender as decisões do Colegiado Superior da Instituição e a Procuradoria não deveria ser o Poder Judiciário da Universidade.

Na equipe do Professor José Henrique, estreitei minha convivência com o já amigo Professor Tomaz Aroldo, pró-reitor de Extensão, que anos depois também seria reitor da UFMG. Também fiz uma amizade daquelas definitivas com o Professor José Alberto Magno de Carvalho, demógrafo de prestígio internacional e, à época, presidente da Comissão Permanente do Pessoal Docente (CPPD). Nos 37 anos de vida que ele teve depois disso, nossa amizade foi sempre muito próxima, mesmo após a aposentadoria de ambos. Foi a última pessoa com quem almocei fora de casa antes que a pandemia nos trancasse em nossos lares. Naquela ocasião, entre outras coisas, conversamos sobre seus planos para comemorar os seus 80 anos de vida, que não celebrou. Zé morreu na pandemia, mas não de Covid; de tombo, em casa. Às vésperas de sua morte, já hospitalizado e cheio de tubos, ele pediu à filha para falar comigo, e pudemos trocar meia dúzia de palavras, em uma ligação telefônica de vídeo. Uma forte emoção que não se esquece. Pouco depois, a Revista Brasileira de Demografia dedicou um número à memória do Professor José Alberto Carvalho e me convidou para escrever um texto sobre ele. Eu fui, naquela oportunidade, um estranho em um ninho de demógrafos e terminei meu texto pedindo desculpas, pois, solicitado a falar sobre o Professor José Alberto, eu só consegui falar do meu amigo Zé.

Zé Alberto acabaria sendo o responsável, de forma indireta, por meu longo tempo de trabalho na Reitoria, que chegou a mais de 20 anos, excluído o tempo de representação no Conselho Universitário. Para a sucessão do Professor José Henrique, pela primeira vez a UFMG realizou uma consulta à comunidade sobre quem deveria ser o reitor. À época, a escolha era por meio de uma lista sêxtupla, para indicação pelo Presidente da República. Aquela consulta pretendeu ter o espírito de que a comunidade universitária, de fato, votasse em seis nomes ou próximo disso. Muitos seguiram essa perspectiva, votando em um número múltiplo de candidatos. Outros preferiram votar apenas no seu candidato. Eu segui o primeiro grupo. Entre os oito candidatos de então, eu tinha preferência por dois, ambos amigos: Beatriz Alvarenga e José Alberto, e fiz campanha para ambos, tendo votado em cinco nomes. Quem ficou em primeiro lugar, segundo os critérios de cômputo dos votos, que davam igual peso aos corpos docente, técnico-administrativo e discente, foi o então diretor do Hospital das Clínicas, Professor Cid Veloso.

Meu mandato no Conselho de Graduação venceu uns dias antes da posse do novo reitor e, assim, também venceu meu mandato de pró-reitor. O Zé Alberto também deixou de ser o presidente da CPPD. Pouco depois, recebo em casa um telefonema de um colega de docência que ainda não conhecia e que se tornaria outro bom amigo: o Professor Francisco Cecílio Viana, da Escola de Veterinária. Ele estava se candidatando a representante dos Professores Adjuntos na CPPD e, por sugestão do Zé Alberto, me convidou para integrar sua chapa como suplente. Aceitei o convite, e fomos eleitos. A CPPD tinha por hábito convocar também os suplentes para suas reuniões, inclusive como forma de minimizar o grande trabalho que os membros da comissão tinham. Por ocasião da eleição do novo presidente da CPPD, eu defendi que a escolha recaísse em um dos dois membros indicados pelo reitor, uma das quais uma boa amiga desde os tempos em que eu ainda era estudante de Engenharia, a Professora Maria Ceres Pimenta Spínola Castro. Nenhum dos dois aceitou, e Ceres indicou meu nome. Assim, embora suplente na CPPD e sendo um quase desconhecido para o novo reitor, tornei-me presidente de uma Comissão muito importante para a política acadêmica da UFMG. Cid e eu nos tornaríamos amigos em decorrência daquela convivência praticamente semanal que tínhamos.

Quando faltava um ano para o vencimento do mandato do Professor Cid, eu disse a ele que o meu mandato na CPPD estava para terminar e que, portanto, eu deixaria a presidência da Comissão. A resposta dele foi algo como: de jeito nenhum; eu ainda tenho um ano de mandato e preciso de que você continue. Expliquei a ele que não iria me candidatar a um novo mandato para representar os professores adjuntos na Comissão e, por isso, não havia como eu permanecer. Cid arranjou um jeito. Em comum acordo com a Ceres, exonerou-a e me colocou em seu lugar.

Na sucessão do Professor Cid contra a minha opinião, o Zé Alberto candidatou-se novamente e eu o apoiei, a despeito de ter também grande amizade com outra chapa, formada pelos Professores Vanessa Guimarães e Evando Mirra de Paula e Silva, que foi vitoriosa. Evando foi também um dos grandes amigos em minha vida, amizade que também durou enquanto ele viveu. Nos três últimos anos da vida dele, quando sua saúde já estava bem abalada, pertencíamos a um grupo de quatro amigos que se encontravam quase que quinzenalmente. Com a posse do novo reitorado, eu deveria deixar a CPPD, mas a Professora Vanessa também me indicou como um de seus representantes na Comissão e, novamente, fui eleito seu presidente.

Os tempos de CPPD foram de muito trabalho e gratificantes pelos resultados. Dando sequência ao trabalho da gestão anterior, foram instituídos os relatórios docentes e departamentais, e iniciou-se um processo anual de avaliação dos Departamentos da Universidade. O banco de dados decorrente dessas informações subsidiou a alteração na forma de alocação da força de trabalho docente dos departamentos, antes realizada fundamentalmente por seu histórico de número de professores. O hábito era a concessão automática da vaga quando ocorria uma perda docente no departamento. Com os relatórios, passou a ocorrer avaliação da necessidade da vaga, com base nas atividades do departamento – ensino, pesquisa e extensão – e no seu plano de trabalho para ampliar ou aprimorar essas atividades. Foram apoiadas, e até priorizadas, propostas visando à qualificação docente em departamentos com poucos mestres e doutores. O resultado da avaliação departamental era tornado de amplo conhecimento na Universidade e discutido no Conselho de Ensino, Pesquisa e Extensão (CEPE).

No começo, essa prática encontrou fortes resistências, mas também expressivos apoios. No primeiro ano em que ocorreu, eu fui a todos os departamentos para discutir o processo e seus resultados. Um trabalho estafante, em que ouvi muitos desaforos, mas também expressivas aprovações, que me ajudaram a continuar. Os desaforos eu esqueci, ainda que me lembre de dois fatos pitorescos então ocorridos. No ICEx, uma professora do Departamento de Estatística, logo no início da reunião, fez pesadas críticas ao relatório de avaliação. Cerca de duas horas depois, no fim da reunião, ela novamente usou da palavra para reclamar que o texto havia sido enviado apenas para a chefia do Departamento e, assim, ela, que gostaria muito de tê-lo lido, não tivera conhecimento dele. Na Faculdade de Letras, a chefe de um dos departamentos, por sinal uma amiga pessoal, ao perceber que o relatório de seu departamento havia sido elaborado com várias falhas e omissões, fez a seguinte observação: "mas quem podia imaginar que alguém fosse ler esses relatórios de departamentos?".

Outro aspecto a pontuar a respeito dos anos na CPPD foi a adoção de critérios para a concessão de pedidos de alteração de regime de trabalho docente. Passou-se a não conceder a alteração do regime para DE no caso de professores que estavam a menos de cinco anos de completarem o tempo para a aposentadoria, o que desagradou a muitos. Era comum que docentes em regime de 20 horas, quando próximos da aposentadoria, solicitassem a alteração de seu regime de trabalho para DE. A legislação vigente à época previa que os proventos dos aposentados seriam aqueles do último mês na ativa.

Não posso encerrar o relato sobre meus tempos de CPPD sem mencionar o apoio expressivo que tive dos corpos técnico e administrativo da Comissão, em especial de Helena Maria de Deus Castro, uma raridade em competência e dedicação à UFMG. Anos depois, quando fui para a Chefia de Gabinete, levei-a comigo. Tornou-se uma grande amiga, amizade que perdura e vai perdurar para sempre. Nos encontramos com frequência, mesmo agora que ambos nos aposentamos. Grato, Helena.

Docente do Departamento de Química – Parte 2

Em março de 1994, depois de quase 10 anos desempenhando, exclusiva ou parcialmente, atividades na Reitoria, deixei de tê-las. É bem verdade que logo a seguir passei a exercer uma representação no Conselho Universitário, que viria a me dar muito trabalho, mas mais à frente. No reitorado da Professora Vanessa haviam sido criados diversos cursos noturnos de Licenciatura, entre eles o de Química. A criação desses cursos não havia sido exatamente uma iniciativa da UFMG, pelo contrário, houve muita resistência a eles, notadamente na Química. A resistência não era restrita a um lado específico do espectro político: congregava muita gente da direita, do centro e da esquerda. É bom resumir a história para os que não saibam se informem e os que não quiseram, à época, compreender relembrem.

Em 1990 tomou posse na Presidência da República Fernando Collor de Mello. Seus primeiros meses de governo constituíram-se em um dos maiores furacões ocorridos na política brasileira. Ao confisco da poupança, ocorrido no seu primeiro dia de governo – e que, no fundo, seria a causa principal de seu afastamento dois anos e meio depois –, se seguiram medidas extremamente restritivas no âmbito do Serviço Público Federal, jamais vistas, nem anteriormente nem depois. Entre essas medidas estava a determinação de diminuir em 1/3 o número de servidores. Como a demissão imotivada de servidores estatutários é vedada constitucionalmente, Collor determinou que os órgãos federais colocassem servidores à disposição, com remuneração proporcional ao tempo de serviço. A medida valia, claro, para as universidades federais. Se aplicada, 1/3 de professores e funcionários ficariam em casa, mas com uma remuneração bem menor a que recebiam; os mais jovens não iriam receber quase nada. Vi gente na UFMG chorando por causa disso e conheci, em outros ministérios, pessoas que sofreram essa medida.

A Associação Nacional de Dirigentes de Instituições Federais de Ensino Superior (ANDIFES) foi criada também em 1990, e é possível que sua criação decorra do que prenunciava o governo Collor de Mello. A Professora Vanessa Guimarães foi a sua primeira presidente. Vanessa propôs ao governo que as IFES não colocariam ninguém à disposição e, em contrapartida, aumentariam o número de vagas, preferencialmente em cursos noturnos. Surpreendentemente, o governo aceitou. Assim nasceram as licenciaturas noturnas de Ciências Biológicas, Física, Geografia e Química. No entanto, entre a criação do curso e a sua implementação, o desgaste do governo fez que suas medidas mais violentas começassem a ser relaxadas. As resistências à sua implantação cresceram e, pelo menos no caso da Química, se expressaram de uma forma peculiar, que pode ser assim resumida: não somos contra, mas não fazemos nada. Esses cursos foram ofertados pela primeira vez no vestibular de 1995, sendo, no caso da Química, o ingresso de alunos foi previsto para o segundo semestre e, quando isso ocorreu, o curso ainda não tinha currículo definido. Apenas as disciplinas do primeiro semestre haviam sido aprovadas.

A presença de Caetano como chefe de Departamento foi fundamental para que o curso noturno se concretizasse. Ele agilizou os procedimentos mínimos para que o curso pudesse funcionar. Ministrei aulas práticas da disciplina inicial de Físico-Química no turno noturno, em companhia de Caetano. As aulas práticas no turno diurno estavam sendo ministradas, desde o incêndio de parte do PCA alguns anos antes, em laboratórios provisórios, localizados na Unidade Administrativa 3, UA3, e as do curso noturno eram dadas no DQ. Não havia equipamentos suficientes para atender às demandas de ambos os prédios. Assim, no final da tarde, eu ia de carro à UA3 buscar o material necessário para a aula, que Therezinha deixava separado. Na manhã seguinte, bem cedo, o Caetano devolvia o material para ser usado na UA3.

Não foi minha a ideia de ser coordenador do Curso de Química. Depois de oito anos na presidência da CPPD, estava cansado e tinha a impressão de que a resistência ao meu nome para ocupar qualquer cargo na área da Administração Acadêmica era muito grande. Quem insistiu para que eu aceitasse também esse desafio foi o Milton. Candidatei-me, por estímulo dele. Houve concorrência, mas fui eleito.

Assim que assumi a coordenação, deparei-me com uma evasão, de cerca de 60%, para as turmas ingressantes no curso entre 1990 e 1994. Não era uma questão episódica: estava se tornando endêmica, pois, nos últimos anos da década anterior, aproximou-se de 80%. A PROGRAD, atendendo à determinação do MEC, havia divulgado, em 1995, dados que apontavam o Curso de Química como o segundo de maior evasão na UFMG. Assustou-me, sobretudo, a naturalidade com que esse problema era visto por todos nós docentes do DQ. Compreender o problema foi meu primeiro desafio. E teria que ser efetivado rapidamente, pois se tratava de estancar essa sangria. Para tanto, inicialmente examinei, pessoalmente, o histórico escolar de mais de duas centenas de estudantes que ingressaram no curso a partir de 1990, assim como verifiquei seus endereços. Essas ações permitiram observar que o estudante de Química era, majoritariamente, de classe média baixa e traçar o perfil da evasão. Foi possível elaborar um algoritmo simples que se mostrou eficaz para prever qual seria a evasão final de uma turma quatro semestres após o ingresso no curso. A razão principal para as elevadas taxas de evasão era a reprovação nas disciplinas do primeiro ano do curso. O aluno que, após quatro semestres letivos, lograva aprovação em todas as disciplinas previstas para o primeiro ano escolar praticamente não se evadia. Em contrapartida, aquele que não conseguia isso raramente deixava de se evadir. O que permitiu estimar, com bastante precisão, a evasão final de uma turma bem antes que ela se completasse; ou seja, antes que não houvesse mais qualquer aluno dela vinculado ao curso.

A seguir, desenvolvemos dois conjuntos de ações realizadas simultaneamente. A primeira delas voltadas a aprofundar o conhecimento sobre o tema, entrevistando estudantes ainda vinculados ao curso, assim como aqueles que o haviam deixado, fosse por sua conclusão ou pelo abandono. A segunda, um processo de intervenção direta sobre o que estava ocorrendo, de modo a pelo menos atenuar as causas que contribuíam para a evasão. Uma das ações mais importantes tomadas nesse momento decorreu da observação de que os estudantes de Química, ao ingressarem no curso, não adquiriam rapidamente um sentimento de pertencimento a ele, pois se encontravam dispersos em diversas turmas e, muitas vezes, sequer sabiam quais eram seus colegas de curso. Nenhum deles tinha aulas no DQ. Procurou-se agregar os alunos de Química em uma mesma turma, no primeiro período do curso. A disciplina de Química Geral passou a ser ministrada, no DQ, por um de seus mais destacados docentes, que se distingue também pelo talento em seduzir estudantes para o estudo da Química: o Professor Carlos Alberto Lombardi Filgueiras, que voluntariamente se apresentou para essa tarefa. Sua iniciativa de dividir a turma em grupos de trabalho, para que entrevistassem docentes do DQ sobre suas pesquisas e apresentassem suas observações em seminários para os colegas, foi de grande importância para estabelecer um vínculo bem mais efetivo entre o estudante e seu curso. Pouco tempo depois, enfrentei um problema pontual no curso noturno, e a solução veio com a colaboração, também voluntária, da Professora Heloísa Schor. Esses gestos espontâneos de ajuda, ainda que vindos de colegas amigos e dirigidos não exatamente ao coordenador do curso, mas ao curso em si, a gente jamais esquece.

E o acaso viria novamente em meu socorro. No final da gestão da Professora Ana Maria Soares como chefe do Departamento, a CAPES aprovou um projeto por ela apresentado: a criação de um grupo PET – Programa de Educação Tutorial – no Curso de Química. O PET, programa que se originou na FACE-UFMG nos anos de 1960 e foi posteriormente incorporado pela CAPES – não sei se ainda existe –, era muito interessante. Ele se orientava para formar lideranças naquela área, oferecendo certo número de bolsas para alunos destacados do curso que se comprometessem participar de um programa de estudos orientados por um tutor que, embora centrado na temática específica daquele curso, tinha uma visão mais ampla que ultrapassava suas fronteiras, inclusive com atividades culturais. Por convite da Professora Ana Maria, fui seu primeiro tutor, concomitantemente com a atividade de coordenador do curso. E uma das atividades do grupo PET naquele momento foi dar plantão de monitoria para os alunos dos dois primeiros períodos letivos do curso. A procura pelos monitores do PET foi grande, sobretudo para as disciplinas ministradas pelo Departamento de Matemática, as que mais reprovavam alunos da Química. Esse apoio resultou em um melhor aproveitamento dos estudantes nessas disciplinas.

Paralelamente a essas intervenções imediatas, buscou-se também compreender as causas da evasão, entrevistando, por meio de questionários, ex-alunos, graduados ou evadidos de turmas mais recentes. Os resultados desses estudos, realizados por vezes com a colaboração de colegas – Professoras Clotilde Miranda e Zenilda Cardeal, da Química; e Maria do Carmo Peixoto, da FAE –, bem assim com o apoio de bolsistas e com a devida assessoria estatística, foram publicados em periódicos pertinentes. Em uma súmula bem resumida, observou-se que graduados e evadidos convergiam em sua avaliação do curso: (a) excelência de laboratórios e biblioteca; (b) corpo docente tecnicamente excelente, com boa disponibilidade para atender os estudantes, mas apresentando deficiências pedagógicas e, por vezes, mostrando desinteresse no aprendizado do alunado; e (c) currículo ruim: inchado, desatualizado, com excesso de exigências, voltado para formar o futuro estudante de pós-graduação, com poucas disciplinas optativas e pequena exigência desses créditos. A comparação do que foi informado com o respondido no questionário à época do vestibular revelou também: (a) notável correspondência entre as informações prestadas em dois momentos diferentes, separados entre si pelo menos por três anos; e (b) que o fracasso escolar era também um fracasso profissional, uma vez que os evadidos, quase sempre, declararam renda inferior à de seus pais, ocorrendo o inverso com os graduados.

Tais informações fizeram parte do conjunto de subsídios que levaram a uma alteração curricular, incluindo as seguintes características: (a) redução da carga horária relativa às disciplinas obrigatórias; (b) cuidado para não repetir, em duas ou mais disciplinas, o mesmo conteúdo ministrado no mesmo nível; (c) aumento da oferta e do número de créditos obrigatórios referentes às disciplinas optativas; (d) criação de uma disciplina no primeiro período letivo para apresentar o curso aos estudantes, cujas atividades deveriam incluir palestras de alunos nele graduados atuando profissionalmente na atividade química fora de universidades; (e) oferta de uma disciplina optativa, mais no final do curso, que possibilitasse a visita dos estudantes a diferentes ambientes que demandam a atuação de químicos. Essa última característica ocasionou, em sua primeira oferta, algo muito curioso e que, para mim, foi gratificante. A disciplina, na ocasião, foi ministrada pela Professora Vanya Pasa, que se dedicou muito aos seus propósitos e levou os estudantes a várias indústrias. À época, ao contrário do que havia sido a minha trajetória pessoal, muitos estudantes tinham o sonho de trabalhar no setor industrial. Findo o semestre, uma aluna com excelente histórico escolar me procurou para parabenizar pela inclusão da disciplina no currículo e dizer que essa disciplina havia definido sua opção profissional. Terminou a conversa me falando algo como: Antes, eu sonhava em trabalhar em indústria, agora eu sei que NÃO quero trabalhar em indústrias. E optou por concluir apenas a Licenciatura.

Nos dois mandatos em que atuei como coordenador do colegiado, fiz tudo que estava ao meu alcance para facilitar aos estudantes conjugarem a atividade laboral de muitos com seus estudos. Às vezes, tomei decisões que contrariavam as normas da Universidade quando elas não causavam quaisquer problemas. Facilitei a mudança de turno do aluno, ainda que o cômputo oficial de vagas não indicasse o número suficiente para a troca de turno. Na primeira vez que fiz isso, tive que buscar autorização da PROGRAD, mas depois o DRCA passou a aceitar meu jeito diferente de tratar essa movimentação. Tivemos uma estudante que concluiria o curso no tempo regular e com desempenho acima da média que, logo no início, me procurou para dizer que tinha um problema diferente. Ela trabalhava de turno e a escala variava semestralmente. Portanto, ela podia, em certos dias da semana, frequentar aulas à noite e, em outros, de dia. Eu passei a fazer a matrícula dela conforme a sua disponibilidade. Em quase todo o semestre, ela se matriculava tanto em disciplinas do dia quanto da noite, dependendo do horário. Da primeira vez que fiz a grade de horário de aulas do semestre, a representante estudantil no colegiado me procurou para falar cobras e lagartos do horário. Eu disse a ela que resolveria o problema no semestre seguinte. A partir de então, elaborava o horário junto com o representante discente no colegiado. Nunca tive outras queixas sobre isso.

Quando deixei a coordenação do colegiado, o algoritmo que havia construído para prever a evasão final de uma turma após quatro períodos letivos indicava que a evasão do curso diurno cairia para 30%, o que efetivamente ocorreu àquela época. Creio que um percentual similar a esse foi observado em todas as turmas ingressantes entre 1995 e 2000. Depois, deixei de acompanhar os dados. Antes de encerrar este capítulo referente ao colegiado de curso, quero fazer agradecimentos e registrar algo que me tocou de maneira muito especial. Os agradecimentos são para os Professores Eduardo Nicolau Santos, Rubén Dario Sinisterra e Welligton Ferreira Magalhães, colegas e amigos queridos. Os dois primeiros foram subcoordenadores do colegiado em meus mandatos e me forneceram todo o apoio e dedicação de que necessitava. O terceiro me sucedeu e deu sequência ao trabalho que estava sendo feito, com muita dedicação e eficiência, agregando à Coordenação qualidades que eu não possuía. O registro refere-se à atitude de um estudante que no convite de formatura, no espaço em que os graduandos agradecem aos pais, incluiu também o meu nome. Inesperado para mim e francamente desproporcional aos méritos que posso ter tido. Jamais esquecerei. Nunca mais o vi.

Meu objetivo com os estudos realizados sobre o Curso de Química teve o único propósito de obter informações que orientassem medidas para combater a evasão do curso. Não seria assim. O acaso, mais uma vez, entrou em ação. Os resultados foram publicados e tornaram-se conhecidos de terceiros. No final do século XX, a CAPES constituiu um grupo de trabalho formado, em sua quase totalidade, por professores da área das Ciências Humanas, para realizar estudos a respeito da formação e do trabalho de mestres e doutores titulados no Brasil. Um trabalho que requeria procedimentos similares ao que eu havia realizado com os graduados do Curso de Química da UFMG. A informação chegou até o coordenador do grupo, o Professor Jacques Veloso, da UnB, que me convidou para integrá-lo. Assim, acabei dando o passo que seria o definitivo para migrar meus trabalhos de pesquisa da área de Química para a temática de estudos sobre a Educação Superior no Brasil. O trabalho realizado sob a direção do Professor Veloso redundaria na publicação de três livros, e os capítulos referentes à área de Química foram também publicados pela Revista Química Nova, por solicitação do então presidente da SBQ, o Professor Jaílson de Andrade.

Continuei desenvolvendo estudos nessa área, com a publicação de artigos e livros, quase sempre em colaboração com a Professora Maria do Carmo Lacerda. Entre essas publicações, cito um estudo referente à formação e exercício profissional dos engenheiros formados pela UFMG – atendendo a uma demanda da Escola de Engenharia, então dirigida pelos Professores Leo Heller e Ana Maria Gontijo Figueiredo –, um Censo Socioeconômico e Étnico dos estudantes de graduação da UFMG e diversos estudos sobre o acesso aos cursos de graduação da UFMG.

Os diversos estudos de que participei sobre a Educação Superior no Brasil, envolvendo acesso, permanência, conclusão e exercício profissional, acarretaram o convite para colaborar nos encontros preparatórios para a II Conferência Regional para a Educación Superior – CRES2008 –, iniciativa do Instituto da Unesco para a Educação Superior na América Latina e Caribe (IESALC), realizada em Cartagena, Colômbia. Essa conferência foi preparatória para a II Conferência Mundial de Educação Superior ocorrida em Paris, em 2009. Participei de dois encontros realizados em Caracas, a sede do IESALC, e também de uma das mesas-redondas que aconteceram em Cartagena, em que fui o coordenador.

Tempos de Reitoria – Segunda Parte

Incorporarei a este item, pela relação estreita que têm com ele, informações sobre os sete anos e meio em que fui representante no Conselho Universitário, entre 1994 e 2001, e os três anos em que fui vice-diretor do ICEx, a convite do então diretor do Instituto, Professor José Francisco Soares, com quem desde a época de estudante tive relações de amizade, entre 1999 e 2001.

A representação no Conselho Universitário se deu nos reitorados dos Professores Tomaz Aroldo da Mota Santos e Francisco César de Sá Barreto, em parte do tempo como representante dos professores adjuntos e em outra parte representando o ICEx. No exercício dessas representações, tornei-me um coordenador informal da Comissão de Legislação do Conselho e, em decorrência disso, membro – e também uma espécie de coordenador – da Comissão que elaborou o projeto de reforma do Estatuto da UFMG, iniciado no reitorado do Professor Tomáz Aroldo e finalizado no reitorado do Professor Francisco César. Quanto à atuação no Conselho Universitário, limitar-me-ei a referir-me à reforma do estatuto, por sua importância e para não me alongar, ainda mais, nestas memórias já com grande excesso de lembranças.

Alterar os estatutos da UFMG era – e talvez ainda seja – mais difícil que mexer na Constituição do Brasil. No caso desta última, há necessidade de 60% dos votos; para alterar os estatutos, requerem-se 2/3 dos votos dos membros do Conselho Universitário. Pelo conhecimento que obtive nos 46 anos de minha trajetória na UFMG – 40 como docente e seis como discente – formei um juízo de sua alma que talvez não seja mais correto, mas que creio profundamente ter sido. Esse juízo inclui a seguinte observação: a UFMG sempre se une quando se sente ameaçada, mas exibe toda a sua diversidade quando se sente segura. Diferente dos últimos anos, quando chegamos à invulgar convergência de termos um só postulante ao cargo de reitor, evidenciando o tamanho do que nos ameaçava, aqueles foram tempos de segurança, assim a convergência era difícil e o trabalho demorou muito tempo, requerendo muitas conversas e concessões que geralmente são difíceis de se obterem.

Os temas que mais chamavam a atenção e provocavam dissenso eram: o processo de escolha de reitor, que repercutia na escolha dos diretores de Unidades Acadêmicas; a estrutura departamental da Universidade, à época questionada por setores importantes da Instituição; e o rol de órgãos suplementares, organismos que não fazem parte da Reitoria, mas que são a ela ligados. Este último item decorria mais do interesse em acrescer a representação de dada área no Conselho Universitário, uma vez que os órgãos suplementares têm assento nesse Conselho. Os trabalhos dessa Comissão permitiram-me estreitar a amizade com o Professor Fábio Moura que, por décadas, foi o secretário dos órgãos de deliberação superior da UFMG. Aprendi muito com ele no longo período em que convivemos no trabalho. Fábio é uma pessoa discretíssima, mas conhecia muito dos meandros da UFMG. Algo similar aconteceu em relação ao saudoso Professor Neidson Rodrigues, diretor da FAE. Havia entre nós uma simpatia mútua, mas o que nos tornou amigos foram os trabalhos dessa Comissão. Registro ainda a importante contribuição da também saudosa Célia, funcionária administrativa da Escola de Veterinária, graduada em Direito, que secretariou a Comissão, com simpatia e competência raras. Outros professores integraram a Comissão, mas a participação deles foi por um tempo menor. Esse grupo foi a base dessa Comissão.

A UFMG havia realizado consulta formal à comunidade acadêmica para a eleição de três reitores por ocasião da instituição da Comissão para a Reforma de seu Estatuto. Cada uma delas teve perfil diferente. Em duas eleições prevaleceu a paridade dos votos de professores, funcionários e estudantes; em outra, o processo havia sido diferente. Ao contrário das ocasiões precedentes, naquele momento havia uma legislação que facultava às IFES a realização de consulta, mas determinava que, em havendo a consulta, o peso dos votos dos professores deveria ser de no mínimo 70%, legislação essa que prevalece ainda hoje. Além da citada legislação, havia uma Portaria do ministro Paulo Renato que obrigava que a lista tríplice deveria ser votada no colegiado pertinente da Instituição em um único escrutínio. Essa exigência possibilita ao ministro – que, na prática, é quem faz a indicação do reitor – escolher um professor sem respaldo na Instituição. Uma primeira experiência havia ocorrido na UFRJ: a indicação pelo ministro Paulo Renato de um docente que havia tido apenas dois votos no colegiado, o que levou a uma crise de quatro anos naquela Universidade. A Procuradoria da UFMG emitiu parecer esclarecendo que a Portaria feria a autonomia das universidades federais, constitucionalmente prevista. Em síntese, a proposta da Comissão, que acabou aprovada pelo Conselho Universitário com dois votos a mais que o mínimo requerido, estatuiu a obrigatoriedade da consulta à comunidade acadêmica com peso de 70% dos votos de professores e a elaboração da lista tríplice pelo Colégio Eleitoral com a exigência de maioria absoluta de votos para todos os integrantes da lista tríplice, o que requeria um mínimo de três escrutínios para a sua elaboração. O estatuto foi, como determina a lei, aprovado pelo Conselho Federal de

Educação, o que convalidou, penso, o entendimento da UFMG sobre aquela Portaria do ministro Paulo Renato.

A estrutura departamental, naquele tempo, era muito questionada na UFMG, e creio que havia – talvez ainda haja – boas razões para isso. O problema é que ninguém sabia o que colocar em seu lugar. O reitorado da época queria abrir espaço para outras experiências organizacionais. O projeto que apresentamos continha essa janela, mas mantinha estatuída a espinha dorsal da estrutura departamental. Esse era o ponto de discordância entre a Comissão e a Reitoria, em que esta gostaria que a estrutura departamental desaparecesse do estatuto, arguindo que, estatuída, ela desestimularia experimentos diferentes. A Comissão sabia que se enredasse por esse caminho não haveria votos suficientes para a sua aprovação. E manteve sua proposta. Meia hora antes do início da sessão que aprovaria o novo estatuto, o reitor chamou-nos para uma reunião, sugerindo que retirássemos do anteprojeto o capítulo referente aos departamentos. Recusamos, mas houve insistência. Fábio Moura deu o argumento que prevaleceu com uma pergunta: reitor, o Sr. quer ou não aprovar o novo estatuto? Já se vão mais de 20 anos e apenas uma de nossas unidades acadêmicas, creio, optou por adotar estrutura que não contemple os departamentos.

Aqui cabe um parêntese que tem muito a ver com a Química. Uma demanda que ocorreu durante a discussão deste estatuto foi a criação de novas Unidades Acadêmicas, com origens diversas, especialmente a divisão do ICEx. Era uma conversa com pouco fôlego, uma vez que a UFMG não poderia ter mais unidades do que já tinha, por não ter como incluir novos diretores no sistema de pagamento de gratificações de dirigentes. Entretanto, o caso do ICEx sempre intrigou muita gente, uma vez que não existe no Brasil uma universidade de grande porte – seja em tamanho, seja em qualidade – com estrutura similar. Física, Matemática e Química geralmente têm seus institutos separados. Há casos em que o mesmo ocorre com a Computação e, não raro, o Instituto de Química abriga também a Bioquímica, o que me parece coerente. Por ocasião da criação dos Institutos Centrais – assim se chamavam –, foram criados separadamente: Física, Matemática e Química. No entanto, logo em seguida, eles foram anexados para formar o ICEx. Na ocasião em que estávamos discutindo o projeto do atual estatuto da UFMG, tive a oportunidade de perguntar ao Professor Aluísio Pimenta – o reitor em 1967 – a razão do agrupamento. Ele me respondeu que temia que os novos Institutos, ainda pequenos e sem um bom número de destacadas lideranças acadêmicas, fossem engolidos pela estrutura tradicional da UFMG. Assim, preferiu agrupá-los em uma única unidade, liderada por um professor que detinha grande respeito acadêmico, o Professor Magalhães Gomes. Não posso garantir que foi assim, mas foi o que ouvi dele, 30 anos depois do fato. Alguns anos depois, no Projeto REUNI, as condições objetivas para a divisão do ICEx em três institutos se colocaram. No entanto, não existiria a possibilidade de transformar o ICEx em cinco institutos, como era o desejo de sua Congregação. Nem objetivas nem políticas. Assim, a Química permaneceu como um Departamento.

Ao ser indicada para a reitora, no período 2002-2006, a Professora Ana Lúcia Gazzola convidou-me para ser o seu Chefe de Gabinete. Findo o mandato da Professora Ana Lúcia, o novo reitor, Professor Ronaldo Pena, período 2006-2010, convidou-me para voltar à PROGRAD. Ambos os convites foram aceitos. Exceto no primeiro ano do reitorado de Ana Lúcia, que foi de muitas dificuldades financeiras, dado um orçamento insuficiente no último ano dos mandatos do Presidente Fernando Henrique, aqueles foram anos de bonança. O discurso do Presidente Lula de ser a educação uma de suas prioridades, pelo menos no caso das IFES, foi uma realidade. Por isso e pelo fato de Ronaldo ter sido pró-reitor de Planejamento de Ana Lúcia, esses dois reitorados tiveram uma linha de continuidade, da qual participei. A despeito de ter desempenhado neles funções diferentes, resumirei minha participação em conjunto, uma vez que, em ambos, participava de reuniões de gabinete que definiam prioridades do reitorado.

Ambos os reitorados se destacaram por avanços expressivos nas construções do Campus, com a aceleração do Projeto Campus 2000, iniciado no reitorado do Professor César Barreto. Esse projeto permitiu tanto a adequação de unidades que já estavam na Pampulha, como a Faculdade de Educação, o Departamento de Química – cujas instalações se expandiram bastante – e o Departamento de Fisioterapia e Terapia Ocupacional, quanto propiciou a mudança para o Campus Pampulha das Faculdades de Farmácia, Ciências Econômicas e Engenharia, bem como dotou o Instituto de Geociências de prédio próprio. Foram também construídas moradias estudantis, no Bairro Ouro Preto, de excelente qualidade e diversas obras no Campus de Montes Claros, inclusive moradia estudantil, bem como instalações que deram suporte para importantes atividades de pesquisa, como o Biotério e o Centro de Microscopia Eletrônica. Tudo isso foi possível, em boa parte, devido a um engenhoso acordo feito com o Governo Federal, que adiantou recursos em troca de instalações que a Universidade possuía no centro da cidade, que só foram entregues após as correspondentes mudanças para o Campus. Uma expansão impressionante para um período tão curto. O anexo do DQ e a ampliação do prédio da FAE foram inaugurados em 2005, no final da gestão da Professora Ana Lúcia, com a presença do Presidente Lula, a segunda vez em sua história que a Universidade foi visitada por um Presidente da República. Anteriormente, o Presidente João Goulart inaugurara o prédio da Reitoria, em 1962.

Outro aspecto a sinalizar nesses dois reitorados foi o tema da internacionalização. A UFMG teve destacada atuação em associações universitárias de recorte internacional, como a Associação de Universidades do Grupo Montevidéu (AUGM) – cujo nome decorre da cidade em que foi criada –, e em outros grupos que incorporavam também universidades da Península Ibérica, como as de Lisboa, do Porto e de Salamanca. Fui encarregado de participar da representação da UFMG em reuniões ocorridas em diversas cidades do Brasil, da América Latina e da Espanha, seja acompanhando reitores, vice-reitores ou diretoras de cooperação internacional, seja como único participante. A UFMG desenvolveu também programas de cooperação internacional, em articulação com iniciativas do MEC, recebendo um número considerável de estudantes de graduação e pós-graduação, tanto de países das Américas quanto da África. Esses programas foram importantes para consolidar uma posição de destaque da UFMG no cenário acadêmico internacional e dar projeção ao Brasil, contribuindo para o país assumir liderança nesse cenário regional. No início do reitorado de Ronaldo Pena, planejaram-se, inclusive, ações mais permanentes da UFMG em países da África lusófona, mas o Ministério das Relações Exteriores desaconselhou esses programas, em decorrência da violência que ainda vigia nesses países. A mencionar também a presença da Universidade no Programa Ciência sem Fronteiras, que permitiu a muitos estudantes de graduação importante experiência internacional em universidades de destaque em diversos países. Sei que esse programa foi objeto de muitas críticas, algumas das quais considero pertinentes, mas também teve muitos méritos.

Nesses dois reitorados, coordenei estudos centrados em conhecer as tendências da demanda por vagas na graduação da UFMG, a seletividade de nosso vestibular e o perfil do alunado da graduação, sempre em companhia da Professora Maria do Carmo Peixoto, da FAE. Publicamos artigos e livro sobre essa temática. Os resultados desses estudos levaram a políticas que vieram a ser adotadas pela UFMG, em especial por ocasião do projeto REUNI, já no reitorado de Ronaldo Pena. Ainda no reitorado de Ana Lúcia, alteramos a forma do vestibular para o curso de Direito, com metade das vagas sendo ofertada para o turno noturno. Essa medida simples acarretou menor influência da seletividade social no alunado do curso de Direito. Nossos estudos evidenciaram que, em todos os cursos ofertados em ambos os turnos, a seletividade social do vestibular se reduzia consideravelmente no turno noturno. Também contribuíram para que a UFMG adotasse uma medida de ação afirmativa, para diminuir o efeito da seletividade social. Optamos não por adotar cotas, mas por seguir o caminho da UNICAMP, atribuindo um bônus percentual na nota dos estudantes que houvessem cursado todo o ensino médio em escolas públicas, com um adicional para aqueles que se autodeclarassem pretos ou pardos. No início desses trabalhos, eu pensava que a seletividade era essencialmente social, pois ela desaparecia quando a renda familiar superava 20 salários mínimos. Posteriormente, no entanto, percebi que, mesmo no grupo daqueles estudantes pertencentes aos estratos sociais mais baixos – classes D ou E –, raramente aprovados, o desempenho de pretos e pardos era inferior ao de brancos. Com o advento da lei de cotas, naturalmente o programa de bônus foi substituído por esse sistema. Ainda que, pessoalmente, eu siga preferindo algo como o bônus, sou absolutamente favorável a programas desse tipo para ingresso nos cursos de graduação das instituições públicas e apoio a lei de cotas.

O REUNI foi talvez o único programa do MEC em que as IFES foram estimuladas a se expandir com a alocação de recursos financeiros que efetivamente possibilitavam a expansão com qualidade. O projeto original estava formatado de tal forma que, para as IFES de melhor qualidade, como a UFMG, a adesão não seria interessante. Naquele momento, opinei que a UFMG não deveria participar. Posteriormente, o programa sofreu alterações significativas, com a inclusão da pós-graduação no cômputo das atividades, e eu mudei de opinião. Diferente de muitas IFES, e corretamente em minha compreensão, a UFMG não optou por criar outros campi, apresentando ao MEC um projeto de expansão limitado aos campi que já existiam, em Belo Horizonte e em Montes Claros. A Química expandiu-se com a criação do curso noturno de Química Tecnológica, mas os efeitos do REUNI no DQ foram muito além disso, dado que muitos dos novos cursos e da expansão de vagas em cursos já existentes demandaram matrículas em disciplinas ministradas pelo DQ. De tal forma que o DQ é hoje o Departamento da UFMG com maior número de professores. É claro que nada é perfeito, e o REUNI teve seu calcanhar de Aquiles no tempo relativamente curto para sua concepção e implantação. No caso específico da UFMG, existiram cursos que, assim entendo, foram criados com um projeto ainda mal alinhavado, dado o estímulo dos recursos que lhe seriam alocados. Não permaneci na Universidade tempo suficiente para uma avaliação *a posteriori* do projeto global do REUNI na UFMG. Também não tenho informações se a Universidade já fez essa avaliação e, se não, penso que é um desafio que a UFMG precisa enfrentar.

Uma curiosidade final sobre minha atuação nesses dois reitorados envolve o DQ e um grande amigo. Por ocasião da formação da equipe do reitorado do Professor Ronaldo, tive oportunidades de fazer sugestões para a composição da equipe. E uma das sugestões que dei e que foram acolhidas por Ronaldo foi o nome do Rubén para dirigir a Coordenadoria de Transferência e Inovação Tecnológica (CTIT). Evidentemente, nada havia dito ao Rubén. Nos últimos dias do reitorado da Professora Ana Lúcia – e antes que o Ronaldo fizesse o convite –, ele me procurou levando críticas sobre a atuação da CTIT. Eu disse a ele: "não se preocupe, o Ronaldo já me disse que indicará um nome para a CTIT que vai resolver esses problemas".

Quando o reitorado do Professor Ronaldo Pena se encerrou, eu estava prestes a completar 37 anos de serviços na UFMG e, incentivado por diversos amigos, me sentia atraído por um projeto de vida completamente diferente do que estava tendo. Na realidade, eu já havia dado um passo nessa direção. Por ocasião da criação da Rádio da UFMG, a Estação do Conhecimento, FM 104.5, projeto que se tornou realidade dada a determinação da então coordenadora do CEDECOM, a Professora Maria Ceres, e o apoio enfático da reitora Ana Lúcia, Ceres me fez um desafio. Criar um pequeno programa sobre música popular da América Latina, de cerca de 10 minutos, focado no período em que essa música me encanta: dos anos de 1920 a 1970. Eu topei. Pouco depois, em decorrência de um estímulo da Professora Heloísa Starling, então vice-reitora da UFMG, escrevi meu primeiro texto sobre história da música popular, que foi publicado como capítulo de livro e apresentado em um seminário, em cuja mesa estava também Zuza Homem de Melo. O texto referia-se a como a MPB dos anos de 1930 e 1940 refletia a vida do Brasil rural e das pequenas cidades.

Já havia mais de cinco anos que eu escutava de amigos a expressão "você precisa escrever isso" quando eu contava histórias da música popular latina. Acabei por me convencer e, por razões que não cabem aqui comentar, optei por escrever um livro sobre a história do tango, destinado ao público brasileiro. O projeto requeria passar três meses em Buenos Aires, frequentando bibliotecas e livrarias durante o dia e escutando tangos à noite. Era ano de Copa do Mundo. Eu gosto muito desse evento e acho que o melhor lugar para assistir é dentro da casa da gente. Por essa razão, decidi passar de março a maio em Buenos Aires, voltando ao Brasil em junho. Em consequência, resolvi me aposentar.

Quando falei disso ao reitor que tomaria posse em março, o Professor Clélio Campolina, ele me disse algo como: "De jeito nenhum, eu preciso de você". Eu já estava determinado, mas não queria contrariar o amigo Campolina e nem iria abandonar meu projeto. Acabamos chegando a um acordo. Como eu tinha direito a férias-prêmio, eu poderia ficar esses três meses em Buenos Aires sem me aposentar. Assim fiz.

Ao regressar, assumi o cargo de assessor do reitor, sem uma função definida, mas realizando as tarefas que ele me atribuiria. Ainda em Buenos Aires e de férias, recebi a tarefa de representá-lo em uma reunião de reitores que se realizaria em Santiago do Chile. Como seriam apenas três dias, não atrapalharia meu projeto. Regressei a BH com uma bem fornida biblioteca sobre o tango, que me permitiu escrever o livro que queria, "Tango. A música de uma cidade", publicado pela Editora UFMG em 2014. No reitorado de Campolina, segui realizando as tarefas dele recebidas, que implicaram minha participação em reuniões, integrar comissões, conversar com diretores de unidades e pró-reitores e, eventualmente, produzir textos e outras tarefas diversas. Não tive uma rotina específica de trabalho. Em novembro de 2013, no final do mandato, eu tinha um compromisso familiar que me exigiria passar mais de um mês fora do país. E não tinha mais férias para gozar. Então me aposentei, com 40 anos e alguns meses de serviço na UFMG. Costumo brincar dizendo que saí antes que me pedissem para fazê-lo.

O último refúgio: a estação do conhecimento e a eterna disponibilidade para com a UFMG

Com a aposentadoria, por diversas vezes, imaginei que iriam me solicitar para encerrar o programa na rádio, o Compasso Latino, assim batizado pelo amigo Elias. Não. Mantiveram meu cantinho, de segunda a sexta, às 8h45. E Cláudio Zazá me trata com uma distinção bem acima de meus merecimentos. Toda vez que me encontro na rua com algum conhecido do CEDECOM, sou cumprimentado sempre de maneira efusiva. Mais ainda. Uma amiga recente, a Beatriz Falcão, prontificou-se a postar minhas pílulas musicais mais recentes – mas de trás para frente – no *Spotify*. Pedi autorização ao CEDECOM, que me concedeu. Assim, elas estão lá nesse aplicativo – já quase 500 –, e eu vou ficando na FM 104.5. Produzo algo como 60 a 80 novas pílulas por ano, e as antigas são reutilizadas conforme a necessidade do programa. Tem sido uma excelente forma de, tendo saído, me sentir ficando.

(A) Carteira de estudante no ano de conclusão da graduação em Química.
(B) Recebendo a Medalha da Inconfidência, em 2002, das mãos da então reitora da UFMG, Professora Ana Lúcia Gazzola, na cerimônia anual dessa premiação em Ouro Preto.
(C) Coordenando evento na CRES 2008, em Cartagena, Colômbia.
(D) Posse do Professor Ronaldo Pena como reitor da UFMG, em março de 2006, MEC, Brasília.
(E) A partir da esquerda: Carlos Moreira Mendes, Engenheiro do CETEC; Mauro Mendes Braga; Antônio Marques Neto; José Domingos Fabris; José Israel Vargas; e Herbert Magalhães Alves.
(F) Celebrando o final de semestre em julho de 1990, com um grupo de estudantes de FQI.

E, estudando para elaborar as pílulas, surgiu um novo livro: Bolero. A música de um continente. Por enquanto, apenas sob a forma de *e-book*, pois foi concluído no auge da pandemia. No entanto, pretendo transformá-lo em um daqueles livros do tipo antigo, que sempre me encantam, por poder pegá-los com as mãos e acariciá-los não só com os olhos.

Em relação à UFMG e ao DQ, continuarei a seguir essa trajetória pós- aposentadoria, que simbolizo comparando-a como um eterno apaixonado, constantemente acautelado, para não correr o risco de incomodar o ser amado, mas sempre pronto para atender a um pedido seu. Por isso, não pude resistir à solicitação do Professor Luiz Cláudio.

Publicações referenciadas direta ou indiretamente no texto

(Citadas das mais antigas para as mais recentes; a ordem de autores nem sempre representa a importância deles)

Artigos em periódicos referentes a estudos sobre Química

BRAGA, Mauro Mendes; DUPLATRE, G.; MACHADO, José Caetano; LUZ, A. M. P. R. Thermal decomposition of solid chromium(III) Tris-n-Benzoyl-N-phenylhidroxylamine. **J. Chem. Soc. Faraday Trans**, v. 1, n. 76, p. 152-161, 1980.

BRAGA, Mauro Mendes; ABRAS, Anuar; MACHADO, José Caetano. A mossbauer study of thermal behaviour of iron (iii) benzoate. **Radiochem Radioanal Letters**, v. 57, n. 3, p. 177-190, 1983.

BRAGA, Mauro Mendes; ABRAS, Anuar; MACHADO, José Caetano. Mossbauer study of ferric oxide particles as products of thermal decomposition of iron (iii) benzoate. **Journal of Radioanalytical and Nuclear Chemistry**, v. 86, n. 2, p. 111-122, 1984.

BRAGA, Mauro Mendes; JESUS FILHO, M. F.; ABRAS, Anuar. Mossbauer study of the thermal decomposition of potassium tris(malonato) ferrate (iii) trihydrate. **Thermochimica Acta**, v. 101, p. 35-44, 1986.

BRAGA, Mauro Mendes; CARVALHO, Cornélio de Freitas; MACHADO, R. M. Um modelo cinético para a decomposição térmica do trisacetilacetonato de cobalto (III) no estado sólido. **Química Nova**, São Paulo, v. 10, n. 4, p. 257-260, 1987.

BRAGA, Mauro Mendes; MACHADO, José Caetano. Estudo da cinética de desidratação do Tris (Malonato) Ferrato (III) de potássio Tri-hidratado, por análise termogravimétrica. **Química Nova**, São Paulo, v. 13, n. 1, p. 17-20, 1990.

MACHADO, José Caetano; BRAGA, Mauro Mendes; RODRIGUES, B. F. Thermal decomposition kinetics of solid iron (III) tris-n-benzoyl-N-phenylhydroxilamine. **Thermochimica Acta**, Amsterdam, v. 158, p. 283-292, 1990.

YOSHIDA, Maria Irene; BRAGA, Mauro Mendes; MACHADO, José Caetano. Thermal decomposition kinetics of solid iron (III) tris-N-p-nitrobenzoyl-N-phenylhidroxilamine. **Thermochimica Acta**, v. 237, p. 347-355, 1994.

BRAGA, Mauro Mendes; YOSHIDA, Maria Irene; SINISTERRA, Rubén Dario Milán; CARVALHO, Cornélio de Freitas. Thermal behaviour and isothermal kiinectics of rhodium(III) acetate decomposition. **Thermochimica Acta**, v. 296, p. 141-148, 1997.

Artigos em periódicos referentes à formação de docentes para o ensino médio

HAMBURGUER, A. I.; ALVAREZ, B. A.; REGO, C. A.; VIANNA, D.; HAMBURGUER, E. W.; ZANETIC, J.; PRETTO, N.; BRAGA, Mauro Mendes. Sugestões para a formação de professores da área científica para as escolas do 1º. e 2º. graus. **Ciência e Cultura**, v. 33, n. 3, 1981.

BRAGA, Mauro Mendes. A Licenciatura no Brasil: um breve histórico sobre o período 1973-1987. **Ciência e Cultura**, v. 40, n. 2, p. 151-157, 1988.

BRAGA, Mauro Mendes. Algumas considerações sobre a formação de professores para o ensino fundamental, a propósito das discussões sobre a nova lei de diretrizes e bases. **Ciência e Cultura**, São Paulo, v. 42, n. 12, p. 1158-1177, 1990.

Artigos em periódicos referentes à Educação Superior no Brasil

BRAGA, Mauro Mendes; CASTRO, M. C. P. S. Uma experiência de avaliação institucional: o caso da Universidade Federal de Minas Gerais. **Estudos e Debates**, Brasília, v. 14, p. 203-209, 1988.

BRAGA, Mauro Mendes; CARDEAL, Zenilda de Lourdes; PINTO, C. O. B. M. Perfil socioeconômico dos alunos, repetência e evasão no curso de Química da UFMG. **Química Nova**, São Paulo, v. 20, n. 4, p. 438-444, 1997.

BRAGA, Mauro Mendes; PEIXOTO, Maria do Carmo Lacerda; CARVALHO, M. G. M. Perfil dos formandos no curso de Química da UFMG na década de 90. **Documentos de Trabalho do Núcleo de Pesquisas sobre Ensino Superior da USP**, São Paulo, v. 05/98, n. 5/98, p. 1-33, 1998.

PEIXOTO, Maria do Carmo Lacerda; BRAGA, Mauro Mendes; BOGUTCHI, Tânia Fernandes. A evasão no ciclo básico da UFMG. **Revista Brasileira de Política e Administração da Educação**, Porto Alegre, v. 15, n. 1, p. 49-59, 1999.

BRAGA, Mauro Mendes; PEIXOTO, Maria do Carmo Lacerda; CARVALHO, M. G. M. Perfil dos formandos no curso de Química da UFMG, na década de 90. **Revista Avaliação**, Campinas, SP, v. 4, n. 2, p. 67-80, 1999.

VELLOSO, Jacques; IVO, Anete; NEVES, Clarissa Baeta; SAMPAIO, Helena; BRAGA, Mauro Mendes; MAGGIE, Yvonne. Formação e trabalho dos titulados nos mestrados e doutorados no país: Administração, Engenharia Elétrica, Física e Química. **Documentos de Trabalho do Núcleo de Pesquisa sobre Ensino Superior da USP**, São Paulo, v. 02/00, n. 02/00, p. 1-137, 2000.

PEIXOTO, Maria do Carmo Lacerda; BRAGA, Mauro Mendes; BOGUTCHI, Tânia Fernandes. A evasão no ciclo básico da UFMG. **Cadernos de Avaliação da UFMG**, Belo Horizonte, v. 3, p. 7-28, 2000.

BRAGA, Mauro Mendes; PEIXOTO, Maria do Carmo Lacerda; BOGUTCHI, Tânia Fernandes. Tendências da demanda pelo ensino superior: estudo de caso da UFMG. **Cadernos de Pesquisa da Fundação Carlos Chagas**, São Paulo, v. 113, p. 129-152, 2001.

BRAGA, Mauro Mendes; PEIXOTO, Maria do Carmo Lacerda; DINIZ, L. F.; BOGUTCHI, Tânia Fernandes. A evasão no ensino superior noturno: o caso do curso de Química da UFMG. **Revista da Rede de Avaliação Institucional da Educação Superior**, Campinas, SP, v. 7, n. 1, p. 49-72, 2002.

BRAGA, Mauro Mendes; AZEVEDO, S. Formação e trabalho de mestres e doutores em Química titulados no Brasil. **Química Nova**, São Paulo, v. 25, n. 4, p. 696-712, 2002.

BRAGA, Mauro Mendes; PEIXOTO, Maria do Carmo Lacerda; FIGUEIREDO, Ana Maria Gontijo; SILVA, R. M.; BOGUTCHI, Tânia Fernandes. Perfil de egressos do curso de Engenharia Civil da UFMG. **Revista de Ensino de Engenharia – ABENGE**, Brasília, v. 21, n. 2, p. 27-33, 2002.

BRAGA, Mauro Mendes; AZEVEDO, S. Formação e trabalho de mestres e doutores em Bioquímica titulados no Brasil. **Química Nova**, v. 25, n. 5, p. 866-886, 2002.

BRAGA, Mauro Mendes; PEIXOTO, Maria do Carmo Lacerda; BOGUTCHI, Tânia Fernandes. A evasão no ensino superior brasileiro: o caso da UFMG. **Revista da Rede de Avaliação Institucional da Educação Superior**, Brasília, v. 8, n. 3, p. 161-189, 2003.

PEIXOTO, Maria do Carmo Lacerda; BRAGA, Mauro Mendes. Demanda pelo ensino superior no Brasil: o caso da UFMG. **Educação & linguagem**, São Paulo, v. 10, p. 124-149, 2004.

LAGE, L. V.; LOSCHI, Rosangela Helena; FRANCO, Glaura Conceição; BRAGA, Mauro Mendes. Fatores que influenciaram na aprovação de candidatos de diferentes grupos socioeconômicos no vestibular 2004 da UFMG. **Revista Brasileira de Estatística**, v. 67, p. 35-63, 2006.

Capítulos de Livros Referentes à Educação Superior no Brasil

BRAGA, Mauro Mendes; PEIXOTO, Maria do Carmo Lacerda. Formação no país e no exterior: comparação entre características dos docentes, redes e interdisciplinares. In: VELLOSO, Jacques (org.). **Formação no País ou no Exterior? Doutores na Pós-Graduação de Excelência** – Um estudo na Bioquímica, Engenharia Elétrica, Física e Química no país. Brasília: CAPES e UNESCO, 2002. p. 181-191.

BRAGA, Mauro Mendes; PEIXOTO, Maria do Carmo Lacerda. Química. In: VELLOSO, Jacques (ir.). **Formação no País ou no Exterior? Doutores na Pós-Graduação de Excelência** – Um estudo na bioquímica, engenharia elétrica, física e química. Brasília: CAPES e UNESCO, 2002. p. 147-179.

BRAGA, Mauro Mendes. Mestres e doutores formados no país em nove áreas: características dos titulados e aspectos da trajetória acadêmica. In: VELLOSO, Jacques (org.). **A Pós-Graduação no Brasil**: formação e trabalho de mestres e doutores no país. 1. ed. Brasília: Capes/Unesco, 2002. v. 1, p. 373-392.

BRAGA, Mauro Mendes. Características da trajetória acadêmica de mestres e doutores formados no país em seis áreas. In: VELLOSO, Jacques (org.). **A Pós-Graduação no Brasil**: formação e trabalho de mestres e doutores no país. 1. ed. Brasília: Capes-Unesco, 2003. v. 2, p. 245-264.

BRAGA, Mauro Mendes; AZEVEDO, S. Mestres e doutores em Bioquímica. In: VELLOSO, Jacques (org.). **A Pós-Graduação no Brasil**: formação e trabalho de mestres e doutores no Brasil. 1. ed. Brasília: Capes/Unesco, 2002. v. 1, p. 125-176.

BRAGA, Mauro Mendes. Mestres e doutores em Odontologia. In: VELLOSO, Jacques (org.). **A Pós-Graduação no Brasil**: formação e trabalho de mestres e doutores no país. 1. ed. Brasília: Capes-Unesco, 2003. v. 2, p. 185-220.

BRAGA, Mauro Mendes. Mestres e doutores em Odontologia. In: VELLOSO, Jacques (org.). **A Pós-Graduação no Brasil**: formação e trabalho de mestres e doutores no país. 1. ed. Brasília: Capes-Unesco, 2003. v. 2, p. 185-220.

BRAGA, Mauro Mendes. Políticas afirmativas no Ensino Superior. In: ABREU, Adilson Avansi de (org.). **Seminário Cultura e Extensão 2004**. 1. ed. São Paulo: USP, 2004. v. 1, p. 24-34.

ARAUJO, Antonio Emilio Angueth; PEIXOTO, Maria do Carmo Lacerda; BRAGA, Mauro Mendes; FENATI, Ricardo. Cursos Noturnos – Uma alternativa para a inclusão social no ensino superior brasileiro (Estudo de Caso da UFMG). In: PEIXOTO, Maria do Carmo de Lacerda (org.). **Universidade e Democracia, Experiências e Alternativas para a Ampliação do Acesso à Universidade Pública Brasileira**. 1. ed. Belo Horizonte: Editora UFMG, 2004. p. 173-196.

BRAGA, Mauro Mendes; PEIXOTO, Maria do Carmo Lacerda. Escolas de ensino médio e chance de aprovação no vestibular UFMG. In: AUGUSTIN, Cristina Helena R. R.; DUARTE, Mariza Ribeiro T. (org.). **Os Sinaes e a Avaliação da Graduação**: regulação e qualidade. Belo Horizonte: Prograd/UFMG, 2005. v. 5, p. 45-53.

Artigos completos em Anais de Congresso Referentes à Educação Superior no Brasil

BRAGA, Mauro Mendes; PEIXOTO, Maria do Carmo Lacerda; FIGUEIREDO, Ana Maria Gontijo. Atuação profissional e formação dos Engenheiros Eletricistas formados pela UFMG. In: CONGRESSO BRASILEIRO DE ENSINO DE ENGENHARIA, 32., 2003, Rio de Janeiro. **Actas...** Rio de Janeiro: Associação Brasileira de Ensino de Engenahria, 2003. p. 1-17.

BRAGA, Mauro Mendes; PEIXOTO, Maria do Carmo Lacerda; FIGUEIREDO, Ana Maria Gontijo. Formação e exercício profissional: o caso do curso de Engenharia Elétrica da Universidade Federal de Minas Gerais –UFMG, Brasil. In: CONGRESO INTERNACIONAL DE EDUCACIÓN SUPERIOR – La educación superior y sus perspectivas, 4., 2004, La Habana, Cuba. **Actas...** La Habana: Empresa de desarollo y producion de software de calidad, 2004.

GAZZOLA, Ana Lúcia Almeida; PEIXOTO, Maria do Carmo Lacerda; BRAGA, Mauro Mendes. Perfil socioeconômico e racial dos estudantes admitidos na Universidade Federal de Minas Gerais – UFMG, Brasil, em 2003. In: CONGRESO INTERNACIONAL DE EDUCACIÓN SUPERIOR – La Educación Superior y sus Perspectivas, 4., 2004, La Habana, Cuba. **Actas...** La Habana: Empresa de Desarrollo y Producción de Software de Calidad, 2004.

BRAGA, Mauro Mendes; ARABE, José Nagib Cotrim. Alguns aspectos relativos ao planejamento da gestão das Universidades Federais do Brasil. In: SEMINÁRIO DA RED DE ADMINISTRADORES DE UNIVERSIDADES IBEROAMERICANAS – RAUI, 3., 2006, Concepción, Chile. **Anais...** Concepción, Chile: Red de Administradores de Universidades Iberoamericanas, 2006.

Livros

BRAGA, Mauro Mendes; PEIXOTO, Maria do Carmo Lacerda. **Censo socioeconômico e étnico dos estudantes de graduação da UFMG**. 1. ed. Belo Horizonte: Editora UFMG, 2006. v. 1, 79 p.

PEIXOTO, Maria do Carmo Lacerda; BRAGA, Mauro Mendes. **Graduação e Exercício Profissional** – Formação e trabalho de engenheiros graduados na UFMG. 1. ed. Belo Horizonte: Editora UFMG, 2007. v. 1, 131 p.

BRAGA, Mauro Mendes. **Tango**: a música de uma cidade. Belo Horizonte: Editora UFMG, 2014. 500 p.

BRAGA, Mauro Mendes. **Bolero**: a música de um continente [Recurso Eletrônico]. 1. ed. Brasília: Outubro Edições, 2021. 449 p.; ePUB, 480 MB.

PEQUENAS HISTÓRIAS DE UM GRANDE AMOR: O DEPARTAMENTO DE QUÍMICA

Haroldo Lúcio de Castro Barros

Para descrever minha vida no Departamento de Química (DQ) – sim, quase uma vida, perto de 30 anos! – faz-se mister retroceder até os meus 15 ou 16 anos de idade. Ainda no segundo ano do curso científico – hoje seria o segundo do Ensino Médio –, comecei a ganhar meu dinheirinho com aulas particulares de Matemática, Física e, não surpreendentemente, de Química para estudantes das séries anteriores e, mesmo, para alguns de meus colegas. Possivelmente, essa vocação para professor foi herdada de meu pai, que em algumas épocas da vida, engenheiro civil que fora, havia dado aulas de Matemática, valendo-se do grande talento que tinha para essa Ciência.

Naqueles idos, segunda metade da década de 1950, os estudantes que não conseguiam aprovação no fim do ano letivo tinham uma segunda oportunidade no mês de fevereiro seguinte, a chamada "segunda época". Com isso, nos meses de dezembro e janeiro, eu tinha rendimentos que, embora modestos, me bastavam até o fim do ano seguinte. Alguns de meus alunos continuavam tendo aulas comigo durante todo o ano, fossem elas de reforço, preparando-os para os exames de madureza (hoje seriam os exames finais de aprovação na educação de jovens e adultos) ou, ainda, para o vestibular. Alguns eram bem mais velhos do que eu, originando situações curiosas quando, às vezes, nos encontrávamos depois e eu dizia a terceiros que "fulano havia sido meu aluno", mas a pessoa aparentava ter idade obviamente bem maior do que a minha.

Tive também o prazer de ver ex-alunos ingressarem no Curso de Química da UFMG, motivados pelas minhas aulas. Inclusive, um desses ex-alunos veio a ser um professor conceituado na então Universidade Católica.

Tive muitas angústias sobre qual curso superior fazer, Química ou Engenharia Química? Até considerei – oh, santa ignorância de jovem! – fazer os dois cursos simultaneamente. Também nutri certo interesse pela Medicina, possivelmente pela admiração que sempre tive pelo meu irmão que, naquela época, fazia esse curso.

Felizmente, encontrei ajuda no Serviço de Orientação e Seleção Profissional (SOSP), uma organização do estado de Minas Gerais que existiu entre 1959 e 1994. Ainda que um tanto equivocadamente, como se verá mais adiante, decidime pela Engenharia Química. Fui aprovado em minha primeira tentativa, no primeiro vestibular, em primeiro lugar.

Atribuo meu êxito ao bom Colégio Santo Antônio, onde havia feito os quatro anos do Ginasial e os três do Científico (hoje Fundamental 2 e Ensino Médio, respectivamente), em um esforço concentrado que mantive durante o último ano e, certamente, com um pouco de sorte.

Devo destacar, no Santo Antônio, meu entusiasmo pelas aulas de Ciências com o frei Bertrando e pelas de Química com o frei Eduardo. Certamente influenciaram minhas escolhas futuras.

Os anos iniciais na Escola de Engenharia

Aprovado no vestibular, fui estudar na Escola de Engenharia, no Edifício Artur Guimarães, na Rua Espírito Santo, 35. Não devo esconder minhas saudades nem meu encantamento com a condição de calouro da UFMG naquele prédio, então novo, amplo, suntuoso, com impecáveis granitos, mármores e metais!

Minha primeira aula foi de Química Inorgânica, com o saudoso Professor Cássio Mendonça Pinto, de cuja cátedra eu viria a ser Professor Assistente sete anos depois, quando ele não mais lecionava, porquanto era diretor da Escola. Mais tarde, ele veio a ser diretor do COLTEC, onde também trabalhei em meus últimos anos de docência.

O encantamento com a Universidade continuou com o acesso que logo tive ao Laboratório de Ensino de Química Inorgânica, com centenas de reagentes, vidraria e equipamentos – era como se eu estivesse no paraíso! Com o meu colega de turma Jarbas Fernandes Soares, passávamos horas fazendo experimentos, seguindo roteiros obtidos na literatura e sob a supervisão mais ou menos distante do monitor da disciplina.

Entretanto, a dura realidade se impôs depois. As dificuldades com certas disciplinas e com alguns professores, aliadas à ausência quase total de textos didáticos adequados – nem digo bons, mas pelo menos razoáveis –, diminuíram bem meu entusiasmo inicial. Ademais, já no terceiro ano, as primeiras visitas técnicas me deixaram abalado com as condições de trabalho usuais na indústria química.

De uma forma ou de outra, graduei-me sem maiores percalços. Optei por trabalhar na 3M, empresa multinacional, em Campinas, SP. Era a primeira vez que saía da casa de meus pais, o que foi uma experiência e tanto, porém durou pouco, cerca de um ano.

Deixei a 3M e regressei a BH em 1967, na ocasião em que, afortunadamente, havia sido aberto concurso para a admissão de professores na Escola de Engenharia para atender os alunos de uma segunda entrada. Explico melhor.

Naquela época, para ser aprovado no vestibular havia uma nota mínima a ser obtida pelo candidato em cada prova. Devido a essa restrição, com frequência restavam vagas que, para não ficarem ociosas por um ano, exigiam um segundo vestibular. Exatamente para atender os alunos dessa entrada tardia foram abertas, naquele ano, vagas para professores.

Assim, em 2 de maio de 1967, ingressei como Auxiliar de Ensino na Escola de Engenharia para a docência de Química Geral e Inorgânica, sob a supervisão dos Professores Paulo Furtado da Silva, de saudosa memória, e Ivan de Menezes, de quem há tempos não tenho notícias.

Quase que imediatamente fui convocado para o que viria a ser a minha primeira redação de um texto para ensino. Os Professores Paulo Furtado e Cássio Pinto, encarregaram-me de reescrever uma pequena obra, intitulada Química Inorgânica, de autoria deles. Assim o fiz e, em abril de 1968, foi publicado pela própria Escola de Engenharia o Química Inorgânica – Teoria atômica.

Foi nessa época que meus amigos Mauro Mendes Braga e Roberto da Silva Bigonha, futuros professores da UFMG, cursaram a disciplina Química Geral. Mauro, como eu, hoje é professor aposentado do Departamento de Química e também contribui com suas memórias para este volume comemorativo. O Bigonha, Professor Emérito da UFMG, aposentou-se no Departamento de Ciência da Computação.

Mauro, ainda no início de sua graduação na Engenharia Química, sabiamente pediu reopção para o Curso de Química, em que se bacharelou e, sob a orientação do Professor José Caetano Machado, doutorou-se. Bigonha terminou a Engenharia Química, mas se dedicou à Ciência da Computação, área em que obteve o PhD na University of California, em Los Angeles, nos Estados Unidos. Incidentalmente, ambos são grandes conhecedores e apreciadores dos bons vinhos!

A transferência para o Departamento de Química do ICEx

Naquela época, na segunda metade da década de 1960, não existiam os institutos centrais na UFMG. No bojo da Reforma Universitária, pioneiramente conduzida no Brasil a partir de 1964, pelo então reitor da UFMG, Professor Aluísio Pimenta, entre outras iniciativas, foram criados, em 1968, o Instituto de Ciências Exatas (ICEx), o de Ciências Biológicas (ICB) e o de Geociências (IGC).

Para constituir parte do corpo docente desses institutos, foram realocados professores da Escola de Engenharia, da Faculdade de Farmácia e da então Faculdade de Filosofia, Ciências e Letras, os quais, em grande parte, eram ligados às disciplinas iniciais dos cursos dessas unidades. Assim, em novembro de 1968, eu e outros professores da Engenharia fomos transferidos para o Instituto de Ciências Exatas.

Encontrei então, no Departamento de Química (DQ), pessoas notáveis que seriam meus colegas durante algumas décadas. O primeiro nome que me vem à mente é o do Professor Ruy Magnane Machado. Lembro-me de nossas conversas, preocupados com as múltiplas dificuldades para a implantação da pós-graduação no Departamento, que então ocorria. O Curso de Doutorado em Química foi instalado em 1968.

Entre tantos outros, recordo-me também de ter logo conhecido os Professores José Caetano Machado, Antônio Marques Neto, Marília Ottoni da Silva Pereira e Alaíde Braga de Oliveira, bem como o Professor Francisco de Assis Magalhães Gomes, diretor do ICEx, e seu fiel auxiliar, o Professor Márcio Quintão Moreno, ambos do Departamento de Física.

Não poderia deixar de mencionar o fato de também ter reencontrado, no DQ, meu Professor de Química do Santo Antônio, o frei Eduardo, que depois iria retomar seu nome holandês de batismo, Willibrordus Antonius Joseph Copray.

A propósito de meu ex-professor, há um caso cômico envolvendo o nome dele e o de um datilógrafo do DQ, o José Geraldo Oliveira. Este se queixava dos muitos homônimos inadimplentes que tinha e que lhe causavam problemas com o Serviço de Proteção ao Crédito. Então, o Willibrordus entra na conversa e diz "engraçado, nunca tive esse problema!"

O DQ estava organizado em setores. O meu era o Setor de Química Geral e Inorgânica, cujo líder, por assim dizer, era o Professor Ivan de Menezes, que, como eu, era oriundo da Escola de Engenharia.

Naqueles idos, os professores da Engenharia e de várias outras unidades eram majoritariamente bacharéis. A pós-graduação no Brasil engatinhava, e bolsas para o exterior não eram comuns. Entretanto, o Ivan, não. Ele tinha feito mestrado nos Estados Unidos, e nós o olhávamos com respeito. Era dinâmico, exigente, bem-humorado, competente. Alguns colegas do Setor – lembro-me agora da Professora Romilda Raquel Soares da Silva e do Professor Protógenes Umbelino dos Santos – passamos a assistir às aulas do Ivan para aprender com ele e em uma tentativa de homogeneizar o ensino entre as diversas turmas.

Talvez entusiasmado com o que havia visto nos Estados Unidos em sua pós-graduação – note-se que era na pós – e superestimando a capacidade de nossos calouros, ele introduziu aqui conteúdos e textos que, hoje, me parecem inteiramente inadequados. Basta dizer que um livro-texto que foi adotado para a disciplina Química Geral foi *Introduction to Physical Inorganic Chemistry*, de Harvey & Porter. Trata-se de um bom livro, mas, como o nome indica, não é um texto de Química Geral – além de ser em inglês!

Confesso, um tanto constrangido, que meu exemplar desse livro foi desencadernado para que se fizessem cópias para os alunos. As primeiras copiadoras Xerox estavam chegando a Belo Horizonte.

Mais adiante (ou antes? Não me recordo bem), o Ivan se propôs a escrever apostilas com os conteúdos que dava em suas aulas, as quais privilegiavam, porém, fundamentos de Mecânica Quântica em detrimento da Química Geral. Outro problema era que tais apostilas saíam sempre atrasadas em relação às aulas e, mesmo, em relação às provas.

Entre os alunos, o reboliço foi tão grande com o trabalho do Ivan (embora fosse tacitamente apoiado pelo menos por alguns de nós, professores) que a Diretoria do ICEx instituiu uma Comissão para estudar o caso. Só me lembro do nome de um dos componentes, o do Professor Ramayana Gazzinelli, do Departamento de Física. Foram feitas discussões com o Ivan, com outros professores do Setor e com alunos. Pelo que me recordo, o trabalho da Comissão não resultou em nenhuma mudança prática.

Pouco depois, saí para fazer pós-graduação nos Estados Unidos e, quando voltei, o Ivan tinha obtido transferência para lecionar uma disciplina no currículo profissional da Engenharia, em que certamente ficou mais feliz e pôde melhor aplicar seus conhecimentos.

O mestrado nos Estados Unidos

Ainda nos meus tempos de aluno na Engenharia, tive a ventura de conhecer um estudante, admitido na Escola dois anos depois de mim e que viria a ser um de meus grandes amigos: o dileto colega Professor Carlos Filgueiras – que, por sinal, também presta significativa contribuição para este volume de memórias do DQ. Talvez ele não saiba que teve enorme importância nos rumos de minha formação acadêmica, como descreverei a seguir.

Alguns anos após termo-nos conhecido, eu já como docente na Engenharia e o Carlos prestes a graduar-se, eis que, de repente, ele irrompe alvoroçado em minha sala e conta-me haver conquistado uma bolsa da *Fulbright Foundation* para os Estados Unidos. Compartilhei com ele sua alegria – mas, sem que suspeitasse, aqueles fatos estavam sendo marcantes para mim.

Ora, desde meus tempos de adolescente, sempre havia desejado fazer uma pós-graduação no exterior, de preferência nos Estados Unidos. No entanto, naqueles tempos, os programas de bolsas, tanto da CAPES quanto do CNPq, eram incipientes e poucas pessoas eram contempladas. Da *Fulbright Foundation*, devo dizer, eu nunca havia ouvido falar. Então, o exemplo do Carlos despertou-me; logo me interessei por essa alternativa, e ele me deu várias informações e muito estímulo.

Inscrevi-me para a bolsa e dediquei-me com afinco ao estudo de inglês. Seguiram-se as diferentes etapas da seleção e, mais no fim desse processo, eu teria de apresentar à Comissão da *Fulbright* duas cartas de recomendação. Pedi uma ao Professor Ivan de Menezes, dizendo-lhe que não deixasse de explicitar sua condição de Master of Science de uma universidade americana. A outra carta solicitei ao diretor do ICEx. Ele, entretanto, talvez por conhecer-me pouco, relutou. Consegui, entretanto, uma bela carta com o meu ex-Professor Milton Campos, da Escola de Engenharia. À época, ele era diretor do Instituto de Pesquisas Radioativas.

No fim de 1969, recebi a notícia de que havia sido um dos dois brasileiros contemplados para o início do ano letivo nos Estados Unidos, no outono de 1970. Nessa altura, o Carlos já estava mais ou menos na metade de seu doutorado na University of Maryland, naquele país.

Eram dois os tipos de bolsa da Fulbright, dependendo da contrapartida do estudante: a *teaching assistantship*, em que o estudante deve ministrar certo número de aulas, geralmente para calouros; e a *research assistantship*, em que o estudante passa a trabalhar desde o início em um grupo de pesquisas. Em meu caso, recebi uma *research assistantship* e me liguei ao grupo do Professor J. M. Honig, na Purdue University.

Bem organizados como são esses processos nos Estados Unidos – é forçoso reconhecer, mesmo que tenhamos críticas ao país, no sentido amplo da palavra – houve um período de adaptação e de estudos para os bolsistas da Fulbright, oriundos de dezenas de países ao redor do mundo.

Fomos todos para a University of Texas at Austin, onde durante um mês e meio ficamos hospedados em um dormitório de alto nível. Foi uma etapa de informação geral relativa à cultura e modo de vida no país, ao seu sistema de pós-graduação e, ainda, podiam ter aulas de inglês aqueles que delas necessitassem. Foi-nos também oferecida a oportunidade para cursar uma disciplina de pós-graduação em nossas respectivas áreas, cujos créditos poderiam, eventualmente, ser revalidados em nossas universidades de destino.

Ainda fazia parte do programa, em pequenos grupos, passar um fim de semana com uma família americana – no meu caso, na cidade de Houston. Claro, esse convívio, embora rápido, com nossos anfitriões americanos e com os colegas bolsistas de tantos países diferentes, foi uma experiência enriquecedora, que dificilmente teríamos oportunidade de desfrutar no Brasil naquela época. Mesmo hoje continua não sendo comum.

Quando finalmente eu e minha mulher chegamos à Purdue University, a primeira visita que recebi, em nosso quase desnudo apartamento no campus, foi a do Professor Eucler Bento Paniago. Estava com sua mulher, Clara – filha do Professor Magalhães Gomes, anteriormente mencionado. Este, por sinal, havia sido brevemente meu professor na Engenharia, substituído por razões de força maior pela notável Beatriz Alvarenga.

O Professor Eucler, oriundo da Faculdade de Farmácia, era do DQ da UFMG e fazia doutorado em Purdue. Ele ficara sabendo da chegada de um jovem docente do mesmo DQ a quem ele queria dar boas-vindas e oferecer seus préstimos, embora não me conhecesse. Recebi dele, então, sábias orientações sobre as aulas, a literatura, as provas e os exames etc., bem como sobre a vida em West Lafayette, comunidade relativamente pequena no interior do estado de Indiana. Foram informações que se revelaram preciosas e pelas quais sempre lhe fui grato.

Tive ótimos mestres em Purdue, começando pelo meu orientador, J. M. Honig, mas também vários outros, entre os quais destaco R. T. Grimley, Professor de Físico-Química; e R. S. Tobias, Professor de Química Inorgânica.

Ao terminarmos nossos mestrados na Purdue University, em 1972, minha mulher e eu resolvemos retornar ao Brasil, mesmo tendo sido instados a prosseguir para o doutorado. Razões familiares prevaleceram.

Entre o mestrado e o doutorado

No tempo mais ou menos curto entre a minha volta ao Brasil após o mestrado e a nova saída para o doutorado, dei aulas na graduação e na pós-graduação – nesta, dividindo inicialmente, com o Professor Eucler, a responsabilidade didática da disciplina Química Inorgânica Avançada I. Em seguida, assumi totalmente essa disciplina e, paralelamente, iniciei estudos visando ao meu doutorado, sob a orientação do Professor Alain Chappe, do próprio Departamento de Química, um dos bons franceses que o Professor José Israel Vargas havia convidado para trabalhar no Brasil.

Foi nessa época que conheci pessoalmente o Professor Vargas. Claro, é um nome notabilíssimo que dispensa maiores considerações. Gostaria, entretanto, de relatar um episódio engraçado que ilustra o seu conhecido bom humor.

Embora eu tivesse chegado a fazer no DQ algumas disciplinas para o doutorado, as dificuldades na década de 1970 eram muitas – note-se o enorme tempo, então necessário, para se concluir uma pós-graduação aqui. Pensei, então, ser melhor voltar ao exterior. Após hesitar entre Europa e Estados Unidos, acabei decidindo pelo último, principalmente por ter familiaridade com o país.

O episódio com o Professor Vargas aconteceu nos preparativos para esse retorno aos Estados Unidos. Minha mulher era professora na rede estadual e, para acompanhar-me ao exterior, necessitava de uma licença. Ela também iria fazer doutorado, o que, em tese, deveria interessar ao estado. A licença seria não remunerada, mas não se desejava que ela ficasse prejudicada na contagem do tempo de serviço.

Em conversa com o Professor Paulo Furtado, meu ex-professor, colega e amigo, ele se prontificou a conseguir uma audiência com o secretário de Estado da Educação, Professor José Fernandes Filho, que incidentalmente havia sido meu professor na graduação e, inclusive, homenageado por minha turma. Infelizmente, na audiência, o secretário mostrou-se pouquíssimo simpático à ideia e praticamente a rejeitou. Saímos cabisbaixos.

Foi então que decidi pedir ajuda ao Professor Vargas, na época presidente da Fundação João Pinheiro. Contei-lhe sobre o encontro com o secretário de Educação que, de certa forma, era seu superior hierárquico. Ele riu e disse: "Pois é, você, em vez de procurar o Bispo, resolveu ir direto ao Papa, e deu no que deu!". Imediatamente, o Professor Vargas rabiscou algo em um papel, o entregou a mim e disse "procure o fulano de tal". Estava resolvido o problema da licença para a minha mulher!

O doutorado e os anos subsequentes

Com mulher e 2 ½ filhos, desembarquei em New Orleans em janeiro de 1976, para a nova etapa na vida, na Tulane University, na condição de bolsista da CAPES. A generosa colaboração de meus colegas do Setor de Química Geral e Inorgânica, que assumiram meus encargos didáticos, permitiram-me o afastamento.

Em Tulane, tive também bons professores e a orientação segura e competente, na Química de Organometálicos, da Professora Marcetta Y. Darensbourg e de seu marido, o também Professor Donald J. Darensbourg, meu coorientador.

Mantenho boas lembranças de meus colegas de laboratório, estudantes e pós-doutores e ainda dos muitos amigos que fiz, principalmente entre os pais dos colegas de meus filhos.

Posso acrescentar que minha mulher, mesmo sem ser bolsista, fez brilhante doutorado na área de Literatura Infantil e veio a ser uma querida professora da Faculdade de Letras da UFMG.

De volta ao Brasil, reassumi minhas atividades no Departamento de Química no início de 1980. Não surpreendentemente, trabalhei na montagem de laboratório de pesquisa e retomei atividades didáticas na graduação e na pós-graduação. Nesta, foi um privilégio ser professor de um dos mais brilhantes alunos que tive, o Professor Luiz Cláudio de Almeida Barbosa, nosso atual chefe do DQ. Tive também encargos administrativos e outros ligados ao ensino, entre os quais provas de vestibulares.

Vestibulares e livros sobre suas questões; elaboração de itens

Remontam a 1974 minhas atividades relacionadas às provas do vestibular da UFMG. Naquele ano, eu fui convidado pelo Professor José Caetano Machado para fazer parte da Comissão Elaboradora das Provas de Química. Era minha primeira participação nesse tipo de trabalho, a qual viria a repetir-se por mais de uma dezena de vezes, entre esse ano e o de 1998, tanto como elaborador como coordenador das equipes de elaboração e de correção e, em uma ocasião, coordenador geral de aplicação das provas.

Todas essas atividades ligadas ao vestibular eram, naturalmente, de grande responsabilidade. Além desse aspecto, a correção das questões abertas, ou seja, das provas da segunda etapa, sempre exigiram esforço concentrado da equipe, em jornadas de 10 ou mais horas por dia, durante vários dias, para que se pudesse terminar dentro do prazo estabelecido pelo calendário escolar.

Nessas circunstâncias, eventos que quebrassem a tensão reinante naquele período eram bem-vindos. Um desses eventos envolveu o Professor Welington, docente recém-admitido no DQ. Diariamente, ele recebia, durante a correção, um telefonema misterioso, percebendo-se uma voz feminina no outro lado da linha. Conversavam amorosamente por um tempinho e pronto. Indagado a respeito, ele disse que a interlocutora era a Chapeuzinho Vermelho e ele um dos membros da Confraria dos Lobos Maus.

Tivemos de segurar nossa curiosidade até a confraternização que iria comemorar o fim dos trabalhos. Nesse encontro, fomos apresentados à Chapeuzinho, ou seja, à Bia, mulher do Welington, que até então nenhum de nós tivera a oportunidade de conhecer. Ela cativou a todos com sua simpatia!

Esses trabalhos relacionados ao vestibular contaram com a participação competente de vários colegas. Não podendo citar todos, gostaria de lembrar, em ordem alfabética, Ana Maria Soares, Eduardo Fleury Mortimer, Ilton José Lima Pereira, Luiz Otávio Fagundes Amaral, José Dias de Souza Filho, Júlio César Dias Lopes, Marília Ottoni da Silva Pereira, Mauro Mendes Braga e o marido da Chapeuzinho, o Professor Welington Ferreira de Magalhães.

Ainda no contexto dos trabalhos do vestibular, merece ser citado um projeto idealizado e coordenado pelo Professor Jarbas Bruno, no início da década de 1990. Docente da Escola de Engenharia, ele foi por muitos anos coordenador geral dos vestibulares da UFMG. O projeto consistia em escrever e publicar livros com a resolução de questões de provas anteriores, contemplando as várias disciplinas que faziam parte do vestibular. A ideia era de que esses livros subsidiassem a preparação dos candidatos.

Assim, foram publicados os livros A Química e o Vestibular da UFMG – Volumes 1 e 2, respectivamente em 1992 e 1996, com questões selecionadas, resolvidas e comentadas. Participaram desse trabalho, além do autor destas linhas, os colegas Eduardo Fleury Mortimer, Ilton José Lima Pereira, José Dias de Souza Filho e Marília Ottoni da Silva Pereira.

Esses livros não obtiveram o merecido sucesso. Fica-me a impressão de que, além da divulgação deficiente, houve desinteresse dos cursinhos e das escolas em geral, que já possuía material próprio. Algum tempo depois, com o advento do ENEM, os livros perderam grande parte da razão de ser.

Ainda no âmbito da elaboração de provas, participei, a convite do Professor José Francisco Soares, então lotado no Departamento de Estatística, de dois seminários de aperfeiçoamento na redação de itens – item é a denominação técnica das conhecidas questões de múltipla escolha. Esses seminários em São Paulo, promovidos pelo Instituto Nacional de Estudos e Pesquisas Educacionais (INEP), eram destinados a professores que, como eu próprio, viriam a trabalhar na elaboração e revisão de itens para o banco de provas do ENEM. O Chico, como carinhosamente era conhecido o Professor José Francisco Soares, veio a ser presidente do INEP de 2014 a 2016.

Para a prova de Química do ENEM, no âmbito da UFMG, montei e coordenei uma equipe para a elaboração de itens. Além da elaboração inicial, participei da revisão de itens produzidos em outras universidades. Fui também, por cerca de dois anos, coordenador na UFMG da equipe de elaboração de itens para as provas do ENEM na área de Ciências da Natureza e suas Tecnologias.

O livro *Química Inorgânica – Uma introdução*

Retornemos, entretanto, às tarefas de ensino no DQ que vieram a ser a minha principal vocação. No Setor de Química Geral e Inorgânica, parte significativa das atividades didáticas eram as aulas para um imenso contingente de alunos de vários cursos de graduação. Um dos problemas que preocupavam a mim e aos meus colegas era a inexistência de bons textos em português adequados às peculiaridades de nosso ensino. Seria também de todo conveniente que o livro-texto que viesse a ser adotado não fosse por demasiado extenso, a ponto de comprometer o orçamento de nossos estudantes – o que, aliás, ocorria com a grande parte das obras estrangeiras traduzidas.

Ao longo dos anos, vários colegas do Setor manifestaram o desejo de escrever um texto para a Química Geral. Entre outros, citaria Adolfo Pimenta de Pádua, Ana Maria Soares, Baldomero Rodrigues Albini, João Pedro de Paula Dias, José Milton de Rezende, Luiz Carlos Ananias de Carvalho, Marcelo Junqueira Maciel, Sebastião André Pereira e Wanderley Gonçalves de Oliveira. Houve reuniões, várias ideias foram discutidas, planos traçados, porém, depois de muito tempo, obtivemos pouco ou nenhum resultado prático.

Percebendo que o trabalho a muitas mãos estava difícil nas condições vigentes, iniciei, ainda na primeira metade da década de 1980, a escrever textos para a disciplina Química Inorgânica, do ciclo básico. Note-se que essa matéria tinha sido minha principal área de interesse, desde a Escola de Engenharia até o mestrado e o doutorado.

Na forma de apostilas, os textos eram distribuídos a professores e alunos e testados em sala de aula. A cada semestre, graças às críticas e sugestões recebidas, eles iam sendo aperfeiçoados, passando por correções, enriquecimento, reorganização e integração, de modo que, eventualmente, viriam a constituir-se em um livro.

Procurei desenvolver textos que apresentassem alguns conceitos fundamentais da Química Inorgânica e mostrassem como esses conceitos estão ligados às propriedades de processos e materiais – reagentes de laboratório, fármacos, minerais, matérias-primas, produtos químicos industriais e outros –, muitos dos quais fazem parte de nosso cotidiano. Assim, a Química Inorgânica estaria contribuindo para tornar o aluno um profissional mais competente e criativo, qualquer que fosse a sua área específica.

Após um bom tempo, quando grande parte do que viria a ser o livro já estava escrita, pleiteei e obtive da CAPES uma bolsa de pós-doutorado para passar um ano no King's College da Universidade de Londres, completando o texto e dando-lhe a redação final. Naquele centro de excelência no ensino de Química, eu tive o privilégio de contar com o acompanhamento permanente do Professor Rod Watson. Sua orientação britanicamente pontual, séria e competente, sobretudo nos aspectos didáticos da obra, foi inestimável. Sem essa contribuição, o trabalho não teria sido o mesmo.

Não houve a pretensão de que fosse um livro por demais abrangente. Entretanto, foi feito um esforço para incluir a maioria dos tópicos que, naquele momento, faziam parte dos conteúdos programáticos das principais universidades brasileiras, como resumidamente relato a seguir.

Para uma compreensão efetiva e amena da Química de Coordenação e da Química Descritiva – tópicos fundamentais da Química Inorgânica –, considerei essencial uma introdução à Termoquímica, à Eletroquímica e às estruturas atômicas e moleculares. Dentro desse espírito, os capítulos iniciais do livro foram dedicados a esses assuntos, sempre do ponto de vista de um químico inorgânico.

Depois dos capítulos dedicados à Química de Coordenação, o livro foi concluído com um estudo de Química Descritiva. Estava fora do objetivo a análise detalhada de muitos elementos, de modo que foi selecionada uma amostra de quatro metais e de seis não metais importantes, embora sua escolha específica tenha envolvido certo grau de subjetividade.

No decorrer do texto, além dos exemplos, vários exercícios foram propostos, encerrando cada tópico abordado, todos com as respostas.

A colaboração e estímulo que recebi de muitas pessoas foram preciosos. Não seria prático, talvez nem mesmo possível, citar os nomes de todos, mas gostaria de relacionar alguns, vários dos quais já mencionados neste relato.

O Professor Luiz Otávio Fagundes Amaral foi um incansável colaborador, que leu criticamente vários capítulos e apresentou, com sua eficiência habitual, inúmeras sugestões, as quais, em sua maioria, foram incorporadas ao texto quase que literalmente.

A querida e amiga Professora Ana Maria Soares, além de contribuições específicas, sempre manifestou grande entusiasmo pelo projeto. A Professora Heloiza Schor reviu os capítulos de estrutura eletrônica e de ligações químicas; o Professor Eucler Paniago, os capítulos de complexos e de metais; e o Professor Mauro M. Braga, o de termoquímica.

Regressei da Inglaterra ao Brasil no final de 1989, para enfrentar a verdadeira batalha para a editoração do livro. Contaria com o apoio financeiro do PADCT e com a execução da Editora UFMG, cujo Conselho Editorial era presidido pela Professora Sônia Queiroz, de quem tive apoio irrestrito. Entretanto, o processo revelou-se extremamente trabalhoso e demorou quase três anos.

Naqueles tempos, os recursos de edição de textos por meio de computadores nem de longe se comparavam aos atuais, como se sabe. Os originais de meu livro foram digitados por mim em WordPerfect, talvez o melhor editor de textos disponível na época para uso não profissional. Entretanto, o formato de arquivo do WordPerfect não era próprio para a confecção das matrizes para impressão. Era necessária a conversão dos textos para outro tipo de processador e, à época, essa foi uma etapa muito difícil.

Possivelmente não havia no mercado, em Belo Horizonte, profissionais com experiência no trato de textos científicos, como o meu, que obviamente fazia uso abundante das simbologias químicas e matemáticas. Resultou que nessa conversão dos arquivos, que estavam virtualmente sem erros tipográficos, foram introduzidos centenas, talvez milhares, de erros nas fórmulas e nas equações, nas mais de 500 páginas do manuscrito. O trabalho para a erradicação desses erros foi insano, tomando-me um tempo enorme. Assim, mesmo com o melhor de meus esforços, não foi possível eliminá-los todos, razão por que o livro, publicado em 1992, lamentavelmente ainda continha algumas dezenas de erros. Possivelmente, mais.

Lançado em cerimônia patrocinada pelo Conselho Regional de Química de Minas Gerais, meu trabalho foi muito bem recebido pelos colegas da UFMG e pelos de inúmeras outras instituições. Vale dizer que aquele era o primeiro livro escrito no Brasil destinado ao ensino universitário de Química Inorgânica e com padrão do primeiro mundo. Esta última observação se refere ao conteúdo e aspectos didáticos da obra – embora, há que se compreender, não à sua qualidade gráfica.

Foi pena que a comercialização do livro deixou a desejar, uma vez que, pelo menos à época, a Editora UFMG não tinha como colocar com eficiência o livro em outros mercados.

Vencido o prazo em que os direitos autorais pertenciam à Editora UFMG e esgotada a edição original, fiz a correção dos erros detectados e providenciei reimpressões em uma gráfica particular.

Passei, então, eu próprio a cuidar da comercialização do livro, embora sem a habilidade e os recursos necessários.

Logo depois que *Química Inorgânica – uma introdução* foi publicado, ele passou a ser usado na disciplina Química Inorgânica I da UFMG. Então, muitos professores sugeriram que esse mesmo texto fosse também usado na Química Geral, tendo em vista a sua qualidade didática e científica e, ainda, a economia que isso proporcionaria aos alunos. Havia, entretanto, uma ressalva: *Química Inorgânica – uma introdução* não contemplava parte da ementa de Química Geral, principalmente no que se refere a ligações e propriedades dos sólidos, soluções e reações em solução aquosa e equilíbrio químico.

Incentivado pelos colegas, escrevi rapidamente um novo livro – com certeza, bem menor e menos ambicioso que o anterior e, afortunadamente, sem muitos dos percalços que havia tido. Eu próprio digitei o texto, fiz a composição do livro e contratei a gráfica que vinha utilizando.

Assim, em 1993, foi publicado *FISS – Forças Intermoleculares, Sólidos e Soluções*, livro que veio a ser muito popular, tendo tido, ao longo dos anos, uma segunda edição e várias reimpressões (Fig. 1). Por iniciativa da professora Lilavate I. Romanelli, ele foi inclusive adotado no Colégio Técnico da UFMG, como texto de parte da disciplina de Físico-Química, no curso técnico de química.

Figura 1 – Capas dos livros Química Inorgânica e Forças Intermoleculares – Sólidos Soluções.

Como eu não tinha espaço para armazenar os livros impressos nem no DQ nem em casa, negociei para que permanecessem na própria gráfica, de onde eu os retirava em pequenos lotes na medida do necessário. As anotações relativas a essas transações eram feitas de modo informal, uma vez que, lamentavelmente, sempre fui um administrador descuidado dessas coisas.

Eis que, depois de certo tempo sem ir à gráfica, voltei lá e não encontrei nem sinal da empresa. Haviam fechado e ninguém, na vizinhança, soube informar-me o seu paradeiro. Ante a minha falta de documentação, nem tive como reclamar. Perdi algumas centenas de exemplares das obras.

Aposentadoria

Ao fim da década de 1990, aposentei-me do DQ, por tempo de serviço. Nessa ocasião, fui aprovado em concurso para Professor do Colégio Técnico (COLTEC). Ali permaneceria até o fim de minha docência na UFMG.

Ao sair do DQ, senti ter uma dívida com meu Setor, pelo fato de ter-me licenciado pelos muitos anos em que fui bolsista no exterior. Por isso, voluntariei-me para assumir os encargos didáticos de uma turma de licenciatura, além de minhas obrigações no COLTEC. Certamente, os colegas que eu estava beneficiando não eram exatamente os mesmos que me haviam ajudado antes, mas achei que essa era uma forma de manifestar minha gratidão ao Setor e ao DQ.

Aposentei-me definitivamente em abril de 2013. A Química sempre foi uma paixão na minha vida e o DQ, a minha principal morada.

OS PRIMÓRDIOS DA QUÍMICA TEÓRICA NA UFMG

Heloiza Helena Ribeiro Schor

A Química Teórica na década de 1970

A Química Teórica Moderna surgiu no início do século XX, em consequência do advento da Mecânica Quântica e dos computadores e da subsequente implementação das ferramentas matemáticas computacionais. É oriunda dos trabalhos teóricos revolucionários de vant'Hoff e Ahrrenius, ou seja, as teorias da conformação molecular e do carbono assimétrico de 1874 [1] e as teorias da dissociação eletrolítica e da cinética química de 1876 [2], respetivamente. vant'Hoff recebeu o primeiro Prêmio Nobel de Química em 1901 e Ahrrenius, o segundo, em 1903.

A Química Teórica fornece uma descrição sistemática das leis que regem os fenômenos químicos. Permite determinar as estruturas e propriedades dos sistemas moleculares e suas transformações, em especial as reações químicas, com a aplicação de técnicas adaptadas da Matemática e da Física Teórica. Devido à complexidade matemática dos sistemas químicos, a Química Teórica utiliza técnicas matemáticas aproximadas para solução das equações exatas que descrevem as suas leis, algumas vezes também complementadas por métodos empíricos ou semiempíricos.

A década de 1970 foi, sem dúvida, de grande florescimento da Química Teórica, destacando-se, inicialmente, o desenvolvimento dos métodos e programas computacionais para determinação da estrutura eletrônica de moléculas, que são empregados até hoje, como: os métodos de cálculo *ab initio* para solução da equação de Schroedinger completa para todos os elétrons de uma molécula usando funções de base para representar a função de onda molecular; os métodos da teoria do funcional de densidade, no qual a energia dos elétrons é expressa em termos da densidade eletrônica em vez da função de onda, e essa densidade é obtida resolvendo uma equação do tipo Schroedinger para cada elétron, incluindo a interação com todos os demais elétrons da molécula; os métodos semiempíricos, nos quais o procedimento de cálculo é o mesmo dos anteriores, porém a expressão para energia é simplificada, com alguns termos substituídos por expressões empíricas.

Entre os cientistas que desenvolveram as tecnologias para cálculos *ab initio* e semiempíricos nas décadas de 1960 e 1970, destacam-se John Pople [3], que recebeu o Prêmio Nobel pelo trabalho, em 1998. A teoria funcional de densidade

(DFT) foi desenvolvida por Khon e Sham [4] em 1966, e as suas primeiras aplicações utilizavam a parametrização X-alfa, desenvolvida por Slater em 1951 [5], um método que foi amplamente utilizado pelos físicos na década de 1970, para o cálculo da estrutura eletrônica e das propriedades físicas de sistemas atômicos sólidos. Seu uso em sistemas moleculares só foi possível a partir do início da década de 1980, após uma década de tentativas para resolver os problemas computacionais na descrição da correlação de troca dos elétrons, essencial para a correta descrição da ligação química.

A dinâmica química é o estudo dos movimentos atômicos que ocorrem durante as colisões moleculares, tanto as reativas quanto as não reativas. O estudo da dinâmica química teve início na segunda metade da década de 1960 e cresceu na década seguinte, quando os avanços tecnológicos possibilitaram as novas técnicas experimentais, como o espalhamento de feixes moleculares, a quimioluminescência infravermelha e a fluorescência induzida por laser, para investigar experimentalmente a reação química acompanhando as colisões moleculares. Simultaneamente, os estudos teóricos computacionais, como as simulações de trajetória clássica, forneceram os detalhes das colisões moleculares. Assim surgiu o conceito central da superfície de energia potencial e a partir dela, a teoria do estado de transição [6].

A interação resultante entre teoria e experimento impulsionou o crescimento dessa área na década de 1970, graças aos pioneiros dessas técnicas, Herschbach [7], Lee [8] e Polanyi [9, 10] e, depois, Zewail [11, 12], que receberam o Prêmio Nobel de Química em 1986 e 1999, respectivamente. Enquanto os experimentos dos três primeiros possibilitam o conhecimento detalhado do sistema químico antes e depois das colisões moleculares reativas e apenas inferir sobre o que ocorre durante a colisão, a Femtoquímica de Zewail, também chamada de espectroscopia do estado de transição, fornece uma imagem em tempo real do movimento molecular no estado de transição que foi redefinido por ele como "todas as configurações em que o sistema químico é mensurável e diferente dos reagentes e dos produtos".

O estudo teórico da dinâmica química também emprega métodos computacionais para resolver, de forma aproximada, a equação de Schroedinger dependente do tempo para um sistema molecular, que pode ou não estar eletronicamente excitado. No método das trajetórias clássicas, os núcleos são tratados como um enxame de trajetórias clássicas, enquanto os elétrons são tratados quanticamente. Alternativamente, os núcleos podem ser tratados como pacotes de onda propagando numa superfície adiabática de potencial dos elétrons. O acoplamento entre diferentes estados eletrônicos adiabáticos induzidos pelo movimento nuclear é fornecido de diversas maneiras, dependendo do método específico.

No Brasil, na década de 1970, havia a Física Teórica do estado sólido e poucos estudos sobre métodos de Física Molecular. O desenvolvimento da Química Teórica ocorreu com a chegada de pesquisadores estrangeiros e a volta de estudantes brasileiros que realizavam doutorado no exterior. Nessa época foi fundada a UNICAMP, com vastos recursos para a contratação de pesquisadores, entre eles Sérgio Porto [13] (químico por formação), que desenvolveu a técnica da espectroscopia Raman com laser de moléculas nas fases gasosa e líquida e de cristais. Com ele, veio, em 1973, parte da sua equipe de pesquisadores da Universidade da Carolina do Sul (USC-EUA), contratados para os novos Institutos de Química e de Física que seriam construídos. Nesse grupo estavam químicos, entre eles C. T. Lin, que iniciaram pesquisas em espectroscopia molecular e em separação de isótopos com lasers. Infelizmente, Sérgio Porto faleceu em 1979 e a maioria dos pesquisadores que vieram para o Brasil com ele retornou aos EUA, e essas pesquisas em espectroscopia Raman e Química com lasers não foram continuadas.

O início na UFMG

Após concluir o mestrado em Radioquímica na UFMG, estudando cinética da reação de *annealing*, sob a orientação de Ruy M. Machado, fui para Nova York realizar o doutorado e lá conheci a Química no estágio anteriormente descrito. Aproximando a data da defesa da minha tese de doutorado, em 1978, na Universidade de Columbia, sob a orientação de Richard Zare, escrevi ao Professor Ruy consultando-o sobre a possibilidade de trabalho no DQ-UFMG e encaminhando um projeto de pesquisa para ser desenvolvido no Brasil. Ao receber a minha carta, ele contatou o Professor Manoel Siqueira, que era então o diretor do ICEx e pesquisador em Física Teórica do Estado Sólido, interessado em desenvolver pesquisa em Física Molecular e orientar estudantes de pós-graduação em Química, sobre a possibilidade da minha contratação.

Nessa época, a pós-graduação estava ainda em consolidação e, de acordo com as orientações do primeiro Plano Nacional de Pós-Graduação-PNPG-1 [13], era desejável ampliar as linhas de pesquisa nos programas de pós-graduação direcionados, prioritariamente, à formação de recursos humanos qualificados para atender à demanda do ensino superior. Professores colaboradores podiam ser contratados, temporariamente, para auxiliar na ampliação de linhas de pesquisa em busca da diversidade na formação de mestres e doutores. Assim, fui contratada inicialmente na UFMG.

Ao chegar ao DQ-UFMG em 1978, iniciamos um projeto conjunto de Pós-Graduação em Química Teórica e Física Molecular nos programas de pós-graduação dos Departamentos de Química e de Física da UFMG. Os estudantes matriculados cursavam as disciplinas do Departamento de Física e as novas disciplinas introduzidas no Departamento de Química. As linhas de pesquisa eram a dinâmica química e a estrutura eletrônica de moléculas determinada por métodos semiempíricos e estrutura eletrônica de sólidos, *clusters* e moléculas determinada pelo método X-alfa.

Nessa época, os recursos computacionais na UFMG eram muito limitados, diferentemente das universidades e centros de pesquisa americanos, que usavam computadores IBM 360 ou 370, nos quais foram programadas as técnicas computacionais para os cálculos *ab initio*, os de maior demanda computacional. Na UFMG havia apenas um computador Burroughs B6700, com 19 kbytes de memória, no Centro de Computação (CECOM), empregado prioritariamente para a administração financeira da Instituição, que estava instalado no subsolo da Reitoria e era desligado aos sábados e religado às segundas-feiras. Os poucos pesquisadores eram bem-vindos pela equipe de técnicos que ouviam nossas demandas e auxiliavam na organização de filas para a execução dos programas. Logo atenderam ao nosso pedido para que a máquina não fosse mais desligada, possibilitando o seu uso exclusivo para pesquisa nos fins de semana.

Os computadores da década de 1970 mais robustos, como o IBM 370-145, tinham memória de 128 kbytes. Os programas para cálculos *ab initio* de moléculas pequenas eram escritos em linguagem Fortran e executados em etapas: inicialmente se calculavam todas as integrais que ficavam armazenadas em disco e, em seguida, era feita a construção da matriz de Fock e determinados os autovalores e autofunções, em um processo autoconsciente. Esses programas foram desenvolvidos por vários pesquisadores que os adaptavam às necessidades de cada máquina e de cada sistema investigados, cujas melhorias eram partilhadas entre os grupos de pesquisa. Também os programas para estudo da dinâmica foram desenvolvidos assim, bem como os programas para cálculos das propriedades moleculares de interesse para a elaboração de gráficos 2D e 3D. Esses programas foram o embrião para a geração dos pacotes computacionais disponíveis mais tarde, como GAMESS, GAUSSIAN [14], entre outros. Nessa época, as instruções dos programas eram digitadas em cartões perfurados, que eram lidos por máquinas específicas, pois não havia ainda o acesso remoto. Assim, a presença do usuário era necessária para a leitura de cada parte do programa após o término da anterior. Ficávamos a noite toda nas salas frias dos computadores aguardando a finalização de cada etapa e transportando as caixas de cartões perfurados.

A implementação desses programas no computador Burroughs 6700 da UFMG, aproximadamente nove vezes mais lento que os IBM 370-154, não foi totalmente bem-sucedida. Somente os programas para cálculos semiempíricos e de dinâmica por trajetória clássica foram implementados, mas os cálculos *ab initio* foram inviabilizados por algum tempo.

A primeira fonte de financiamento da Química Teórica foi o CNPq, através de um projeto que buscou adequar o acervo da biblioteca às necessidades da pesquisa em Química Teórica, com a compra de livros e assinaturas de revistas da área.

Os primeiros alunos de pós-graduação em Química Teórica foram Luis Miguel Reyes Pinto, estudante chileno graduado em Química que veio fazer doutorado no DQ e foi orientado pelo Professor Manoel Lopes de Siqueira; João Pedro Braga, graduado em Química pela UFMG e matriculado no mestrado no DF; e Wagner Batista de Almeida, graduado em Química pela UFJF e matriculado no mestrado do DQ, ambos orientados por mim.

Em 1980, Sylvio Canuto, recém-doutorado pela Universidade de Uppsala, foi contratado pelo Departamento de Física e passou a colaborar na orientação de estudantes do DQ, utilizando técnicas semiempíricas para o cálculo de estrutura eletrônica de moléculas e iniciando a implementação de programas para cálculos *ab initio*. Seu primeiro aluno foi Amary Cesar Ferreira, matriculado no mestrado do DQ.

A primeira tese de doutorado em Química Teórica foi defendida no DQ em 1986 por Luis Miguel Reyes e tratava do "Cálculo da Estrutura Eletrônica de Moléculas e *Clusters* pelo Método X-Alfa". Luis Miguel tornou-se professor na Universidade de Brasília, onde faleceu ainda jovem. As duas primeiras dissertações foram defendidas em 1982 por João Pedro Braga, no DF, sobre "A Dinâmica de Colisões Moleculares"; e por Wagner Batista de Almeida, no DQ, sobre "Cálculos de Estrutura Eletrônica de Moléculas por Métodos Semiempíricos". Amary Cesar Ferreira defendeu, em 1984, a dissertação sobre "Cálculos de Estrutura Eletrônica de Moléculas pelo Método SCF". Os três primeiros mestres tornaram-se professores do DQ. João Pedro e Wagner foram, em seguida, para a Inglaterra, onde concluíram o doutorado em Química Teórica; Amary Cesar foi para Uppsala, onde concluiu o doutorado. Os três ajudaram desenvolver a Química Teórica na UFMG. A colaboração com o Departamento de Física na implantação de um projeto de pós-graduação conjunto em Química Teórica e Física Molecular se encerrou com a graduação desses quatro estudantes devido, em parte, aos inúmeros interesses e atribuições administrativas do Professor Manoel Siqueira e à transferência de Sylvio Canuto para a Universidade Federal de Pernambuco.

Em 1981, foi realizado o Primeiro Simpósio de Química Teórica no Centro Brasileiro de Pesquisas Físicas (CBPF), no Rio de Janeiro, com o objetivo de mapear a Comunidade de Química Teórica no país. O evento reuniu aproximadamente 50 pesquisadores e contou com quatro conferências e 47 trabalhos apresentados. Esse simpósio continua sendo organizado até hoje.

Em 1983, fui para a Universidade Técnica de Munique para o estágio de um ano, onde desenvolvi pesquisa em métodos de propagação de pacotes de ondas, entre outras, para estudo da dinâmica química. Em 1989, tornei-me Professora Adjunta da UFMG no DQ, por concurso público, ingressando oficialmente no seu quadro permanente. O Professor Manoel Siqueira faleceu em 2005. Em 2007, como reconhecimento pelos seus colegas, a biblioteca do DF recebeu o seu nome.

A instalação do Laboratório de Computação Científica (LCC) na UFMG deu o impulso necessário ao crescimento da Química Teórica na Universidade. O projeto de sua criação, uma reivindicação dos professores que necessitavam de recursos computacionais para suas pesquisas, foi coordenado por Manoel Siqueira, diretor do ICEx no período 1978-1982, e contemplava as demandas da pesquisa em Química Teórica no DQ, que era então o principal usuário dos recursos computacionais do CECOM.

O LCC foi instalado no ICEx em 1982, separado do CECOM, que seguiu cuidando da administração da UFMG, mas ainda disponibilizando o seu computador para a pesquisa. Esse Centro foi extinto em 1986. O primeiro computador instalado no LCC foi um IBM 4341 com processador compatível com o Sistema/370, com dois milhões de caracteres de armazenamento principal e uma velocidade de execução de instruções até 3,2 vezes maior que a de um Sistema/370 Modelo 138. Assim foi possível instalar programas para cálculos *ab initio* inviáveis até então. O LCC contava também com uma sala de terminais de acesso para pesquisadores.

Além dos recursos computacionais do LCC, montamos no DQ uma infraestrutura computacional com terminais de acesso a esse laboratório, com microcomputadores e três estações de Trabalho RISK, que possibilitaram o crescimento da pesquisa em Química Teórica. Nossos financiadores foram a FINEP, com o seu programa de apoio institucional que durou até a década de 1990; recursos do MCT, via programa PADCT; recursos do CNPq e da FAPEMIG, via projetos individuais de pesquisa. As três estações Risk, financiadas pela FAPEMIG, possibilitaram certa autonomia de pesquisa computacional ao DQ. Com a volta dos três professores do DQ, João Pedro, Wagner e Amary após a conclusão do doutorado no exterior, o Departamento passou a contar com quatro pesquisadores em Química Teórica e se firmou como uma linha de pesquisa importante no Programa de

Pós-Graduação em Química. Paralelamente, a UFMG também se destacou nacionalmente nessa área de pesquisa, patrocinando e organizando eventos nacionais, a exemplo da Primeira Escola de Química Teórica, sediada em 1993 como parte dos eventos comemorativos dos 50 anos do Curso de Química da UFMG, que teve a participação de 30 estudantes de várias universidades do país. Organizamos também a visita de alguns pesquisadores estrangeiros à UFMG, com destaque especial para o Professor John Murrel, cuja visita foi patrocinada pelo CNPq e pelo Conselho Britânico em1986, o qual era o vice-*chancellor* da Universidade de Sussex e estabeleceu forte vínculo com a UFMG. Como consequência dessa colaboração, foram possíveis as visitas do Professor Antony Macffery ao DQ e dos Professores Heloiza Schor e Wellington Magalhães à Universidade de Sussex, bem como o ingresso de cinco estudantes nossos no programa de doutorado daquela universidade, além de alunos de outras universidades brasileiras [19].

Em 1997 foi criado no LCC o Centro Nacional de Processamento de Alto Desempenho em Minas Gerais (CENAPAD-MG), que é um dos oito centros que compõem a rede de supercomputação nacional. Atualmente, o LCC-CENAPAD conta com um supercomputador de 1,6 terabyte de memória RAM e 145 terabytes de memória física e é um dos principais centros de comutação do continente [20].

O Departamento de Química do ICEx-UFMG (DQ) conta hoje, em seu corpo docente [21], com 10 professores que realizam pesquisas em Química Teórica e Computacional. Os recursos computacionais disponíveis são excelentes, possibilitando o emprego de técnicas computacionais robustas para estudos de sistemas moleculares mais complexos. No entanto, os desafios teóricos da Química para fornecer uma explicação coerente da estrutura, da dinâmica e das propriedades dos sistemas moleculares de interesse tecnológico atuais continuam sendo complexos.

Referências e Notas

1. JACOBUS, H. van't Hoff. **Voorstel tot uitbreiding der tegenwoordige in de scheikunde gebruikte structuurformules in de ruimte (Proposta para o desenvolvimento de fórmulas estruturais químicas tridimensionais)**. 1874. Disponível em: https://www.gutenberg.org/ebooks/66255.
2. SVANTE, August Arrhenius. **Recherches sur la conductibilité galvanique des eléctrolytes (1884)**. [S.l.]: Kissinger Publishing, 2010. 156 p.
3. POPLE, J. A.; SANTRY, D. P.; SEGAL. G. A. Approximate self-consistent molecular orbital theory. I. Invariant procedures. **J. Chem. Phys.**, v. 43, p. S129-S135, 1965.

4. KOHN, W.; SHAM, L. I. **Phys. Rev.**, v. 140, p. A 1133, 1951.

5. Slater J. C. **Phys. Rev.**, v. 81, p. 385, 1951.

6. KARPLUS, M.; PORTER, R. N. R. D. J. **Chem. Phys.**, v. 43, p. 3259, 1965.

7. HERSCHBACH, D. R. Molecular beam studies of internal excitation of reaction products. **Applied Optics**, v. 4, S1, p. 128-144, 1965.

8. LEE, Y. T. **Em atomic and molecular beam method**. Oxford: Oxford University Press; Ed. G. Scoles and U. Buck, 1986.

9. POLANYI, J. C. Infrared chemiluminescence. Quant. Spectrosc. **Radiat. Transfer.**, Pergamon Press Ltd., v. 3, p. 471-496, 1963.

10. LEVINE, R. D.; BERNSTEIN, R. D. **Molecular reaction dynamics**. Oxford: Clarendon Press, 1974.

11. ZEWAI AHMED, H. Femtochemistry: atomic-scale dynamics of the chemical bond. **J. Phys. Chem. A.,** v. 104, n. 24, p. 5660-5694, 2000.

12. SANTANA, W. L. A.; FREIRE JÚNIOR, O. **Revista Brasileira de Ensino de Física**, v. 32, n. 3, p. 3601, 2010.

13. BARROS, E. M. C. I PNPG Plano Nacional de Pós-Graduação. https://www.gov.br/capes/pt-br/centrais-de-conteudo/i-pnpg-pdf. **Política de pós-graduação no Brasil (1974-1990)** – Um estudo da participação da comunidade científica. São Carlos, SP: Ed. UFSCAR, 1998. 269 p.

14. BRAGA, J. P.; SCHOR, H. H. R. **Estudo semi-clássico das colisões átomo** – Molécula triatômica (grupo D infinito h). 1982. 85 f. Dissertação (Mestrado em Física) – Departamento de Física, Universidade Federal de Minas Gerais, Belo Horizonte, 1982.

15. ALMEIDA, W. B.; SCHOR, H. H. R. **Estudo teórico de uma série de carbinolamidas e maitansinóides por meio de métodos semi-empíricos**. 1982. 88 f. Dissertação (Mestrado em Química) – Departamento de Química, Universidade Federal Minas Gerais, Belo Horizonte, 1982.

16. FERREIRA, A. C.; CANUTO, S. R. A. **Estudo teórico de transições eletrônicas em moléculas envolvendo elétrons em camadas profundas**. [s.d.]. 95 f. Dissertação (Mestrado em Química) – Departamento de Química, Universidade Federal Minas Gerais, Belo Horizonte, [s.d.].

17. PINTO, L. M. R.; SIQUEIRA, M. L. De. **Semelhanças na estrutura eletrônica de sistemas poliatômicos**. 1986. 157 f. Tese (Doutorado em Química) – Departamento de Química, Universidade Federal de Minas Gerais, Belo Horizonte, 1986.

18. GAMESS. Disponível *online*: https://www.msg.chem.iastate.edu e GAUSSIAN. Disponível em: https://gaussian.com. Acesso em: 28 jul. 2023.

19. Cinco estudantes da UFMG foram para o programa de Doutorado na U. Sussex após essa visita: Prof. Jadson Belchior (UFMG), Prof. Claudio Gouveia (hoje UFOP), Prof.ª. Bernadete Mattos (DQ-UFMG), Prof. Robson Matos (DQ-UFMG) e Prof. Geraldo Magela Lima (DQ-UFMG).

20. Disponível em: https://www.lcc.ufmg.br. Acesso em: 28 jul. 2023.

21. Os professores do DQ-UFMG da área de Química Teórica/Computacional em 2023: Amary Cesar Ferreira, Dalva Ester da Costa Ferreira, Gabriel Heerdt, Guilherme Ferreira de Lima, Heitor Avelino de Abreu, Jadson Claudio Belchior, João Paulo Ataíde Martins, Hélio Anderson Duarte, Rita de Cássia de Oliveira Sebastião e William Ricardo da Rocha.

Sergio Porto Memorial Symposium on Lasers and Application.Rj-06-1980. Simpósio organizado pelo Prof. C T. Lin (UNICAMP) no Rio de Janeiro, em memória de Sergio Porto. Na foto, da esquerda para a direita: NI, Prof. Bradley Moore (U. Berkeley EUA), Marcia Heloisa (filha do Sergio Porto), Richard Zare (U. Stanford EUA), Heloiza Schor (UFMG) e Ricardo Schor (UFMG).

Foto: Acervo pessoal da autora.

DQ-UFMG, Heloiza Schor, 05/1982, com o primeiro terminal ligado ao computador do LCC-UFMG.

Foto: Acervo pessoal da autora.

Iª· Escola de Química Teórica Organizada pela Profa. Heloiza Schor em 1993, durante a comemoração dos 50 anos do DQ-UFMG. Cinco professores ministraram minicursos durante uma semana para 30 estudantes de diversas universidades do país.

Foto: Acervo pessoal da autora.

Cartão perfurado, modelo IBM com 80 colunas e 12 linhas, utilizado para gravação de instruções de programas e de dados, a serem lidos pelo computador Burroughs B6700 do CECOM da UFMG.

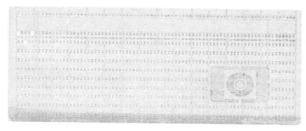

Foto: Acervo pessoal da autora

Programa da Primeira Escola de Química Teórica – Belo Horizonte, 15 jun.1983.

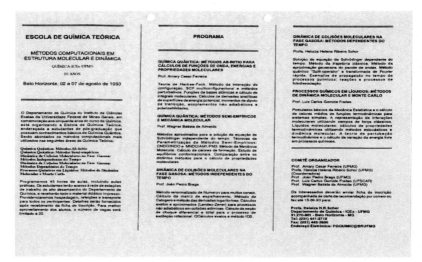

Foto: Acervo pessoal da autora.

Visita do Prof. John Murrel (U. Sussex) ao DQ-UFMG, em 1987. Essa primeira visita foi seguida das visitas dos Profs. Antony McCaffrey ao DQ e dos Professores Heloiza Schor e Wellington Magalhães à U. Sussex. Na foto, tirada no pátio central do DQ, da esquerda para a direita: Evaldo Teixeira (estudante), Eustáquio Castro (atualmente no DQ da UFES), HS, John Murrel, Jadson Belchior (UFMG) e João Pedro Braga (UFMG); em frente, Genaro Gama (atualmente Georgia Tech., USA) e Claudio Gouveia (atualmente DQ-UFOP).

Foto: Acervo pessoal da autora.

UM TEMPO PRODIGIOSO

José Domingos Fabris[1]

Não sei de quem recordo meu passado
Que outrem fui quando o fui, nem me conheço
Como sentindo com minha alma aquela
Alma que a sentir lembro.
De dia a outro nos desamparamos.
Nada de verdadeiro a nós nos une
Somos quem somos, e quem fomos foi
Coisa vista por dentro.

"*Não sei de quem recordo meu passado*"
(Fernando Pessoa, sob o heterônimo Ricardo Reis)

Introdução

Da convicção de Ernest Hemingway[2], para se iniciar e desenvolver um texto, "tudo o que você tem a fazer é escrever uma sentença verdadeira".[3] Eis, pois, uma premissa: a década de 1970 abrangeu um tempo de exuberância, no Departamento de Química do ICEx-UFMG (abreviadamente, DQ), na conta da entusiástica expansão das atividades científicas.

Esta breve reflexão é diretamente baseada na minha experiência pessoal e do que pude testemunhar durante o tempo em que cursei o doutorado no DQ, de 1973 a 1977. Pareceu-me mais prático adotar um estilo de relato pessoal até com certa informalidade, com os verbos na primeira pessoa e a mais frequente omissão deliberada dos tratamentos pessoais formais. Apoio-me na busca da maior fidelidade histórica e, na medida do possível, limito-me a nomear apenas algumas pessoas que atuavam no entorno mais próximo das minhas atividades de pesquisa, no meu trabalho experimental de tese. Mesmo assim, a menção aos fatos e aos prota-

---

[1] Chefe do Departamento de Química na gestão 2006-2007.
[2] Prêmio Nobel de Literatura, 1954.
[3] "All you have to do is write one true sentence." In: "A moveable feast", apud https://honeycopy.com/copywritingblog/one-true-sentence.

gonistas da época tem riscos quase inevitáveis de omissões involuntárias, mais frequentemente impostos pela limitação da memória humana, passados aproximadamente 50 anos dos acontecimentos, sobretudo, do período de 1973 a 1977. Entremeio, ainda, alguns comentários eventuais de fatos da época, da minha visão pessoal, em narrativa inevitavelmente autobiográfica. Ouso ilustrar algumas poucas passagens com jargão e citações de publicações científicas, sob o risco eventual, ainda que consciente, de dar ao texto uma feição mais rígida, de menor fluidez literária e até sugerir algum cabotinismo. Essa não é a intenção. Trata-se, antes, de registrar fatos com a fidelidade histórica ainda possível e interpretar alguns sentimentos de época, no ambiente do DQ, de um período da década de 1970.

Gênese do ensino de Química no DQ

A estrutura institucional do curso de graduação em Química na UFMG surgiu em 1943, na seminal Faculdade de Filosofia, Ciências e Letras[4,5,6] da Universidade de Minas Gerais (UMG)[7], denominação precursora da atual, desde 1965, Universidade Federal de Minas Gerais.

Em 1969, o programa de pós-graduação no DQ passou a firmar-se sobre as bases das novas regras da CAPES, urgidas do Conselho Federal de Educação, que aprovou, em 3 de dezembro de 1965, o Parecer[8] Nº 977/65, apresentado pelo relator Newton Lins Buarque Sucupira.

A minha trajetória pessoal para o doutorado

Escolha pela pós-graduação no DQ

Desde abril de 1971, eu integrava o corpo docente do Departamento de Química da Universidade Federal de Viçosa (UFV). Em 1972, fui pré-indicado por uma comissão do Projeto Purdue University (EUA) – UFV (originalmente, Projeto Purdue – UREMG), para pleitear o doutorado em Química em uma universidade estadunidense; de minha parte, pretensamente, na University of California

---

[4] A Faculdade de Filosofia, Ciências e Letras da UMG foi fundada em 21 de abril de 1939.
[5] https://www.facebook.com/watch/?v=1355148654520796.
[6] https://www.fisica.ufmg.br/memoria/fundacao-da-faculdade-de-filosofia-de-minas-gerais.
[7] UMG: criada no âmbito do estado de Minas Gerais, em 7 de setembro de 1927, e federalizada em 1949; a denominação atual, Universidade Federal de Minas Gerais, foi adotada em 1965. Apud https://www.fisica.ufmg.br/memoria/federalizacao-da-umg.
[8] https://www.gov.br/capes/pt-br/centrais-de-conteudo/parecer-cesu-977-1965-pdf.

– Davis. Alternativamente, optei por requerer à UFV licença para cursar o mestrado no Brasil, especificamente na UFMG, para, a partir de então, candidatar-me a seguir ao curso de doutorado no exterior. Com a concessão da autorização pela UFV para cursar o mestrado, concorri, em fins de 1972, e fui admitido no Curso de Pós-Graduação em Química da UFMG, para início no primeiro período letivo do ano seguinte.

O ano de 1973 foi, assim, o que eu poderia considerar ser o limiar do primeiro ciclo na minha carreira acadêmico-científica, com o início do meu curso de mestrado no DQ.

A minha chegada à UFMG

Fui muito cordialmente recebido no DQ por docentes da pós-graduação. De imediato, pelo Ruy Magnane Machado, que respondia pela Coordenação do Programa de Pós-Graduação em Química; ainda nesse tempo, também pelo Carlos Alberto Lombardi Filgueiras. Ambos, desde então, firmaram-se meus amigos fraternais.

Minhas melhores lembranças, também, a mais alguns docentes ou pesquisadores visitantes do Programa de Pós-Graduação em Química no DQ: Afonso Celso Guimarães, Alaíde Braga de Oliveira, Alain Chappe, André Leon Baudry, Antônio Marques Netto, Arysio Nunes dos Santos, Christian Jeandey, Eucler Bento Paniago, Geraldo Aurélio Cordeiro Tupynambá, Gilles Duplâtre, José Caetano Machado, Paul Vulliet e Pierre Boyer.

Progressivamente, fui-me integrando mais firmemente à comunidade de estudantes da pós-graduação em Química. Alguns dos meus colegas ou contemporâneos na pós-graduação foram: Amélia Maria Gomes do Val, Benedito Rodrigues, Clotilde Otília Barbosa de Miranda Pinto, Lilavate Izapovitz Romanelli, Mauro Mendes Braga, Milton Francisco de Jesus Filho, Nelson Gonçalves Fernandes, Roberto Santos Barbieri e William George Dodd.

Ainda em 1973, conheci pessoalmente o Professor José Israel Vargas que, no ano anterior, havia regressado de um período de seis anos no Centre d'Études Nucléaires de Grenoble (CENG), França. Nessa mesma época, o Professor Vargas assumia a chefia do DQ e a função de consultor da Financiadora de Estudos e Projetos (FINEP, criada em 1967), então presidida pelo economista José Pelúcio Ferreira.

A mudança de nível na pós-graduação, do mestrado para o doutorado, na UFMG

Em fins do meu período autorizado de afastamento para o mestrado, o meu orientador, Professor J. I. Vargas, optou por propor à UFV que eu mudasse de nível na pós-graduação e almejasse o doutorado em Química na UFMG, sem necessariamente concluir o mestrado então em curso. O reitor da UFV, Antônio Fagundes de Sousa, referendou os entendimentos favoráveis do Departamento de Química e das outras instâncias administrativas e dos colegiados devidos da UFV, para firmar a minha permanência na UFMG por mais dois anos, para que eu pudesse cursar diretamente o doutorado.

Para a mudança de nível, o Programa de Pós-Graduação em Química na UFMG exigia uma monografia, com um tema proposto pelo orientador. Preparei, então, e submeti ao colegiado a dissertação "Efeito Mössbauer (aplicação a sistemas biológicos)"[9]. Aprovada, a mudança de nível foi autorizada.

As estruturas física e de apoio à pesquisa científica no DQ

Havia movimentos e ações para prover maior estrutura de instalações, equipamentos e pessoal técnico, em suporte às pesquisas científicas. O Ruy Magnane Machado coordenava os projetos em busca de financiamento da FINEP. A infraestrutura-alvo incluía oficinas (eletrônica, hialotécnica, mecânica), equipamentos para atendimento mais amplo à demanda por algumas medidas físicas (ressonância magnética nuclear, difração de raios X, espectrometria de massas, espectroscopias óticas), apoio à elaboração de elementos de arte (mais especificamente fotografia e desenho) às publicações e estruturas de biblioteca e de secretaria. Maria José C. Mendes respondia diretamente pelo Laboratório de Difratometria de Raios X. A oficina eletrônica ganhou mais estrutura e apoio técnico, com a participação do engenheiro Francis Baptista Lopes, de, digamos, 1973 ou 1974 até, pelo menos, por volta de 1975; depois, os técnicos (em alguns casos, no *status* de estudante bolsista) José R. Pinheiro, Paulo Henrique F. Pimenta, Sérgio S. Baumgratz, Wanderley C. da Silva e José R. Pinheiro davam a assistência de manutenção da

---

[9] FABRIS, J. D. (1977). *Mössbauer (aplicação a sistemas biológicos)*. Monografia apresentada ao Instituto de Ciências Exatas da Universidade Federal de Minas Gerais, como requisito parcial para obtenção do grau de Doutor em Ciências. 41 p. Exemplar disponível na Biblioteca do Instituto de Ciências Exatas/Química.

estrutura física dos laboratórios. O apoio técnico com a oficina mecânica era assegurado pelo Elísio H. Gerken e pelo Alair L. Pereira e o com a oficina de hialotécnica, pelo Renato Tunes. Os elementos de ilustração dos textos científicos à publicação eram elaborados por Eugênio Demas Filho (desenho) e Leonardo M. da Costa (fotografia). Helena Curi, Nísia Fonseca e Vera Lúcia Garcia assistiam o uso da biblioteca e Christina Maria Salvador era a secretária do Programa de Pós-Graduação do DQ. A Maria Adélia Salles era a assistente executiva do Professor José Israel Vargas.

Em 1974, foi criada a Fundação de Desenvolvimento da Pesquisa[10] (FUNDEP) na UFMG, que passou a prover o apoio à Administração e ao uso dos recursos financeiros dos projetos, à captação de recursos externos e à concessão de bolsas de estudo a estudantes.

O meu trabalho de tese

No seu retorno à UFMG, em 1972, o Professor José Israel Vargas trouxe um cabedal de novas ideias, que inspiraram o uso de alguns métodos físicos, até então menos comuns em estudos de sistemas químicos no meio acadêmico brasileiro. Incluía correlação angular perturbada, variação da meia-vida de decaimento de isótopos radiativos e espectroscopia Mössbauer. Eram ideias inteiramente novas para mim que me proporcionaram uma referência nova da ciência experimental, com perspectivas não imaginadas para consolidar a minha carreira acadêmico-científica, então em preparação.

No DQ, a construção do equipamento local destinado à medição da variação da meia-vida de decaimentos radiativos de elementos químicos foi iniciada nessa época. O espectrômetro Mössbauer veio a ser implantado, e seu uso passou a ser rotineiro somente na década de 1980, com o retorno ao Brasil do Milton Francisco de Jesus Filho[11] do seu período de doutorado na Université Louis Pasteur de Strasbourg, França.

No segundo semestre de 1973, fui convidado pelo próprio Professor J. I. Vargas para conversarmos sobre meu projeto de dissertação (as ideias traçadas foram, quase dois anos mais tarde, convertidas à tese de doutorado). Impressionaram-me a

---

[10] A FUNDEP teve seu estatuto aprovado pelo Conselho Universitário em 29 de novembro de 1974. https://www.fisica.ufmg.br/memoria/criacao-da-fundep.
[11] JESUS FILHO, M. F. de (1980). *Conséquences physicochimiques de la capture électronique du ^{57}Co dans quelques composés de cobalt et fer. Propriétés életroniques et structurales de ces composés.* 184 p., enc. Tese (Doutorado) – Université Louis Pasteur de Strasbourg.

riqueza científica e as alternativas que surgiram dessa marcante conversa. Firmamos a convicção de monitorarmos as consequências quimicoestruturais dos efeitos da irradiação com nêutrons térmicos de amostras de tetramandelato de háfnio sintetizado a partir do oxicloreto de háfnio, $HfOCl_2 \cdot 8H_2O$ (em abundância isotó-pica natural), por medidas das interações hiperfinas, com a sonda[12] nuclear $^{181}_{73}Ta^*$, por correlação angular perturbada diferencial (CAPD). O $^{181}_{73}Ta^*$ é o isótopo-filho do decaimento do produto da captura neutrônica pelo núcleo atômico do nuclídeo $^{180}_{72}Hf$. A reação nuclear específica $^{180}_{72}Hf\,(n, \gamma)\,^{181}_{72}Hf^*$ produz o isótopo-pai, de interesse. Por emissão β^-, o $^{181}_{72}Hf^*$ gera o isótopo-sonda, $^{181}_{73}Ta^*$, cujo decaimento envolve a cascata gama 133 kev → 482 kev. A ativação era conseguida a um fluxo de nêutrons térmicos da ordem de 4×10^{12} n cm^{-2} s^{-1}, com a amostra-alvo posicionada no núcleo do reator TRIGA do Instituto de Pesquisas Radiativas (IPR), no Campus Pampulha da UFMG.

A análise da perturbação da função angular das direções relativas de emissão dos dois gamas da cascata permite chegar-se aos parâmetros das interações hiperfinas, geradas pelo acoplamento do campo magnético e do gradiente de campo elétrico com os momentos dipolar magnético e quadrupolar elétrico, respectivamente, no núcleo-sonda.

Acertada a estratégia para o trabalho experimental, eu passaria a integrar o Grupo de Correlação Angular Perturbada, cujo laboratório estava montado nas dependências do Departamento de Física do ICEx-UFMG (DF), no prédio do IPR (ora Centro de Desenvolvimento da Tecnologia Nuclear – CDTN).

Para a coleta experimental dos dados, havia uma mesa com dois detectores gama e eletrônica NIM[13] associada. As mudanças do ângulo do detector móvel, em relação ao detector fixo, eram feitas manualmente. Isso significava que a cada ciclo de, digamos, três horas seria preciso mudar sistematicamente as posições relativas do detector móvel, em relação ao fixo, ora disposto em 180°, ora em 90°. Fazíamos rodízios entre os integrantes do grupo: Pierre Boyer, pesquisador do CENG em missão no Brasil por pelo menos dois anos; e docentes do quadro do DF: Armando Lopes de Oliveira, Jesus de Oliveira, José Roberto Faleiro Ferreira e Olísia Oliveira Damasceno. A partir do segundo período letivo de 1973 ou, talvez, início de 1974, juntei-me ao grupo. Éramos, pois, seis pesquisadores no laboratório. As mudanças manuais de ângulo dos dois detetores eram sistemáticas, inclusive em feriados e fins de semana: tinham início logo pela manhã e iam até por volta das oito ou nove

---

[12] O asterisco em sobrescrito ao símbolo do elemento químico indica que o isótopo é radiativo.
[13] Nuclear instrument module.

horas da noite, para assegurar estocagem das contagens dos pulsos de radiação detectados até por volta da meia-noite.

Para se ter a dimensão da complexidade experimental, nas condições da época, detalho um pouco mais o procedimento rotineiro: os valores numéricos das contagens eram acumulados nos 400 canais do multicanal Intertechnique DIDAC 800. Ao fim do período de contagens para a amostra, os dados eram transferidos a uma fita magnética, em cartucho, do tipo cartucho K7. As matrizes numéricas eram impressas em papel e manualmente digitadas para estocagem na memória de uma calculadora de mesa, do que se obtinham os valores correspondentes do fator de perturbação (A_2) da distribuição angular, em função do número do canal. Com o valor da calibração, os resultados eram, então, manualmente grafados em papel milimetrado, para se ter a função da perturbação da correlação angular, $A_2(t)$, em função do tempo. Deduziam-se, daí, os parâmetros da interação hiperfina.

Desde os primeiros dias no laboratório, observei que o multicanal tinha um teletipo que permitia a saída dos dados em fita de papel perfurado. O minicomputador HP2100A, do DF, dispunha de um leitor de fita perfurada e de uma unidade plotadora. Roberto Alves Nogueira, docente do DF, era o adminis-trador da Sala de Computação. Consultei-o, e ele me instruiu sobre como operar o conjunto, computador e periféricos. A partir daí, escrevi um programa em Fortran IV, para ler os dados da fita perfurada da saída do multicanal, calcular os fatores da anisotropia (A_2) e grafar diretamente os resultados em figura da variação de $A_2(t)$. A partir de então, não seria mais necessária a etapa do tedioso tratamento manual dos dados das contagens de coincidências colineares, $[\gamma_{133\,keV} - \text{amostra} - \gamma_{482\,keV}]_{180°}$, e ortogonais, $[\gamma_{133\,keV} - \text{amostra} \perp \gamma_{482\,keV}]_{90°}$, acumuladas na memória do multicanal. Os valores de $A_2(t)$ eram transferidos para cartões perfurados e, com o pacote de cartões do programa de ajuste não linear, eram levados à leitura no computador IBM /360 do, à época, Centro de Computação (CECOM)[14] da UFMG. Os cartões perfurados, de programa e de dados, eram deixados no CECOM à tarde; os resultados impressos dos cálculos numéricos ficavam disponíveis no dia seguinte, pela manhã.

Concluímos o trabalho com a amostra de heptafluoro-hafniato de sódio; o artigo científico correspondente foi publicado[15] em 1976. Iniciamos medidas com

---

[14] Em julho de 2020, a Diretoria de Tecnologia da Informação (DTI) passou a ser órgão auxiliar da Reitoria da UFMG, para absorver a estrutura organizacional do Centro de Computação (CECOM). Apud https://www.ufmg.br/dti/pagina-inicial/historia.

[15] BOYER, P.; DAMASCENO, O. O.; FABRIS, J. D.; FERREIRA, J. R. F.; OLIVEIRA, A. L; OLIVEIRA, J. (1976). Étude par corrélation angulaire γ-γ perturbée des aspects statiques et dynamiques de la

amostras de fases cúbicas estabilizadas com óxido de cálcio ou com óxido de magnésio. Concluídas, o artigo científico correspondente foi publicado[16] em 1978.

O Laboratório de Correlação Angular Perturbada do DQ

A partir daí houve um pequeno período de transição, entre meados de 1975 e início de 1976, no Laboratório de Correlação Angular: encerrava-se o período do Pierre Boyer no Brasil, mas chegava ao DQ o André L. Baudry, também do CENG, para dar continuidade ao trabalho de consolidação do laboratório e do grupo de correlação angular.

A mesa automatizada de correlação angular disponível no DQ, vinda do CENG, ainda não estava operacional. Tanto as participações dos pesquisadores franceses quanto a disponibilidade da mesa automática de CAPD eram frutos de entendimentos interinstitucionais deixados pelo Professor J. I. Vargas, durante sua passagem de aproximadamente seis anos no CENG, França.

Faltavam alguns ajustes à montagem e os testes da eletrônica NIM, para funcionamento de mesa automatizada de CAPD. Toda a estrutura anterior de laboratório no DF, incluindo a mesa manual, continuava em operação, principalmente, por Armando Lopes de Oliveira, Jesus de Oliveira, José Roberto Faleiro Ferreira e Olísia Oliveira Damasceno.

No DQ, passamos a trabalhar, sob a supervisão direta do André Baudry, para pôr em operação e usar o laboratório do CAPD do DQ, agora com a alternativa de se terem as mudanças automáticas de ângulo entre os dois detores, de 90° ou 180°, eletronicamente programadas.

André Baudry, Antônio Marques Netto e eu formávamos o grupo inicial de correlação angular do DQ. Os estudantes de graduação em Química João Pedro Braga e José Ricardo de Freitas trabalharam no laboratório, com o propósito de conhecer e familiarizar-se com a nova técnica.

Dediquei-me às manipulações químicas para sintetizar o tetramandelato de háfnio radiativo a partir do oxicloreto de háfnio irradiado por 16 horas no núcleo do reator TRIGA do IPR. Foi um período em que contei também com a oportuna ajuda da colega Lilavate I. Romanelli, nas manipulações químicas.

---

structure du heptafluorohafniate de sodium. *Journal of Physics and Chemistry of Solids*, 37:1019-1029.

[16] de OLIVEIRA, J.; DAMASCENO, O. de O.; FERREIRA, J. R. F.; de OLIVEIRA, A. L.; FABRIS, J. D.; BOYER, P.; BAUDRY, A. (1978). Electric field gradient measurements at ^{181}Ta nuclei in HfO_2:CaO and HfO_2:MgO systems. *Physica Status Solidi. B, Basic Research*, 90: K169-K174.

O tema principal planejado para a minha tese eram as medidas CAPD com (i) amostras do tetramandelato de $^{181}_{72}$Hf*; (ii) amostras do complexo inativo de tetramandelato de háfnio posta à irradiação com nêutrons térmicos; e (iii) sub-amostras irradiadas e submetidas a tratamentos térmicos, para recozimentos isócronos.

As novas condições experimentais

Após o período no laboratório de CAPD no DF com o Pierre Boyer, o período, agora no laboratório do DQ, foi a oportunidade riquíssima que tive de consolidar e ganhar ainda mais familiaridade e domínio sobre a montagem da eletrônica nuclear e os tratamentos numéricos dos resultados experimentais, sob os princípios estatísticos. Foi mais um tempo excepcionalmente rico à aprendizagem sobre a física e a interpretação dos resultados de CAPD, na colaboração com o trabalho do André Baudry.

A automação da mesa de CAPD e a chegada de um novo computador *mainframe* Burroughs[17] B6700 ao CECOM deram nova dinâmica ao trabalho de coleta e tratamento de dados numéricos, no laboratório de CAPD. Passou a ser possível ter-se acesso quase imediato aos resultados dos cálculos computacionais. Essa nova condição me estimulou a fazer adequações no código-fonte do programa principal de ajuste de dados da CAPD, por regressão não linear, e de outros programas. Permitiu-me também escrever rotinas para a análise de dados de outras origens experimentais, que não a CAPD.

Colaborações voluntárias com outras equipes de trabalho no Departamento de Química

Motivava-me acompanhar alguns outros trabalhos em desenvolvimento no DQ, enquanto o meu próprio avançava. Ainda que não fosse a minha pretensão opinar especificamente sobre a metodologia ou a manipulação experimental dos trabalhos, eu nutria a convicção de que em alguns casos de tratamento numérico, sobretudo na regressão não linear de modelos teóricos aos resultados experimentais, uma sub-rotina computacional de minimização dos quadrados dos desvios seria indispensável. É preciso lembrar: estávamos distantes da profusão de alternativas computacionais a partir da década de 1980: os microcomputadores, como os conhecemos hoje, chegariam somente ao nosso meio pelo menos uns

---

[17] Ora denominada Unisys.

cinco anos depois. Qualquer solução computacional com a capacidade de processamento adequada deveria ser baseada em programas escritos para computadores maiores: os *mainframes*.

O programa em Fortran IV que usávamos para o ajuste da função dos dados de CAPD tinha uma sub-rotina eficiente de minimização dos quadrados dos desvios, o χ^2. Para casos específicos, seria necessário escrever um programa computacional que usasse a sub-rotina de minimização do χ^2.

Menciono dois casos de trabalhos experimentais: (i) o da Clotilde Otília Barbosa de Miranda Pinto, Ruy Magnane Machado e Gilles Duplâtre, sobre a "Competição entre o Recozimento Térmico e a Decomposição Térmica", em amostra de hidroxiquinolinato de cromo (III) irradiada com nêutrons[18]; e (ii) o do Rubem Braga com o Professor J. I. Vargas sobre o Modelo Cinético de Difusão de Hélio na Rede Cristalográfica de Algumas Pedras Semipreciosas.[19]

A minha defesa da tese

Defendi a tese intitulada "Correlação Angular Perturbada: aplicação ao estudo de complexos do háfnio 181" (146 p) no dia 10 de junho de 1977. O resumo da tese está disponível[20] em Atomindex 9 (13), de julho de 1978, Ref. n°. 382343. O texto completo microfotografado da tese pode ser acessado, e o arquivo[21] em pdf correspondente pode ser obtido da página WEB da International Atomic Energy Agency. O artigo científico correspondente foi publicado[22] em 1978.

---

[18] PINTO, C. O. B. M.; FABRIS, J. D.; MACHADO, R. M.; DUPLATRE, G. (1979). Competition between thermal annealing and decomposition processes in neutron-irradiated solid tris(8-hydroxyquinolinate)-chromium(III). *Radiochemical and Radioanalytical Letters*, 38(4):269-276.
[19] Defesa da dissertação intitulada "Difusão do Hélio em Algumas Pedras Semipreciosas: parâmetros cinéticos e implicações cronogeológicas", em 1976.
[20] https://inis.iaea.org/search/search.aspx?search-option=everywhere&origq=9382343&mode= Advanced & translateTo.
[21] https://inis.iaea.org/collection/NCLCollectionStore/_Public/09/382/9382343.pdf?r=1.
[22] FABRIS, J. D.; VARGAS, J. I.; MARQUES NETTO, A.; BAUDRY, A. L. (1978). Differential perturbed angular correlation measurements in reactor irradiated and thermal annealed tetrakis-(dl-mandelate) hafnium(IV). *Radiochimica Acta*, 25:85-88.

Rumos logo após o doutorado na UFMG

O período no DQ-UFMG foi-me pessoal, científica e profissionalmente magnificente: representou um salto expressivo no sentido das minhas pretensões iniciais. Pude consolidar o início da minha carreira acadêmica após junho de 1977, com o tempo de pós-doutorado no CENG, que foi até agosto de 1978. Em Grenoble, pude reencontrar André Baudry, Pierre Boyer e mais amigos: Christian Jeandey, Claudine Jeandey, Marc Bogé e Paul Vulliet. Nesse tempo, Armando Lopes de Oliveira (DF) cursava o doutorado na Université Scientifique et Médicale de Grenoble (USMG), com trabalho experimental de tese no CENG. Pelo menos dois docentes vinculados ao DQ da UFMG também cursavam a USMG para o Doctorat ès Sciences Physiques: Dorila Piló Veloso e Marco Antônio Teixeira.

Com A. Baudry e P. Boyer, voltei a trabalhar com CAPD, mas, dessa vez, com quelatos de háfnio em soluções líquidas diluídas. O artigo científico publicado[23] ilustra a natureza da abordagem do problema dos movimentos rotacionais em soluções diluídas.

Algumas lições

Este breve testemunho ilustra a trajetória do meu período de doutorado em Química na UFMG, de março de 1973 a junho de 1977, base sobre a qual construí a minha carreira acadêmico-científica e que traz algumas reflexões:

(i) Aquele foi um tempo especialmente rico no ambiente acadêmico, na expressão da liderança dos docentes, na estrutura técnico-administrativa e na atmosfera humana, a inspirar plenamente a independência e manifestação intelectual do estudante de pós-graduação.

(ii) No DQ da década de 1970, o apoio institucional amplo favoreceu a integração mais fluida das competências e das ações acadêmico-científicas, com maior permeabilidade, no âmbito departamental.

(iii) Há, hoje, novos critérios em jogo: a produção científica individual pondera bem mais vigorosamente a avaliação em detrimento das inter-relações da produção, dentro do programa de pós-graduação.

---

[23] BAUDRY, A.; BOYER, P.; FABRIS, J. D.; VULLIET, P. (1981). PAC study of molecular rotational motions in dilute solutions. *Hyperfine Interactions*, 10:1057-1062.

(iv) As redes de pesquisa intra- ou multi-institucionais, tão motivadas pelas agências oficiais de fomento, sugerem a integração óbvia de talentos, de objetivos e de ações, mas têm levado a resultados práticos apenas discretos. No mais das vezes, são agrupamentos artificiais de competências individuais, pouco unidas pelo alcance dos propósitos coletivos da rede. A maior abstração do individual em prol do coletivo ainda é um objetivo a ser alcançado.

(v) Espera-se que o líder de um grupo amplo de talentos com objetivos integrados tenha, por reconhecimento amplo, suficiente carisma acadêmico-científico, habilidade administrativa, diálogo fácil com os integrantes e, em amplitude geográfica maior, com a comunidade externa à UFMG, inclusive internacional.

(vi) Que tal a estratégica de se terem projetos institucionais, na escala departamental, com financiamento externo e ações mais amplas e entrelaçadas? As iniciativas individuais de busca de financiamento, que existem e continuarão a existir, teriam o proveito adicional da inserção imediata na grade institucional da pesquisa técnico-científica. Não haveria, também, ganho maior para a sociedade?

São algumas das minhas convicções que, espero, estimulem a mente de quem se propõe a criticar, entender mais e influenciar o debate franco e realista sobre academia, ciência e tecnologia, sobretudo, no Brasil.

UM TRIBUTO AOS PIONEIROS DO LABORATÓRIO DE ESPECTROSCOPIA DE ANIQUILAÇÃO DE PÓSITRONS DO DEPARTAMENTO DE QUÍMICA DA UFMG

Welington Ferreira de Magalhães

A história de uma instituição é feita pelas histórias das pessoas à sua volta. Tento contar aqui um pouco de como foi criado o grupo de pesquisa do Laboratório de Espectroscopia de Aniquilação de Pósitrons (LEAP) ao longo de quase metade dos 80 anos do Curso de Graduação em Química do Departamento de Química (DQ) do ICEx-UFMG, comemorados em 2023. A minha trajetória como professor foi fortemente influenciada pela história do LEAP e se confunde com ela, que, por sua vez, é parte das histórias dos Professores José Caetano Machado e Antônio Marques Netto, ambos já falecidos. Os primeiros relatos que faço sobre a minha primeira participação no LEAP, em 1981, vêm das furtivas lembranças das conversas com os colegas Caetano e Marques.

A criação do LEAP, em 1979

A criação do LEAP surgiu da proposta do Professor José Israel Vargas, em uma das suas aulas no curso intitulado "Tópicos Avançados em Química Nuclear e Interações Hiperfinas", que aconteceu no DQ de 8 a 26 de agosto de 1977 (Figura 1). A proposta foi prontamente acolhida pelo Caetano e pelo Marques, que se engajaram no projeto de criação do Laboratório e na formação do grupo de pesquisadores com estudantes, sobretudo, de pós-graduação.

Além do próprio Professor José Israel Vargas, mais especialistas internacionais ministraram aulas no curso sobre "Tópicos Avançados...": Alfred Gavin Maddock (Faculty of Physics and Chemistry – Universidade de Cambridge, Reino Unido), André Leon Baudry (Centre d'Études Nucléaires de Grenoble – CENG, França), Jacques Abulafia Danon (Centro Brasileiro de Pesquisas Físicas – CBPF, Brasil) e Jean-Pierre Adloff (Universidade Louis Pasteur, Estrasburgo I, e CRNS, França).

Figura 1 – Cartaz de divulgação do curso "Tópicos Avançados em Química Nuclear e Interações Hiperfinas".

Para consolidar a ideia de criação do LEAP, Marques viajou para Estrasburgo, em 1979, onde trabalhou por três meses no Grupo de Pósitron, fundado em 1976 e coordenado pelo Dr. Jean-Charles Abbé. Com esse treinamento, Marques familiarizou-se com a nova técnica, que seria logo implementada na UFMG. Ele já conhecia J-C Abbé, pois tinha concluído o doutorado em Estrasburgo, cursado entre 1972 e 1974, e costumava compartilhar uma história curiosa sobre essa viagem à França em 1979: ao retornar, foi abordado por militares no aeroporto do Brasil, durante o auge da ditadura. Os militares o questionaram sobre "o que seriam aqueles dois cilindros metálicos que ele carregava em sua bagagem. Seria um artefato para a produção de armamento? Bombas? Seria o Marques terrorista?". Marques, então, explicou que ele estava montando um novo laboratório de pesquisa na UFMG, único na América Latina, e aqueles cilindros eram apenas detectores de radiação gama. Nessa hora, os soldados bateram continência e disseram: – "Pode, sim, passar, Professor Marques".

No final de 1979, Jean-Charles Abbé passou uma temporada no DQ para terminar a instalação e otimização do primeiro, e até hoje o único, espectrômetro de vida média de pósitrons (EVMP) da América Latina. J-C Abbé também instalou o programa de computador para tratamento dos espectros de decaimento do pósitron, o "Positron-Fit Extended". No quase ilegível formulário, preenchido à mão, do "Relatório de Atividades de Magistério em 1979", que Marques encaminhou para a então Comissão Permanente dos Regimes de Trabalho da UFMG, lemos:

> Foi concluído nesse semestre a montagem do sistema de vácuo, sistema eletrônico de medidas e estão sendo implantados os programas de computação para a medida de meia vida de pósitrons e interpretação dos resultados. A duração da pesquisa é indeterminada, mas os primeiros resultados deverão sair no próximo ano.

Nosso primeiro espectrômetro de EVMP era do tipo de coincidência rápido-lenta, construído com módulos eletrônicos da norma nuclear NIM[1]. Partes desses módulos foram adquiridas com projetos de pesquisa na FINEP e no CNPq, coordenados por José Caetano Machado e Antônio Marques Neto, enquanto alguns foram herdados de uma instalação inativa do Laboratório de Correlação Angular Perturbada. Esse Laboratório, que também surgiu de outra proposta feita por Israel Vargas, representava uma técnica experimental com a qual Marques também já havia trabalhado.[2]

As primeiras medidas realizadas no EVMP do LEAP foram conduzidas pelo estudante A. E. Marques, orientado por Caetano, em algumas amostras líquidas. Nessas medições, alguns microlitros da solução aquosa de $^{22}NaCl$, fonte de pósitrons (e^+), por decaimento $\square^+$ do radionuclídeo sódio-22, de 2,6 anos de meia vida, eram diretamente misturados às amostras em estudo. Lembro-me de que as ampolas de tubo de ensaio, fechadas a vácuo com maçarico, só foram descartadas mais de 20 anos depois, uma vez que apresentavam praticamente somente a radiação de fundo natural em água, principalmente devido ao ^{40}K, um isótopo natural também emissor de e^+.

Meu ingresso no LEAP, em 1981

No início de 1980, ingressei no Programa de Pós-Graduação em Química (PPGQ). Em março de 1981, quando Caetano regressava de um ano sabático no Grupo de Pósitron de Estrasburgo, propus-lhe que fosse o meu orientador de mestrado. Recordo-me do artigo que ele me passou, que era uma revisão de 145 páginas escritas pelo pesquisador russo Vitalii Iosifovich Gol'danskii. Tudo naquele artigo era completamente novo para mim, pois nem mesmo sabia o que era o e^+ quando

---

[1] Nuclear instrument modules.
[2] Publicações 24-26, pág. 3, em "artigos completos em periódicos" no *Curriculum Vitae* Lattes do Professor Antônio Marques Netto, disponível em: http://lattes.cnpq.br/8595846055651892.

conclui a graduação em Química, muito menos o que seria o tal átomo exótico chamado de positrônio (Ps)[3].

Não sei por que não optei por outra área de pesquisa, talvez a Química Analítica, disciplina que eu já havia lecionado. Acredito que a curiosidade foi mais poderosa que o medo e me envolvi completamente no assunto. Rapidamente, a físico-química do pósitron e o positrônio se tornaram uma paixão para o resto da minha vida.

Iniciei as minhas primeiras medições no EVMP em meados de 1981, estudando as soluções líquidas do ligante *N*-benzoil-*N*-fenilidroxilamina (BPHA), em metanol, benzeno e dimetilsulfóxido. Usar o EVMP, de coincidência rápido-lenta, significava um dia para acumular um número suficiente de contagens, em todo o espectro, que permitisse o tratamento estatístico computacional feito pelo programa Positron-Fit Extended. Esse programa, trazido de Estrasburgo por Marques, em 1979, foi instalado no final desse mesmo ano por Jean-Charles Abbé, no computador mainframe do Centro de Computação (CECOM) da UFMG, no subsolo da Reitoria. O programa consistia em mais de três mil cartões perfurados (Figura 2), que foram lidos e gravados em um rolo de fita magnética mantida no CECOM. Por segurança, uma cópia dessa fita era mantida no LEAP. Mais de 30 anos depois, ainda tínhamos guardado no LEAP aquela caixa de papelão com os cartões perfurados do Programa Positron-Fit Extended trazida por Marques. Terminado o acúmulo do espectro de EVMP de uma amostra, ele era impresso por um teletipo de torre (Figura 2).

Figura 2 – À esquerda: Teletipo (TeleTYpewriter, TTY) usado pelo LEAP, na década de 1980, para imprimir as matrizes numéricas dos espectros de EVMP armazenados na memória eletrônica do analisador multicanal do espectrômetro.[4] À direita: cartões a perfurar para entrada de dados e comandos em computador com o logotipo do CECOM.

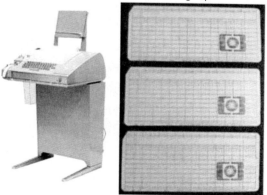

---

[3] O positrônio é o átomo formado pela ligação de um pósitron (e⁺, o antielétron) com um elétron.
[4] Imagem disponível em: https://pt.wikipedia.org/wiki/Teletipo.

De posse da sequência dos 400 números impressos em 40 linhas de 10 valores, eu me dirigia ao CECOM, geralmente no fim da tarde ou no início da noite, para digitar essa sequência em uma perfuradora de cartões, resultando em um pacote de aproximadamente 40 cartões perfurados. Esses cartões eram, então, lidos por uma leitora própria. Após a leitura, o espectro entrava em uma fila de espera para ser processado pelo computador modelo Burroughs B6700, situado em uma ampla sala adjacente à garagem no subsolo da Reitoria.

Naquela época, o tempo de processamento era de cerca de três minutos para cada espectro de EVMP, o que era considerado, pelos técnicos do CECOM, um tempo longo de uso do computador Burroughs B6700. Por isso, seria preciso aguardar em fila para ser processado durante a madrugada. Uma década e meia mais tarde, o mesmo espectro seria tratado em apenas alguns segundos por um computador pessoal desktop.

Naquela época, era relativamente frequente não conseguirmos usar plenamente o equipamento EVMP durante o período chuvoso, devido aos cortes de fornecimento de eletricidade que afetavam diretamente as fontes de alta tensão dos detectores. Para que não ocorresse queima de módulos NIM, no retorno repentino da alimentação da corrente elétrica, após o corte, foi instalada uma chave de segurança na fonte de alimentação da montagem do EVMP. Eram tantos os transtornos causados pelos frequentes cortes de energia que preferíamos manter o equipamento desligado no período de chuvas mais frequentes. Para o meu trabalho de mestrado, fiz não mais do que umas 30 medições por EVMP. Anos mais tarde, eu falava que se tivesse de refazer as medições do mestrado no novo EVMP, nos sistema de coincidência rápido-rápido instalado no início da década de 1990, eu gastaria apenas uma semana.

Outro complicador para essas medições por EVMP de nossas amostras líquidas é que o oxigênio naturalmente dissolvido nos solventes tinha de ser removido, para evitar as reações de *quenching* (extinção) do Ps por oxidação. Assim, as amostras com a fonte de pósitrons sobre película de vidro eram acondicionadas em ampola feita com tubo de ensaio e sofriam a desgaseificação pela técnica de *freeze-down*.

A técnica consistia em congelar a amostra na ampola em nitrogênio líquido, preservando a fonte para evitar danos; aplicar vácuo sobre a amostra congelada; e, em seguida, descongelar a amostra. Durante o processo de descongelamento, a amostra borbulhava, liberando os gases dissolvidos. Posteriormente, a amostra era novamente congelada e o vácuo, aplicado. Esse procedimento era repetido pelo menos três vezes até que não fosse mais observado borbulhamento durante o descongelamento.

A confecção da fonte de pósitrons suportada em membrana de vidro soda (vidro sodo-cáustico) também era trabalhosa e exigia habilidade de um vidreiro artesão, algo do qual eu me orgulhava. Devido à fragilidade da membrana de vidro dessas fontes de pósitrons, eu tinha verdadeiro ciúme das fontes que eu mesmo preparava. Como técnico de Química formado em 1975 pelo Colégio Técnico (COLTEC), eu havia recebido aulas no Laboratório de Hialotécnica.

Os resultados das medições de EVMP sobre as soluções do BPHA indicavam que a substância promovia a inibição da formação de Ps, pois a intensidade de formação do *orto*-positrônio (*o*-Ps) diminuía com o aumento da concentração do soluto.[5] No entanto, a variação dessa intensidade não se ajustava adequadamente a um modelo de inibição total dado pela equação de Stern-Volmer, ou de inibição parcial, conforme a proposta da variante do modelo do "spur" de formação de Ps feita pelo Grupo de pósitron de Estrasburgo, sete anos antes de minha chegada para o doutorado em 1983. A variante do modelo do "spur" de Estrasburgo teve inicialmente a colaboração de Alfred G. Maddock, da Universidade de Cambridge, Inglaterra.

O desenvolvimento da variante de Estrasburgo do modelo de "spur" teve a forte participação de José Talamoni, do Instituto de Química de São Carlos – USP.[6]

A dificuldade em ajustar os resultados do meu trabalho de mestrado aos modelos de inibição total, parcial ou, mesmo, à combinação desses dois modelos levou-nos a considerar algum processo de associação intermolecular, como a dimerização do BPHA por ligações de hidrogênio. Isso poderia reduzir sua eficiência como inibidor da formação do Ps com o aumento da sua concentração. Essa possibilidade nos entusiasmou, levando-nos a abandonar a ideia inicial do mestrado, que consistia em estudar os complexos metálicos com o ligante BPHA, e concentramos nossa atenção apenas nas soluções de BPHA.

Dessa forma, incluímos outros experimentos, como refratometria, espectroscopia no infravermelho, temperatura de fusão etc., no trabalho, com o objetivo de corroborar a hipótese de associação intermolecular.

No final de 1982, Jean-Charles Abbé retornou ao LEAP, por um período de um mês, durante o qual se dedicou ao ajuste dos dados da intensidade de formação de *o*-Ps, em relação à concentração do BPHA, com base na hipótese de dimerização e até de polimerização do BPHA. Foi nesse momento que aprendi a utilizar

---

[5] O *o*-Ps é um Ps com spins paralelos do pósitron (e⁺) e do elétron, de vida média mais longa que o *para*-Positrônio (*p*-Ps), de spins antiparalelos.
[6] José Talamoni cursou o doutorado no Grupo de Aniquilação de Pósitrons de Estrasburgo, entre 1978 e 1982.

o programa MINUIT para ajuste não linear dos parâmetros desejados, desenvolvido no Conselho Europeu de Pesquisas Nucleares (Conseil Européen des Recherches Nucléaires – CERN).

Para empregar o MINUIT, era necessário desenvolver uma sub-rotina em FORTRAN, a primeira linguagem de programação científica da história da computação, que descrevesse o modelo matemático a ser ajustado. Eu, que já havia adquirido conhecimentos básicos em FORTRAN durante o primeiro ano de graduação em Química na UFMG, comecei a me interessar pelo tratamento estatístico de dados experimentais, apesar de não ter cursado a disciplina Estatística durante a graduação. Por esse motivo, eu não compreendia completamente o significado da matriz de variâncias e covariâncias entre os parâmetros ajustados, elementos presentes em ambos os programas que utilizávamos, o Positron-Fit Extended e o MINUIT.

Por volta de 1981 e 1982, Caetano havia adquirido o primeiro computador pessoal para o DQ. Tratava-se do modelo TK80 da Microdigital Eletrônica, uma versão brasileira do Sinclair ZX80, equipado com 1 ou 2 kB de memória Static-RAM (Random Access Memory) e um teclado de membrana flexível. Diverti-me escrevendo um pequeno programa na linguagem Basic utilizada por esse computador, destinado a ajustar um polinômio de segundo grau a uma série de dados experimentais.

Durante meu trabalho de mestrado, utilizei esse programa para aprimorar o ajuste dos dados do índice de refração ao quadrado em relação à fração molar do BPHA, nas misturas binárias dos solutos BPHA com dimetilsulfóxido ou metanol, usando clorofórmio e diclorometano como solventes e mantendo constante a fração molar total dos dois solutos. Esse ajuste indicava a formação do aduto de interação intermolecular entre os solutos.

Defendi a dissertação em 8 de agosto de 1983. Participaram da banca examinadora os Professores José Caetano Machado, Carlos Alberto Lombardi Filgueiras e José Talamoni. Este último havia recentemente chegado de Estrasburgo, onde concluíra seu doutorado em "aniquilação de pósitrons", sob a orientação de Jean-Charles Abbé, no CRNS. Fui o primeiro mestre em "aniquilação de pósitrons" do Brasil para, em 1987, tornar-me o segundo doutor dessa especialidade científica do Brasil.

José Talamoni, então professor do Instituto de Química de São Carlos, da Universidade de São Paulo, não chegou a montar um Laboratório de Aniquilação de Pósitrons, pois faleceu precocemente aos 44 anos de idade, em 1990.

Meu doutorado em Estrasburgo na década de 1980

Em outubro de 1983, viajei para Estrasburgo para iniciar o doutorado, que concluí em 1987. Fiz meu trabalho de tese sob a orientação de Jean-Charles Abbé e a coorientação do Giles Duplâtre, no Laboratório de Química Nuclear, cujo diretor era o Professor Jean-Pierre Adloff[7], no CRNS. Giles Duplâtre havia sido orientado, na Universidade de Grenoble, pelo Professor José Israel Vargas, tanto no mestrado (1968-1971) quanto no doutorado (1972-1974).[8]

Diferentemente do trabalho para a dissertação, que envolveu somente o processo de inibição da formação do Ps e, portanto, a "química do pósitron", o projeto do doutorado também envolvia a "química do Ps", devido às reações de extinção do Ps, por meio de sua oxidação ou de sua conversão de spins, as quais ocorriam com os solutos estudados. Estudei a cinética das reações do Ps em soluções líquidas de solventes orgânicos diversos e com solutos variados, como dimetiloxalato, *p*-benzoquinona e acetilacetonato de Co(III), entre outros. O resultado mais inesperado foi o comportamento *anti*-Arrhenius, implicando redução da constante de velocidade de reação, com o aumento da temperatura e, consequentemente, com uma energia de ativação total negativa para certas reações de conversão de spins do Ps. Esse resultado levou-me a propor um mecanismo complexo envolvendo reações diretas e reversas de formação de um par de encontro entre o Ps e o soluto, de cinética controlada pela difusão das espécies e de um complexo de Ps ligado ao soluto. Defendi a tese intitulada "Influência de Parâmetros Físico-Químicos sobre as Reações do Positrônio em Solução", em novembro de 1987. Retornei ao Brasil no mês seguinte.

Assim como no LEAP, em Belo Horizonte, também no Grupo de pósitron em Estrasburgo ninguém sabia muito bem para que serviam as tais matrizes de variância e covariância dos parâmetros ajustados e, para economizar papel, sua impressão havia sido suprimida no Programa Positron-Fit Extended. Por isso, adquiri um livro de Análise Estatística de Dados, que conheci ainda durante o mestrado. Tratava-se da segunda edição de "Data Reduction and Error Analysis for the Physical Sciences", de Philip R. Bevington. Desde então, meu interesse pela Análise Estatística de Dados Experimentais foi crescendo e, aproximadamente três décadas depois, adquiri a terceira edição do livro do Bevington, para se juntar aos mais de 30 exemplares de títulos de livros de Estatística, que ainda guardo comigo.

---

[7] J.-P. Adloff foi aluno da Madame Marguerite Catherine Perey, a descobridora do frâncio.
[8] O Professor José Israel Vargas permaneceu em Grenoble de 1966 a 1972, em exílio voluntário em consequência da ditadura militar que perdurou no Brasil de 1º de abril de 1964 a 15 de março de 1985.

Entre 1981 e 1989, os Professores Caetano e Marques publicaram 12 trabalhos sobre Aniquilação de Pósitrons sem a minha participação, seis artigos em periódicos internacionais, quatro trabalhos nas Conferências Internacionais de Aniquilação de Pósitrons (ICPA) e dois artigos no periódico nacional Química Nova, criado em 1978 pela Sociedade Brasileira de Química (SBQ). Cinco desses trabalhos tiveram suas medições realizadas no EVMP do LEAP, enquanto os demais foram medidos no Laboratório do Grupo de Pósitrons de Estrasburgo. Nesse mesmo período, o LEAP também foi o local de execução de duas dissertações, uma de Aluísio de Souza Reis Júnior (1982-1986) e outra de Maria Elisa Scarpelli Ribeiro e Silva (1985-1988), ambas orientadas por Caetano. Além disso, durante esse intervalo de tempo foi desenvolvida uma tese pela então Professora de Química Analítica do DQ, Sheyla Maria de Castro Máximo Bicalho (1985-1988), sob a orientação de Marques.

Durante a implementação da metodologia de medidas de EVMP em sólidos entre 1984 e 1986, como Marques sempre recordava, o LEAP produziu poucos artigos. No entanto, essa "baixa produtividade" não se deveu a uma suposta ineficiência do grupo, mas, sim, à dedicação aos estudos para a implementação de uma nova técnica, ainda inexplorada no mundo. Os Professores Marques e Caetano sempre valorizaram mais a qualidade e relevância do material produzido do que a mera quantidade, enfatizando essa abordagem aos seus alunos.

Meu retorno ao LEAP e a década de 1990

Algum tempo antes de meu retorno de Estrasburgo, os Professores Caetano e Marques já haviam instalado o primeiro nobreak do DQ para servir ao LEAP. Ele ocupava a sala que tem acesso para o laguinho no interior do prédio, no mesmo corredor dos Laboratórios 149 e 151 do LEAP. Esse nobreak era constituído de 20 baterias de chumbo-ácido, usuais em caminhão, que foram instaladas em linha sobre caibros de madeira, no chão da sala, as quais eram capazes de sustentar o EVMP funcionando por quase 24 horas. Alguns anos mais tarde, também fomos o primeiro a instalar no DQ um pequeno nobreak Engetron de 3 kVA, com autonomia de três horas. Entre janeiro de 1988 e janeiro de 1990, trabalhei no LEAP como bolsista recém-doutor do Conselho Nacional de Desenvolvimento Científico e Tecnológico (CNPq). Já estava em andamento no LEAP desde 1986, sob a orientação do Caetano, o trabalho de doutorado de Cornélio de Freitas Carvalho. Ele estava estudando os acetilacetonatos de Co(III), Cr(III) e Fe(III) e suas soluções sólidas em acetilacetonatos de Al, Ga e In. Passei, então, a colaborar naquele trabalho, ajudando nas medições, no tratamento estatístico e na interpretação dos resultados.

No segundo semestre de 1988, ministrei pela primeira vez, em nível de pósgraduação, a disciplina "Métodos Estatísticos, Numéricos e Computacionais de Análise de Dados Experimentais", usando como texto a segunda edição do livro de Bevington. Essa foi a forma que encontrei para me forçar a estudar com maior dedicação o assunto. Sempre pensei que a melhor forma de aprender era ensinando e, de fato, aprendi muito enquanto ministrava minhas aulas com o estímulo que eu recebia dos bons alunos. Ministrei essa disciplina mais outras três vezes até 2001. O interesse pela Estatística me levou a participar do "Primeiro Workshop Interamericano de Metrologia Química" organizado pelo Instituto Nacional de Metrologia, Qualidade e Tecnologia (INMETRO) no Rio de Janeiro, em novembro de 1997, e intitulado "Chemical Metrology: a new challenge for the Americas – A strategy in support of the development of a free trade area in the Americas".

Em 1989, publiquei meus dois primeiros artigos científicos, sendo um relativo aos resultados da dissertação e outro da tese. Enfim, as primeiras medições feitas no LEAP foram publicadas. Ainda no final de 1989, passei no concurso público para Professor Assistente de Ensino no DQ da UFMG, assumindo o cargo, já como Professor Adjunto I, em janeiro de 1990. Como docente, ministrei disciplinas teóricas e práticas de Físico-Química, incluindo Radioquímica.

Em 1990, o grupo do LEAP participou de um momento histórico da Química brasileira: a criação pela SBQ do Journal of the Brazilian Chemical Society (JBCS), com a publicação do artigo "Positron Annihilation Studies in Coordination and Organometallic Transition Metal Complexes of the Nickel Triad", no volume 1 da nova revista científica.

Em 1991, aposentamos o EVMP de coincidência lento-rápido e instalamos o EVMP de coincidência rápido-rápido (Figura 3).

O Cornélio defendeu a tese em 1992, enquanto o trabalho de doutorado da aluna Arilza de Oliveira Porto, também focado no estudo de betadicetonatos, foi concluído em 1994. Essas duas teses representam, até onde temos conhecimento, os primeiros estudos utilizando EVMP e EARAD em soluções de sólidos moleculares de complexos metálicos, o que resultou na publicação de seis artigos.

Figura 3 – No alto: O LEAP (Sala 151 do DQ-UFMG), em setembro de 2003. Eu apareço digitando no teclado do computador Gateway 2000, atrás do qual se vê a estante com os módulos eletrônicos da ORTEC para o EVMP, no alto da estante, e para o EARAD. A base de um dos dois detectores do EVMP com uma etiqueta pode ser vista sobre a mesa com os blocos de chumbo para radioproteção. Atrás e debaixo da mesa do computador, do lado direito, vê-se o Dewar de nitrogênio líquido do detector de germânio intrínseco HPGe INTERTECHNIQUE, do EARAD. Ao fundo, perto da janela coberta com placas de isopor brancas, vê-se o Dewar de nitrogênio líquido do detector do espectrômetro Mössbauer, do Laboratório de Mössbauer, fundado pelo Professor Milton Francisco de Jesus Filho, no início da década de 1980.

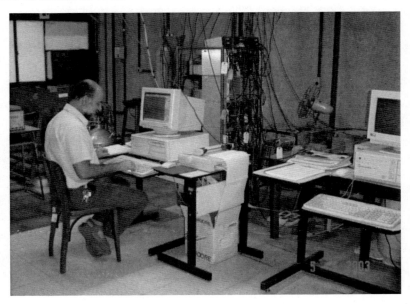

Os membros do LEAP participaram ativamente das celebrações dos 50 anos do Curso de Química da UFMG, os quais envolveram diversos eventos realizados entre 14 de junho e 10 de setembro de 1993. Essas atividades foram coordenadas por Ana Maria Soares, então chefe do DQ; e por Antônio Marques Neto. Como parte dessas celebrações, em 15 de junho de 1993, Marques e eu fomos premiados com o segundo e terceiro lugares, respectivamente, na prova atlética "Rústica de Estudantes, Funcionários e Professores do DQ" (Figura 4). Nós, do LEAP, ficamos atrás do jovem Anderson Perpétuo de Souza, funcionário técnico da oficina mecânica do Departamento.

Paralelamente, entre 1993 e 1998, a estudante Regina Simplício Carvalho cursou o doutorado sob a orientação do Professor Marques. Seu trabalho tinha relação com o efeito Szilárd-Schalmers de reformação por recozimento de defeitos em sólidos de complexos metálicos irradiados em um fluxo de nêutrons de um reator atômico. Esse tipo de trabalho já era tradição do DQ-UFMG, usando técnicas cromatográficas, mas agora, no LEAP, acompanhávamos a reformação dos defeitos pela redução da inibição da formação de Ps com o aumento do tempo de recozimento. A Regina defendeu a tese intitulada "Influência da Natureza do Ligante e dos Defeitos Extrínsecos sobre o Comportamento do Pósitron em Complexos Metálicos em Fase Sólida" em 1998, dando origem a duas publicações.

Eu coorientei (1993-1997) a pesquisa da doutoranda Edésia Martins Barros de Sousa, que versou sobre Nanocompósitos de Sílica, sob a orientação da Professora Nelcy Dellla Santina Mohallem. Nesse mesmo período, também coorientei Ricardo Geraldo de Sousa, que estudou géis termossensíveis de poliacrilamida, sob a orientação do Professor Roberto Fernando de Souza Freitas, do Departamento de Engenharia Química da UFMG. Esses dois estudantes utilizaram a EVMP para caracterizar os volumes livres intermoleculares e de poros em seus materiais. Através da EVMP, é possível determinar os volumes livres de poros internos sem contato com o meio externo, algo que a difundida técnica de adsorção de N_2 não faz, já que o pósitron, ao contrário da molécula de N_2, é capaz de penetrar o material. Esses foram os primeiros trabalhos do LEAP utilizando a sonda *in situ* pósitron na caracterização de novos materiais poliméricos e cerâmicos. Nesses trabalhos, a EVMP foi utilizada para determinar a vida média do *o*-Ps ($□_3$) no interior dos volumes livres intermoleculares dos polímeros e do $□_4$ nos poros das cerâmicas de sílica, que é função do raio do volume livre, de acordo com a clássica equação do modelo do volume livre.

Em maio de 1994, participei, na Universidade de Tsinghua (Pequim), do Congresso ICPA-10, apresentando um trabalho em que atribuímos uma extinção (*quenching*) altamente eficiente por conversão de spins do o-Ps da aparente inibição da formação de Ps observada nas soluções sólidas $Al_{(1-x)}Cr_x(dpm)$.

Ainda em 1994, a ex-aluna de iniciação científica Clascídia Aparecida Furtado iniciou o mestrado, que logo depois progrediu para o doutorado, sob a orientação de Glaura Goulart Silva e a coorientação de José Caetano Machado. Começou, assim, uma profícua colaboração de pesquisa entre esses dois professores utilizando a sonda intrínseca pósitron na caracterização nanoestrutural de materiais poliméricos, o que durou até 2010.

Figura 4 – À esquerda: cartaz relativo às comemorações, em 1993, dos 50 anos do Curso de Química da UFMG; À direita: foto da premiação da Rústica na manhã de 15 de junho de 1993. Da esquerda para a direita: Professor Antônio Marques Netto, segundo lugar; o Técnico de Mecânica Anderson Perpétuo de Souza, primeiro lugar; e eu, terceiro lugar.

Em 1996, Lázaro Agnaldo de Miranda foi selecionado para o mestrado do Programa de Pós-Graduação em Química (PPGQ) da UFMG. Ofereci, então, ao estudante a alternativa de um estudo dirigido sobre Cinética Química, em que, além dos conteúdos clássicos, estudamos sobre a cinética de formação do positrônio, em especial os modelos de "spur" e ressonante. Foi quando comecei a esboçar, inspirado pelo modelo ressonante, um mecanismo cinético de formação de Ps que envolvia um estado intermediário ressonante de pósitron e molécula do meio, M, por ele excitada dentro do "spur". Nunca publicamos o mecanismo cinético do terno correlato, amedrontados pela baixíssima receptividade tida pelo modelo ressonante, que quase nunca era citado nos trabalhos fundamentais sobre o mecanismo de formação do Ps. O mecanismo do terno correlato foi inclusive ampliado pelo Lázaro em 2015, no seu trabalho para o concurso de Professor Titular na Escola Preparatória dos Cadetes do Ar (EPCAR), em Barbacena.

O LEAP nos anos de 2000

Em 2001, o Lázaro, que havia lecionado na EPCAR apenas nos anos 1999 e 2000, retornou ao PPGQ para cursar o doutorado sob a minha orientação. Veio a defender a tese em 2005. Tanto no mestrado quanto no doutorado, Lázaro trabalhou usando a sonda *in situ* pósitron para caracterizar a nanoestrutura de poros de xerogéis de sílica sintetizados pelo processo sol-gel e pela química do Ps nesses materiais. Ainda durante o mestrado, percebemos que a equação clássica do modelo do volume livre apresentava distorção da realidade, pois previa vidas médias para o *o*-Ps maiores que sua vida média intrínseca no vácuo (aproximadamente 140 ns) para poros de raios maiores que aproximadamente 0,18 nm, pois nessa equação se considerava somente a aniquilação *pick-off* do *o*-Ps na superfície dos poros. Então, desenvolvemos uma melhoria nessa equação, que chamamos de modelo do volume livre bifásico, levando em conta também a aniquilação intrínseca dentro do espaço vazio dos poros. Chegamos a usar essa equação em um de nossos artigos sem, no entanto, declarar seu uso!

Na primeira década dos anos de 2000, fizeram mestrado no LEAP, sob a orientação do Caetano Fernando de Castro Oliveira, Fernando Fulgêncio Henriques e Ivana Marques Marzano. Finalmente, o Fernando cursou doutorado com o Caetano, sob a coorientação de Dario Windmöller.

Dario Windmöller integrou o corpo docente do DQ-UFMG em 1998 e, imediatamente, dedicou-se à docência da disciplina Físico-Química Experimental, no recém-criado curso noturno de Licenciatura em Química. Durante esse período, Dario conheceu o Professor José Caetano Machado, também apaixonado pelo ensino de Química Experimental. Esses anos de colaboração se transformaram em uma bela amizade.

Dario desenvolvia pesquisas com membranas poliméricas para separação de misturas gasosas. Tendo em vista a importância de conhecer volumes livres em polímeros no estudo da permeabilidade das membranas, ele utilizava as facilidades do LEAP para avaliar o volume livre de polímeros por meio do tempo de vida média do *orto*-positrônio. Em determinado momento, Caetano, líder do grupo de pesquisa na área de Aniquilação de Pósitrons, enfrentava problemas nos seus equipamentos. Foi quando, em 2006, ele pediu ajuda ao Dario Windmöller, em virtude da sua habilidade em instrumentação e autodidata em eletrônica. Em pouco tempo, Dario familiarizou-se com a eletrônica modular do EVMP e do EARAD, transformando-se no membro do grupo que melhor entendia da instalação e otimização dos EAP.[9] Em 2008, após adquirir plenos conhecimentos a respeito dos equipamentos, passou a ser responsável técnico do Laboratório, dando suporte ao trabalho de dois doutorandos, e estabeleceu várias parcerias com pesquisadores brasileiros que se utilizavam dessa técnica experimental. Mesmo após assumir a Chefia do Departamento, em 2014, Dario Windmöller continuou dedicando-se ao LEAP, onde contribuiu fortemente para todas as publicações até 2019.

---

[9] Do inglês *Positron Annihilation Spectroscopies* – PAS.

A Ivana Marques Marzano havia sido minha aluna de iniciação científica entre 2000-2001 e posteriormente, entre 2001 e 2003, do Professor Geraldo Magela, quando iniciou o estudo dos sais duplos tipo alumens AlK(SO$_4$)$_2$·12H$_2$O e CrK(SO$_4$)$_2$·12H$_2$O e suas soluções sólidas, tendo seu trabalho resultado em uma publicação ainda como aluna de graduação. Esse trabalho é, no nosso conhecimento, o único a detectar a formação de Ps em sal iônico puramente inorgânico.

No mestrado, a Ivana, que foi orientada pelo Caetano, continuou estudando sais duplos, agora com metais divalentes de fórmula geral MK$_2$(SO$_4$)$_2$·6H$_2$O e M(NH$_4$)$_2$(SO$_4$)$_2$·6H$_2$O, assim como suas soluções sólidas. Nessas soluções foi observada a inibição total da formação do Ps com constante k de inibição dependente da composição do sal.

No seu trabalho de mestrado entre os anos 2006 e 2008, sob a orientação do Caetano e a coorientação de Wagner de Mendonça Faustino (então na UFPE), o Fernando Fulgêncio Henriques estudou o comportamento do Ps em soluções sólidas com a fórmula geral Tb$_{1-x}$Eu$_x$(dpm)$_3$. O Tb(dpm)$_3$ é um complexo que forma grandes quantidades de Ps (I_3 ~ 40%), enquanto complexos de Eu praticamente não formam Ps (I_3 < 5%). Esse trabalho levou à publicação do artigo, na minha avaliação, mais inovador do LEAP. É importante destacar que Antônio Marques Neto já havia estudado complexos de betadicetonatos de lantanídeos no final dos anos de 1980, atribuindo a baixa formação de Ps nos betadicetonatos de Eu à deslocalização eletrônica promovida pelo Eu^{3+} e pela banda de transferência de carga ligante-metal (BTCLM). No entanto, a pesquisa envolvendo formação de Ps em complexos de Ln^{3+} foi interrompida após esses trabalhos, retornando apenas em 2005, após o Caetano estabelecer uma parceria entre o LEAP e o grupo de pesquisa em lantanídeos da UFPE formado por Gilberto Sá, Oscar Malta e Wagner Faustino. Esse resgate da pesquisa com lantanídeos despertou novamente o interesse do Professor Marques pela pesquisa realizada no LEAP. Ele havia se aposentado em 1999 e se afastou do DQ, preferindo dedicar tempo à sua fazenda. No entanto, ficou bastante feliz ao ver que o seu trabalho com os betadicetonatos de Ln^{3+} estava novamente rendendo bons frutos, e o seu retorno à pesquisa começou a ser traçado ao ser convidado para participar da banca de defesa de mestrado do Fernando Fulgêncio Henriques, em 2008.

O trabalho de tese (2007-2011) do Fernando Oliveira envolveu o estudo da físico-química do pósitron e do positrônio em sistemas de sólidos moleculares orgânicos de derivados do benzeno e naftaleno substituídos por grupos hidroxila, amina, nitrila e nitro. Fernando utilizou ainda complexos supramoleculares, cujas interações intermoleculares influenciam a intensidade de formação e a vida média do *o*-Ps, a depender da força de interação entre seus constituintes. O Fernando Oliveira defendeu a tese em agosto de 2011, sem a participação do Caetano, seu orientador, já impossibilitado devido a uma doença pulmonar crônica. Fernando Oliveira, cuja tese resultou em quatro publicações, ainda se manteve colaborando com o LEAP por mais alguns anos já como professor no CEFET-MG, no Campus Timóteo.

O trabalho de tese do Fernando Fulgêncio Henriques, iniciado em 2009, dava continuidade ao seu trabalho de mestrado, associando as Espectroscopias de Aniquilação de Pósitrons (EAP)[10] e as Espectroscopias de Luminescência (EL), sendo investigada a formação de Ps nos complexos de lantanídeos com o íon 2,2,6,6-tetrametil-3,5-heptanodionato ou dipivaloilmetanato, assim como as misturas mecânicas e as soluções sólidas de diversos lantanídeos. Esse trabalho foi realizado em parceria com Wagner de Mendonça Faustino, então docente da UFPB, especialista em luminescência de lantanídeos. O Fernando Fulgêncio defendeu sua tese em junho de 2013, também sem a participação de Caetano, seu orientador.[11]

O trabalho de doutorado e pós-doutorado do Fernando Fulgêncio, entre 2009 e 2017, resultou em 12 publicações. Durante toda a sua permanência no LEAP (2006-2017) foram totalizados 17 trabalhos publicados, tornando-o o estudante com maior número de publicações desse Laboratório, seguido de perto pelo Fernando Oliveira, com 16.

A última década do LEAP (2009-2019)

O Caetano aposentou-se compulsoriamente em março de 2010 aos 75 anos de idade, mas ainda continuou orientando os seus alunos de doutorado Fernando Oliveira e Fernando Fulgêncio, com a coorientação do Dario Windmöller. Passados alguns meses de sua aposentadoria, ele é acometido por um enfisema pulmonar, vindo a falecer em 27 de julho de 2014, aos 79 anos de idade.

---

[10] Do inglês *Positron Annihilation Spectroscopies* – PAS.
[11] O trabalho do Fernando Fulgêncio resultou em uma importante publicação no *Phys. Chem. Chem. Phys.*, 14(28): 9996-10007, 2012. Nesse artigo, propusemos um mecanismo cinético de formação do Ps a partir do estado excitado do ligante nas soluções sólidas $Tb_{1-x}Eu_x(dpm)_3$, demonstrando que a inibição da formação de Ps e o *quenching* de luminescência eram devidos à transferência de energia entre os íons Tb(III) e Eu(III). O artigo completo está disponível em: http://dx.doi.org/10.1039/c2cp40664k.

Em meados de 2011, a condição física do Caetano piorou bastante, impossibilitando-o de se locomover até a UFMG. Nesse momento, o Antônio Marques Neto foi convidado a retornar ao grupo LEAP para participar da coorientação do Fernando Oliveira e do Fernando Fulgêncio. Apesar de o Marques não ter sido oficialmente reconhecido como coorientador, sua participação nos trabalhos desenvolvidos a partir daí foi enorme. Ele comparecia todas as quartas-feiras à tarde ao Laboratório, para acompanhar a pesquisa que estava sendo desenvolvida pelos doutorandos. Participava de forma ativa, e bastante empolgada, das análises dos dados, das discussões teóricas e das redações das teses e dos manuscritos para publicação. Assim como o Caetano, o Marques contribuiu para as pesquisas do LEAP até o fim da vida. Faleceu de infarto na manhã de 18 de setembro de 2015, aos 77 anos de idade, após passar a noite trabalhando na consolidação de vários manuscritos sobre as soluções sólidas de alguns complexos de lantanídeos.

A Professora Maria Helena de Araújo, do DQ-UFMG, que havia participado da banca examinadora do Fernando Fulgêncio em 2013, muito se interessou pela linha de pesquisa de sua tese e deu início a uma colaboração com o LEAP, recebendo o Fernando Fulgêncio como bolsista de pós-doutorado. Nesse período de pós-doutorado do Fernando Fulgêncio, desenvolvemos outros trabalhos associando as EAP e o EL em colaboração com os pesquisadores Alex dos Santos Borges, Wagner M. Faustino, Oscar M. L. Malta, Gilberto F. Sá e Hermi F. Brito. Nessa colaboração com a Maria Helena, foram realizados os trabalhos de mestrado e doutorado de sua orientanda Tatiana Aparecida Ribeiro dos Santos Benfica, envolvendo a caracterização pela EVMP dos poros de materiais para a liberação controlada de fármacos ou para sua extração de água para consumo humano e animal.

Importante ressaltar a dedicação do Caetano com a pesquisa realizada pelo seu grupo. Mesmo estando com a saúde física seriamente debilitada, fazia questão de ir ao LEAP para participar dos trabalhos realizados pelos seus orientandos (Fernando Oliveira e Fernando Fulgêncio). Quando a condição física já o impedia de caminhar, convidava seus colegas e orientandos à sua casa para discussões sobre o trabalho. As contribuições intelectuais do Caetano à pesquisa só cessaram pouco antes da sua morte.

Em 2018, foram realizadas as últimas medições de EAP no LEAP, já usando uma fonte de pósitron comprada havia uns cinco anos e cuja atividade estava bem fraca. Com o falecimento do Caetano, não tínhamos mais alguém credenciado na CNEN para manusear e importar fontes radioativas, assim não conseguíamos mais substituir a velha fonte de Na-22. Juntaram-se a isso a minha aposentadoria e o interesse do Dario Windmöller em continuar trabalhando apenas em atividades administrativas da UFMG, o que levou ao encerramento dos trabalhos do LEAP no DQ. Assim, em 2019, foram publicados os quatro últimos artigos científicos do LEAP-DQ.

Nos 40 anos do LEAP no DQ, publicamos 85 trabalhos (artigos ou trabalhos completos em anais de congressos), 8 dissertações e 12 teses. Pode ainda ocorrer que algum outro trabalho desse período ainda não publicado venha a sê-lo. Colaboramos com mais de 30 pesquisadores em áreas como Materiais Poliméricos e Cerâmicos, Luminescência, Difração de Raios X, Nanomateriais etc.[12]

Dedicatória

Aos nossos saudosos mestres, colaboradores científicos e amigos, José Caetano Machado e Antônio Marques Netto, nosso eterno respeito e gratidão. Sem a dedicação deles à pesquisa, o LEAP não existiria e a minha vida profissional não teria sido tão divertida.

José Caetano Machado
(24/03/1935 - 27/07/2014)

Antônio Marques Neto
(30/05/1938 - 18/10/2015)

---

[12] Para uma lista dos trabalhos publicados que foram realizados no LEAP, veja o *Curriculum Vitae* Lattes do Professor Welington Ferreira de Magalhães (http://lattes.cnpq.br/6247147531265667), assim como o *CV* Lattes dos demais pesquisadores citados ao longo do texto. Uma versão estendida deste texto pode ser encontrada no perfil do autor no endereço: https://www.researchgate.net/profile/Welington_Magalhaes.

OLHOS DE RAIOS X

Nelson Gonçalves Fernandes

Batendo à porta da UFMG

Criada em 7 de setembro de 1927 com o nome de Universidade de Minas Gerais (UMG) – instituição privada e subsidiada pelo estado[1], em 1965 ela passou a se chamar Universidade Federal de Minas Gerais (UFMG).[2] E o primeiro contato que tive com a UFMG foi no segundo semestre de 1968, quando fiz a inscrição para o exame de seleção para o seu Colégio Universitário (COLUNI), fundado em 2 de abril de 1965 e que funcionou até 1970.

O COLUNI oferecia apenas o terceiro ano, hoje equivalente ao terceiro ano do ensino médio. Naquela época, os outros colégios disponibilizavam as opções para cursar os três anos do ensino médio, que compreendiam: (a) O Curso Normal para formar docentes de ensino fundamental I; (b) O Curso Clássico, com ênfase em Filosofia e línguas; e (C) O Curso Científico, com ênfase em Ciências Naturais. O Colégio Universitário surgiu no bojo da Reforma Universitária durante o reitorado do Professor Aluísio Pimenta.[3] O objetivo principal do Colégio era preparar o estudante para cursar a universidade, contou a Professora Magda Becker Soares.[4] Até então, o aluno podia escolher o curso direcionado para uma das três grandes áreas – Ciências Biológicas, Ciências Exatas e Ciências Sociais. Em 1969, entrei no Colégio Universitário e iniciei o curso com ênfase em Ciências Exatas.

Ao levar adiante o projeto da Reforma Universitária, a UFMG decidiu que no ano seguinte, 1970, seu vestibular seria unificado. Em 10 de julho de 1969, a Resolução Nº 5/69, da Coordenação de Ensino e Pesquisa da UFMG, estabeleceu o que se segue:

> Artigo 1º – O Concurso Vestibular para admissão à Universidade Federal de Minas Gerais, a partir de 1970, será idêntico em conteúdo para todos os candidatos e unificado em sua execução e constará de provas escritas, no sistema de escolha e complementação múltiplas de Português, Matemática, História, Geografia, Química, Física e Biologia, além de uma língua estrangeira, escolhida entre inglês e francês. [5]

Antes do advento do vestibular unificado, havia nota mínima nos exames para o ingresso nos diferentes cursos da UFMG, isto é, o candidato podia estar aprovado, mas não era chamado para se matricular, uma vez que as vagas estavam preenchidas. Esses candidatos eram denominados excedentes. Essa dicotomia causava, ocasionalmente, conflitos judiciais entre o excedente e a Universidade. O vestibular unificado era classificatório, portanto, se havia x vagas em dado curso, x candidatos eram aprovados. Dessa forma, a UFMG se livrou desse imbróglio.

Quando as aulas foram retomadas em agosto daquele ano (1969), uma "bomba" explodiu no Colégio Universitário... Adeus às áreas de Ciências Biológicas, Exatas e Sociais. A partir desse momento, todos os estudantes passaram a ter aulas de todas as disciplinas mencionadas no citado artigo 1º. A Direção do colégio trabalhou arduamente para reorganizar os horários das aulas. Na área das Ciências Exatas foram introduzidas disciplinas como Biologia, Geografia e História, visando preparar os estudantes para o novo vestibular.

As inscrições para o primeiro vestibular unificado ocorreram em dezembro de 1969, nas bilheteiras do Estádio Mineirão. Em janeiro de 1970, cerca de 25.000 pessoas lotaram as arquibancadas do estádio. No entanto, essa multidão não estava ali para torcer pelo América, Atlético ou Cruzeiro. Essa turma, munida de pranchetas de compensado sobre as coxas, lápis e canetas nas mãos, estava presente para realizar o primeiro vestibular unificado da UFMG ao longo de oito dias.

Naquela época, o carnaval de Salvador era consideravelmente mais curto. A Direção da Universidade ficou muito satisfeita com o Mineirão, a ponto de, em fevereiro daquele ano, formarem-se filas em frente às bilheteiras do estádio sob um sol escaldante. Essas filas eram compostas pelos candidatos aprovados no vestibular que estavam efetivando as matrículas. Felizmente, eu enfrentei essa fila e ingressei no Curso de Química do ICEx.

Durante alguns anos subsequentes, os vestibulares unificados da UFMG foram realizados nas arquibancadas do estádio de futebol Mineirão. A maior sala de aula do ICEx foi carinhosamente apelidada de Mineirão, onde se realizavam as provas, os seminários e as aulas da disciplina, muitas vezes, pouco apreciada pelos universitários –Estudos de Problemas Brasileiros (EPB).

Em 1973, concluí o curso de graduação na UFMG e, em seguida, iniciei as disciplinas do Mestrado. Tornei-me professor no Colégio Santa Marcelina e, posteriormente, ministrei aulas de Notação e Nomenclatura para o terceiro ano do ensino médio no Colégio Municipal Marconi. Admito que essa aula é cansativa tanto para os alunos quanto para um professor inexperiente. Também atuei como docente temporário no Colégio Técnico da UFMG.

Em 1975, a UFMG abriu Edital de Concurso para Auxiliar de Ensino, com contratação via Consolidação das Leis do Trabalho (CLT) no Setor de Química Geral e Inorgânica. As provas ocorreram no final do primeiro semestre daquele ano. A um mês do início das provas, reuni coragem e fui conversar com o Diretor Geral do Colégio Municipal, Professor Guilherme Azevedo Lage. Informei-lhe sobre a minha inscrição no concurso da UFMG e ressaltei a importância significativa que a aprovação naquele concurso teria para a minha vida profissional. O ilustre professor, conhecido por sua afabilidade, fácil diálogo e admiração tanto de alunos quanto de professores, respondeu prontamente: "Dou-lhe três semanas de licença para que você se prepare para os exames". Era exatamente o que eu queria e precisava ouvir. Empenhei-me nos estudos para o concurso e, com grande satisfação, fui aprovado em primeiro lugar, superando os seis ou sete candidatos. O Professor Guilherme Azevedo Lage ficou feliz, e eu ainda mais.

O Laboratório de Raios X do Departamento de Química

O Curso de Química teve início em 1943 na Faculdade de Filosofia de Minas Gerias (FFMG).[1]

O Decreto N° 62.317, de 28 de fevereiro de 1968, estabeleceu o Plano de Reestruturação da UFMG, que incluiu a criação do ICEx [6], entre outras unidades. Com a Reforma Universitária, vários institutos foram criados, e a departamentalização da estrutura universitária tornou-se possível devido a essa reforma.[7]

Naturalmente, ao longo dos anos, observou-se progresso no Departamento de Química. Contudo, o crescimento do Departamento durante os anos de 1970 foi significativo. Um dos responsáveis por esse momento propício foi o Professor José Israel Vargas, que atuou como chefe do Departamento de Química por um período de dois anos, de 1973 a 1975.

Com recursos da Financiadora de Estudos e Projetos (FINEP), o Professor Vargas adquiriu diversos equipamentos de grande porte para o Departamento, estabelecendo uma infraestrutura invejável. Foram montadas oficinas mecânica, eletrônica e de hialotecnia, constituindo um aparato robusto, algo pouco comum na

---

[1] **Nota do Organizador:** A incorporação da FFMG à Universidade de Minas Gerais (UMG) foi aprovada pelo Conselho Universitário em sua reunião de 30 de outubro de 1948, sendo posteriormente referendada pelo Conselho Nacional de Educação. Para mais detalhes, veja o excelente artigo: Haddad, M. L. A. Comemorando o cinquentenário da Faculdade de Filosofia de Minas Gerais. **Revista do Departamento de História**, v. 9, p. 7-20, 1989.

época em instituições semelhantes. Durante sua gestão, foi instalado um escritório dentro do Departamento para gerenciar esses projetos institucionais, o que resultou na criação da Fundação de Desenvolvimento da Pesquisa (FUNDEP), posteriormente transferida para o prédio da Reitoria, atendendo atualmente toda a UFMG e diversas outras universidades.[8]

O Professor Vargas também conseguiu obter equipamentos doados pelo governo francês para dar continuidade às pesquisas no Departamento, consolidando sua liderança também no Brasil.[9] Entre os vários laboratórios criados por ele no Departamento de Química do ICEx, destaca-se o Laboratório de Fluorescência e Difração de Raios X de amostra policristalina. Inicialmente, foi equipado com um espectrômetro de Raios X Rigaku-Geigerflex, difratômetro Rigaku-Geigerflex, duas prensas hidráulicas, homogeneizador de amostra e balança analítica. Esse laboratório foi coordenado pelo Professor Ruy Magnane Machado, ex-aluno de doutorado do Professor Vargas, e teve como responsável técnica a Engenheira Maria José de Castro Mendes, conhecida como Dona Branca, que retornou do antigo IPR, hoje CDTN.

Assim, é possível notar que, além de equipamentos, o Departamento era rico em recursos humanos. Hoje, afora esses equipamentos, no laboratório há um Nobreak com potência nominal de 14 kVA, um Difratômetro Simens-D5000 e um Difratômetro de Raios X SHIMADZU XRD-7000.

Com um espectrômetro de raios X é possível fazer análise química quantitativa de uma amostra. Em princípio, somente hidrogênio e hélio não podem ser identificados num espectrômetro. Uma vez conhecida a composição do material policristalino, utilizando-se de um difratômetro, é possível determinar a sua estrutura cristalina. Portanto, era um laboratório de ponta em meados da década de 1970. As Professoras Clotilde Otília Barbosa de Miranda Pinto e Luiza de Marilac Pereira Dolabella já foram coordenadoras desse laboratório, que hoje está sob a supervisão do Professor Wagner da Nova Mussel.

O Professor Ruy Magnane Machado foi meu professor tanto na graduação quanto na pós-graduação. Ele era um excelente mestre, uma pessoa sincera, honesta e de fácil convívio, tanto no ambiente profissional quanto social. No primeiro semestre de 1976, ele me chamou para uma conversa e compartilhou que havia um projeto de estudo proposto pelo Professor Vargas. Esse projeto consistia em analisar a influência da ligação química no espectro de emissão de raios X característico de determinado elemento químico.

Em outras palavras, o espectro de emissão de raios X é característico de um elemento químico, mas pode sofrer pequenas alterações se esse elemento estiver em uma vizinhança química diferente, ou seja, o espectro de emissão de um elemento químico puro não é idêntico ao espectro desse elemento em um composto. O Professor Ruy Magnane Machado expressou claramente: "Se você topar, esse será o tema de trabalho para o seu mestrado", e acrescentou: "Vamos aprender juntos". Respondi com confiança que aceitaria o desafio.

O elemento háfnio e alguns de seus compostos são utilizados na fabricação de barras de controles de nêutrons em reatores nucleares, as quais controlam as reações de fissão. Nessa época havia interesse do Professor Vargas pelo estudo de compostos do háfnio, tanto que ele coordenava um grupo de pesquisa que estudava alguns desses compostos pela técnica de correlação angular perturbada Υ-Υ.[10,11] Consequentemente, o estudo do espectro de emissão secundária de raios X do háfnio seria um dado a mais no catálogo de suas propriedades. Entretanto, o desafio foi enorme, pois iria estudar algo com que eu não tinha a mínima experiência. Contudo, o aprendizado foi de duração longa e muito gratificante. Devido à limitação do equipamento, a linha mais intensa do háfnio estudada foi $HfL\alpha_1$. O comprimento de onda dessa linha era relativamente pequeno para ser analisado com o equipamento disponível. Depois de um longo tempo, a conclusão foi de que para observar, naquele equipamento, qualquer efeito químico no espectro de emissão era necessário estudar compostos de elementos químicos mais leves. As linhas $MgK\alpha_{1,2}$, $AlK\alpha_{1,2}$ e $SK\alpha_{1,2}$ foram, então, analisadas com êxito. [12] Mas e daí? Isto é, não basta medir os deslocamentos químicos, torna-se necessário correlacioná-los com alguma propriedade física ou química. Há alguns métodos teóricos e semiempíricos para se calcular a carga efetiva em átomos. Todos são aproximados, e nenhum é capaz de descrever completamente a natureza. Um deles envolvia o conceito de equalização de eletronegatividade. [13,14] Por carta, pedi o código-fonte do programa que Jolly e Perry [13,14] desenvolveram para estimar a carga pelo procedimento de equalização de eletronegatividade, o que me foi enviado.

Em 1975 chegou o primeiro computador central à UFMG. Era um modelo Burroughs B6700. Nesse computador eram processadas todas as demandas computacionais da Universidade, fossem elas administrativas ou acadêmicas.[15] Uma caixa era levada do Departamento de Química ao subsolo da Reitoria, onde estava instalado o computador. Nessa caixa havia o código-fonte do programa FORTRAN, que ocupava, aproximadamente, 700 cartões perfurados. Talvez não seja fácil nos dias de hoje imaginar como era cursar o mestrado em Ciências Naturais naquela época. Claro, havia uma fila para os imortais e outra para os mortais. Eu frequentava essa última.

Inicialmente, o programa para ser processado, como é até nos dias de hoje, não podia conter qualquer erro ortográfico ou gramatical de linguagem. Isso significa algumas idas à sede do B6700. Terminei o trabalho do mestrado em 1982, com a sensação de que cresci cientificamente. A dissertação recebeu o título de "Efeitos Químicos no Espectro de Emissão de Raios X".[12]

O Laboratório de Cristalografia da UFMG

Ainda durante o mestrado, um grupo de Cristalógrafos de São Carlos veio ao Departamento para ministrar um minicurso desse assunto, intitulado "Determinação de Estrutura por Difração de Raios X": (1) UFSCAR, Professor Júlio Zukerman Schpector; e (2) USP, Professora Yvonne Primerano Mascarenhas, Professor Eduardo Ernesto Castellano e outros mestres, cujos nomes não me recordo. Fiquei encantado com que escutei e vi. Queria estudar cristalografia e também queria ir ao exterior, respirar outros ares. Lá fui eu pesquisar o Chemical Abstracts Service, para saber onde havia grupos de pesquisadores de Cristalografia. Entrei em contato com universidades, pedi cartas de recomendação e solicitei bolsa à CAPES. No final de 1983, fui para a Universidade de Uppsala, Suécia, para cursar doutorado em Cristalografia. Permaneci na Suécia até concluir meu trabalho de doutorado, em 1989. Esse trabalho consistiu em análise de ligação de hidrogênio em cristais e estudo da distribuição de densidade eletrônica em cristais por técnicas de difração de raios X e difração de nêutrons.[14] De volta ao Brasil, aqui na UFMG encontrei o Professor Nivaldo Lúcio Speziali, do Departamento de Física (ICEx), que também voltava de seu doutorado em Cristalografia, realizado em Lausanne, Suíça.[15] Ainda em 1989, depois de algumas conversas, definimos um projeto para criar o Laboratório de Cristalografia da UFMG, tendo o Professor Nivaldo como Subcoordenador e eu como Coordenador.

Esse projeto foi submetido aos órgãos de fomento à pesquisa, como a recém-fundada FAPEMIG.[16] Basicamente, solicitou-se um difratômetro para análise de monocristal, dois microscópios para a montagem de cristais, um sistema de baixa temperatura para acoplar ao difratômetro e um sistema computacional para implementar os programas cristalográficos. Posteriormente, foi decidido o local de instalação do laboratório, que poderia ser no Departamento de Física ou no Departamento de Química. O laboratório foi montado no Departamento de Física, uma vez que o de Química alegava não possuir, naquela ocasião, espaço físico e infraestrutura adequados.

Em 1989 havia uma inflação elevada no Brasil, comparável àquela recente da Argentina (2023). No ano seguinte houve uma tentativa de ajuste na economia do país, contudo a inflação voltou, não chegando aos níveis de 1989, mas estava de volta. Eram tempos de vacas magras. O projeto se encontrava na FAPEMIG, porém ainda não estava aprovado porque não havia dinheiro, e o governo do estado não liberava a verba. Em 1991 ocorreu a posse de um novo governador, e a FAPEMIG passou a receber alguma verba. O Professor Paulo Gazzinelli assumiu, com dedicação, a Diretoria Científica da FAPEMIG, liderando uma equipe empenhada no árduo trabalho de consolidar a Fundação.[16] Não se pode esquecer de que a moeda brasileira naquela época era o CRUZEIRO.[2]

Finalmente, no início de 1992, o projeto foi aprovado na FAPEMIG, com o código CEX 1123/90. A maior parte do montante solicitado para o projeto estava em dólares americanos, sendo apenas uma pequena fração destinada a compras no Brasil. Em uma manhã, recebi em casa uma ligação do Professor Paulo Gazzinelli, que comunicou algo do tipo: "Professor Nelson, seu projeto está aprovado, mas não vou liberar o dinheiro imediatamente. Peço que providencie uma *proforma invoice* e que a FUNDEP esteja apta para fechar o câmbio no mesmo dia". Agradeci pela gentileza da ligação e pela clareza nas instruções fornecidas. No final de 1992, os equipamentos finalmente chegaram.

O laboratório gerou um número considerável de publicações; entretanto, um ponto destacado do Laboratório de Cristalografia da UFMG é a formação de recursos humanos. Ao longo dos anos, passaram pelo laboratório estudantes provenientes dos cursos de graduação em Física e Química, totalizando, no mínimo, 24 estudantes de iniciação científica, dois com trabalhos de conclusão de curso de graduação, sete que concluíram dissertações e 10 que finalizaram teses sob a minha orientação[17] ou do Professor Nivaldo L. Speziali.[18]

Além disso, vários desses estudantes mencionados são atualmente professores em universidades públicas e trabalham na área de Cristalografia. A equipe atual do Laboratório de Cristalografia é composta por três técnicos com mestrado,

---

[2] A notícia sobre a aprovação do projeto, no valor de US$ 420 mil, foi publicada no boletim "UFMG – Informativo da Universidade, Nº 929, Ano 19, 14 de agosto de 1992, p. 4. Na matéria, os coordenadores comentam que "[...] os professores e estudantes vão contar com equipamentos de última geração no estudo de cristais. O principal deles é um Difratômetro de Quatro Círculos, que permite fazer medidas de difração, movimentando uma amostra monocristalina com quatro graus de liberdade". Ainda segundo a matéria, o laboratório seria o segundo a ser implantado no Brasil, uma vez que o outro já se encontrava em funcionamento na Universidade Federal de São Carlos.

e um deles possui o título em Cristalografia. Há também sete professores doutores, sendo cinco deles formados no próprio laboratório, durante os cursos de mestrado ou doutorado. Na coordenação atual estão o Professor Carlos Basílio Pinheiro, do Departamento de Física; e a Professora Renata Diniz, do Departamento de Química. Isso evidencia que a roda da Cristalografia na UFMG continua a girar.

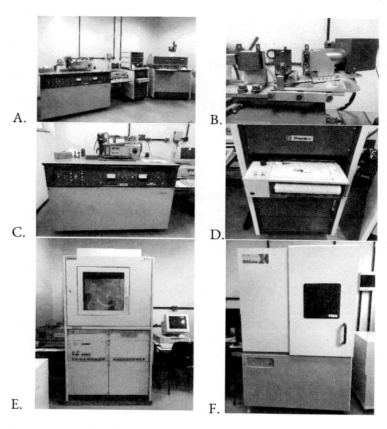

(A) – Espectrômetro Rigaku Geiger Flex spectrometer – módulos de raios X fluorescência. (Fotografias de Luiz Cláudio A. Barbosa.)
(B) – Goniômetro de raios X-ray para o módulo Rigaku Geiger Flex XRD.
(C) – Visão geral do modulo de raios X do espectrômetro Rigaku Geiger Flex.
(D) – Sistema de registro de difratograma, utilizando papel e canetas.
(E) – Difratômetro Siemens D5000 θ-2θ
(F) – Difratômetro Shimadzu XRD 7000 θ - θ Máximo.

Referências

1. **História da UFMG:** 95 anos de vida, excelência e relevância. Disponível em: https://www.ufmg.br/95anos/historia-da-ufmg.

2. UFMG: linha do tempo 1961-1970. Disponível em: https://ufmg.br/a-universidade/apresentacao/linha-do-tempo/1961-1970.

3. PIMENTA, A. **UFMG foi pioneira na reforma**. Disponível em: https://www.ufmg.br/boletim/bol1212/pag2.html.

4. **Série 90 anos de histórias** fala sobre o Colégio Universitário. Disponível em: https://ufmg.br/comunicacao/noticias/serie-90-anos-de-historias-fala-sobre-o-colegio-universitario.

5. ICB, UFMG. **Boletim Informativo**, p. 19, 1969. Disponível em: https://www2.icb.ufmg.br/50anos/wp-content/uploads/2017/06/1969.pdf.

6. **Decreto Nº 62.317**, de 28 de fevereiro de 1968. Disponível em: https://legis.senado.leg.br/norma/484942/publicacao/15787225.

7. DIVERSA – **Revista da Universidade Federal de Minas Gerais – Consolidação: depois do sonho, a realidade**, v. 5, n. 11, maio 2007. Disponível em: https://www.ufmg.br/diversa/11/consolidacao.html. Acesso em: 27 dez. 2023.

8. UFMG; FAFICH. **Centro de Estudos Mineiros** – Projeto: memória oral da ciência na UFMG. Belo Horizonte, 2007. p. 9. Disponível em http://www.memoriasdaquimica.ccs.ufrj.br/txt/carlosalberto.pdf.

9. PEREIRA, L. M. L. **Desafiando fronteiras:** trajetória de vida do Cientista José Israel Vargas. Belo Horizonte: Ed. UFMG, 2015. p. 183. Disponível em: https://www.editora.ufmg.br/#/pages/obra/517.

10. FABRIS, J. D. **Correlação angular:** aplicação ao estudo de complexos do háfnio 181. 1977. Tese (Doutorado em Química) – Universidade Federal de Minas Gerais, Belo Horizonte, 1977. Disponível em: https://inis.iaea.org/collection/NCLCollectionStore/_Public/09/382/9382343.pdf?r=1.

11. CAMATTA, N. B. **Contribuição ao estudo físico-químico de complexos de háfnio derivados de α-hidróxi ácidos.** 1980. Dissertação (Mestrado em Química) – Universidade Federal de Minas Gerais, Belo Horizonte, 1980.

12. FERNANDES, N. G. **Efeitos químicos no espectro de emissão de raios X.** 1982. Dissertação (Mestrado em Química) – Universidade Federal de Minas Gerais, Belo Horizonte, 1982. Disponível em: https://inis.iaea.org/collection/NCLCollectionStore/_Public/23/085/23085539.pdf.

13. JOLLY, W. L.; PERRY, W. B. **J. Am. Chem. Soc.**, v. 95, p. 5442-5450, 1973.

14. FERNANDES, N. G. **Structural studies of some crystalline acid salts, acta. univ. ups., comprehensive summaries of uppsala dissertations from faculty of science**. Uppsala, Sweden, 1989. 215 p.

15. SPEZIALI, N. L. **Phase transitions in Cs_2CdBr_4 and $N(CH_3)_4HSO_4$:** a crystallographic study of normal and modulated phases. Lousane, Switzerland: University of Lausanne, 1989.

16. FAPEMIG. 2001. P. 51-55. Disponível em: http://www.bibliotecadigital.mg.gov.br/consulta/verDocumento.php?iCodigo=53302&codUsuario=0.

17. FERNANDES, N. G. *Curriculum vitae*. Disponível em: http://lattes.cnpq.br/6817674253215463.

18. SPEZIALI, N. L. *Curriculum vitae*. Disponível em: http://lattes.cnpq.br/2287316756049448.

80 ANOS DO CURSO DE QUÍMICA DA UFMG: MINHA VIVÊNCIA EM FRAGMENTOS DE MEMÓRIAS E HISTÓRIAS

Ana Maria Soares[1]

Nascida em Capitólio, MG, fui criada, até a idade escolar, na Fazenda Mutuca, no Município de Piumhi, MG. Naqueles tempos, ainda criança com pouca idade, deitada na varanda da casa, matutava sozinha: por que a terra é terra, a pedra é pedra, o verde é verde e o branco é branco? A curiosidade e a percepção, à medida que os estudos do terceiro grau avançavam, sinalizavam que, se eu aprofundasse meus conhecimentos científicos, eu teria as respostas. Foi um passo para eu me encantar pela Química!

Eu, já Farmacêutica Bioquímica, com Especialização em Indústria de Medicamentos e Alimentos, sonhava fazer medicamentos...

O laboratório, no Departamento de Química da UFMG (DQ/UFMG), usado para as pesquisas do mestrado, sob a orientação do Professor Carlos Alberto Filgueiras, inicialmente era equipado com bancadas, pia, capela e alguns tubos de ensaio...

Criamos a infraestrutura necessária para a síntese de 32 novas drogas, potencialmente ativas contra *Trypanosoma cruzi*, protozoário responsável pela Doença de Chagas que havia matado meu pai e meus avós. As *N*-sulfinilarilaminas ali sintetizadas, com o suporte de todos os pesquisadores do Setor de Química Orgânica, dos laboratórios ao lado, seriam usadas para estudos de interações ácido-base, com fenóis, dando seguimento aos estudos do meu orientador em seu doutorado nos Estados Unidos.

A síntese e caracterização das novas substâncias foram especialmente excitantes, a ponto de terem provocado uma grande explosão na bancada do laboratório, em forma de fumaça densa e amarela, imitando o cogumelo da bomba atômica! Geraldo Helio, ex-professor e então colega de mestrado, foi quem desligou o *plug* elétrico da manta que superaqueceu com a polimerização da mistura original dos reagentes. Eu, assustada, saí de fininho por baixo da fumaça, que descia do teto... A Professora Maria Helena Michel, na sala em frente, protestava sobre toda aquela poluição e confusão! Com toda razão.

---

[1] Foi Chefe do Departamento de Química na gestão 1993-1996.

Mais do que a fumaça, o entusiasmo, com o sucesso da empreitada, nos inebriava a todos!

Os resultados desse trabalho encontram-se nos Anais de nossa Biblioteca, inclusive a dissertação do Professor Hermeto Barbosa Machado abordando a calibração do primeiro espectrômetro de massa do DQ/UFMG. A série de *N*-sulfinilarilaminas sintetizadas, inéditas até então, constituiu as moléculas usadas para tal. A pureza dessas moléculas e sua caracterização precisa por espectrometria de massa foram decisivas para a conclusão de nossos mestrados.

Com o apoio do querido Professor Carlos Alberto Filgueiras, estando regularmente matriculada em curso para aprender inglês, consegui bolsa de estudos do CNPq para o doutorado na Inglaterra. Não me adaptei à Química Orgânica e aos métodos do Professor Alan Katritzky, da East Anglia University, em Norwich, UK. Enquanto buscava outras instituições para realizar o doutorado em Química Inorgânica, voltei ao DQ e me submeti ao concurso público para Professor Adjunto em Química Inorgânica e fui aprovada. De volta a Londres, fui aceita pelo Professor Geoffrey Wilkinson, do Imperial College of Science and Technology da Universidade de Londres. Ali tive a oportunidade de desenvolver um trabalho de vanguarda nos primórdios dos estudos de catálise. Concluída sob a orientação do Professor William P. Griffth, minha tese de PhD, também com exemplar na Biblioteca do DQ/UFMG, relata a síntese e caracterização de cianocomplexos de rênio, vanádio, tungstênio e molibdênio e estudos de suas propriedades como catalisadores.

Assim que cheguei a Londres, comprei meu primeiro equipamento fotográfico profissional: uma Pentax MX, com várias lentes intercambiáveis, tripé, rebatedor de luz e um minilaboratório para revelações de filmes e ampliações de fotos P&B. Enquanto me especializava como cientista, tive a oportunidade de me aprofundar em conhecimentos artísticos, notadamente a fotografia. Tive, lá também, a honra de ter dois dos meus três filhos! Um no início e outro na conclusão do doutorado.

Defendi a tese no Imperial College of Science and Technology da Universidade de Londres, em janeiro de 1981. De volta ao Brasil e em casa, em 1982, tive o terceiro e amado filho caçula.

Quando voltei, o curso prático de Química Inorgânica I, do DQ/UFMG, era o mesmo de quando parti: pesquisa de cátions e ânions em tubos de ensaio... A teoria sobre o assunto vinha sendo modernizada pelos textos, impressos como apostilas, pelo Professor Haroldo Lucio de Castro Barros. Sob a nossa liderança, em um enorme esforço coletivo, envolvendo todos os colegas do Setor de Química Geral, foi atualizado o curso de Química Inorgânica I, Teoria e Prática. Das apostilas do Professor Haroldo resultou seu livro *Química inorgânica: uma introdução*, usado até hoje.

Simultaneamente à aplicação do novo Curso de Química Inorgânica I, desenvolvemos outro projeto de ensino em Química, em colaboração com as bibliotecárias da Biblioteca Central da UFMG, Maria Consuelo Diniz Xavier e Clara Magalhães Gomes Paniago. Semestralmente, os alunos, depois de receberem instruções de como usar o Chemical Abstracts, recebiam o desafio de encontrar na literatura especializada o método de síntese de substâncias químicas sofisticadas. Ao desenvolver esse processo, eu acreditava que um país só se desenvolveria cientificamente se aprendêssemos a usar referências bibliográficas originais.

Apresentamos resultados desses trabalhos em periódicos e congressos internacionais, o que nos rendeu convites honrosos para apresentações especiais na abertura de tais eventos.

Eu coordenava o Curso Prático de Química Inorgânica I, que acontecia nos Laboratórios do Pavilhão Central Aulas do ICEx. Com muito sacrifício, havia convencido o Sr. Antonio Marcelino, nosso técnico, a se mudar de sala para que ampliássemos e renovássemos nossa área útil. A reforma e pintura estavam recém-concluídas quando, em 18 de março de 1987, um enorme incêndio dizimou todos os nossos laboratórios. Registrei esse episódio em fotos, que hoje compõem minha Primeira Mostra Individual de Fotografias denominada *Photo, Fato e Grapho*, com o apoio de inúmeros segmentos da UFMG, em especial da Reitoria, na gestão do Professor Cid Veloso e da Pró-Reitoria de Extensão. Trata-se de uma montagem em que, inspirada pelo pensamento aristotélico, combino imagens dos quatro elementos e o efeito devastador do fogo sobre nossos laboratórios e equipamentos.

Aqui, vale lembrar o enorme esforço que todos os membros do DQ/UFMG precisaram realizar para que, em pouquíssimo tempo, recriássemos a infraestrutura necessária às aulas práticas de Química Geral e Química Inorgânica I destinadas a 3.500 alunos dos cursos de Engenharia, Física, Química, Farmácia e Biologia do Ciclo Básico do ICEx, interrompidas pelo incêndio. Os laboratórios foram acomodados na Unidade Administrativa III, onde funcionaram por anos.

Em 1989, no escopo do meu projeto "A Química e a Sociedade: estreitamento de relações", levamos o DQ a participar da inauguração do Centro Cultural da UFMG no âmbito científico, com exposição interativa de processos químicos usuais em nosso cotidiano e, no âmbito artístico, com exposição fotográfica, em parceria com colegas da Matemática/ICEx e Engenharia/UFMG. Objetos usuais nas ilustrações de modelos matemáticos aplicados à arquitetura não convencional e fotos de edificações com estruturas de paraboloides hiperbólicos, o maior vão livre da América Latina em gigantesca abóboda.

Na Chefia do DQ/UFMG, tendo o Professor Gerson Mol como subchefe, em meados da década de 1990, elaboramos o projeto para o novo prédio do DQ. O êxito da aprovação desse projeto pela Reitoria da UFMG se deveu a um grande espírito republicano e democrático. Envolvendo todos os funcionários e professores nas discussões e decisões relativas às demandas e peculiaridades de cada setor, conseguimos alcançar as metas para a sua execução.

Com a aprovação pelo PADCT do projeto de reciclagem e reaproveitamento de materiais, pude prosseguir com o sonho de fazer remédios. Desenvolvemos processos para reutilizar sucatas metálicas, transformando-as em matéria-prima para medicamentos. Esses processos foram adaptados aos roteiros de aulas práticas de Química Inorgânica I e são, ainda hoje, executados pelos alunos da disciplina.

Durante o período em que fui chefe do DQ/UFMG, recebi tantas consultas sobre processos químicos, reciclagem de frascos de reagentes e outros materiais que, com a aprovação da Câmara Departamental, criamos o Núcleo de Prestação de Serviços do DQ/UFMG. Todos os servidores e professores, superespecializados nas várias metodologias de análises químicas, contando com a infraestrutura moderna do DQ e ligados às atividades de extensão do Departamento, foram envolvidos na atividade e ainda hoje prestam relevantes serviços à sociedade, na área de Química.

À mesma época, foi criado o curso noturno de Química, o que representou, e ainda representa, um enorme passo do DQ/UFMG em direção à maior inclusão social dos estudantes. Por serem obrigados a trabalhar para sobreviver, eles se viam tolhidos nas oportunidades de seguirem seus estudos e realizarem seus sonhos. O ótimo desempenho dos estudantes do curso noturno, na atualidade, desmistificou a crença de que, pelo fato de se realizar em turno da noite, seria mais fraco. A experiência revelou-se um sucesso!

Na esteira das iniciativas inovadoras, investimos esforços para a aquisição de equipamentos de informática para todo o DQ, inclusive para a área administrativa. Os servidores técnicos da área de eletrônica, Gustavo José Pereira e José Souto Fernandes, instalaram com grande entusiasmo e eficiência os equipamentos que colocariam o DQ/UFMG todo interligado em rede. À medida que novos pesquisadores eram formados, no Brasil e no exterior, novos equipamentos foram adquiridos, e o DQ transformou-se no que é hoje: um Centro de vanguarda nos estudos da Química comparável aos melhores Centros de Pesquisa do mundo.

Quando iniciei os estudos universitários, em tenra idade, no ICEx e no ICB, recém-criados na UFMG, não imaginava que trilharia uma rota profissional tão especial e interessante. O convívio com pessoas acolhedoras, entusiasmadas e capazes e a possibilidade de buscar a realização dos meus sonhos, como cientista e artista, fizeram de mim o que sou hoje: realizada e feliz!

MEMÓRIAS DE UM TEMPO NA UFMG

Ilton José Lima Pereira

Devo começar me desculpando por falhas da memória associadas à senilidade que, certamente, me levam a omitir muitos nomes e fatos, além de usar, com frequência, o pronome na primeira pessoa do singular.

Meu primeiro contato com a UFMG ocorreu por intermédio do frei Eduardo Copray, meu Professor de Química no Colégio Santo Antônio. Ele nos levou a conhecer os Laboratórios de Química da Faculdade de Filosofia e Ciências Humanas (FAFICH), localizada, então, no 24º e 25º andares do Edifício Acaiaca, após ter sido transferida do prédio do Instituto de Educação. Lá, fui aprovado no primeiro vestibular, em 1963, com Otávio Abreu e Antônio Marques Netto. Num segundo vestibular, a turma se completou com Eduardo Gonçalves, Baldomero Rodrigues Albini, José Geraldo Chaves, Maria Esther da Silva, Herbert Martins e Pedro Cardoso.

Entretanto, e felizmente, essa turma de 10 alunos – a maior, até então, no Curso de Química – iniciou os trabalhos nos novos laboratórios da FAFICH no recém-inaugurado prédio na Rua Carangola, 288. Situado no andar inferior ao saguão principal, o então Instituto de Química da FAFICH se compunha dos Departamentos de Química Geral, Inorgânica e Analítica, de Química Orgânica e Bioquímica e de Físico Química, liderados cada um pelos respectivos catedráticos.

Também vieram nesse ano os alunos do segundo ano: Afonso Celso Guimarães, Maria Helena Marques Fonseca, Cíntia, Irmão Joaquim, Luiz Carlos Ananias de Carvalho, Aguinaldo e Guglielmo Marcone Stefani e a "enorme" turma do terceiro ano, constituída por Rui Magnane Machado e José Caetano Machado. Simultaneamente, foram transferidos do edifício Acaiaca para a Rua Carangola os cursos de Matemática, de Física e de História Natural. Ao longo do ano, a Faculdade completou-se com os demais cursos e serviços, apesar de faltarem obras complementares no oitavo andar e nos arredores do prédio.

A proximidade de alunos de diferentes cursos propiciava intensa integração e troca de ideias que faziam a FAFICH parecer uma "miniuniversidade". Tanto era que, na posterior reestruturação da UFMG, os cursos da FAFICH constituíram os núcleos dos atuais Institutos Centrais.

Nos diferentes cursos, as disciplinas eram anuais. No Curso de Química, as manhãs eram reservadas para as aulas teóricas e, as tardes, para as aulas práticas.

Às provas das disciplinas (uma por semestre) só eram admitidos os alunos que tivessem alcançado, no mínimo, a nota 7 nos exercícios e nas aulas práticas. Os livros, quase sempre em espanhol ou em inglês, eram muito disputados. Ainda me lembro de alguns: Química Analítica Cualitativa, Química Geral e Inorgânica, do Professor Cassio Pinto; Cálculo Diferencial e Integral, Physics do Sears-Zemanski e Físico-Química, do Daniels e Alberty; Physical-Chemistry, do Prutton e Marown; Química Orgânica, do Breuwster; Organic Chemistry, do Morrison e Boyd; e Mineralogia, Elements of Biochemstry, Chemistry do Sienko e Plane, Química Geral e Química Inorgânica, do Linus Pauling e outros. As apostilas eram raras, talvez devido às dificuldades para serem impressas.

O curso era de Licenciatura, portanto incluía algumas disciplinas pedagógicas, como Didática Geral, Psicologia do Adolescente e outras. No ano em que fui admitido, em 1963, o curso expandiu com o Bacharelado, passando a durar quatro anos e com a inclusão de disciplinas como Química Superior, Física do Estado Sólido e outras.

Os laboratórios eram amplos e os equipamentos, modestos. Ainda me lembro da ansiedade ao usar as balanças analíticas (atualmente expostas no DQ), do cuidado ao preparar soluções a partir de ácidos concentrados, da dificuldade em perfurar rolhas de borracha para passar tubos de vidros e das cautelas usuais para manusear outros equipamentos dos laboratórios (por exemplo, o aparelho de Kipp). Causou-me boa impressão a aquisição de um espectrômetro no infravermelho (mantido em sala reservada e manuseado apenas pelo Afonso Celso). Duas eram as salas de reagentes: uma entre os Laboratórios de Analítica Qualitativa e o de Analítica Quantitativa, à qual tínhamos livre acesso; e a outra, sob a rampa que leva ao saguão principal da faculdade, com grande número de reagentes orgânicos, aos cuidados do técnico Randazo, com quem aprendi muito.

Essa liberdade de acesso aos reagentes conduziu a inevitáveis curiosidades e "traquinagens", como a do Luiz Carlos Ananias de Carvalho: Ele produziu um "vulcão" adicionando, num copo Berzelius de 500 mL contendo uma solução 50% de ácido sulfúrico, uma colherada de permanganato de potássio e uma pequena barra de sódio metálico; a "erupção" produzida atirou material até o teto do laboratório. Já o Afonso Celso Guimarães andava pelo corredor atritando, num graal de porcelana, uma pequena porção de clorato de potássio para produzir pequenos estalidos.

No ano seguinte, outra turma de 10 alunos foi formada, incluindo: Ana Maria Pimenta, Lucy Rodrigues, Dorila Piló Veloso, Mariângela, Sandra, Wanda Maria Delgado de Almeida, Aninha, além de Paulo de Oliveira e Hormisdas Borttoloti. Dos anos subsequentes me lembro de Roberto Silva, Geraldo Alberto, Ronaldo Schirmer

(China), João Brostel, Tarcísio Mossi, Taranto, Hernane Otoni, Anita, Nilza Bueno Camatta, Victor Ardnt, Lilavate Izapovitz Romaneli, Chicão, Willian George Dodd, Isnaldo Epaminondas Santos, Antônio, Elzi Fantini e Lindemberg.

Cumpre lembrar os professores. A Chefia era do Professor Aluísio Pimenta, catedrático da Faculdade de Farmácia, um dos idealizadores dos Institutos Centrais e professor de Química Orgânica. Na cátedra da Química Geral Inorgânica e Analítica se encontrava o Professor Willer Florêncio; os demais Professores eram Frei Eduardo Copray (Willibrordus Joseph A. Copray depois de "desemplacado"), Romilda Raquel Soares, Samuel Debrot, Hermeto Barbosa Machado e, às vezes, contávamos com o Professor Cássio Mendonça Pinto, catedrático de Química Inorgânica na Escola de Engenharia. Na Química Orgânica, além do Professor Aluísio Pimenta, eram professores também Marilia Otoni da Silva Pereira (adotou o Morrison e Boyd), Herbert Magalhães Alves, Mitsue Kamei e Jane Magalhães Alves; certo tempo depois, chegou como visitante o Professor Otto Richard Gottlieb, que iniciou pesquisas na área de produtos naturais. Na área de Físico-Química, encontrava-se o respeitadíssimo Professor José Israel Vargas, além de Edson Profeta, Rui Magnane Machado e José Caetano. Na Bioquímica, tínhamos os Professores Anibal Pereira, Maria Luiza Cordeiro Vieira Tupinambá e Lieselotti Jokel. Na Física eram professores Márcio Quintão Moreno, Brício Pereira e Jesus de Oliveira, liderados pelo Professor Francisco de Magalhães Gomes. Os complementos de Matemática eram ministrados pelo conceituado Professor Mário de Oliveira, ficando os Cálculos I e II a cargo do Professor Brício Pereira. A Mineralogia era ministrada pelo Professor Wolney Lobato. Das disciplinas da área pedagógica (pouco consideradas), só me lembro da Professora Alaíde Lisboa, da Didática Geral.

Muitas aulas práticas de análise instrumental eram realizadas na Escola de Engenharia ou na Faculdade de Farmácia, para onde éramos direcionados, incluindo, também, a aula sobre preparação de amostras. Algumas vezes, visitávamos indústrias como a Cauê, a Manesmann e a fábrica de cerveja da Skol.

Dos poucos funcionários, cumpre-me lembrar de D. Elza Beraldo (que nos servia um cafezinho extra), D. Clarice, o Raimundo Januário, o excelente Romário ("nosso hialotécnico') e o Randazo. Este último era técnico em Química. Os demais não tinham qualquer formação em Química. Eram encarregados da limpeza da vidraria, das bancadas dos laboratórios e dos serviços afins. O Romário era hialotécnico e fabricava ou reparava pequenos aparelhos de vidro (tubos de ensaio, capilares, pequenos balões etc.).

Por se tratar de um prédio em final de obras, não tínhamos cantina nem restaurante. Valíamos da cantina do vizinho Colégio de Aplicação e dos restaurantes (bandejões) da Faculdade de Direito ou da Escola de Engenharia. No ano seguinte, adaptaram um barracão das obras para restaurante, onde eram servidos pratos feitos.

Terminado o meu curso, afastei-me da UFMG por uns dois ou três anos, que aproveitei para implantar o projeto CHEMSTUDY no Colégio Municipal e no Colégio Militar, por ter eu me especializado nesse projeto em cursos promovidos pelo Centro de Ciências do Nordeste (CECINE) e pelo Centro de Ciências de São Paulo (CECISP). Em 1969, com a fundação do Colégio Técnico (COLTEC), voltei a integrar os quadros da UFMG e a reatar os relacionamentos com os antigos amigos da FAFICH (agora integrados ao Departamento de Química do ICEx-UFMG) e com amigos do Colégio Universitário, além de novos relacionamentos com muitos professores do Departamento de Química (provenientes da Faculdade de Farmácia e da Escola de Engenharia), especialmente os do Setor de Química Analítica. Foi providencial, pois esse relacionamento muito facilitou a obtenção de estágios para alunos do COLTEC em todos os setores do Departamento de Química.

O prédio do DQ, recém-construído, teve que ser submetido a uma prova de carga, por suspeitas de insegurança na sua fundação, já que o terreno era um baixio sujeito a inundações. A prova de carga, levada a cabo pelo Paulo Furtado, que também era o responsável pela construção do prédio, foi bem-sucedida, com a recomendação de não serem instalados no segundo andar equipamentos pesados, como de raios X, absorção atômica etc.

Fui admitido como Professor Auxiliar de Ensino, em concurso público, para o Colégio Técnico em 1970, onde lecionei até meados de 1974. Com o falecimento de um professor do setor de Química Analítica, fui transferido para o DQ, pois já havia concluído o mestrado em Química Analítica (M.Sc. pela University of Birmingham, 1973). Não obstante, fui submetido a provas para Professor Auxiliar, para Professor Assistente e para Professor Adjunto nos anos subsequentes.

O DQ era um Departamento integrante do ICEx e subdividido em quatro setores: Química Geral Inorgânica, Química Orgânica, Físico-Química e Química Analítica. Não eram setores autônomos, mas eram liderados por coordenadores que colaboravam com o chefe do Departamento na administração geral. Cada setor era encarregado de ministrar as aulas pertinentes para os alunos dos diferentes cursos da UFMG e contava com seu próprio grupo de professores. Embora ocorresse uma significativa colaboração entre os professores, alguma disputa sempre acontecia por espaço físico, gabinetes, vagas para novos professores, verbas etc. Essas querelas eram sempre resolvidas nas reuniões do Departamento.

No DQ, assumi as aulas de Química Analítica Qualitativa, Equilíbrio de Solubilidade e aulas práticas. A parte teórica da disciplina Analítica Quantitativa era ministrada por professores diferentes, um para cada um dos equilíbrios químicos: equilíbrio de ácidos e bases, equilíbrio de solubilidade, equilíbrio de oxirredução, equilíbrio de complexação e respectivas volumetrias, segundo o texto de Skoog West (após alguns anos, essa esdrúxula divisão foi abolida). As Disciplinas Química Analítica Qualitativa e a Análise Instrumental eram disciplinas do Curso de Química. Já a Química Analítica Quantitativa, além do Curso de Química, era integrante dos cursos de Farmácia, de Engenharia Química e de Engenharia Metalúrgica. Essas disciplinas eram de fundamental importância para os químicos que pretendiam ir para as indústrias, onde muitos deles chegaram a lugares de destaque. Lembro-me do Baiano (Petrobras), do João Bröstel (Indústria em São Paulo), Geraldo Eduardo e Agnaldo (Magnesita), Lindemberg (Cauê), Ernane e Ronaldo China (CVRD), Tarcísio Mossi (Indústria de Alumínio), Hormisdas Bortoloti (Bombons Garoto) e outros. Vale dizer que os demais profissionais que têm essas disciplinas nos respectivos currículos sempre delas se valeram para suas atividades. Cumpre lembrar que a Química Analítica, não sendo uma Ciência de per si, reúne e amplia as atividades analíticas nos formais ramos da Química (Orgânica, Inorgânica, Físico-Química, Radioquímica e outros), além de propor novas técnicas de análise, procurando se ater às regulamentações impostas pelos mercados (normas técnicas, ISO etc.).

As aulas eram realizadas no Pavilhão Central de Aulas do ICEx, onde também ficavam os laboratórios de ensino, lamentavelmente destruídos em um grande incêndio. Devido a essa tragédia, novos laboratórios foram construídos no prédio da Prefeitura do Campus, onde, hoje, funciona o Departamento Administrativo da UFMG. Lá permaneceram por alguns anos até serem transferidos definitivamente (eu espero) para o atual prédio do Departamento de Química e correspondente expansão (mas isso é história recente!).

Os alunos do Curso de Química deixaram de formar um grupo coeso, pois eram distribuídos para as aulas teóricas entre todos os alunos do ICEx. Não participei da transferência do curso da Rua Carangola para o Campus Pampulha e nem da implantação do DQ. Porém, mesmo trabalhando no COLTEC e após a minha transferência para o DQ, ouvia rumores de certa discriminação dos alunos do Curso de Química por parte dos professores oriundos da Faculdade de Farmácia (muito mais numerosos). Talvez fossem rumores infundados que, mesmo se existentes, foram se diluindo ao longo do tempo. Espero que esteja extinto. No setor de Química Analítica, nunca percebi e nem fui alvo de qualquer discriminação; ao contrário, fui amigavelmente recebido. Alguma coesão entre os alunos do Curso de Química existia em disciplinas específicas.

Não citarei os nomes dos professores dos demais setores do DQ. Porém, quanto aos professores do setor de Química Analítica, lembro-me, com satisfação, daqueles com os quais convivi: Professor Raimundo Gonçalves Rios (já meu conhecido do Colégio Municipal), Hermeto Barbosa Machado (grande amigo!) e Samuel Debrot, todos da antiga FAFICH. Também recordo do "O Trio" composto por D. Stela, D. Edith e Josefina, Peregrino do Nascimento Neto, Hyedda Nancy Sander Mansur, Daniel Rodrigues de Moura e Neide, vindos da Faculdade de Farmácia. Ao longo dos anos, com a aposentadoria de alguns, novos professores foram admitidos: Elizabete Marques (ex-aluna e grande amiga), Ione, Sheila Maria de Castro Máximo, Maria José Marques, Luiza de Marilac Pereira Dolabella (Lú, ex-aluna e grandessíssima amiga), Zilda Alves Ribeiro, Simone Tofani, Maria José Ferreira da Silva, Lourdes Guerra e Liu Wen Yu. Cumpre lembrar também o "enviado" do SNI, o Engenheiro Hertz Gomes Freire, que veio transferido do Instituto de Pesquisas Radioativas (IPR) junto com o Pinheiro, "encarregado" da recuperação de aparelhos danificados, o qual oferecia a mim e ao Peregrino a oportunidade de filar, diariamente, um cafezinho e a leitura do "Estado de Minas". Sua sala era adjacente à do Sr. Hélio, responsável pela preparação de amostras.

Tenho dúvidas, mas, não obstante, relatarei um episódio cômico-grotesco que ocorreu comigo e com a Hyedda Mansur. Circulou entre alguns funcionários do DQ a notícia de que um curandeiro estava realizando tratamentos miraculosos em um bairro da periferia da cidade; realizava, inclusive, operações que, apesar de sanguinolentas, não deixavam as marcas das incisões. Duvidamos enfaticamente da veracidade da notícia! Para comprovação trouxeram, em uma sacola, uma anágua com as supostas manchas de sangue produzidas em uma das tais operações realizadas em uma "paciente". Resolvemos contestar, pois supúnhamos que tais manchas poderiam ser devidas a um ou mais dos complexos do tiociano ferrato III e, para comprovar, fomos para o laboratório reproduzir tais manchas. Preparadas as soluções de $KSCN$ e de $FeCl_3$, entre nós se estabeleceu o seguinte diálogo: "Tire a anágua, Hyedda, e coloque-a na bancada. Fica mais fácil". Isso feito, molhamos uma parte da anágua com a solução de $KSCN$. "Vou levantar a anágua para você passar o bastão molhado com a solução do $FeCl_3$. Depois repetiremos na pele nua".

Um cidadão "desocupado", passando pela porta entreaberta do laboratório, ouviu o diálogo e tirou sua precipitada conclusão. Esqueceu ele da máxima de que observação é uma coisa e interpretação é outra. Além disso, comentou com várias pessoas a sua conclusão de que o Professor Ilton e a Professora Yeda estavam de "sem-vergonhice" no laboratório. Como soe acontecer com as fofocas, a notícia se espalhou; tendo chegado aos nossos ouvidos a já aumentada fofoca... Demos gostosas gargalhadas e tivemos que sair exibindo a anágua para os colegas. Esse episódio confirmava a opinião irônica e irreverente do saudoso Hermeto: "A gente ganha pouco, trabalha o correspondente, mas diverte à vontade!".

Dos funcionários do setor de Química Analítica, lembro-me do Sr. José Gonçalves e do sempre bem-humorado João Batista, encarregados que eram da limpeza da vidraria e das bancadas dos laboratórios.

O DQ contava ainda com um grupo de técnicos que se dedicavam a diversas funções de apoio à infraestrutura e à pesquisa. Foi contratado o engenheiro eletrônico Francis Baptista Lopes, que comandava o Laboratório de Eletrônica, com um grupo de três outros técnicos de nível médio, para assegurar o funcionamento pleno dos laboratórios de pesquisa, que usavam equipamentos mais sofisticados em operação. O então estudante de doutorado da área de Físico-Química, José Domingos Fabris (docente do Departamento de Química da Universidade Federal de Viçosa); o docente do DQ, Antônio Marques Neto; e o pesquisador visitante André Baudry (vindo do Centro de Estudos Nucleares de Grenoble – CENG, França), por exemplo, trabalhavam no Laboratório de Correlação Angular Perturbada, que tipicamente dependia de manutenção permanente da eletrônica nuclear. Francis B. Lopes era profissional-chave no trabalho de assistência técnica a laboratórios desse tipo. Por isso, esteve, pelo curto período de alguns meses, no CENG, trabalhando, inclusive, no desenvolvimento de um amplificador de sinal, do tipo Nuclear Instrument Module (NIM).

As condições materiais para o Curso de Química foram incrementadas com a vinda de alguns equipamentos da Faculdade de Farmácia e da Escola de Engenharia, além da aquisição de novos equipamentos que ocorreram ao longo dos anos (espectrofotômetros, balanças eletromecânicas, fotômetro de chama, polarímetro, espectrofotômetro de AA, difratômetro de raios X, espectrômetro de massa e outros), eliminando a necessidade de deslocamentos dos alunos do Curso de Química, como ocorria na FAFICH.

As atividades de pesquisas foram aumentadas, especialmente na área de Química Orgânica (Química de Produtos Naturais), e iniciaram-se os cursos de pós-graduação que culminaram com a reportada excelência da atualidade. O setor de Química Analítica foi o último a implantar o mestrado, orientado pelo Elias Mansur.

A Licenciatura em Química foi grandemente beneficiada com a inclusão das disciplinas História da Química e Instrumentação para o Ensino de Química. Tive notícias da criação do Curso de Química Industrial, mas isso é história recente, pois ocorreu após a minha aposentadoria em 1992. A criação do Curso de Química Industrial já era uma aspiração desde meu tempo do COLTEC. O propósito era sempre desestimulado pelo Jarbas Bruno, sob a alegação de não termos as disciplinas Fenômeno de Transporte e Desenho Industrial, apesar do apoio do Professor Cássio Pinto.

O Departamento de Química foi instalado no Campus sem que este tivesse boa estrutura urbana. Faltavam alguma pavimentação e transportes, e a iluminação externa era deficiente. Para alguns, era uma temeridade deslocar-se do DQ até a Avenida Antônio Carlos, no início da noite. No período das chuvas, além da lama, ocorriam ocasionais inundações.

Voltei várias vezes ao DQ após a minha aposentadoria. Em cada visita diminuía o número dos velhos amigos e aumentava a sensação de ser desconhecido entre novos professores, alunos e funcionários. Um hiato ocorreu no dia da comemoração dos 50 anos do Curso de Química; foi muito bom rever velhas amizades, colegas do DQ e, muitos deles, companheiros de pescaria.

Hoje, tenho recebido notícias do passamento de vários colegas e amigos, mas também elogiosas referências sobre a expansão territorial, além da afirmação de ser o Departamento de Química um dos mais produtivos da UFMG. Que assim permaneça e aumente!

Saudades!
Aporá (MG), agosto de 2023.

ORIGEM E EVOLUÇÃO DAS PESQUISAS EM QUÍMICA BIOINORGÂNICA E QUÍMICA MEDICINAL INORGÂNICA NO DEPARTAMENTO DE QUÍMICA DA UFMG

Heloisa Beraldo

Na comemoração dos 80 anos do Curso de Química da UFMG, é importante documentar como se desenvolveram as diversas áreas de pesquisa ao longo desses anos. Inicialmente, o Programa de Pós-Graduação contava, nos anos de 1960, com pesquisadores em Química Orgânica e Produtos Naturais, com forte liderança do Professor Otto Richard Gottlieb; e em Físico-Química, com a liderança do Professor José Israel Vargas. Os primeiros doutores em Química Inorgânica foram Eucler Paniago e Carlos Alberto Filgueiras, que obtiveram os respectivos títulos em 1972.

Os estudos iniciais na área de Química Medicinal Inorgânica foram feitos no Departamento de Química (DQ) da UFMG por Nicholas Farrell e Lucia Tosi, a partir do final dos anos de 1970. Nicholas é um químico irlandês, que foi Professor do DQ no período de 1977-1984, em que desenvolveu trabalhos pioneiros sobre complexos metálicos bioativos. Hoje, ele é professor da Virginia Commonwealth University (EUA) e um dos pesquisadores mais conceituados internacionalmente no campo da Química Medicinal Inorgânica e, em particular, no estudo de complexos de platina como agentes antineoplásicos. Orientou diversos alunos de graduação e de pós-graduação no Departamento de Química, como Maria Domingues Vargas (iniciação científica), Ana Paula Soares Fontes, Sergio Gama de Almeida, Tania Mara Gomes Carneiro, Helmuth Guido Siebald Luna, entre outros (pós-graduação) e mantém até hoje profícua colaboração com muitos pesquisadores brasileiros. Ana Paula Soares Fontes, da Universidade Federal de Juiz de Fora, ex-aluna de Farrell, orientou a tese de doutoramento de Heveline Silva, hoje pesquisadora e Professora do Departamento de Química da UFMG. Nicholas Farrell tem recebido muitos brasileiros para estágios de pós-doutoramento em seus laboratórios, entre os quais Cynthia Demicheli e Heveline Silva. Publicou mais de 270 artigos científicos e 40 artigos de revisão, foi editor de três livros (Figura 1) e tem 70 patentes, tendo sido eleito membro correspondente da Academia Brasileira de Ciências, em razão de sua significativa contribuição à Ciência no Brasil.

Figura 1 – Dois dos livros editados por Nicholas Farrell em 1989 (à esquerda) e em 2000 (à direita).

Nos anos de 1970, conheci Lucia Tosi, química argentina que trabalhava na Universidade de Paris VI e veio à UFMG para prestar colaboração e falar sobre Química Bioinorgânica e sobre os movimentos feministas. Mais tarde, por intermédio de Lucia Tosi, o Departamento de Química recebeu Arlette Garnier-Suillerot, que também trabalhava na Universidade de Paris VI, na área de Química Bioinorgânica. A partir desses encontros, passei a interessar-me pela Química Bioinorgânica e decidi, então, fazer doutoramento sob a orientação dessas duas pesquisadoras. Lucia foi contratada como pesquisadora visitante pelo DQ (1984-1988) e ministrou cursos de História da Química para alunos de graduação e os primeiros cursos de Química Bioinorgânica para alunos de pós-graduação. Na Figura 2, apresenta-se a capa do artigo sobre Lavoisier que Lucia Tosi publicou na revista Química Nova em 1989, fruto de estudos que realizou durante seu estágio no DQ e na Universidade de Paris VI.

Uma biografia resumida de Lucia Tosi encontra-se no *site* do CNPq, na aba "pioneiras da Ciência". O texto menciona suas atividades no Departamento de Química da UFMG. Em 2014, publiquei, na Revista Virtual de Química, um artigo sobre a vida e contribuições de Lucia Tosi para a Ciência, a História da Ciência e para Estudos Feministas (Figura 3), que pode ser encontrado no link https://bit.ly/4amMiPV.

Figura 2 – Artigo intitulado "Lavoisier: uma revolução na Química", publicado por Lucia Tosi na Química Nova (capa), em janeiro de 1989.

Figura 3 – Artigo intitulado "Lucia Tosi: cientista, historiadora da ciência e feminista", publicado na Revista Virtual de Química, em 2014.

Lucia Tosi orientou as dissertações de Cynthia Demicheli e Elene Cristina Pereira Maia, que depois foram orientadas por Arlette Garnier-Suillerot em seus doutoramentos na Universidade de Paris XIII. De minha parte, fui contratada como Professora Visitante para trabalhar com Arlette Garnier agora na Universidade de Paris XIII, durante três períodos de dois meses. Cynthia Demicheli e Elene Cristina Pereira Maia, que foram admitidas como Professoras do Departamento de Química em 1994 e 1995, respectivamente, desenvolveram pesquisas importantes em Química Medicinal Inorgânica. Elene Pereira Maia também esteve como Professora Visitante por quatro períodos na Universidade de Paris XIII.

No final dos anos de 1980, o Departamento de Química contratou Ynara Idemori, que deu início à linha de pesquisa em Química Bioinorgânica voltada ao estudo de porfirinas, hoje uma das linhas importantes do DQ. Ynara formou excelentes pesquisadores, entre os quais Júlio Santos Rebouças (mestrado), hoje Professor da Universidade Federal da Paraíba. Gilson Freitas e Dayse Carvalho da Silva são, hoje, docentes do Departamento de Química e continuam os estudos de metaloporfirinas, agora com a participação de Thiago Teixeira Tasso.

Tendo iniciado os trabalhos de pesquisa e orientação em 1984, até este momento formei 14 alunos de mestrado e 25 de doutorado, 12 estudantes de pós-doutoramento e 68 de iniciação científica. Letícia Regina de Souza Teixeira (mestrado e doutorado) e Isolda Maria de Castro Mendes (mestrado e doutorado), excelentes pesquisadoras, são hoje docentes do DQ; e Rafael Pinto Vieira é Professor do Instituto de Ciências Biológicas da UFMG. Tive também a oportunidade de orientar diversos alunos estrangeiros, entre os quais Anayive Perez Rebolledo e Lenka Tamayo (doutorado), provenientes da Colômbia; Angel Amado Recio Despaigne, de Cuba (doutorado, hoje Professor da Universidade de Viçosa), Victoria Carolina Romero Colmenares (mestrado), da Venezuela; e Andrea Roxane Aguirre Manga (mestrado e doutorado), do Peru. Tenho ex-alunos hoje atuando em universidades e centros de pesquisa em várias regiões do país e do exterior. De fato, firmamos colaborações com diversos pesquisadores no Brasil, no Canadá, na Alemanha e na França. Fruto dessas colaborações, escrevi, com Rafael Pinto Vieira, um capítulo de "Ligand Design in Medicinal Inorganic Chemistry" e fui autora de um capítulo do livro "Encyclopedia of Inorganic and Bioinorganic Chemistry" (Figura 4), ambos a convite do editor Tim Storr, da Simon Fraser University, Canadá, com quem estabelecemos profícua interação.

Figura 4 – Livros editados por Tim Storr em 2014 (à esquerda) e em 2021 (à direita), em que há contribuições de autores do Departamento de Química da UFMG.

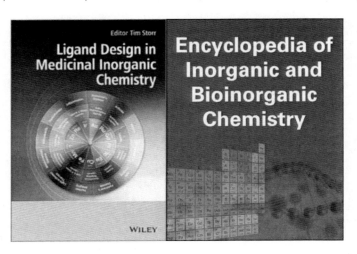

A partir de 2006, fui convidada a fazer parte do Comitê de Governança e Acompanhamento do Instituto do Milênio em Fármacos e Medicamentos, hoje Instituto Nacional de Ciência e Tecnologia de Fármacos e Medicamentos, coordenado pelo Professor Eliezer Barreiro (UFRJ). Sou a única representante da Química Inorgânica entre os membros do Instituto, em que tive a oportunidade de ministrar cursos e fazer conferências sobre Química Medicinal Inorgânica. Realizei a Conferência de Abertura da 39ª Reunião Anual da Sociedade Brasileira de Química em 2016, com o tema "O Papel da Química Inorgânica na Descoberta de Fármacos".

Como contribuição à formação de professores de Ensino Médio, publicamos um Caderno Temático intitulado "Química Inorgânica e Medicina" (2005) na Revista Química Nova na Escola, da Sociedade Brasileira de Química, do qual fui editora (Figura 5). Entre vários autores, contribuíram para o Caderno Ana Paula Soares Fontes (UFJF); Cynthia Demicheli e Fréderic Frésard (UFMG), ex-alunos de Nicholas Farrell; Enrique Baran, da Universidade de la Plata (Argentina); Rubén Darío Sinisterra (UFMG); Elaine Bortoleti Araújo (Instituto Nacional de Pesquisas Nucleares (IPEN); e eu (DQ-UFMG).

Figura 5 – Caderno Temático intitulado "Química Inorgânica e Medicina", publicado em Química Nova na Escola, em 2005.

Finalmente, vale destacar que, por meio de várias iniciativas, como o programa "Química Faz Bem" e a popularização das atividades de pesquisa no Departamento de Química, promovemos a divulgação de nossos trabalhos para o público leigo, por intermédio de conferências e da apresentação de resultados em linguagem acessível, com excelente retorno (Figura 6).

Figura 6 – Divulgação de trabalhos sobre radiofármacos realizados no DQ-UFMG.

As pesquisas em Química Bioinorgânica e em Química Medicinal Inorgânica, desenvolvidas a partir do final dos anos de 1970 no Departamento de Química da UFMG, contribuíram, nos últimos 45 anos, para o progresso da Ciência e para a formação de recursos humanos altamente qualificados, que atuam hoje em diferentes regiões do país e do exterior. O Departamento de Química e o Curso de Pós-Graduação em Química da UFMG tornaram-se referências nacionais nas áreas de Química Bioinorgânica e Química Medicinal Inorgânica pela relevância dos temas estudados, pelo impacto na formação de recursos humanos e pelas atuações dos pesquisadores na divulgação de informações para a comunidade científica e para o público leigo.

A INSERÇÃO DA EDUCAÇÃO QUÍMICA NO DEPARTAMENTO DE QUÍMICA DA UFMG: UM ATO POLÍTICO E PEDAGÓGICO

Luiz Otávio Fagundes Amaral
Roberta Guimarães Corrêa
Rosária Justi
Ana Luiza de Quadros

Introdução

Para compor o cenário de comemoração dos 80 anos do Curso de Química da UFMG, vamos nos dedicar um pouco mais a alguns aspectos do Curso de Licenciatura em Química, com a intenção de elucidar a contribuição – ao menos essa é a nossa defesa – da área de Educação Química ao Departamento de Química.

Os Cursos de Licenciatura em Química foram criados em um modelo chamado de "Modelo 3 + 1". Nele, os estudantes cursavam, durante os três primeiros anos, disciplinas do Bacharelado e, no quarto ano, entravam em contato com as disciplinas Didático-Pedagógicas e realizavam os estágios supervisionados. Claramente se tratava de dois eixos que não dialogavam entre si. Esse modelo, também chamado de racionalismo técnico, concebe o professor como um técnico ou como um mero executor de um plano elaborado ou desejado por outrem. Nesses cursos, o currículo traz um corpo central de ciência comum e básica seguido dos elementos que compõem as ciências aplicadas. Posterior a essa base, são trabalhados aspectos de competência prática. Assim, o professor em formação só aprenderia competências e capacidades de aplicação depois de ter aprendido o conhecimento aplicável.

Em substituição a esse modelo, foi concebido o da racionalidade prática, no qual a educação passa a ser entendida como um processo complexo e o conhecimento profissional docente, como sujeito à incerteza e complexidade da prática. Segundo Goodson (1995), a racionalidade prática levou à valorização do papel do professor e à proposição de currículos mais inovadores, embora tenha sofrido críticas por, de certa forma, desprezar a teoria e pela dificuldade de sua implantação em um sistema escolar mais amplo (além daquele já experimentado por pesquisadores e especialistas).

As Diretrizes para a Elaboração de Currículos no ensino superior e os Referenciais para a Formação de Professores, propostos pelo Ministério da Educação a partir da década de 1990, vieram consolidar um novo modelo para a formação de professores no Brasil. No entanto, dois grandes eixos ainda se fizeram/fazem muito presentes nesses cursos: um eixo de conteúdo específico, que inclui os conhecimentos científicos de Química e os conhecimentos de Matemática, Física e Estatística; e um eixo de conteúdos didático-pedagógicos, que inclui conhecimentos de Didática, Política, Sociologia e Psicologia. Assim, a formação de professores requeria professores de conteúdo específico sem ou com pouco conhecimento de didática, no primeiro eixo; e de professores de conteúdo didático-pedagógico sem compromisso com a centralidade dos conteúdos em processos de ensino-aprendizagem, no segundo eixo. O pouco diálogo entre esses dois eixos desfavorece a formação de um professor capaz de lidar com a complexidade do ato de ensinar.

Uma possibilidade vista como salutar para a formação de professores nesse novo cenário foi a criação de disciplinas que promovessem o diálogo entre esses dois eixos. Por exemplo, na Universidade de São Paulo (USP), sob forte influência do Professor Luiz Roberto de Moraes Pitombo, criou-se a disciplina de Instrumentação para o Ensino de Química. Segundo Porto e Marcondes, ainda na década de 1970, por ter forte atuação no ensino de Química Analítica, Pitombo foi incumbido de:

> [...] estruturar uma disciplina para o curso de licenciatura, destinada a estabelecer uma ponte entre os conteúdos de Química e os conteúdos pedagógicos, focada nas especificidades do ensino de Química. Trabalhando em conjunto com o Prof. Fernando Galembeck, criaram as disciplinas de Instrumentação para o Ensino de Química. Sua atuação na problemática do ensino de Química era então retomada em outro nível, que haveria de render muitos frutos ao longo dos anos (Porto; Marcondes, 2005, p. 54).

Essa ação da USP se expandiu para cursos de outras instituições, incluindo o nosso Curso de Licenciatura em Química do Departamento de Química do ICEx/UFMG.

O Diálogo entre os Dois Eixos: um campo de luta

No nosso Departamento, o Professor Luiz Otávio Fagundes Amaral – nosso Tavinho – foi fortemente influenciado pelas ideias de Pitombo e iniciou um processo de "conversa" com colegas mais próximos para tratar desse assunto. Até então, todas as disciplinas do eixo didático-pedagógico eram ofertadas pela Faculdade de Educação e, como era o contexto da época, nem os professores nem os conteúdos dos diferentes eixos dialogavam entre si.

Aos poucos foi se formando uma forte convicção da necessidade de promover o diálogo entre os dois eixos, e a Instrumentação para o Ensino de Química se mostrava como a opção mais viável. O que significava, e significa, "instrumentar" ou "instrumentalizar" para o ensino? Em uma visão ampla, tais verbos se relacionam com fornecer ao professor em formação um instrumental teórico e prático, na forma de aulas que incluam discussões, investigação, produção de textos, construção de modelos e representações, avaliação, entre outros, que levem em conta as especificidades da Química como ciência e os resultados de pesquisas na área de Educação em Ciências. Nessa época, sob a influência do construtivismo piagetiano, já estava implementado um processo de transformação daquilo que se pensava ser o ensino. No âmbito dessa discussão, novos saberes foram aceitos como necessários à formação de professores, o que resultou na inclusão de temas como os relacionados às concepções alternativas de estudantes[1] e à resistência destes em modificar tais concepções, mesmo depois de estudar um conteúdo.

Em relação ao conjunto de disciplinas chamadas de Instrumentação para o Ensino de Química (IEQ), uma questão emergiu: qual seria o *locus* mais adequado para essas disciplinas? A Faculdade de Educação ou o Departamento de Química? Apesar de aparentemente não ser esse o ponto principal, a locação das disciplinas IEQ no Departamento de Química poderia representar maior transformação no interior do curso. Foi com essa convicção que o Professor Tavinho, com o apoio do Professor Mauro Braga, na época coordenador do Colegiado dos Cursos de Química, apresentou seu projeto ao Departamento de Química e à Faculdade de Educação.

Tanto a Faculdade de Educação quanto o Departamento de Química resistiram a essa proposta, o que levou a uma dupla negociação. A UFMG tinha uma organização institucionalizada em relação aos cursos de formação de professores, sendo a Faculdade de Educação responsável por ofertar as disciplinas do eixo didático-pedagógico. No momento em que foi proposta a inserção das disciplinas IEQ no DQ, de certa forma professores da FaE argumentaram que tal proposta significava romper uma prática tradicional da Instituição. O DQ, por sua vez, responsável pelas disciplinas de conteúdo específico, não via necessidade de levar IEQ para

---

[1] De maneira ampla, concepções alternativas são ideias que estudantes trazem para a sala de aula decorrentes de suas experiências anteriores fora ou na escola.

o seu "guarda-chuva" e não tinha docentes com a formação necessária para ministrar tais disciplinas. Talvez, naquele momento, muitas das pessoas que compunham o DQ não conseguissem perceber a importância de um diálogo entre os dois eixos de disciplinas e, menos ainda, que isso devesse ser responsabilidade do Departamento. A "negociação" precisou, então, ser lenta e constante.

O sucesso desse processo decorreu de dois fatores principais, sendo um deles a ótima relação de respeito e consideração mantida entre os Professores Tavinho e Mauro e os da FaE que, ao discutirem sobre a realidade então vivenciada na USP, foram convencidos da importância de o Curso de Licenciatura em Química da UFMG seguir o mesmo caminho. O outro fator, especificamente relacionado à atribuição dessas disciplinas a professores do DQ, foi a opção do Professor Tavinho de assumi-las. Resolvidos tais impasses, as disciplinas Instrumentação para o Ensino de Química I, II e III passaram a fazer parte do currículo da Licenciatura, sendo ofertadas pelo DQ.

Mas qual motivo levou o DQ a ter tanta resistência à oferta dessas disciplinas? Certamente não foi um único motivo, mas destacamos o papel importante que a pesquisa sempre teve no Departamento. As patentes registradas e o número de publicações em periódicos de alta qualidade sempre foram características do DQ, e a manutenção dessas métricas era (e ainda é) uma meta interna importante. Diferente dos químicos, nós, educadores de Química, nos envolvemos com as interações entre as pessoas – geralmente estudantes e professores – e com a dinâmica do conhecimento em aulas de Química. Nossas pesquisas, portanto, não envolvem bancadas e laboratórios, mas pessoas. Como isso não existia no DQ, havia a impressão de que não fazíamos pesquisa.

Também em função disso, as aulas ministradas no DQ não eram questionadas, uma vez que seus professores possuíam altos níveis de formação acadêmico-científica e assumiam a docência muito mais como transmissores de conhecimentos do que como mediadores da aprendizagem, em uma função mais técnica e, por consequência, mais simples. Ao fazerem isso, quando o resultado da disciplina era ruim, ou seja, quando muitos estudantes eram reprovados, a responsabilidade era considerada quase que exclusivamente dos alunos. Parecia não haver a consciência de que a aula é uma atividade humana que se realiza por um conjunto de ações mediadas, uma vez que é impossível separar o sujeito dos sistemas simbólicos e artefatos materiais empregados na ação. Como atividade, a aula implica a presença de dois sujeitos distintos – professor e estudante –, cada qual com seus objetivos e papéis diferenciados. O sucesso da atividade depende do estabelecimento de interações produtivas entre esses sujeitos. O aprendizado do estudante sempre é o objetivo da ação de ensinar e, embora o aluno deva ser o sujeito dessa ação, assumindo a responsabilidade de aprender, a atuação do professor é muito importante. Nesse sentido, inserir a pesquisa em Educação no interior do DQ pode ter sido um marco para que outras reflexões sobre ensinar e aprender se iniciassem, mesmo que elas tenham ocorrido, até agora, de forma pontual.

O Curso de Licenciatura Noturno: ampliando o espaço da Educação Química no DQ

No Curso de Química diurno, os estudantes faziam a opção, nos primeiros semestres, entre a Licenciatura e o Bacharelado. Em 1994, foi criado o Curso Noturno de Licenciatura em Química, tendo a primeira turma obtido o diploma em 1998.

A criação desse curso noturno não foi uma decisão tranquila na comunidade da UFMG. Segundo comentários de professores e funcionários, havia muita resistência à sua implantação no DQ. Essa resistência era justificada, principalmente, pela pouca infraestrutura que o Departamento dispunha para o ensino noturno. Alegava-se, na época, que a UFMG não tinha condições de assumir as aulas à noite. Falava-se em falta de segurança, não disponibilidade de técnicos de laboratório, insuficiência de transporte etc. Do pouco que pudemos resgatar dessa história, a implantação do curso dependeu de um grupo pequeno de professores que, em uma assembleia descrita por relevantes participantes (por exemplo, os Professores José Caetano Machado e Eucler Bento Paniago) como "tumultuada", conseguiu a aprovação da criação do Curso Noturno de Licenciatura em Química. Segundo alguns professores, aquela assembleia foi um evento marcante na história do Departamento, uma vez que seu principal resultado apontou para uma abertura do DQ para novas experiências.

Hoje, o Curso Noturno de Química, que oferta 40 vagas anuais, é visto com simpatia tanto pela qualidade na formação de seus egressos quanto pelo que ele significa para muitos estudantes que trabalham e veem a possibilidade de cursar essa graduação. Vale ressaltar que, passados praticamente três décadas, a infraestrutura para o ensino noturno ainda não está plenamente consolidada, embora já tenhamos avançado muito nessas quase três décadas.

Segundo dados obtidos do Colegiado de Química, desde o ano de criação, em 1994 até hoje, o Curso Noturno de Licenciatura em Química passou por seis mudanças em seu currículo. Braga, Miranda-Pinto e Cardeal (1997), em estudo sobre a evasão no Curso de Química da UFMG, apontam para um alto índice de evasões e argumentam que esse índice foi fator fundamental para que tantas mudanças ocorressem. Segundo eles:

> A despeito de algumas oscilações observadas, sobretudo no ano de 1987, duas conclusões podem ser inferidas: a evasão apresentou tendência de crescimento ao longo da década passada e os índices alcançados ao final desse período foram insuportáveis. Diante desses fatos, no início dos anos 90, o Colegiado de Curso procurou atuar no sentido de minimizar o problema. A ação se concentrou na organização do fluxo curricular e em melhorar o processo de acompanhamento e orientação dos estudantes (p. 439).

A evasão continua sendo um problema nos cursos ofertados pelo Departamento de Química, mas não se restringe somente a eles. No Brasil, a evasão nos cursos de graduação é uma realidade. Em relação ao currículo, as reformulações continuam acontecendo tanto em decorrência de adequações ligadas às Diretrizes Curriculares Nacionais quanto ao novo cenário que traz uma diversidade maior de estudantes para o interior dos cursos.

No caso do nosso curso noturno, as disciplinas IEQ passaram a fazer parte da grade como já acontecia no curso diurno. Com isso, quando essas matérias tiveram que ser ofertadas também à noite, a carga horária de IEQ não mais poderia ser atendida por um único professor, que também era responsável pelas disciplinas de História da Química e Química Geral. Isso implicava a necessidade de ampliação do número de professores responsáveis por esse conjunto de disciplinas, cuja especificidade requeria um docente com formação tanto em Química quanto em Educação.

Naquele contexto, como coordenador do Colegiado de Graduação, o Professor Mauro Braga solicitou, e teve aprovada, uma vaga para um professor com tais características. Entretanto, sabendo da existência de uma professora do quadro da UFMG que tinha exatamente esse perfil, iniciou-se uma nova negociação para que a Professora Rosária Justi, que era docente da carreira de nível superior, mas estava em exercício no Colégio Técnico, fosse transferida para o DQ em troca da vaga recém-concedida. Após alguns meses, a Professora Rosária, que havia concluído a Licenciatura e o Bacharelado em Química na UFMG, tinha experiência como professora de ensino médio e havia cursado mestrado e doutorado na área de Educação em Química, assumiu seus encargos didáticos no DQ no final de 1998. Entretanto, sua atuação não se restringiu a ministrar aulas das diversas disciplinas IEQ. A partir de suas experiências como professora de ensino médio e pesquisadora com formação na área, ela tanto reformulou o programa das disciplinas IEQ quanto iniciou a oferta de disciplinas optativas específicas para os estudantes de Licenciatura. Tais disciplinas contemplavam temas relevantes para incrementar a formação dos futuros professores e que não faziam parte do programa de IEQ em função da limitação da carga horária dessas disciplinas. Ao mesmo tempo, Rosária Justi criou o primeiro Grupo de Pesquisa da área de Educação Química registrado no Diretório do CNPq, grupo esse do qual participavam, inicialmente, ela e seus orientandos de mestrado (e, posteriormente, de doutorado do Curso de Pós-Graduação em Educação da UFMG), além de estudantes da Licenciatura interessados na pesquisa da área. Tal iniciativa foi importante para motivar vários licenciandos a perceberem a importância da pesquisa em suas formações e atuações futuras e a prosseguirem seus estudos na área de Educação. Posteriormente, e em momentos diferenciados, também fizeram parte desse grupo pesquisadores estrangeiros renomados, como os Professores John Gilbert (UK), José Antônio Chamizo (México) e Maria Pilar Jiménez-Aleixandre (Espanha).

Todas essas iniciativas resultaram em um aumento significativo do interesse dos estudantes pela Licenciatura e em um incremento imenso da carga horária didática daquela professora, o que justificou a realização de um novo concurso público para preenchimento de uma segunda vaga específica para o ensino de Química. Com isso, em fevereiro de 2004, a Professora Ana Luiza de Quadros passou a fazer parte do quadro de Professores do Departamento de Química. A partir daí, as disciplinas que faziam a relação entre o conhecimento químico e as questões didático-pedagógicas passaram a ser ministradas pelas Professoras Rosária e Ana Luiza. Um segundo grupo de pesquisa em ensino de Química foi criado – Grupo Multidisciplinar de Estudos em Ensino de Química (O GMEEQ) – no CNPq, e surgiram novas oportunidades para que os estudantes de Licenciatura e de pós-graduação se envolvessem mais com a pesquisa.

Em uma das aulas de IEQ, no primeiro semestre em que atuou, a Professora Ana Luiza solicitou que os estudantes relatassem suas experiências, em termos de aprendizagem, nas disciplinas que cursavam na Faculdade de Educação. Um deles comentou que estava matriculado em uma dessas matérias e que sua turma tinha um acordo entre os estudantes: como a professora não fazia chamada, eles se dividiam entre os dois dias semanais de aula, ou seja, 50% deles frequentavam a aula em um dia e os outros 50% no outro dia. Assim, segundo ele, a professora da disciplina não notava diferença no número de estudantes. Esse relato foi acompanhado de risos por parte de colegas que, ao que parece, estavam também matriculados na disciplina. O significado desse acordo feito pelos estudantes é importante. Eles mostraram claramente que não viam muita relação dos conhecimentos trabalhados nessas disciplinas de cunho didático-pedagógico com a sua formação, provavelmente por elas não relacionarem o que era discutido com os conhecimentos de Química.

De certa forma, podemos dizer que circulava no DQ a ideia de que as disciplinas teóricas do eixo didático-pedagógico não eram importantes para a formação dos estudantes. A concepção de que para ensinar um conteúdo basta conhecer bem esse conteúdo e usar algumas técnicas de ensino chegava até os estudantes, provocando a organização relatada por um deles. Os professores do DQ, todos muito bem-sucedidos em suas carreiras profissionais, foram formados por meio de aulas desenvolvidas a partir de uma perspectiva expositiva, com participação periférica dos estudantes, sempre centrada no conteúdo, que era organizado e desenvolvido pelo professor. Ao assumirem a docência, eles se espelharam nas experiências que haviam vivenciado. Assim, na perspectiva adotada por muitos desses professores, as teorias de ensino e aprendizagem pareciam desnecessárias, e os estudantes de graduação, de certa forma, assumiam essa mesma perspectiva.

Com isso, o objeto "aula de graduação" não era foco de análise ou de questionamento. A pouca aprendizagem dos estudantes, quando acontecia, era considerada algo normal em função do elevado grau conceitual de algumas disciplinas. Esse "não questionamento" do objeto aula chegava aos estudantes, que se dedicavam bem mais às disciplinas de conteúdo específico do que às de cunho didático-pedagógico. Sabemos que ser professor exige múltiplos e diversos conhecimentos, o que levou as Professoras Rosária e Ana Luiza a ampliar as disciplinas de cunho didático-pedagógico ofertadas, para que elas não se limitassem às disciplinas IEQ, mas que fossem oferecidas outras disciplinas que tratam de tendências contemporâneas de ensino e aprendizagem e que relacionam essas tendências ao conhecimento químico. Essa ampliação foi solicitada pelas professoras ao Colegiado do Curso e aprovada pela Câmara Departamental. Assim, a partir daí passaram a fazer parte da grade curricular, além de duas disciplinas IEQ (I e II), outras como: "Iniciação ao Ensino de Química" (na qual, pela primeira vez, foram discutidos aspectos filosóficos da própria Química e de seu ensino); "Pesquisa em Ensino de Química", "Investigações em Sala de Aula", "Pesquisas em Salas de Aula de Química: ser professor-pesquisador" e "Resolução de Problemas como Competência Profissional: análise e resolução de problemas de sala de aula" (focadas em diferentes aspectos, visando, principalmente, contribuir para a formação de professores que investiguem questões relevantes para e em suas próprias salas de aula); "Ensino de Química Fundamentado em Construção de Modelos", "Aspectos Históricos e de Natureza da Ciência no Ensino de Química", "Ensinando Química a Partir de Visões Contemporâneas: da teoria à prática", "Que Ciência é Ensinada em Sala de Aula?" (explorando aspectos da natureza da Ciência), "Fundamentos da Resolução de Problemas Sociocientíficos", "Aprendizagem Baseada na Resolução de Problemas", "Argumentação no Ensino de Química", "Avaliação de Aprendizagens a Partir de Diferentes Estratégias de Ensino: das perguntas aos problemas sociocientíficos", "Abordagem CTS no Ensino de Ciências" e "Divulgação Científica sob o Enfoque da Natureza da Ciência: perspectivas para o ensino de Química na Educação Básica" (nas quais são discutidas abordagens e tendências contemporâneas, nacional e internacionalmente reconhecidas, para o ensino de Química); e "Produção de Materiais para o Ensino de Química" (na qual o foco não era apenas um produto diferenciado e alinhado com tendências contemporâneas de ensino, mas, principalmente, os aspectos teórico-metodológicos que fundamentam o processo de elaboração de um material que contribua mais efetivamente para a aprendizagem dos estudantes).

A área de Educação Química no DQ: contribuições e perspectivas

Ter o DQ como *locus* de disciplinas que tratam de múltiplos conhecimentos envolvendo o ensino de Química trouxe mudanças sensíveis à dinâmica do Departamento. Ao longo do tempo, foram criadas diversas parcerias entre os professores do campo de Educação Química e professores do campo da Química. Assim, passou a ocorrer o que Fleck (1986) chama de circulação intercoletiva de ideias, ou seja, um pesquisador em Química passa a se reportar a outros coletivos de pensamento, como é o caso de pesquisadores em Educação Química e vice-versa, ou seja, um pesquisador em Educação Química passa a se reportar a um pesquisador em Química.

Um conjunto de aulas de graduação no DQ começou a fazer parte de importantes pesquisas, que apontaram para dinâmicas já presentes em aulas que favorecem a aprendizagem dos estudantes e para dinâmicas a serem construídas, visando à melhoria da qualidade das aulas. Considerando que os pesquisadores de

Química não têm o hábito de desenvolver pesquisas em ensino, a presença das professoras-pesquisadores em Educação Química no DQ promoveu a mediação de aprendizagens possibilitadas pela pesquisa. No entanto, é importante planejar institucionalmente formas de fazer que o resultado dessas pesquisas afete mais diretamente as aulas de professores não participantes.

Desde 2004, as professoras da área de Educação Química passaram a atuar no Programa de Pós-Graduação em Educação: Conhecimento e Inclusão Social, da Faculdade de Educação, orientando importantes pesquisas e formando mestres e doutores em Ensino de Ciências. Além de muitos artigos científicos publicados em importantes periódicos nacionais e internacionais, assim como de capítulos em livros nacionais e internacionais, houve a produção de obras que se tornaram referências em outras pesquisas de campo. Entre esses livros estão: "Chemical Education: Towards Research-Based Practice" (Gilbert et al., 2003); "Modelling-Based Teaching in Science Education" (Gilbert; Justi, 2016); Aulas no Ensino Superior: estratégias que envolvem os estudantes (Quadros, 2018); Multimodalidade no Ensino Superior (Mortimer; Quadros, 2018); Representações Multimodais no Ensino de Ciências: compartilhando experiências (Quadros, 2020); e Aprender Ciências por Meio de Estudos de Caso: algumas experiências (Quadros, 2021).

Além disso, a presença de professores de Ensino de Química – Pesquisadores em Educação, cujo trabalho é muito bem reconhecido nacional e internacionalmente – fez que, por um lado, o nome do DQ fosse veiculado em contextos nacionais e internacionais de tal área e, por outro, que passassem a circular no DQ os resultados de pesquisas em Educação Química publicadas em importantes periódicos nacionais e internacionais. Isso contribuiu para que, de uma forma geral, o DQ passasse a "olhar" para o campo da Educação como um campo que poderia trazer, inclusive, contribuições diferenciadas para o DQ, à medida que, por exemplo, promovesse um debate mais elaborado sobre o objeto "aula na graduação". No entanto, sabemos que o avanço tanto em formação quanto em pesquisa depende de ampliação do número de professores da Educação Química e, como consequência, da ampliação também das pesquisas, dos projetos formativos, da interação entre os diferentes campos, dos projetos interinstitucionais, da visibilidade dos membros dessa área no contexto de pesquisa (que hoje já conta, por exemplo, com o reconhecimento da Professora Rosária como bolsista de Produtividade em Pesquisa do CNPq nível 1 e da Professora Ana Luiza como pesquisadora FAPEMIG), da atuação desses professores em outras instâncias (por exemplo, na editoria de periódicos nacionais e internacionais, como já vem acontecendo há muitos anos). Enfim, de todos os avanços já percebidos pela presença de professores com formação em Educação Química no DQ e pela inserção de disciplinas de cunho didático-pedagógico como responsabilidade do Departamento.

As Diretrizes Curriculares para a Licenciatura em Química destacavam, já em 2001, a necessidade de os futuros professores terem "uma visão crítica com relação ao papel social da Ciência e à sua natureza epistemológica, compreendendo o processo histórico-social de sua construção" (Brasil, 2001, p. 6). Contribuir para que os futuros professores se apropriem de uma visão epistemológica contemporânea da Ciência é uma responsabilidade tanto das disciplinas de cunho didático-pedagógico quanto das de conteúdo específico. Nesse sentido, ampliar a visão que os estudantes têm da Química implica conhecimento conceitual, mas também entender como esse conhecimento foi, e é, construído e divulgado; as contribuições que trouxe, e pode trazer, para o desenvolvimento científico e tecnológico; e as inúmeras interfaces entre Química e outras ciências, como Física, Biologia, Filosofia, Psicologia, para citar apenas algumas. Nisso, os professores de conteúdo específico também têm importante papel.

A convivência nessas últimas décadas entre professores-pesquisadores em Educação Química e professores-pesquisadores de Química certamente aumentou a interação e confiança entre ambos, o que possibilitou o estabelecimento de parcerias colaborativas, sejam elas por meio de dúvidas que vão sendo compartilhadas, de processos reflexivos que vão acontecendo ou de pesquisas conjuntas. Por isso, afirmamos que não se trata apenas de uma integração entre saberes de diferentes campos, mas de uma integração entre pessoas.

A presença de um campo especializado em Educação Química no DQ teve influência também sobre os estudantes. Hoje encontramos inúmeros alunos de Licenciatura que se manifestam publicamente por mudanças no curso, no sentido de inserir diversas discussões que os preparem para enfrentar os múltiplos desafios que a docência representa. Além disso, avanços significativos já aconteceram, como a formação continuada de professores formadores, com uma turma-piloto no ano 2019; a criação do grupo de Pesquisa sobre Ensino de Ciências, Argumentação e Resolução de Problemas (ECoAR), no âmbito do qual, além de serem conduzidos projetos de pesquisa, se iniciou, em 2023, a oferta do curso de extensão "Dialogando com Ciência", que tem como público-alvo estudantes do Ensino Médio; e a inserção do projeto "Práticas Motivadoras de Química para Escolas Públicas" e do programa "Residência Pedagógica", ambos com um número significativo de bolsas de iniciação à docência.

Em relação à formação continuada de professores universitários, Schnetzler (2002) afirma que:

> Se, de fato, é interesse das universidades promover condições para melhorar a prática pedagógica de seus professores, é necessário reconhecer, então, que os professores universitários precisam refletir sobre suas práticas e construir conhecimentos que permitam melhor compreendê-las e aperfeiçoá-las, produzindo a partir de suas próprias investigações transformações no seu pensamento e na sua ação docente (Schnetzler, 2002, p. 23).

No ano 2018, o DQ iniciou um programa intitulado "Planejamento Estratégico DQ 2030", visando a uma melhor organização administrativa, estrutural e de pessoal. Esse planejamento dividiu as atividades/necessidades por Eixos Organizadores: Formação de Pessoal, Gestão, Humanização, Geração de Conhecimento, Interação com a Sociedade, Tecnologia e Inovação, Financiamento e Infraestrutura e Relações Interinstitucionais. No Eixo Formação de Pessoal foi criada a Divisão de Ensino.[2] Entre as estratégias propostas por essa Divisão, fez parte a formação de seus próprios professores, com vistas a prepará-los para lidar com desafios contemporâneos sobre ensino. Com isso, iniciou-se o curso de formação continuada, realizado no DQ no ano 2019. Desse curso, participaram 10 professores de Química, sendo cinco em início de carreira (com menos de cinco anos de ingresso) e cinco mais experientes. Tais professores faziam parte dos setores de Química Orgânica (1), Físico-Química (3), Inorgânica (3) e Analítica (3), sendo o curso coordenado pelas Professoras Ana Luiza de Quadros e Roberta Guimarães Corrêa. A Professora Roberta havia ingressado em uma terceira vaga da Educação Química no DQ no final de 2016.

O curso de formação colocou professores de conteúdo específico como pesquisadores de suas próprias práticas docentes, gerando resultados muito significativos, todos centrados na análise das aulas desses professores, alguns deles divulgados em publicações (Miranda; Correa; Quadros, 2022; Quadros; Ferreira; Correa, 2022; Macedo; Almeida; Quadros, 2021; Defreitas-Silva; Correa; Quadros, 2021) e outros se encontram em processo de publicação. Esse dado reforça a nossa

---

[2] **Nota do Organizador:** A Divisão de Ensino foi nomeada pelo chefe do Departamento de Química Rubén Dario Sinisterra Millán, por meio da Portaria nº 41, de 18 de setembro de 2019. Sua composição inicial era: Luiz Cláudio de Almeida Barbosa (Coordenador), Amary Cesar, Leticia Regina de Souza Teixeira, Roberta Guimarães Correa, Rosimeire Brondi Alves e Simone de Fátima Barbosa Tófani.

tese de que a parceria entre pesquisadores em Educação Química e pesquisadores em Química pode beneficiar a todos.

Ensinar Química é muito mais do que transmitir informações organizadas. Ensinar Química implica promover atividades psicocognitivas para os estudantes, para que eles próprios possam se tornar personagens na significação e ressignificação de conceitos. Para isso, múltiplos saberes são necessários, tanto para quem ensina quanto para quem aprende. Nesse sentido, as conversas de corredor, as dúvidas e as angústias socializadas, os debates, enfim, a interação entre professores-pesquisadores de diferentes campos é sempre salutar.

Trazer as disciplinas IEQ para o DQ significou a inserção de uma área – Ensino de Química – na qual todos atuam, mas que apenas a pesquisa permite entendê-la melhor e gerar novos conhecimentos. Para tanto, contamos com os conhecimentos e disposição para se envolverem nos novos desafios do ensino e da pesquisa das atuais professoras da área: Roberta Guimarães Corrêa, Stefannie Ibraim (que ingressou em 2020, durante a pandemia) e Monique Santos (a mais recente ingressante de 2023). Tendo participado da história brevemente apresentada aqui em papéis diferenciados (uma aluna de graduação, duas participantes de um Grupo de Pesquisa e todas agora professoras), elas têm grande potencial para contribuir para que nos próximos anos o Curso de Química possa considerar novas perspectivas para integrar saberes, integrar pessoas e formar cidadãos aptos a transformar o nosso país!

Referências

BRASIL. Ministério da Educação. Conselho Nacional de Educação. **Parecer CNE/CES 1.303**. 2001.

DEFREITAS-SILVA, G.; CORRÊA, R. G.; QUADROS, A. L. Promovendo o envolvimento e a aprendizagem de estudantes no Ensino Superior: uma experiência com a escrita científica na disciplina de Química Inorgânica. **Química Nova**, v. 45, p. 466-473, 2021.

FLECK, L. **La génesis y el desarrollo de un hecho científico**. Madrid: Alianza Editorial, 1986.

GILBERT, J. K.; DE JONG, O.; JUSTI, R.; TREAGUST, D. F.; VAN DRIEL, J. H. **Chemical Education**: towards research-based practice. Dordrecht: Kluwer, 2003.

GILBERT, J. K.; JUSTI, R. **Modelling-based Teaching in Science Education**. Cham: Springer, 2016.

GOODSON, I. F. **Currículo**: teoria e história. 2. ed. Petrópolis, RJ: Vozes, 1995.

MACEDO, A.; ALMEIDA, M.; QUADROS, A. L. Carbonato de Cálcio ou Cálcio Quelado? Elucidando essa dúvida por meio de estudo de caso. **Química Nova**, v. 44, p. 659-666, 2021.

MIRANDA, A.; CORRÊA, R. G.; QUADROS, A. L. Desvendando um caso: quando estudantes se tornam personagens de uma história na disciplina de Química Orgânica Experimental. **Química Nova**, v. 45, p. 875-881, 2022.

MORTIMER, E. F.; QUADROS, A. L. **Multimodalidade no Ensino Superior**. Ijuí, RS: UNIJUÍ, 2018.

PORTO, P. A.; MARCONDES, M. E. R. *In memoriam*: Luiz Roberto de Moraes Pitombo (1926-2005). **Química Nova na Escola**, n. 22, p. 53-54, 2005.

QUADROS, A. L. **Aprender Ciência por meio de Estudos de Caso**: algumas experiências. Curitiba: CRV, 2021.

QUADROS, A. L. **Aulas no Ensino Superior**: estratégias que envolvem os estudantes. Curitiba: Appris, 2018.

QUADROS, A. L. **Representações Multimodais no Ensino de Ciências**: compartilhando experiências. Curitiba: CRV, 2020.

QUADROS, A. L.; FERREIRA, D. E. C.; CORRÊA, R. G. Eu só quero criar peixes! A construção de significados para conceitos químicos em um curso de aquacultura. **Revista Internacional de Educação Superior**, v. 9, p. e023004, 2022.

BREVE HISTÓRICO DO CURSO DE LICENCIATURA EM QUÍMICA, MODALIDADE A DISTÂNCIA, DA UFMG

Amary Cesar
Ione Maria Ferreira de Oliveira
Simone de Fátima Barbosa Tófani

Passados pouco mais de 60 anos desde a criação do Curso de Química da UFMG, na primeira metade da década de 2000, o governo federal cria condições propícias a uma política pública para a Educação a Distância. Em particular, é lançado o Programa Pró-Licenciatura concebido para estabelecer polos municipais de apoio presencial e oferecer Cursos de Licenciatura em Instituições Federais de Ensino Superior (IFES) na modalidade de Educação a Distância (EaD). Após seis décadas de funcionamento do ensino tradicional na forma presencial no Departamento de Química (DQ) da UFMG, o novo milênio trouxe possibilidades educacionais que não eram cogitadas na primeira metade do século XX. Isso se deveu, em grande parte, ao desenvolvimento de tecnologias da informação, possibilitando que o professor interaja simultaneamente com muitos alunos em locais e momentos distintos. O DQ, atento às inovações ocorridas ao longo do século XX nas mais diversas áreas da Química e da tecnologia, prontamente se envolveu no Programa de Ensino a Distância.

Em 2004, o governo federal, por meio da Secretaria de Educação a Distância do Ministério da Educação e Cultura (SEED/MEC), lançou a Chamada Pública N° 01/2004, de julho de 2004. Essa foi uma chamada para a seleção de Projetos de Curso de Licenciatura a Distância que as Instituições Públicas de Ensino Superior, organizadas em consórcios, poderiam apresentar para oferta de Cursos de Licenciatura a Distância, em andamento ou a serem iniciados em 2005, de Física, Química, Matemática, Biologia e Pedagogia.[1]

Em 2005 foi lançado um edital para a criação de polos municipais de apoio presencial e de cursos superiores em Instituições Federais de Ensino Superior

---

[1] http://portal.mec.gov.br/seed/arquivos/pdf/chamadapublica1.pdf.

(IFES) na modalidade de Ensino a Distância (EaD) e para IFES interessadas em ofertar essa modalidade de ensino pelo chamado Programa Pró-Licenciatura (Edital MEC SEED Nº 1, de 20 de dezembro de 2005, da Secretaria de Educação a Distância – SEED).[2]

A criação oficial da Universidade Aberta do Brasil (UAB) veio a se concretizar apenas em junho de 2006, por meio do Decreto Nº 5.800, do governo federal, que dispõe[3]:

> Art. 1º Fica instituído o Sistema Universidade Aberta do Brasil – UAB, voltado para o desenvolvimento da modalidade de educação a distância, com a finalidade de expandir e interiorizar a oferta de cursos e programas de educação superior no País.

O parágrafo único desse artigo primeiro relaciona os objetivos do Sistema UAB, cuja prioridade foi oferecer formação inicial a professores em exercício na Educação Básica pública, porém ainda sem graduação, além de formação continuada àqueles já graduados. Objetivou também ofertar cursos a dirigentes, gestores e outros profissionais da Educação Básica da rede pública. De forma mais ampla, o programa buscou reduzir as desigualdades na oferta do ensino superior e desenvolver amplo sistema nacional de Educação Superior a Distância.

De acordo com a estrutura do sistema UAB, há polos de apoio para o desenvolvimento de atividades pedagógicas presenciais, em que os alunos entram em contato com tutores e professores e têm acesso a bibliotecas e laboratórios de informática e de ensino de cada área do conhecimento do curso ofertado. Uma das propostas da Universidade Aberta do Brasil é formar professores e outros profissionais de Educação nas áreas da diversidade. Movendo para a UFMG, o seu Plano de Desenvolvimento Institucional (PDI) inicial de 2008-2012, assim como o seguinte de 2013-2017 e o vigente de 2018-2023, no compromisso de Inserções Regional, Nacional e Internacional, contempla:

> [...] um instrumento importante, [no] processo de interiorização, está sendo a consolidação e a ampliação das atividades da UFMG no campo da Educação a Distância (EAD). A Universidade tem investido, de maneira crescente, em programas de formação de recursos humanos através da EAD, notadamente na formação de licen-

---

[2] Edital MEC SEED Nº 1, de 20 de dezembro de 2005, da Secretaria de Educação a Distância (SEED).
[3] Diário Oficial da União, Bº 110, Seção 1, 9/6/2006, p. 4.

ciados nas áreas de Ciências e Matemática, em Pedagogia e em cursos de Especialização direcionados para os serviços de saúde. Atuando hoje em mais de 20 polos, alguns dos quais com oferta de vários cursos, a UFMG tem possibilitado a formação de recursos humanos em regiões do estado com notável deficiência de oferta de Educação Superior em cursos presenciais, sobretudo no caso daqueles ofertados por instituições públicas.

Nas bases conceituais para a Política Acadêmica desse mesmo PDI/ UFMG, destacamos que os cursos de graduação da UFMG podem ser oferecidos no formato "de ensino a distância", em que a mediação didático-pedagógica nos processos de ensino e aprendizagem ocorre predominantemente com a utilização de meios e tecnologias de informação. Os princípios norteadores dos Projetos Pedagógicos Institucionais são estabelecidos para todos os cursos da UFMG, a partir dos quais ressaltamos a meta para a "consolidação de programas em Educação a Distância como instrumento de disseminação do acesso à formação superior qualificada".[4]

A proposta de criação do Curso de Licenciatura em Química, modalidade a Distância (Química/EaD), foi apresentada e aprovada em 2006 pela Congregação do Instituto de Ciências Exatas – ICEx. A oferta do Curso de Química/EaD está documentada no PDI inicial da UFMG.[5]

Em uma ação e coparticipação pioneira do Departamento de Química e do Instituto de Ciências Biológicas (ICB), a UFMG é credenciada pelo MEC como uma Instituição Federal de Ensino Superior para ofertar cursos de graduação na modalidade EaD pela concomitante apresentação, e aprovação, nas respectivas congregações das propostas de Projetos Pedagógicos para os Cursos de Licenciatura em Química e Licenciatura em Ciências Biológicas, na modalidade de Ensino a Distância.

Entre a ações desenvolvidas para atingir as metas preconizadas pelo PDI/UFMG, destacamos o Curso de Química/EaD: oferecer ao estudante formação interdisciplinar e transdisciplinar com habilidades básicas de Química e áreas afins do conhecimento (Matemática, Física, Bioquímica) e de atuação profissional, com o objetivo de introduzir práticas adequadas à formação docente; propiciar ao aluno visão integrada de ensino e pesquisa no ensino de Química; desenvolver um conjunto de habilidades que permita ao estudante atuar de forma proativa, crítica

---

[4] Para detalhes sobre o PDI da UFMG, ver: https://ufmg.br/storage/c/e/c/9/cec964e64ae9ba1b073e4c169c50165f_15525812888029_1368629454.pdf
[5] Plano de Desenvolvimento Institucional da UFMG 2008-2012, p. 27. https://ufmg.br/storage/3/f/4/3/3f4306093ba5f66b7633a5167a49f047_15347223650757_335331363.pdf.

e criativa; expandir a oferta de vagas para outras cidades-polo do estado de Minas Gerais para atender a demandas sociais e criar, na UFMG, oportunidades adequadas de inclusão social aos jovens egressos do Ensino Médio e professores já atuantes na rede de ensino público e privado que ainda não possuem graduação em Química. Adicionalmente, com essas ações, foram ampliadas as possibilidades de participação do estudante da UFMG em ações que contribuam para a sua formação acadêmica e social, intensificando as exposições com atividades de extensão das mais diversas formas e modos.

Nesse cenário, construiu-se para o Curso de Química/EaD um currículo de graduação que incorpora competências e disposições para o trabalho e leva ao enriquecimento do conhecimento. Isso conduz à informação e instrumentalização para a ação de um docente de formação sólida e versátil para o Ensino Médio ou para os anos finais do Ensino Fundamental.

O Curso de Licenciatura em Química, modalidade a distância

O Curso de Química/EaD foi criado em atenção à UFMG e ao Departamento de Química (DQ) com o Programa Pró-Licenciatura e sua adesão ao sistema UAB. Nesse primeiro momento, propostas foram apresentadas para um Curso de Química com sede no DQ/UFMG e para a oferta da modalidade a distância em cinco cidades do estado de Minas Gerais.

O Curso de Química/EaD que integra o sistema UAB foi avaliado e reconhecido de acordo com a Portaria nº 177, de 18 de abril de 2013, da Secretaria de Educação e Regulação do Ensino Superior do Ministério da Educação (SERES)/MEC.[6] A avaliação *in loco* do curso ocorreu em 2012, com a visita da Comissão de Avaliação do MEC ao polo de Montes Claros, Minas Gerais, e no Departamento de Química da UFMG.

Iniciando com o Programa Pró-Licenciatura em 2007, turmas para ingresso de estudantes na UFMG pelo Curso de Química/EaD foram estabelecidas em cinco polos das cidades mineiras de Araçuaí, Frutal, Governador Valadares, Montes Claros e Teófilo Otoni. Essa oferta teve o número total de 183 estudantes matriculados, em uma distribuição mostrando a maior turma formada em Governador Valadares (49 estudantes) e a menor em Frutal, com 21 matriculados. Pelo sistema UAB, ao todo foram criadas turmas para ingresso de estudantes nos anos

---

[6] Veja Portaria 177, de 18 de abril de 2013, da Secretaria de Educação e Regulação do Ensino Superior do Ministério da Educação (SERES)/MEC.

2008, 2010, 2012 e 2018. Em 2008, três polos foram contemplados: Araçuaí, Governador Valadares e Teófilo Otoni, com 109 alunos matriculados; em 2010 e 2012, foram cinco os polos de oferta, os mesmos selecionados pelo Projeto Pró-Licenciatura; em 2018, uma nova turma para o Curso de Química/EaD foi criada em apenas um polo, na cidade de Contagem, região metropolitana de Belo Horizonte. Nessas ofertas, o número inicial de matrículas totalizou 159, 104 e 117, respectivamente.

Nos primeiros anos da oferta do curso pelo Programa Pró-Licenciatura e pelo sistema UAB, os processos seletivos foram realizados por meio de concurso vestibular em 2007 e em 2009. Esses concursos foram organizados pela Comissão Permanente do Vestibular (COPEVE) da UFMG e conduzidos com os respectivos vestibulares então usualmente realizados pela Universidade. Apesar de o processo seletivo para o ingresso de estudantes nas turmas criadas ter sido realizado ainda antes do início do segundo semestre letivo acadêmico de 2007, a primeira aula do Curso de Química/EaD nesses polos somente ocorreu no início do primeiro semestre letivo de 2008.

Para as entradas de 2012 e 2018, o processo seletivo foi instruído de acordo com os Editais de Concursos Vestibulares da UFMG, respectivamente de janeiro de 2012 e maio de 2018, específicos para os cursos na modalidade EaD pelo sistema UAB. Formato esse análogo ao dos processos seletivos para ingresso de estudantes em Curso de Graduação da UFMG na modalidade presencial, exceto pela não participação do Sistema de Seleção Unificada (SiSU).

Para todos esses processos seletivos foram reservadas e alocadas 50% das vagas para a modalidade de "Professor da Rede Pública".

Os recursos financeiros apresentados pela chamada do Projeto Pró-Licenciatura para a criação e implementação do Curso de Química/EaD somavam o valor total da ordem de R$2.100.000,00, a serem utilizados ao longo de quatro anos e meio, referente ao quadriênio 2006 a 2010. Esses recursos possibilitaram a instalação dos laboratórios destinados às aulas experimentais de Química nos cinco polos selecionados e à aquisição de equipamentos, dispositivos e vidrarias técnico-científicos, reagentes e solventes, material de consumo e mobiliário. Esses recursos também foram destinados à aquisição de livros para a bibliografia básica, à produção de material didático, às despesas com passagens e diárias, à organização e realização dos processos seletivos e ao pagamento da equipe de trabalho e de serviços de terceiros. Esse financiamento apoiado pelo FNDE/MEC beneficiou não só a oferta do curso pelo Projeto Pró-Licenciatura, mas também as novas ofertas pelos projetos acampados pela UAB.[7] O financiamento e estruturação física dos polos e dos Laboratórios de Química lá construídos ficaram a cargo do governo do estado de Minas Gerais.

Os financiamentos obtidos na aprovação dos projetos pelo sistema UAB variaram ao longo dos anos, em função do número de estudantes matriculados no curso. Um valor total da ordem de R$1.200.000,00, com liberação de parcelas anuais, foi aportado para a manutenção dos semestres letivos previstos pelo Projeto Pedagógico do Curso. Esses recursos se destinavam a remunerações de bolsas para professores, tutores, coordenadores e servidores associados ao Curso, despesas com passagens e diárias, material de consumo e de expediente, custos com reprografia, impressão de material pedagógico e reprodução de mídias. Também estão aí incluídos os custos para a produção, impressão e distribuição de material didático próprio.

A supervisão e organização das ofertas de novas turmas e da gestão do Curso de Química/EaD pelo sistema UAB estiveram, desde o seu início, sob a liderança da Professora Simone de Fátima Barbosa Tófani. A partir de novembro de 2019, com a aposentadoria da Professora Simone, o Professor Amary Cesar foi designado supervisor do Curso, via processo seletivo editado pelo do ICEx, no início de 2020. A supervisão e organização de oferta das turmas para o Curso de Química/EaD pelo Programa Pró-Licenciatura ficaram, durante todo o seu período de vigência, aos cuidados da Professora Amélia Maria Gomes do Val, com a Supervisão Adjunta do Professor Vito Modesto de Bellis. O Programa Pró-Licenciatura foi encerrado pelo governo federal em janeiro de 2014.[8]

O Curso de Química/EaD está incluído nos ordenamentos e atribuições do Colegiado dos Cursos de Graduação em Química e Química Tecnológica da UFMG. Todas as atribuições e suas representações acadêmicas relativas ao Curso de Química/EaD são apresentadas, discutidas e deliberadas pela Coordenação desse Colegiado. Assim, há o coordenador do Colegiado dos Cursos de Graduação em Química e Química Tecnológica da UFMG, o supervisor e o supervisor adjunto para designarem o gestor e condutor do Curso de Química/EaD. São responsabilidades e competências do supervisor do Curso de Química/EaD as intermediações no Centro de Apoio à Educação a Distância (CAED), o acompanhamento nos órgãos superiores da UFMG e órgãos federais para ofertas de novas turmas para o Curso, formulação e acompanhamento de editais de abertura de novos ingressos de estudantes, supervisão dos polos de apoio presencial, proposta de docentes para as disciplinas semestrais, seleção, capacitação e acompanhamento de

---
[7] CD/FNDE/Nº 34, de 9 agosto de 2005.
[8] Comunicado DED/CAPES 02/2014, de 10 de janeiro de 2014.

tutores e monitores, acompanhamento do desempenho dos estudantes matriculados, propostas acadêmicas e representações necessárias no Colegiado de Química e Química Tecnológica e na Câmara Departamental do DQ etc.

O CAED, criado em 2003, é um órgão administrativo da UFMG subordinado à Pró-Reitoria de Graduação. Entre as suas finalidades estão: estabelecer um sistema integrado de gestão para cursos de graduação e pós-graduação *lato sensu*, na modalidade a distância, capaz de otimizar investimentos e a utilização das tecnologias de informação e comunicação disponíveis na Universidade. Esse Centro foi fundamental no apoio à organização e congregação dos cursos criados na modalidade a distância na UFMG, entre eles o de Licenciatura em Química/EaD. Toda atenção inicial para o seu estabelecimento se deve ao apoio institucional da Professora Maria do Carmo Vila, então docente aposentada pelo Departamento de Matemática. No final de 2009 e nos primeiros anos da década de 2010, o CAED foi coordenado por um de nós do DQ, a Professora Ione Maria Ferreira de Oliveira, que contribuiu para a consolidação do CAED e dos cursos de graduação na modalidade a distância, em especial nas questões de financiamento para custeio e bolsas para docentes e tutores dos cursos.

A proposta de implantação do Curso de Licenciatura em Química, modalidade a distância, foi encaminhada à PROGRAD/UFMG em agosto de 2006 pela então chefe do Departamento de Química, Professora Ione Maria Ferreira de Oliveira. O pró-reitor de Graduação naquele momento era o Mauro Mendes Braga, docente do DQ em serviço nesse órgão administrativo da Reitoria. À época, o Colegiado do Curso de Química era coordenado pela Professora Amélia Maria Gomes do Val.

O Projeto Pedagógico do Curso (PPC) de Licenciatura, modalidade a distância, original previa uma carga total de 2.850 horas para a duração mínima de nove semestres de estudos e um limite máximo de 13 semestres para conclusão do Curso. O PPC do Curso de Química/EaD estabeleceu a máxima equivalência possível entre as atividades acadêmicas previstas pelo Curso de Licenciatura na modalidade presencial (diurno e noturno), implementado anteriormente na UFMG. Uma resenha de algumas reflexões e digressões sobre estratégias para a construção do projeto pedagógico para o Curso de Licenciatura em Química, modalidade presencial, é apresentada e discutida no artigo "A Inserção da Educação Química no Departamento de Química da UFMG: um ato político e pedagógico", dos Professores Luiz Otávio F. Amaral, Roberta G. Corrêa, Rosária Justi e Ana Luiza de Quadros, incluído neste volume. O PPC do Curso de Química/EaD foi organizado na forma modular de Educação a Distância e com momentos presenciais. Na parte presencial do Curso constam as aulas práticas de laboratório e de atendimento aos alunos, por meio de tutorias, seminários, videoconferências e atividades avaliativas. Dois aspectos, entretanto, previstos no PPC do Curso de Química/EaD o diferenciavam do PPC do Curso de Licenciatura na modalidade presencial. Primeiro, a adoção de uma organização das atividades acadêmicas curriculares divididas em módulos de disciplinas bimestrais, ao contrário dos módulos semestrais utilizados pelos cursos presenciais de Química. Segundo, a apresentação dos conteúdos das disciplinas de caráter teórico, estruturado e adaptado, naturalmente, para preservar o conceito e a natureza "a distância" da modalidade do Curso. Esse segundo caso implica o uso extensivo de métodos e técnicas virtuais de apresentação, discussão e acompanhamento dos objetos de estudo, incluindo o ajustado e parcimonioso uso de videoaulas síncronas e assíncronas, fóruns, *chats* etc., todos disponíveis em plataformas virtuais de ensino e avaliação de qualidade. Vários desses recursos foram empregados na plataforma de apoio virtual Moodle, instalada e disponível na UFMG. Além disso, nos primeiros anos de oferta do Curso foram utilizados os recursos da Rede Nacional de Processamento (RNP) para a produção de videoaulas (síncronas e assíncronas) e a apresentação de seminários acadêmicos e administrativos com os estudantes matriculados no Curso e com a equipe de tutores de apoio nos polos de atividades presenciais onde o Curso estava sendo oferecido.

A formatação da matriz Curricular em grupo de disciplinas bimestrais não foi bem-sucedida, resultando em uma revisão do seu PPC em 2012, quando o caráter modular semestral para o fluxo de disciplinas foi estabelecido.

Os Polos dos Cursos EaD ofertados pelo Dept. de Química

As cidades-polo selecionadas, de acordo com as propostas iniciais apresentadas para a implantação do Curso de Química/EaD, pelo Programa Pró-Licenciatura e pelo sistema UAB foram Araçuaí, Teófilo Otoni, Governador Valadares, Montes Claros e Frutal. Essas escolhas foram norteadas por indicadores sociais qualitativos e quantitativos. De início, o conhecimento da ampliação do acesso à escolaridade e da sua extensão está relacionado a um processo simultâneo de crescimento econômico e ampliação dos direitos individuais que caracteriza os arranjos sociopolíticos contemporâneos. Decorre dessa premissa que a elevação do padrão de escolaridade da população com a expansão do Ensino Superior é uma questão estratégica para o desenvolvimento da competência em Ciência e Tecnologia, condição essencial para o desenvolvimento e elevação da qualidade de vida da população e para a redução da exclusão social e cultural. A deficiência de professores em áreas do conhecimento como Química, Física, Biologia e Matemática é uma realidade noticiada e vivenciada pela maioria das Secretarias Estaduais de Educação do Brasil. E o estado de Minas Gerais não foge à regra.

O Curso de Química/EaD foi estruturado para ter uma duração mínima prevista de quatro anos e meio. Ao final desse período de estudos, os graduados estarão habilitados para lecionar Química no Ensino Médio e Ciências nas séries finais do Ensino Fundamental. Considerando que o investimento na formação de recursos humanos para a Educação nas séries finais do Ensino Fundamental e para o Ensino Médio é base para qualquer processo de desenvolvimento regional, a UFMG prestou importante contribuição às populações dos seus cinco polos. Assim, a Instituição também contribuiu para a fixação de professores em suas regiões, possibilitando o desenvolvimento profissional. Permanecendo em suas regiões, os egressos do Curso de Química/EaD continuarão participando da vida da comunidade, exercendo liderança e assumindo compromissos com a transformação social de seu meio. Igual em destaque, o Curso de Química/EaD significa, também, uma oportunidade para as atividades mútuas de pesquisa, uma vez que sabemos pouco acerca dos processos de educação envolvidos e das possibilidades de intervenção na formação de novos professores em ações sequenciais. E isso contribui, de forma natural, para o desenvolvimento do ensino e da pesquisa em Educação Científica utilizando novas tecnologias.

As cidades e os polos participantes do sistema UAB são aprovados pelos critérios de avaliação adotados pelo Ministério da Educação (MEC). Tais critérios contemplam as instalações físicas, a organização e os recursos humanos para a sua gestão e manutenção.

Em cada polo, que tem o papel fundamental de ser um centro de apoio administrativo e acadêmico local, há uma biblioteca com acervo adequado de livros didáticos complementares disponíveis para consulta e empréstimo aos alunos, de modo a facilitar e favorecer o enriquecimento de seus estudos rotineiros com material para pesquisas acadêmicas. Os recursos do Laboratório de Informática e o acesso à Biblioteca e a ambientes de estudos eram utilizados invariantemente, seja aos sábados, quando eram realizadas as atividades presenciais obrigatórias, seja durante a semana, de acordo com o horário estabelecido e divulgado pela Coordenação do Polo.

O Curso de Química/EaD da UFMG tem a estrutura de um curso presencial, demandando a participação da ordem de 30% em atividades realizadas de forma presencial. Essas participações englobam as aulas práticas de laboratório sobre temas do Curso, debates e discussões em grupo mediados por professores ou tutores, sempre que propostos por docentes das disciplinas, bem como reuniões semestrais com a supervisão do Curso e as avaliações presenciais regulares realizadas pelos estudantes.

As mesmas práticas e aulas propostas e realizadas pelos estudantes de graduação no Curso Presencial de Licenciatura em Química são reproduzidas nos laboratórios dos polos de apoio presencial para os alunos da Química/EaD. Há uma equivalência substancial entre as aulas práticas das disciplinas de natureza experimental, com exceção das que demandam instrumentos ou dispositivos mais complexos. Por exemplo, um calorímetro de ensino mais robusto, para a determinação de calores de combustão e espectrômetros de bancada para trabalhos rotineiros de ensino, como a varredura de amostras inorgânicas nas regiões do ultravioleta ou do infravermelho, necessários para aulas de caracterização de complexos inorgânicos sintetizados em uma das disciplinas de Química Inorgânica Experimental.

O plano de ação para alcançar os objetivos propostos pelo Curso de Química/EaD incorporava uma estrutura de apoio dinâmica de tutoria. Nos polos, a equipe de tutores, denominados tutores presenciais, realizava plantões regulares para atendimento em grupo ou individual dos alunos. Mantínhamos nos polos uma equipe de tutores com preparo adequado para atender os estudantes em suas demandas nas disciplinas da área de Química (nas suas cinco subáreas), mas também nas competências de Matemática (Geometria Analítica e Cálculo Integral e Diferencial) e Física (Mecânica e Eletromagnetismo). Esses tutores, devidamente capacitados, ofereciam suporte nos trabalhos que exigiam mediação em discussões ou apresentação de tarefas em grupo, sempre que estipulados e previamente agendados ao longo dos semestres.

O sistema de tutoria no curso a distância

A tutoria tem papel importante para um curso na modalidade a distância, visto que essa estrutura permite um espaço de estudo que não se restrinja à sala de aula convencional. No modelo de educação a distância utilizado pelo Curso de Química/EaD da UFMG, a tutoria foi realizada pelos denominados tutores a distância e tutores presenciais. Além, naturalmente, da participação fundamental e efetiva da equipe de professores formadores que eram responsáveis pelas disciplinas ministradas.

Duas equipes de tutores foram formadas com funções interligadas, mas bem definidas. Uma relação média em torno de 20 a 25 alunos por tutor esteve disponível para atuação no Curso. Os processos de seleção dos tutores, nas modalidades presencial e a distância, foram realizados sob o comando de professor especialista, ativo no quadro de docentes da UFMG, indicado pela Supervisão do Curso.

O tutor presencial, aquele que atuava no polo de apoio presencial, desempenhava funções de ordem orientadora centradas na área didática, no monitoramento e avaliação dos estudantes. Por vezes, assumia também a função acolhedora, humanista e motivadora na área afetiva do aluno e, também, nas tarefas administrativas, com a organização do polo para as atividades presenciais. Entretanto, o tutor a distância atuava na sede e executava as estratégias de ensino e do plano de estudo definidas pelos professores das disciplinas. Cabia a esses docentes, adicionalmente, assessorar os tutores presenciais, viajando rotineiramente aos polos para auxiliá-los nas atividades experimentais realizadas nos Laboratórios de Química.

Foram mantidas equipes de tutores presenciais e a distância que respondiam pelas disciplinas das áreas de Matemática e Física e aqueles que são especialistas em assuntos da área de Química. Um número da ordem de 30, entre os tutores presenciais e a distância, auxiliou-nos na tarefa de levar o Curso de Química/EaD para os polos afastados da sede da UFMG em Belo Horizonte. Na véspera do início de cada semestre letivo, os tutores presenciais e a distância eram reunidos no Departamento de Química para uma semana de capacitação. Essa capacitação incluía uma apresentação das disciplinas ofertadas aos estudantes no semestre que se iniciava, além da realização efetiva, no laboratório, de todas as experiências das aulas práticas programadas.

Com a oferta do Curso no Polo de Contagem-MG a partir do segundo semestre de 2018, a equipe de tutores presenciais foi desfeita, sendo mantidos apenas tutores a distância. Nesse momento, as dependências do Departamento de Química, Campus Pampulha, em Belo Horizonte, foram utilizadas. As aulas práticas foram realizadas nos laboratórios do Anexo I do DQ, tendo também disponíveis as salas de aula e recursos computacionais do prédio do DQ ou do ICEX.

Temos uma grande satisfação e orgulho em saber que vários tutores que participaram do Curso de Química como colaboradores são hoje docentes concursados da UFMG, lotados no DQ, na Faculdade de Educação e no Colégio Técnico, além de outros contratados no Centro Federal de Educação Tecnológica (CEFET) de Minas Gerais e de outras instituições de Ensino Superior do estado de Minas e do Brasil.

Os docentes do Dept. de Química que atuaram no Curso EaD

Os Departamentos de Química, Física, Matemática e Geologia e a Faculdade de Educação estiveram envolvidos no Projeto de Ensino a Distância do DQ, via Curso de Química/EaD. Esse envolvimento se deu com a colaboração dessas unidades na oferta de diversas disciplinas de graduação na modalidade a distância ou presencial (disciplinas práticas em laboratório e supervisão de Estágio Curricular).

Colaboraram no Curso de Química/EaD, como professores conteudistas e, ou, professores formadores e, ou, orientadores de Trabalho de Conclusão de Curso, um número da ordem de cinco dezenas de docentes e ex-docentes do quadro permanente do Departamento de Química da UFMG. São eles: Adão A. Sabino, Adriana N. de Macedo, Amanda S. de Miranda, Amary Cesar, Amélia M. G. do Val, Ana Luiza de Quadros, Ana Paula de C. Teixeira, Ângelo de Fátima, Antônio Flávio de C. Alcântara, Arilza de O. Porto, Bernadete de F. T. Passos, Bernardo L. Rodrigues, Camila N. C. Corgozinho, Clésia C. Nascentes, Dayse C. S. Martins, Gaspar D. Nuñoz, Grácia D. F. Silva, Helmuth G. S. Luna, Helvécio C. Menezes, Ione M. F. de Oliveira, Isabel C. P. Fortes, Jacqueline A. Takahashi, Jarbas M. Resende, José Danilo Ayala, Júlio Cesar D. Lopes, Letícia M. Costa, Letícia R. S. Teixeira, Lúcia P. S. Pimenta, Lucienir P. Duarte, Luiza de Marilac P. Dolabela, Maria Elisa D. de Carvalho, Maria José de S. F. Silva, Maria Helena de Araújo, Nelson G. Fernandes, Renata C. S. Araújo, Roberta G. Corrêa, Rodinei Augusti, Rosana Z. Domingues, Rosemeire B. Alves, Rossimiriam P. de Freitas, Simone F. B. Tófani, Tiago A. S. Brandão, Túlio Matencio, Vito M. de Bellis, Wellington F. Magalhães e Zenilda L. Cardeal.

Inicialmente, os docentes do quadro permanente da UFMG participaram como bolsistas nas modalidades "professor conteudista" e "professor formador" do organograma de disciplinas ofertadas pelo Curso. Mais tarde, entre 2015 e 2016, o modelo de docente bolsista foi descontinuado e extinto. Isso em função do fato de que os encargos didáticos referentes a todas as disciplinas oferecidas para o Curso de Química/EaD foram incluídos na planilha de cálculo de alocação de vagas docentes para Departamentos Acadêmicos, adotada pela Comissão Permanente de Pessoal Docente (CPPD) da UFMG.

O Curso de Química/EaD possibilitou a expansão do número de docentes no DQ, trazendo-lhe diretamente uma vaga em 2008, três em 2011 e quatro em 2014. Também contribuiu indiretamente para a alocação de vagas geradas para os Departamentos de Matemática e de Física do ICEx e da Faculdade de Educação, via planilha de cálculo para alocação de vagas docentes adotada pela CPPD/ UFMG.

Produção de material didático

As propostas de ensino a distância requerem ações mediadas com o uso de materiais didáticos adequadamente desenvolvidos, de forma adaptada e bem dimensionada. Isso decorre da observação de que os processos de ensinar e aprender na EaD não ocorrem, como no ensino presencial, no espaço e no tempo de forma compartilhada e simultânea por alunos e professores. Os materiais didáticos para EaD devem conceitualmente garantir a aplicação dos princípios do Projeto Pedagógico do Curso na abordagem dos conteúdos das várias disciplinas e traduzir os objetivos do Curso, conduzindo os estudantes a alcançarem os resultados esperados em conhecimentos, habilidades e atitudes.

Pela proposta do projeto da implementação do Curso de Química/EaD, um conjunto de fascículos de apoio foi produzido para as diferentes disciplinas, com suas ementas e programas definidos na matriz curricular padrão. Igualmente, a produção de videoaulas foi organizada e resultou na composição de aulas especialmente preparadas para serem utilizadas como material assíncrono para os estudantes.

Uma série de livros impressos foi produzida e distribuída para os estudantes matriculados. Os livros foram elaborados por professores dos Departamentos de Química, Matemática, Física, Geologia e Ciências da Computação do ICEx, da Faculdade de Educação e da Faculdade de Letras. O projeto gráfico da coleção e a produção dos livros (diagramação, revisão, ilustração) ficaram sob a responsabilidade, inicialmente, da Editora UFMG e, em um segundo momento, da Editora do CAED-UFMG.

Foram produzidos fascículos de: Química Geral Experimental, Introdução à Química, Química Orgânica I e Química Orgânica Experimental, Química Inorgânica Experimental, Técnicas Básicas de Laboratório de Química, Análise Qualitativa, Cálculo e Física Experimental, assim como Sociologia, Psicologia da Adolescência, Metodologia de Estudos Autônomos e Introdução às Tecnologia da Informação e Comunicação. Desses fascículos, os dois últimos cumprem a meta de introduzir os estudantes de um curso na modalidade a distância que faz uso intensivo de métodos e técnicas virtuais, em aspectos das tecnologias da comunicação que são utilizadas rotineiramente por esses alunos.

Além da edição desses livros, outros foram produzidos, mas não editados no seu formato final. Entre eles estão os livros de Química Orgânica II, Didática do Ensino de Química, Química Analítica, Análise Quantitativa, Físico-Química e Físico-Química Experimental, Bioquímica, Química Ambiental e Recursos Minerais. Também, em trabalho conjunto com os tutores do Curso da área de Matemática, foi organizado pela Supervisão do Curso um livro de Matemática Básica, concebido como suporte pré-cálculo para os estudantes.

O sistema de distribuição do material didático impresso aos alunos foi feito via sistema de transporte oficial do CAED/UFMG, envio pelos Correios ou nas viagens regulares dos tutores a distância aos polos de apoio presencial.

Egressos e evasão da Licenciatura em Química EaD

Apesar do número encorajador de estudantes matriculados no Curso de Química/EaD, a evasão mostrou ser um grande problema. Como consequência, considerando todos os polos, apenas algumas dezenas se graduaram nessa modalidade até o final de 2023. Em dezembro desse ano, nove estudantes ainda estavam frequentes no polo de Contagem, e a expectativa é de que a integralização do Curso se dê no final do segundo semestre de 2024. A apuração geral do número de egressos é, a nosso ver, desapontadora.

Uma análise detalhada e reflexões parcimoniosas indicaram que há fatores fortemente inter-relacionados e correlacionados para essa tendência. A falta de informações sobre o Curso e a demanda que ele requer dos estudantes, aliadas, em geral, às suas formações acadêmicas deficientes, destacaram-se como problemas proeminentes.

A inquietante e grave evasão escolar registrada no Curso de Química/ EaD é especialmente aguçada nos três primeiros semestres letivos a partir do ingresso dos estudantes, atingindo a média, por oferta e por polos, de 50% a 60% dos alunos matriculados. A evasão escolar é um aspecto bem mais amplo e complexo, mas que temos o dever de entender as suas razões e envidar imensos esforços para reduzir ao máximo as suas causas e os seus efeitos, uma vez que a sua eliminação é uma ilusão insone.

Apesar do baixo número de concluintes, o Curso de Química/EaD contribuiu direta ou indiretamente para prover boas experiências práticas de natureza pedagógica e gestão administrativa no ensino a distância para a equipe de tutores presenciais, colaborando para a qualificação indireta de educadores locais que já atuavam diretamente no Ensino Médio e Fundamental nas áreas de Química e Matemática.

Algumas palavras finais

O ensino evoluiu desde a criação do Curso de Química na UFMG em 1943 até hoje. O desenvolvimento de tecnologias modernas de informação permitiu a criação de uma nova mentalidade e o desenvolvimento de ações baseadas na modalidade a distância, abstraído e comum no sistema de ensino internacional.

Apesar do baixo número de graduados e da alta evasão, os poucos concluintes do Curso de Química/EaD tiveram suas vidas impactadas positivamente pela oportunidade que lhes foi apresentada de acesso ao Ensino Superior via EaD. Acreditamos que o Curso contribuiu para a formação dos egressos, preparando-os não só para a docência no Ensino Médio e nas séries finais do Ensino Fundamental, mas também proporcionando uma formação cidadã e introduzindo-os na área da pesquisa no Ensino de Química. Esse aspecto pode ser visto pelos temas por eles escolhidos e desenvolvidos por ocasião dos seus trabalhos de Conclusão de Curso. Temas abrangendo uma variada e ampla gama de tópicos, como: letramento, intervenção e mediação de leituras no Ensino de Química no Ensino Médio, Química para o ensino noturno e o EJA; uso de experimentos e História da Química como recursos para construir conceitos químicos e questões de interesse ambiental, como o estudo de uma Estação de Tratamento de Esgoto, contaminação de solos por mercúrio, análise da qualidade da água para irrigação e consumo humano; questões envolvendo o ensino de Química e as particulares regionais, como evasão no Ensino Médio em escolas da zona rural; plantas medicinais, Química em escola familiar agrícola ou, mesmo, o uso da tecnologia de informação e comunicação da aprendizagem no Ensino Médio e em escolas profissionalizantes; e análise do projeto do Novo Ensino Médio, assim como questões envolvendo estudantes com necessidades especiais, como dislexia e autismo e a formação de professores de Química para a Educação Especial Inclusiva no Ensino Médio.

Alguns dos temas desenvolvidos nesses Trabalhos de Conclusão de Curso geraram artigos publicados em meios de divulgação nacional com a coautoria de alguns dos nossos estudantes.[9] Outras publicações inspiradas na experiência do Curso de Licenciatura em Química, modalidade a Distância, foram produzidas.[10]

O ensino a distância é um veio que a UFMG não pode deixar de seguir e explorar. Revisões concebendo o Curso de Química/EaD com uma porcentagem de carga de estudos na forma presencial maior trarão vantagens em aumentar a interação interpessoal direta estudante-professor e estudante-estudante, estabelecendo, entre eles, vínculos de confiança, aprendizagem e humano mais profundos. Isso, certamente, contribuirá para a identificação e fixação do estudante no Curso, reduzindo, com alta expectativa de sucesso, a sua grande evasão.

A UFMG tem gradativamente investido em programas de formação de recursos humanos por intermédio da EaD, em especial como um dos modelos utilizados para atender ao seu compromisso de inserção regional no estado de Minas Gerais. É importante, em especial, pautar discussões nesta Universidade para criar as condições adequadas para a institucionalização dessa modalidade de ensino; e ter o Curso de Química/EaD não mais unicamente como uma opção pontual de projeto de ensino participante do modelo de UAB, com as adversidades das oscilações e incertezas nas políticas de lançamento de editais e financiamento federal para essa modalidade de curso.

Como mensagem final, há de se ter sempre uma visão otimista para a modalidade a distância voltada para o ensino de Química. Essa é uma opção natural e viável para o sistema de ensino contemporâneo, para a difusão do conhecimento e de habilidades aplicáveis a várias áreas da ciência e do comportamento humano. Os recursos digitais, de toda natureza de uso e aplicação, são disponibilizados a uma velocidade com taxas crescentes e sufocantes a cada janela (no sentido figurado e real) que abrimos para contemplar nossas curiosidades, desejos e necessidades. Os

---

[9] MOURA, K. F. A.; DURAES, J. A. S.; SILVA, F. C. Investigação no Ensino Médio: sistemas de hidroponia em horta escolar para discussão de conceitos químicos. *EXPERIÊNCIAS EM ENSINO DE CIÊNCIAS* (UFRGS), v. 14, p. 582-592, 2019; ANDRADE, M. F. D.; SILVA, F. C. Destilação: uma sequência didática baseada na História da Ciência. *QUÍMICA NOVA NA ESCOLA*, p. 97-105, 2018; LOYOLA, C. B. O.; SILVA, F. C. Plantas Medicinais: uma oficina temática para o ensino de grupos funcionais. *QUÍMICA NOVA NA ESCOLA*, p. 59-67, 2017; OLIVEIRA, G. A.; SILVA, F. C. Cromatografia em papel: reflexão sobre uma atividade experimental para discussão do conceito de polaridade. *QUÍMICA NOVA NA ESCOLA*, v. 39, p. 162-169, 2017; OLIVA, C. R. D.; FERREIRA, A. C.; TOFANI, S. F. B.; SILVA, F. C. Explorando os conceitos de oxidação e redução a partir de algumas características da história da ciência. *QUÍMICA NOVA NA ESCOLA*, v. 42, p. 30-36, 2020.

[10] Por exemplo: DO CARMO, N. H. S.; DE QUADROS, A. L.; TÓFANI, S. F. B.; CESAR, A. A Formação e Profissão Docente: analisando concepções de estudantes da modalidade a distância. *INTERSABERES* (FACINTER), v. 10, p. 210-230, 2015; DE OLIVEIRA, I. M. F.; DE QUADROS, A. L.; TÓFANI, S. F. B.; CESAR, A.; COUTO, L. G. O. O Tutor do Curso de Licenciatura em Química da UFMG: reflexões a partir de sua percepção. *REVISTA IBEROAMERICANA DE EDUCACION A DISTANCIA*, v. 16, p. 133-154, 2013.

recursos tecnológicos digitais estão disponíveis, resta saber usá-los com destreza, objetividade, tenacidade e sabedoria.

Os autores agradecem ao Professor Luiz Cláudio de Almeida Barbosa seus valiosos comentários, correções e sugestões, contribuições decisivas no aprimoramento da forma e apresentação deste texto.

ATIVIDADES DE EXTENSÃO NO DEPARTAMENO DE QUÍMICA DA UFMG – ALIANÇA ENTRE SOCIEDADE, ENSINO E PESQUISA

Isabel Cristina Pereira Fortes
Vânya Márcia Duarte Pasa
Ângelo de Fátima

A atividade de extensão universitária é de suma importância, uma vez que é por meio dela que promovemos maior interação com a sociedade e, assim, podemos utilizar a nossa capacidade para desenvolvimento de produtos e serviços, nossa infraestrutura e nosso conhecimento adquirido para oferecer melhorias à comunidade.

Em meados da década de 1980, iniciaram-se as discussões sobre as atividades de extensão no Departamento de Química (DQ) devido às inúmeras solicitações da comunidade pelos nossos serviços. No entanto, as demandas da sociedade já aconteciam há muitos anos e eram, muitas vezes, atendidas de maneira bastante informal. Em 1986, na gestão do Professor Peregrino do Nascimento, houve a apreciação, pela Câmara Departamental, do Projeto de Extensão intitulado "Diagnóstico e Estudo de Normas Técnicas Internacionais no Setor Minero-Metalúrgico". Essa iniciativa se enquadrava no âmbito do Programa de Apoio ao Desenvolvimento Científico e Tecnológico/PADCT, criado em 1984 pelo governo brasileiro, para fomentar políticas de fomento ao desenvolvimento da ciência e da tecnologia.[1]

O Projeto do DQ tinha como objetivo principal identificar a desinformação na área de normalização e propor estratégias para a formação de recursos humanos na área minero-metalúrgica e, consequentemente, nos cursos profissionalizantes que envolviam essa área. Durante a gestão da Professora Ana Maria Soares (11/1993 a 05/1996), esse tema passou a ser debatido de forma mais abrangente na Câmara Departamental. Nessa ocasião, iniciou-se um processo de levantamento de dados da infraestrutura do Departamento para avaliar a possibilidade da execução de serviços a terceiros. Na mesma época, mais precisamente em 30 de novembro de 1995, ocorreu a aprovação da Resolução 010/1995, que regulamentou, até recentemente, a prestação de serviços pela UFMG.

---

[1] **Nota do Organizador:** Para informações sobre o PADCT, ver: Barreto, L. A.; Prescott, E. O impacto do PADCT na Química e na Engenharia Química. *Química Nova*, v. *20*, p. 15-22, 1997.

No segundo semestre de 1998, na gestão do Professor José Caetano Machado (08/1998 a 2000), houve a aprovação, pela Câmara Departamental, do Estatuto do Núcleo de Extensão. O documento relativo à implantação desse Núcleo no Departamento de Química da UFMG estabelecia que ele seria um órgão colegiado formado por um representante de cada setor e por um coordenador. Seus primeiros membros foram: Vânya Márcia Duarte Pasa (coordenadora e representante da Físico-Química), Isabel Cristina Pereira Fortes (representante do setor de Analítica), Maria Irene Yoshida (representante do setor de Química Inorgânica) e José Dias de Souza Filho (representante do setor de Química Orgânica), além da Dra. Vany Ferraz, representante dos servidores técnico-administrativos. Esse grupo implementou as primeiras diretrizes para os Projetos de Extensão, criando um sistema de subprojetos na FUNDEP, que receberia os recursos arrecadados por laboratórios da infraestrutura; e uma conta para aprovisionamento destinada a manutenções. Planilhas e formulários foram desenvolvidos para o registro dos serviços, e uma Secretaria foi estabelecida para atender às empresas. O documento em foco foi revisado no período de 2002 a 2004.

No primeiro semestre de 1999, o Departamento de Química foi convidado a participar do Programa de Monitoramento da Qualidade de Combustíveis (PMQC) dentro do Estado de Minas Gerais, financiado e coordenado pela Agência Nacional do Petróleo, Gás Natural e Biocombustíveis (ANP). Na verdade, esse era um projeto nacional que abrangia cada um dos estados da federação, permitindo que a recém-criada agência reguladora, ANP, atuasse na organização do mercado de combustíveis no Brasil após a sua abertura para diversos distribuidores. O mercado enfrentava problemas significativos de fraudes fiscais e de produtos, resultando em grande evasão de recursos dos cofres públicos e adulteração de combustíveis com numerosos solventes. A ANP oferecia um contrato com um grande volume de amostras a serem analisadas mensalmente, as quais eram coletadas por técnicos contratados pela UFMG.

Assim, a ANP montou uma rede de laboratórios no Brasil dentro das universidades e centros de pesquisas para esse monitoramento. No Departamento de Química, o PMQC/ANP ficou sob a coordenação da Professora Vânya Márcia Duarte Pasa e contava com a colaboração dos Professores Isabel Cristina Pereira Fortes, Paulo Jorge Barbera e Valmir Fascio Juliano.

Esse projeto demandou a elaboração de um plano de negócios, uma vez que o Departamento de Química (DQ) não dispunha de grande parte dos equipamentos necessários para a adequada execução dos serviços. Esse plano foi submetido à FUN-

DEP, buscando obter um aporte financeiro que permitisse ao Departamento adquirir equipamentos essenciais, como destiladores, densímetros e outros dispositivos específicos necessários para a análise de combustíveis. Além disso, foi preciso investir na aquisição de veículos e na contratação da equipe executora.

O aporte financeiro concedido pela FUNDEP possibilitou a aquisição dos equipamentos essenciais, tornando viável a operação do projeto. O compromisso estabelecido para pagar esse suporte financeiro em um ano foi eficientemente cumprido, sendo integralmente quitado em apenas seis meses.

Esse projeto teve seu embrião no laboratório dos Professores Isabel Cristina Pereira Fortes e Valmir Fascio Juliano, cedido para a instalação dos primeiros equipamentos adquiridos. Assim, foram realizadas as primeiras análises para que a UFMG executasse o monitoramento de 50% dos postos de combustíveis do estado, enquanto o CETEC monitorava os 50% restantes.

Desse projeto nasceu o Laboratório de Ensaios de Combustíveis (LEC-DQ), que foi inaugurado em abril de 2000, por força da parceria UFMG/ANP. Com o objetivo de complementar a infraestrutura do laboratório, foi elaborado o projeto CTPETRO/ANP. Em outubro de 2002, as novas instalações foram inauguradas, disponibilizando maior segurança, conforto e capacidade analítica aos funcionários, estudantes e clientes. O LEC, então, saiu do Departamento de Química para um prédio isolado, parte da antiga Casamata, embaixo do Restaurante Setorial II.

O LEC é reconhecido como um laboratório de referência em análise de combustíveis em Minas Gerais e no Brasil, sendo um dos integrantes ativos da Rede Nacional de Laboratórios de Combustíveis, coordenada pela Agência Nacional de Petróleo e Biocombustíveis (ANP). Trata-se de um laboratório multiusuário, que não apenas presta serviços para a ANP, mas também colabora com a comunidade, apoiando o PROCON, a Secretaria Estadual da Fazenda, o Ministério Público, a Polícia Militar e empresas em todo o Brasil.

O LEC-DQ desempenha papel fundamental ao oferecer cursos para fiscais do PROCON e da Receita, oficiais do Corpo de Bombeiros e, mais recentemente, para pilotos do Comando da Aviação da Polícia Militar de Minas Gerais (COMAVE).

Devido aos graves problemas enfrentados pelos gestores do LEC-DQ, no que tange ao combate ao crime organizado, ao apoiar o MP e a ANP, e por conta do impacto de seus trabalhos, a Coordenação do Laboratório implementou um sistema de gestão da qualidade seguindo requisitos internacionais da Norma ISO

17025. O LEC-DQ foi acreditado pelo IMETRO em 2006, mantendo essa acreditação até os dias atuais. Possui 22 ensaios acreditados envolvendo diversas matrizes, como: gasolina, álcool, diesel, biodiesel. Querosene de aviação (QAv) e bio- QAv (bioquerosene). O Projeto LEC/ANP/UFMG para o PMQC encerrou-se no final de 2016, tendo sido reiniciado no começo de 2022.

Atualmente, o LEC-DQ está se preparando para ser acreditado em ensaios relativos a querosene e bioquerosene de aviação, com mais cinco ensaios a serem avaliados pelo INMETRO, em um total de 27 ensaios. É hoje o primeiro laboratório do Brasil capaz de realizar os ensaios nessas matrizes e já atua para atendimento a aeroportos, empresas aéreas e grupos de pesquisas. Atualmente, o LEC-DQ apresenta um índice de não conformidade muito baixo, tendo até mesmo reconhecimento internacional.

Em 2015, o LEC-DQ estabeleceu uma parceria com a Boeing para se tornar um laboratório capaz de certificar a qualidade dos combustíveis de aviação no Brasil, especialmente os sustentáveis. Contudo, essa colaboração foi encerrada em 2016 antes da conclusão de todos os ensaios devido à necessidade de adquirir equipamentos específicos, o que não foi providenciado pela empresa americana. O investimento de um milhão de dólares foi realizado pela CODEMGE – Companhia e pelo governo de Minas, por meio da Secretaria de Desenvolvimento Econômico, via Fundação de Amparo à Pesquisa do Estado de Minas Gerais (FAPEMIG. Esse aporte teve como objetivo permitir que o Laboratório de Combustíveis atraísse empresas mineiras do setor aeronáutico. As parcerias tiveram início em 2018 e estenderam-se até 2023.

O LEC-DQ, por ser reconhecido em níveis estadual e nacional no setor de combustíveis e biocombustíveis, tanto na área técnica como no ensino e na pesquisa, atraiu duas propostas de âmbito internacional. Ambas surgiram a partir das Superintendências de Relações Internacionais das Secretarias do Estado de Minas Gerais. A primeira demanda ocorreu no início de 2009, com uma proposta de um curso na área de Biocombustíveis e Energias Alternativas, que deveria abranger mais de uma instituição de ensino superior de Minas Gerias. O curso, denominado "Energia de Biomassa" e sob a coordenação da Profa. Isabel Fortes, teve duas edições, uma em 2009/2 e outra em 2010/2. As Instituições de Ensino Superior envolvidas foram UFMG, UFV, UNIMONTES e UFMG, UFV, UFU e UNIMONTES e os Centros de Pesquisa do CETEC e CENPES_Petrobras (na primeira edição e na segunda). O curso teve duração de quatro semanas, com uma carga total de 160 horas, e foi ministrado para uma turma de 20 alunos do 3º ano, oriundos da Politécnica de Torino, nas áreas de Engenharia (Química, Elétrica e Mecânica) e Química.

O segundo programa iniciou-se em março de 2015, sendo denominado *Living Lab Biobased Economy*. Foi um programa bastante abrangente, englobando diversas etapas: como troca de professores; trabalhos conjuntos na montagem de cursos a distância em temas associados ao Projeto; e desenvolvimento de pesquisas conjuntas, que sejam de interesse dos diversos parceiros envolvidos. Esse projeto de inserção internacional se baseava no envolvimento dos governos do estado de Minas Gerais (SECTES e FAPEMIG) e holandês (Nutriff), Instituições de Ensino Superior do estado de Minas Gerais (UFMG, UFV, UFU, PUC etc.) e holandesas (AVANS, HAS, HZ etc.) e empresas mineiras e holandesas, no que se denominava tríplice-hélice. Dentro desse programa de intercâmbio, no período de 2015 a 2020, oito alunos de graduação participaram, desenvolvendo projetos de final de curso. Como contrapartida, enviamos dois estudantes para o exterior. Os projetos foram elaborados no LEC-DQ, na área de biocombustíveis e biomateriais, sob a orientação das Professoras Vânya Pasa (4), Renata Araújo (3) e Isabel Fortes (1).

Como consequência de sua atuação em prol da sociedade, o LEC-DQ foi agraciado com alguns prêmios e honrarias. Em 06/2002, recebeu a placa de Honra ao Mérito Comunitário do Conselho Regional de Química. Em 2008, ganhou o prêmio da Petrobras de Tecnologia na área de Tecnologia de Energia. Em 11/2009, foi homenageado pelo CEFET-MG e recebeu o Certificado de Honra ao Mérito, por ser uma instituição comprometida com a formação científica, profissional e tecnológica dos profissionais de Química, na área de combustíveis. No âmbito da UFMG, o LEC-DQ foi selecionado, em primeiro lugar, entre os Laboratórios da Instituição, dentro do Projeto OUTLAB.

Outro projeto de extensão de grande envergadura desenvolvido no DQ é o "Monitoramento de metais e compostos orgânicos em águas e sedimentos do rio Doce: área dulcícola e foz do Espírito Santo – PMBA", um projeto de Monitoramento da Biodiversidade Aquática do Rio Doce contratado pela Fundação RENOVA após o rompimento da Barragem de Fundão, em Mariana, MG. Esse projeto conta com a colaboração da Universidade Federal do Espírito Santo (UFES), Universidade Federal de Ouro Preto (UFOP), Universidade Federal de Viçosa (UFV) e Universidade Federal de Minas Gerais (UFMG) e de outras instituições, no período de 2018 a 2024.

O Núcleo de Extensão cresceu ao longo dos anos e transformou-se no Núcleo de Extensão e Prestação de Serviços (NEPs). Durante suas duas décadas de existência, tem fornecido ampla gama de serviços à sociedade. Serviços esses que englobam desde projetos menores nas áreas de combustíveis, análise térmica, análise de metais, análise de óleos essenciais, análise de óleos e gorduras até projetos de maior envergadura. Tais serviços beneficiam tanto pessoas físicas quanto inúmeras empresas de pequeno, médio e grande portes, a exemplo da ALCAN, Acesita, Magnesita, Anglogold, Sigma, Vale, Petrobras, Fiat, Stellantis, BMW, Petronas, entre outras.

Atualmente, o NEPs atua em quase todo o Brasil, destacando-se pela expansão do atendimento do LEC-DQ para empresas de energia (etanol e biodiesel), grandes frotistas, distribuidoras de combustíveis, aeroportos, cimenteiras, entre outros setores.

É importante salientar que as arrecadações provenientes dos ganhos obtidos pelo Núcleo de Extensão e Prestação de Serviços do DQ, em particular pelo LEC, foram responsáveis pela adequação do espaço físico, como a implantação dos Auditórios I e II do Departamento de Química. Esses auditórios servem toda a comunidade em diversas atividades acadêmicas, finalização de obras do Anexo II, criação de uma infraestrutura ímpar – que é o próprio LEC-DQ –, suporte às atividades de ensino, entre outras. Essa verba extra gerada pelo Núcleo de Extensão sempre auxiliou na manutenção de sua infraestrutura, com a geração de investimentos para melhorias do Departamento de Química, como aquisição e manutenção de equipamentos.

A história do LEC-DQ e a do Núcleo de Extensão e Prestação de Serviços se confundem, pois nasceram quase que concomitantemente. É importante observar que um aspecto relevante dos serviços prestados foi a possibilidade de capacitação dos professores envolvidos, a interação com o mercado e a montagem de bancos de dados com amostras advindas de empresas que também puderam ser temas de estudos e teses. A capacitação dos técnicos e estudantes envolvidos nas atividades de extensão, a criação de disciplinas novas a partir das demandas de extensão (Química de Combustíveis, Química do Petróleo, Gestão da Qualidade, entre outras) e os trabalhos de pesquisas em consequência dos projetos de extensão evidenciam a indissociabilidade da Pesquisa, do Ensino e da Extensão, no âmbito do Departamento de Química da UFMG.

A modernização e consolidação do NEPs

Em 2021, por meio da Portaria nº 6726, de 17 de setembro de 2021, o Professor Rubén Dario Sinisterra Millán, chefe do Departamento de Química (DQ) na ocasião, nomeou o Professor Ângelo de Fátima como Presidente do Núcleo de Extensão e Prestação de Serviços (NEPS-DQ). Ângelo foi reconduzido, então, por força da Portaria nº 131, de 10 de janeiro de 2022, pelo Professor Luiz Cláudio de

Almeida Barbosa (chefe do DQ, Gestão 2021-2023), para mais um mandato de dois anos. Sob a coordenação do Professor Ângelo, iniciou-se um processo de modernização e reestruturação do NEPS-DQ.

Nas primeiras iniciativas do Professor Ângelo de Fátima durante sua gestão no NEPs, foi implementado, com o apoio financeiro do Programa de Pós-Graduação em Química da UFMG e de seu coordenador na época, o Professor Willian Ricardo Rocha, um sistema de gestão integrado acompanhado do lançamento de uma nova página do NEPS-DQ (https://ne.qui.ufmg.br/index.php). Vale ressaltar que, atualmente, o sistema de gestão do NEPS-DQ abrange os três pilares fundamentais da extensão: prestação de serviços, oferta de cursos e administração de todas as fases relacionadas à realização de eventos científicos.

A integração entre o sistema de gestão e a página permite que todas as informações sejam atualizadas à medida que são inseridas e, ou, geradas pelo sistema. A página apresenta informações como:

(i) Dados gerais sobre o NEPS-DQ, incluindo histórico, regimentos, normas, comitês gestores, usuários consultivos, equipe técnica, uso da marca visual do NEPS-DQ, entre outras. Vale aqui um parêntese para mencionar que, até então, os laboratórios multiusuários do DQ não possuíam um regimento que oficializasse suas missões, os papéis de seus atores (coordenadores e TAEs), regras de uso etc. A existência desses regimentos foi um passo importante para a profissionalização das atividades desses laboratórios e um dos pilares para o início da reestruturação do NEPS-DQ.

(ii) Os laboratórios multiusuários que integram o NEPS-DQ.

(iii) As análises oferecidas por cada um dos laboratórios.

(iv) Notícias e informes sobre as ações e informes dos laboratórios do NEPS-DQ.

(v) Perguntas frequentes, além de formulários para solicitação de orçamentos, dúvidas, elogios etc.

O sistema de gestão do NEPS-DQ é acessado por usuários em diferentes níveis de acesso, divididos em dois grandes grupos: gestores e usuários. Os gestores estão divididos em gestores dos laboratórios de prestação de serviços, gestores de cursos de extensão e gestores de eventos científicos/acadêmicos. A esses gestores são disponibilizadas ferramentas que permitem gerir suas atividades quanto aos aspectos de execução/acesso/autorizações e financeiros. O sistema permite também gerar relatórios de desempenho de todas as atividades de extensão e prestação de serviços realizados e cadastrados na plataforma do NEPS-DQ. Aos usuários são permitidos rastrear e acompanhar a evolução de todas as solicitações atendidas por meio dessa plataforma.

Ao contrário do que ocorria até 2021, o NEPS-DQ, por meio de sua página na internet (https://ne.qui.ufmg.br/index.php) e do sistema de gestão, constitui um sistema integrado, dinâmico e moderno que traz transparência, agilidade e informação em tempo real de suas ações, cristalizando a missão e atuação do NEPS-DQ, que se coloca como um farol para outras iniciativas de centrais analíticas no estado de Minas Gerais, na Região Sudeste do Brasil.

Hoje, o Núcleo de Extensão e Prestação de Serviços (NEPS) do Departamento de Química (DQ) da UFMG estabelece como sua missão:

(i) Proporcionar infraestrutura multiusuária com técnicas analíticas altamente avançadas para usuários de diversas áreas do conhecimento, sejam eles da iniciativa privada ou pública.

(ii) Viabilizar, aperfeiçoar e induzir pesquisas científicas, tecnológicas, periciais e culturais na UFMG e em outras instituições de pesquisa do estado de Minas Gerais e do país.

(iii) Conectar as atividades de extensão com as práticas de ensino, tanto em nível de graduação quanto de pós-graduação, na busca de aproximar a formação desses recursos humanos com as demandas e o desenvolvimento do setor produtivo nas diversas áreas do conhecimento.

(iv) Contribuir para a formação e capacitação teórica e prática de recursos humanos altamente qualificados em diferentes técnicas analíticas, por meio de treinamentos, cursos e *workshops*, entre outras iniciativas.

O Núcleo de Extensão e Prestação de Serviços (NEPS) do Departamento de Química (DQ) da UFMG desempenha as seguintes funções: (i) Oferece serviços analíticos altamente avançados para instituições de ensino superior, setor produtivo do país e comunidade em geral; (ii) Promove a formação e capacitação de recursos humanos em diferentes técnicas analíticas, por meio da oferta de cursos, *workshops*, entre outras atividades; (iii) Realiza o treinamento contínuo da mão de obra especializada no Núcleo, proporcionando a aquisição e disponibilidade de equipamentos mais modernos; e (iv) Presta suporte à realização de eventos científicos ou tecnológicos, utilizando sua plataforma de gerenciamento para atividades relacionadas, como inscrição, submissão e avaliação de resumos, entre outras.

Adicionalmente, além de todas as ações de gestão e acessibilidade realizadas pelos gestores e usuários do NEPS-DQ, a empresa júnior Cria-UFMG foi contratada para reformular a imagem visual do NEPS-DQ. Agora, o Núcleo conta com uma logomarca moderna (Fig. 1), acompanhada de um manual de uso disponível no *site* do NEPS-DQ. Não menos importante, visando à capacitação das equipes técnico-científicas do NEPS-DQ, participamos de um programa de capacitação em Empreendedorismo e Gestão para Infraestruturas de Pesquisa oferecido pela Pró-Reitoria de Pesquisa da UFMG. O objetivo desse programa foi desenvolver habilidades empreendedoras e gerenciais, além de ampliar o impacto das pesquisas desenvolvidas nas Infraestruturas Multiusuárias da UFMG.

Figura 1 – Logomarca (2023) do Núcleo de Extensão e Prestação de Serviços do Departamento de Química da Universidade Federal de Minas Gerais.

Todas as ações realizadas no NEPS-DQ, sob a coordenação do Professor Ângelo de Fátima e com a participação ativa e motivadora de todos os membros do Comitê Gestor e das equipes dos laboratórios multiusuários do NEPS-DQ, foram possíveis graças aos entendimentos dos chefes do DQ da UFMG, os Professores Ruben e Luiz Cláudio, quanto à necessidade do momento e da liberdade necessária da equipe para atuar na modernização do Núcleo.

Uma lista dos laboratórios multiusuários, dos respectivos coordenadores e técnicos e do Comitê Gestor encontra se, agora no final de 2023, no Apêndice. Parte dessa equipe é registrada na Figura 2.

Figura 2 – Acima: Alguns membros da equipe do NEPS, a partir da esquerda: Dayse, Flávia, Fabiano, Elene, Thiago, Ângelo, Wagner Mussel, Cynthia Lopes, Ivana, Humberto e Adolfo. Abaixo: Professores atuantes do Laboratório de Ensaios de Combustíveis (LEC), desde sua fundação em 2000. Da esquerda para a direita: Valmir Fascio Juliano, Isabel Fortes, Vanya Pasa (coordenadora), e Paulo Jorge Barbera. (fotos de 17/11/2023).

APÊNDICE

Comitê Gestor do NEPS
Prof. Ângelo de Fátima (Presidente)
Prof. Wagner da Nova Mussel (Vice-Presidente)
Profa. Dalva Ester da Costa Ferreira (Coordenadora Financeira)
Profa. Elionai Cassiana de Lima Gomes (Titular – Representação Docente)
Prof. Heitor Avelino de Abreu (Titular – Representação Docente)
Profa. Lúcia Pinheiro Santos Pimenta (Titular – Representação Docente)
Prof. Thiago Teixeira Tasso (Titular – Representação Docente)
Profa. Flávia Cristina Camila Moura (Suplente – Representação Docente)
Prof. Guilherme Dias Rodrigues (Suplente – Representação Docente)
Prof. José Danilo Ayala (Suplente – Representação Docente)
Profa. Dayse Carvalho da Silva Martins (Suplente – Representação Docente)
Prof. Diogo Montes Vidal (Representante CENEX-ICEx)
Sra. Mirra Angelina Neres da Silva (Titular – Representação dos Técnicos Administrativos em Educação – TAE)
Sra. Ivana Silva Lula (Suplente – Representação dos TAE)

Laboratório de Análise Elementar
Prof. Thiago Teixeira Tasso (Coordenador)
Profa. Dayse Carvalho da Silva Martins (Subcoordenadora)
TAE Marley Alisson Perdigão de Assis
TAE Antônio de Pádua Lima Fernandes

Laboratório de Análise Térmica e Calorimetria
Profa. Elionai Cassiana de Lima Gomes (Coordenadora)
Profa. Flávia Cristina Camilo Moura (Subcoordenadora)
TAE Bruno Rocha Santos Lemos

Laboratório de Difração de Raios X – DRX
Prof. Wagner da Nova Mussel (Coordenador)
TAE Luciana Flávia de Almeida Romani

Laboratório de Espectrometria de Absorção Atômica
Profa. Letícia Malta Costa (Coordenadora)
TAE Antônio Gustavo Diniz

Laboratório de Cromatografia e Espectrometria de Massas
Prof. Diogo Montes Vidal (Coordenador)
Profa. Adriana Nori de Macedo (Subcoordenadora)
TAE Marina Caneschi de Freitas
Dra. Victoria Silva Amador

Laboratório de Espectroscopia Vibracional
Prof. Leonardo Humberto Rezende dos Santos (Coordenador)
Profa. Renata Diniz (Subcoordenadora)
Sra. Ana Cristina Morgado

Laboratório de Magnetismo
Prof. Humberto Osório Stumpf (Coordenador)
Profa. Cynthia Lopes Martins Pereira (Subcoordenadora)

Laboratório de Ressonância Magnética Nuclear – LAREMAR
Prof. Adolfo Henrique de Moraes Silva – Departamento de Química – Presidente
Profa. Mariana Torquato Quezado de Magalhães – ICB/UFMG – Vice-Presidente
Prof. Jarbas Magalhães Resende – Departamento de Química – Membro
Prof. Fernão Castro Braga – Faculdade de Farmácia/UFMG – Membro
Prof. Diogo Montes Vidal – Departamento de Química – Membro
Profa. Maria Helena de Araújo – Departamento de Química – Membro
Profa. Rosemeire Brondi Alves – Departamento de Química – Membro
Prof. Rodrigo Moreira Verly – Departamento de Química/UFVJM – Membro
Prof. José Augusto Ferreira Perez Villar – CCS/UFSJ – Membro.
Sra. Ivana Silva Lula – Técnica do LAREMAR desde a sua fundação
Prof. José Dias de Souza Filho
Profa. Amanda Silva de Miranda

Laboratório de UV-Vis
Profa. Elene Cristina Pereira Maia (Coordenadora)
Prof. Fabiano Vargas Pereira (Subcoordenador)
Sr. Renato Silvio Siqueira

Laboratório de Criogenia
Prof. Dario Windmöller (Coordenador)
Profa. Adriana Nori de Macedo (Subcoordenadora)
Sr. Antonio de Pádua Lima Fernandes

Oficinas Eletrônica, Mecânica e Hialotécnica
Prof. Amary Cesar Ferreira (Coordenador)

A RELEVÂNCIA ÉPICA DO CORPO TÉCNICO-ADMINISTRATIVO DO DEPARTAMENTO DE QUÍMICA DA DÉCADA DE 1980

Luiza de Marilac Pereira Dolabella

Foi com enorme satisfação que recebi o convite para participar das comemorações dos 80 anos do Curso de Química da UFMG, contando um pouco da história do corpo técnico-administrativo no período compreendido, prioritariamente, entre 1980 e 1990. É relevante destacar que muitos dos dados citados e das relações interpessoais mencionadas neste capítulo só foram possíveis graças à colaboração de vários de meus colegas técnicos que atuaram no período da década de 1980 e de alguns dos meus ex-professores e de colegas docentes do DQ, além dos técnicos administrativos ainda na ativa.[1]

Entre 1972 e 1983, o Departamento de Química dividia a área atual do prédio principal com o Instituto de Geociências (IGC), que abrigava os cursos de Geografia e Geologia.[2] À época, em função dos novos projetos e da crescente demanda por novos espaços, ocorreram vários momentos de negociação envolvendo aspectos técnicos e políticos, além de esforços incansáveis dos nossos colegas idealistas, para conseguirmos obter uma estrutura à altura da diversidade dos projetos de pesquisas, das ações empreendedoras e, sobretudo, das atividades extramuros da UFMG.

A nossa velha casa, guardadas as devidas proporções, era muito semelhante à descrita na letra da canção "A Casa", de Vinícius de Moraes, de 1980, devidamente musicada e interpretada pelo seu parceiro compositor, o cantor Toquinho: "♪♪ Era uma casa muito engraçada, não tinha teto, não tinha nada. Ninguém podia entrar nela não, porque na casa não tinha chão. Ninguém podia dormir na rede, porque na casa não tinha parede ... ♪♪ ". O teto que existia, no entanto, não suportava 10 minutos de chuva. Havia infiltrações por toda a estrutura, pois o telhado era uma verdadeira colcha de retalhos, tendo escassas calhas que não eram capazes de escoar adequadamente a água pluvial. Além disso, havia constantes obstruções, causadas por folhas das inúmeras árvores que embelezavam o entorno do prédio, e a água

---

[1] Rogério Fonte Boa, Edmilson Soares Ribeiro, José Souto, Professor José Dias, Professor Fabris e Maria Brasil contribuíram ativamente, fornecendo vários contatos e dados.
[2] O IGC sempre foi constituído por três departamentos, de Geologia, Geografia e Cartografia, mas só me foi possível acessar registros sobre os cursos de graduação em Geologia e Geografia da UFMG.

que caía no piso do segundo andar escorria para o primeiro. Outro problema de infraestrutura eram as divisórias internas do prédio principal, que ainda hoje, em grande parte, são feitas de amianto. Na década de 1970, esse material era amplamente utilizado em construções, mas sabe-se hoje dos problemas que pode causar à saúde, não sendo mais recomendado seu uso para esse fim.[3] O DQ, em estações chuvosas, sofria também as consequências das inundações decorrentes das dimensões inadequadas das canalizações para o escoamento externo da água.

Após alguns anos vivendo em tal situação de calamidade, o telhado do Departamento foi finalmente reformado, em 2002, durante a gestão do Professor Fernando Carazza. Além disso, as canalizações externas foram redimensionadas, proporcionando maior tranquilidade a todos durante os períodos chuvosos. Gradualmente, as instalações elétricas foram refeitas, o que possibilitou implementarmos um sistema de rede para acompanhar a evolução da comunicação e da tecnologia de computadores em nossa comunidade local.

Embora ainda haja muito a ser feito, em termos de melhoria da infraestrutura do DQ, as últimas duas décadas testemunharam a criação de novos espaços e laboratórios. Inquestionavelmente, hoje desfrutamos de condições de trabalho muito melhores e mais seguras, em comparação com as da década de 1980, quando iniciei a minha trajetória acadêmica.

A expansão do quadro técnico do DQ – Minha visão

A primeira vez que adentrei o prédio do DQ foi em 1978, como aluna do terceiro ano do curso Técnico de Química do Colégio Técnico da UFMG. A intenção era conseguir contato com algum supervisor que pudesse me orientar para a realização do estágio curricular obrigatório do curso mencionado. Após algumas idas e vindas, fui aceita como estagiária no Laboratório de Pesquisa do Setor de Química Analítica, cujos responsáveis eram a Professora Hyedda Mansur e o Professor Elias Mansur Netto, docentes do setor de Físico-Química.

Ao longo de quatro meses, além da experiência no laboratório, o estágio me apresentou diversos desafios, como ser solícita, sociável, proativa e solidária. Afinal, em tempos de escassez de recursos financeiros, estagiários técnicos e docentes compartilhavam todo tipo de material, desde vidrarias, reagentes, ferramentas a equipamentos de pequeno porte. Dessa maneira, driblávamos as demandas e conseguíamos realizar nosso trabalho com eficiência, maestria e, especialmente, com troca de experiências e vivências.

---

[3] **Nota do Organizador:** Para informações sobre a legislação relativa ao uso do amianto em construções, veja a matéria acessível em: https://www.conjur.com.br/2016-dez-03/observatorio-constitucional-amianto-revela-supremo-tribunal-federal.

Em 1979, o Departamento de Química teve aprovado um grande projeto na FINEP (Convênio 484 FINEP/FUNDEP/QUIMICA/UFMG).[4,5] Foi por meio desse projeto que tive o meu primeiro registro na carteira de trabalho, quando pude conciliar o cumprimento do total de 800 horas do meu estágio com a atividade remunerada. A partir da minha contratação e circulando mais pelas dependências do DQ, passei a ter contato também com o universo dos técnicos, laboratoristas, secretárias, bibliotecárias, almoxarifes e datilógrafos. Encantei-me, por exemplo, com os grandes volumes do Chemical Abstracts, a coleção de espectros da Sadtler e muitas outras novidades no mundo acadêmico que se me apresentavam naquele momento. Também pude acompanhar as inovações tecnológicas que afetaram toda a rotina administrativa do DQ. As máquinas de datilografia mecânicas foram substituídas pelas elétricas e eletrônicas, todas muito silenciosas, assim como vivi a época das copiadoras Xerox®, com vidros curvos enormes, que faziam cópias e reduções de espectros de grandes dimensões.

A história do DQ não pode ser contada se não falarmos dos grupos de protagonistas que presenciaram cada etapa e contribuíram, ao seu modo e alcance, para o sucesso da Instituição nos âmbitos do ensino, da pesquisa e da extensão. O corpo de servidores era dividido entre docentes, auxiliares de laboratório, técnicos (de nível superior e médio, em várias áreas do conhecimento) e agentes administrativos, incluindo datilógrafos, operadores de copiadoras, auxiliares de serviços gerais, entre outros.

Praticamente, todos os jovens técnicos iniciaram suas atividades profissionais admitidos pela FUNDEP, com verba dos projetos da FINEP. A partir de 1982,

---

[4] Universidade Federal de Minas Gerais. Instituto de Ciências Exatas. Departamento de Química. **Projetos Físico-Química, Química Orgânica, Química Analítica e Química Inorgânica:** 3º relatório científico. Belo Horizonte: FUNDEP, 1979. 1 v.

[5] **Nota do Organizador:** Além do Convênio Nº 484, de 1979, o Departamento de Química teve, na década de 1970, o convênio Departamento de Química/FINEP Nº 266/CT, de 1976. Conforme destacado na introdução do segundo relatório de prestação de contas desse projeto (fevereiro a agosto de 1976), "[...] além de relatórios de atividades de pesquisas científicas, as principais realizações e promoções efetuadas pelo Departamento de Química, visando a um maior intercâmbio cultural, como Seminários e Conferências proferidas por eminentes cientistas; visitas de professores e pesquisadores de outros Centros etc.". Esses projetos faziam parte da estratégia do Departamento de Química para consolidar o Programa de Pós-Graduação com a modernização dos laboratórios de pesquisa, além de contratar técnicos especializados e promover o intercâmbio com pesquisadores estrangeiros. No início dos anos de 1980, o projeto de expansão da melhoria da infraestrutura de pesquisa do DQ, visando consolidar o Programa de Pós-Graduação, continuou por meio do Convênio Departamento de Química/FINEP 4/2/83/0042/00. Os diversos relatórios de prestação de contas dos convênios Departamento de Química/FINEP são disponíveis para consulta na Biblioteca do Departamento de Química.

os auxiliares, assim como os técnicos contratados por meio desses projetos, foram, paulatinamente, absorvidos pelo quadro funcional da UFMG. A partir de 1983, os técnicos passaram a ocupar um cargo denominado Tecnologista. A exigência em relação à formação específica nas áreas de Química e correlatas tornou-se cada vez mais presente. Admitiam-se técnicos de nível médio com formação técnica em Química, curso superior de Química, Engenharia ou Farmácia. Esses dois últimos grupos atuavam tanto nos laboratórios de pesquisa como nos serviços da infraestrutura, como operadores de equipamentos de médio ou de grande porte. Os técnicos com formação em Mecânica, Instrumentação e Eletrônica atuavam nas oficinas da infraestrutura (Eletrônica, Mecânica e Hialotecnia).

A partir de 1985, todos os técnicos admitidos pela UFMG prestaram concurso público para o cargo de Tecnologista de nível médio ou superior, e, mais recentemente, as vagas passaram a ser disponibilizadas por meio de concurso para cargos do quadro de pessoal Técnico-Administrativo em Educação (TAE), com habilitações específicas.[6] Mais recentemente, em razão da Lei Nº 11.091, de 12 de janeiro de 2005, a estruturação do plano de carreira dos cargos de Técnico Administrativo em Educação, no âmbito das Instituições Federais de Ensino vinculadas ao Ministério da Educação, ficou estabelecida em novas bases, valorizando a capacitação dos servidores nos diversos níveis de atuação.[7]

Auxiliares de Laboratório

Os laboratoristas, também denominados auxiliares de laboratório, eram responsáveis pela manutenção dos Laboratórios de Pesquisa e Ensino, o que incluía a limpeza de vidraria e bancadas, além do auxílio às requisições de material de escritório, reagentes e equipamentos para o laboratório ou para as oficinas. Quase todos chegavam ao DQ pela manhã, bem cedo, para iniciar o serviço nos laboratórios antes mesmo das aulas do primeiro horário ou antes de os técnicos chegarem aos laboratórios de pesquisa.

Naquela época, em função da falta de pessoal qualificado disponível no mercado, as habilidades específicas requeridas pelos laboratoristas pioneiros para algumas tarefas eram adquiridas de modo informal após a admissão ao serviço pú-

---

[6] Para mais informações sobre a carreira de servidores técnico-administrativos na UFMG, ver: https://www.ufmg.br/prorh/carreira-tae.
[7] Lei Nº 11.091. Disponível em: https://www.planalto.gov.br/ccivil_03/_Ato2004-2006/2005/Lei/L11091.htm.

blico e lotação no DQ. A crescente exigência de mão de obra cada vez mais especializada, de certo modo, retardou a progressão profissional desses servidores. Deixo aqui os nomes de colegas tão amáveis daqueles tempos de escassez e resiliência: Anselmo Diniz Antônio Marcelino Guerra, Dona Elza, Jafé Mariano, João Batista Freire, João Santos, Joaquim Teixeira de Oliveira, José Gonçalves, Luiz José Leonardi, Marcelino Gonçalves Pereira, Maria Aprígio, Maria dos Anjos Silva, Raimundo Januário e Rui da Silva Báo. Esses colegas foram exemplos da importância de todas as funções exercidas, pelos mais diversos servidores, para o êxito e reconhecimento que o DQ desfruta hoje nos cenários nacional e internacional.

Técnicos

O corpo técnico, basicamente constituído de jovens adultos recém-egressos de cursos técnicos, com pouca ou nenhuma experiência, teve sua trajetória mesclada com a história do DQ. Adquirimos maturidade e crescemos profissionalmente, em sintonia com a expansão física do prédio e da qualidade das atividades ali desenvolvidas.

Além das atividades exercidas de acordo com a formação profissional, os técnicos participavam de várias comissões administrativas e de órgãos colegiados internos e externos ao DQ, de comissões organizadoras de reuniões científicas, tanto locais quanto regionais, e das comissões da COPEV (Comissão Permanente de Vestibular), até mesmo como coordenadores de equipes.

Técnicos vinculados aos laboratórios de pesquisa

O grupo que trabalhava mais diretamente com a pesquisa científica recebia a orientação direta dos docentes responsáveis pelos respectivos laboratórios. Cabia aos técnicos a prestação de suporte aos estagiários, alunos de iniciação científica, mestrandos e doutorandos. Cada orientador acadêmico da pós-graduação era, hierarquicamente, o chefe imediato de um técnico. Com o passar do tempo, foi extinto o cargo de técnico com a função específica de atender aos laboratórios de pesquisa, e há anos o trabalho nesses laboratórios do DQ é realizado exclusivamente pelo pesquisador e por alunos de todos os níveis, desde a graduação até o pós-doutorado.

As atribuições dos técnicos de Química exigiam formação sólida e o desenvolvimento dos raciocínios sintético e analítico. Era necessário que fossem competentes para realizar intervenções rápidas e apropriadas no cotidiano dos laboratórios, especialmente em situações de risco. Todos os técnicos tinham a responsabilidade de conferir, periodicamente, o patrimônio permanente, o preparo e a padronização de soluções de uso comum no laboratório, a manutenção de fichas de controle de reagentes, o armazenamento de rejeitos e diversas outras tarefas. As atividades eram diversificadas e ajustadas de acordo com as demandas específicas de cada laboratório.

Os técnicos da área de Química Orgânica lidavam com a montagem e desmontagem de equipamentos para destilação, extração com Soxhlet, purificação de solventes (evaporador rotativo), preparação de placas de sílica e celulose destinadas à cromatografia em camada delgada, empacotamento de colunas cromatográficas, extração, coleta e separação de frações e execução de reações químicas.

A equipe da área de Química Inorgânica lidava com sínteses de organometálicos, hidretos de metais e não metais em linhas de vácuo, manipulações em câmaras secas (*glove bags* ou *glove boxes*), operações com vidraria tipo Schlenk, operações de secagem e calcinação em muflas e estufas e manutenção e organização dos armários de reagentes e dos sistemas refrigerados para armazenamento de produtos voláteis.

Os técnicos das áreas de Química Analítica e Físico-Química ocupavam-se, predominantemente, com as análises físico-químicas (pH, condutividade, viscosidade, entre outros), titulações, manipulação e medidas de material radioativo, determinações espectrofotométricas, entre outras.

Além de atividades específicas da Química, os técnicos que tinham algum conhecimento de inglês também colaboravam nos levantamentos bibliográficos para as pesquisas e quase todos participavam da elaboração de projetos com o fornecimento de orçamentos obtidos por meio de contatos com os representantes comerciais de vidraria, reagentes e equipamentos de pequeno e médio portes.

Da minha trajetória como Técnica de Laboratório de Pesquisa, visei homenagear, nomeando neste capítulo, os competentes técnicos com quem tive a honra de conviver. São eles: Ângela Cristina Assunção, Clarisse Ribeiro de Castro, João Edmundo Guimarães, Maria de Lourdes Anastácio Lima, Maria de Lourdes Coelho, Marilda Conceição da Silva, Mércia Helena dos Santos, Miriam Alves Pereira, Paulete Pitangueira Gerken, Rosângela Alves, Soraya Rocha Boechat, Terezinha Atanázio Gomes e Wellerson Fonseca Ribeiro.

Para registrar algumas atividades realizadas à época, mas que hoje não fazem parte da rotina dos TAEs, pela descrição do cargo e pela própria evolução da ciência e da tecnologia, descreverei um pouco mais da minha trajetória e vivência técnica no DQ. Como já mencionei, em 1979 tornei-me Técnica de Laboratório contratada pela FUNDEP. Em seguida, cursei a graduação em Química (Licenciatura e Bacharelado) entre 1980 e 1985, vindo a concluir o Mestrado em Ciências no próprio Departamento de Química, em 1987. A partir de abril desse mesmo ano, passei a ocupar o cargo de Químico NS do quadro de servidores efetivos da UFMG, exercendo a função no Laboratório de Espectroscopia de Raios X e, posteriormente, no Laboratório de Pesquisa do Setor de Química Analítica.

No Laboratório de Pesquisa, eu executava as atividades de rotina de Química Analítica e aprendi a trabalhar com radioisótopos artificiais. Ao lado do Professor Elias Mansur e de posse de equações e de um livro de tabelas constituídas pelos isótopos radioativos e suas meias-vidas, além de outros parâmetros característicos, calculávamos, de acordo com as características específicas de regiões do reator TRIGA[8], a dose e o tempo de irradiação das amostras. Trabalhávamos com emissores gama de meia-vida curta. Com as amostras acondicionadas em frascos dentro do "castelo", um cilindro oco de mais ou menos 10 cm de altura, mas com paredes espessas e completamente constituído de chumbo, material com alta capacidade de absorção de raios gama, eu subia a rua para entregar o material na Nuclebrás[9]. Após a irradiação, tínhamos que aguardar o resfriamento da amostra – o tempo de decaimento correspondente à cerca de 10 meias-vidas de alguns isótopos de meia-vida muito curta, gerados simultaneamente aos de interesse – para trazer de volta ao DQ a amostra irradiada, dentro do castelo, para trabalharmos. Feito o serviço de bancada, passávamos à sala de contagens para a coleta de dados nos detectores cintiladores mono e multicanal.

Durante vários anos, colaborei nos levantamentos bibliográficos dos projetos de pesquisa dos alunos de mestrado desenvolvidos no Laboratório de Química Analítica, atividade que me permitiu aprender bastante sobre assuntos variados. Era uma tarefa incrivelmente morosa, que também tinha como início a escolha de palavras-chave que permitiriam a busca pelos títulos e resumos das referências. Porém, essa busca era realizada nos espessos e pesados volumes que continham os índices do Chemical Abstracts (CA), uma base de dados publicada pela American Chemical Society e assinada pelas universidades e centros de pesquisa. Os números dos volumes do CA continham os resumos e um imenso código alfanumérico (acredito que havia uns 10 a 15 caracteres numéricos e um alfabético no final) que correspondia ao número do resumo.

---

[8] Localizado na Nuclebrás (antigo Instituto de Pesquisas Radioativas – IPR que, em 1974, foi incorporado à companhia estatal Empresas Nucleares Brasileiras S/A).
[9] Atual Centro de Desenvolvimento da Tecnologia Nuclear (CDTN), localizado no Campus da UFMG – Pampulha.

Isso significava muito trabalho braçal, ou seja, a tarefa de retirar das prateleiras das estantes da biblioteca os pesados fascículos e carregá-los até as mesas. Por fim, era necessário lê-los! Se o resumo fosse interessante, copiávamos a referência bibliográfica e, quando disponível, buscávamos, presencialmente, as cópias dos artigos dos periódicos existentes nas bibliotecas da UFMG. Caso contrário, preenchíamos as requisições em formulário próprio para que fosse possível a solicitação do artigo completo às bibliotecas de outras cidades, estados ou países, por meio do COMUT, um programa internacional de comutação bibliográfica. Dependendo da localização e distância das instituições, o artigo poderia chegar às nossas mãos em alguns dias ou até meses.

No início dos anos de 1980, as defesas públicas das dissertações e teses, assim como as aulas, eram também feitas na base do "cuspe e giz". O recurso visual da época restringia-se aos *slides*, cujo custo era altíssimo, impossibilitando o acesso pela maioria dos estudantes. Por aqui ainda não existiam as transparências e retroprojetores, que passaram a ser usados em meados da década de 1990, bem mais acessíveis às instituições públicas de ensino e aos bolsos dos pós-graduandos. O tempo reservado para as defesas dos trabalhos era curto, não permitindo que o conteúdo fosse escrito no quadro como em uma aula. O expediente utilizado consistia em, previamente, passar no quadro negro os registros importantes, como o título do trabalho, o nome do autor, as estruturas químicas identificadas, algumas equações e rotas de síntese, entre outros. Diversas vezes fui solicitada por alunos de pós-graduação mais próximos para "fazer o quadro" da sua defesa. O problema é que aquela atividade tomava uma manhã de trabalho e não bastava ter boa caligrafia. Era necessário distribuir as informações no quadro, tomando o cuidado para que todas estivessem bem visíveis para o público do fundo da sala e com tamanhos definidos também pela importância. A cada quadro que eu fazia, mais gente ficava sabendo do meu "potencial", e a notícia logo se espalhou entre os estudantes. Apesar de gostar de desenhar e usar aquele trabalho como demonstração de carinho pelos colegas, agradeci muito a quem difundiu o uso das transparências, pois minha contribuição passou a ser somente a de escrever o título e o nome do autor do trabalho com letra bem bonita.

Comecei a trabalhar no Laboratório de Raios X, da infraestrutura, por indicação da Professora Clotilde Otília Barbosa de Miranda Pinto, sob a supervisão de Maria José de Castro Mendes. Nesse período, aprendi sobre os princípios teóricos do difratômetro e do espectrômetro de fluorescência, sobre o preparo de amostras para cada um deles e como realizar a coleta de espectros e difratogramas, além da interpretação baseada na manipulação de tabelas específicas.

Em janeiro de 1990, aprovada no concurso para o cargo de Professor Auxiliar, desliguei-me oficialmente do cargo de técnico, mas continuei, durante algum tempo, a contribuir na execução das atividades do laboratório. A experiência como analista no Laboratório de Raios X foi fundamental para que eu pudesse estudar mais e posteriormente, como docente, lecionar esse conteúdo em disciplinas dos cursos de graduação em Química.

Técnicos vinculados aos laboratórios da infraestrutura

Os técnicos que trabalhavam nos laboratórios e nas oficinas da infraestrutura atendiam, como nos dias de hoje, principalmente às requisições dos orientadores, doutorandos, mestrandos e alunos de iniciação científica.

Os primeiros equipamentos de grande e médio portes dos laboratórios da infraestrutura foram, em sua maioria, adquiridos durante a segunda metade da década de 1970. Os técnicos que iniciaram suas atividades naquela época acompanhavam as instalações e recebiam treinamentos ministrados por exímios conhecedores das máquinas. Os fabricantes produziam modelos robustos para terem vida útil longa, desde que fossem instalados e operados corretamente. Os manuais dedicados aos operadores, impressos em papel de ótima qualidade, eram extraordinariamente detalhados, principalmente quando eram de origem japonesa. Os instrumentos com os quais trabalhei no Laboratório de Raios X foram operados por mais de 40 anos. Esses equipamentos foram substituídos em função de diversos fatores: ausência de peças de reposição dos referidos modelos, falta de técnicos indicados pelos fabricantes com experiência suficiente para prestarem manutenção ou, até mesmo, pela dificuldade ou impossibilidade de serem informatizados.[10]

Como a maioria dos equipamentos não possuía interface com computadores, a interação operador-máquina era grande. Por exemplo, para as análises das amostras sólidas nos espectrofotômetros de absorção molecular, após o preparo em um gral de ágata rigorosamente limpo, as pastilhas eram compactadas em um cilindro de aço inox em uma prensa manual. Uma vez retirada do cilindro, a pastilha era transferida para o dispositivo "porta amostra" e levada ao espectrofotômetro. A varredura para a obtenção do espectro só seria iniciada após o posicionamento

---

[10] **Nota do Organizador:** Para mais informações sobre a situação atual dos laboratórios da infraestrutura, veja neste livro o capítulo "ATIVIDADES DE EXTENSÃO NO DEPARTAMENO DE QUÍMICA DA UFMG – ALIANÇA ENTRE SOCIEDADE, ENSINO E PESQUISA", de autoria de *Isabel Cristina Pereira Fortes, Vânya Márcia Duarte Pasa e Ângelo de Fátima*.

correto de uma folha de papel adequado[11] do lado externo de um cilindro que, por sua vez, também exercia a função de suporte para as penas (plotter) devidamente abastecidas de tinta Nankin à base de água. Após a marcação (número de onda para a região do IV ou do comprimento de onda para a região do UV-Vis) que serviria como referência, o modo de varredura para a energia incidente na amostra teria que ser acionado simultaneamente pela chave que energizava a pena para que o espectro começasse a ser coletado.

Obviamente, para que a produção dos espectros atendesse à demanda e a fila não aumentasse, os operadores necessitavam de destreza nas manipulações para evitar problemas e repetições resultantes de procedimentos incorretos em qualquer uma das etapas da análise. Para as análises no espectrofotômetro de absorção atômica após o preparo das amostras, as leituras das absorbâncias das soluções aspiradas eram feitas e anotadas uma a uma, manualmente, nos cadernos de laboratório. Posteriormente, todo o tratamento estatístico, a aplicação dos fatores de diluição e a conversão de unidades de concentração dependiam de uma calculadora para a liberação dos resultados.

Das análises quantitativas realizadas por fluorescência de Raios X, o registro dos dados se dava por meio de uma impressora eletromecânica. Todo o tratamento estatístico dependia da digitação de uma série enorme de dados em uma calculadora, tendo em vista que, pela natureza do fenômeno medido, eram necessárias cerca de 10 medidas. Por se tratar de uma quantificação, as amostras para análise eram preparadas, no mínimo, em duplicatas. No caso do difratômetro de raios X, marca Rigaku, instalado no DQ em 1972, foi possível estabelecer interface com um computador IBM186, que usava um disquete de 5¼". Entretanto, com a evolução dos computadores pessoais, esse disquete foi substituído pelos de 3½". Para liberar os resultados para os usuários, a evolução obrigou o Laboratório de Raios X a adquirir um segundo computador que tivesse duas unidades leitoras de disquete, cada uma de um tamanho. Os dados gravados no disquete de 5¼" eram copiados no de 3½", que era entregue ao usuário. Algum tempo depois, os disquetes 3½" entraram em desuso e foram substituídos pelos *pen drives*. Entretanto, o segundo PC do Laboratório não dispunha de entrada USB para que os dados pudessem ser gravados nessa mídia e nem de conexão para acesso à rede de dados. A saída foi usar

---

[11] Para as varreduras rápidas, tanto para os espectrômetros que trabalhavam na região do ultravioleta-visível quanto para os que operavam na região do infravermelho, o papel usado era uma folha de seda branca sem escala, enquanto os espectros definitivos de infravermelho, aqueles que seriam utilizados para tese ou dissertação, eram obtidos em papel de excelente qualidade e que contavam com escala semilog impressa, especialmente produzido para o modelo do equipamento disponível.

um terceiro computador, que possuía um leitor de disquete de 3½" e placa de rede, para que os dados fossem enviados ao interessado. Essa manobra, evidentemente, tomava um tempo enorme do operador. Além dos procedimentos de rotina para as análises, o operador também era responsável pelas manutenções para as quais havia recebido treinamento.

Novamente presto minhas homenagens ao esforço e competência dos colegas que contribuíram anonimamente com seu trabalho nos equipamentos para a publicação de inúmeros artigos científicos, dissertações e teses. São eles: Geraldo Magela da Costa (Absorção Molecular – IR); Isabel de Jesus Tércio Pereira (RMN e Absorção Molecular – IR-UV-Vis); Juliana Alves dos Santos Oliveira (Análise Térmica e Raios X); Júnia Maria Cordeiro de Menezes (Análise Térmica e Absorção Molecular – IR); Maria José de Castro Mendes (Raios X); Ricardo de Assis Machado (RMN e EM); Rúbio Alves Moreira e Vanilda Fernandes César da Silva (Absorção Molecular – UV-Vis); Sandra Simões Rocha e Terezinha Fantini (Absorção Atômica); Terezinha Miguet (RMN); e Vany Perpétua Ferraz (Cromatografia).

Oficinas e Serviços de Apoio Técnico

Os eletrotécnicos, técnicos de eletrônica e de mecânica e hialotécnicos atuavam nas oficinas de manutenção e confecção de peças e, até mesmo, de aparelhos completos. Os serviços de manutenção e os produtos entregues, independentemente do grau de complexidade, sempre traziam muito zelo e técnica. Cada peça confeccionada parecia assinada como uma marca registrada do artista.

Como talentos que deram vida às oficinas, citarei os colegas Alair Luiz Pereira, Elízio Henrique Gerken e Onésimo Raimundo Lopes (mecânica); José Carlos Ireno Duarte (elétrica); Alcy José Paiva, José Souto, Paulo Henrique de Faria Pimenta, Rogério Mesquita Fonte Boa, Rubio Alves Moreira e Sérgio Santos Baumgratz (eletrônica); e Romário Alves de Oliveira (hialotecnia).

Os Serviços de Suporte Técnico, imprescindíveis durante a década de 1980, foram realizados pelos colegas Edmilson Soares Ribeiro (serviço de destilação e extração e almoxarifado), Eugênio Demas Filho (desenho), Hélio Sales (moagem e fracionamento de amostras), José Anacleto da Silva (Laboratório de Criogenia) e Leonardo Machado Costa (Laboratório de Fotografia).

Administração

Ao longo dos anos, vários servidores técnico-administrativos, assim como ocorre hoje, prestaram contribuição em diferentes setores administrativos, como a Secretaria do Departamento, Secretaria da Pós-Graduação, Serviço de Reprografia, Serviços de Compras, Biblioteca etc. Como forma de homenagear esses técnicos, cujos trabalhos foram essenciais para que o DQ atingisse o atual estágio de desenvolvimento, listo os seus nomes a seguir: Ângela Graciano Scoralick de Medeiros – Secretaria de Convênios e Biblioteca; Christina Maria Salvador Nunes Coelho – Secretaria da Pós-Graduação; Eli das Graças da Silva – Reprografia; Eurípedes Goulart dos Santos – Almoxarifado- Redemcop; Helena Cury – Biblioteca; Hilnáide Maria Ferreira da Cunha – Secretaria Administrativa; José Geraldo de Oliveira – Laboratório de Ensino e Serviços Gerais; José Rodrigues Pinheiro – Almoxarifado de Equipamentos; Lilian de Fátima Bréscia – Datilografia e Secretaria da Pós-Graduação; Renato José dos Reis – Datilografia e Secretaria; Valdeci José de Almeida – Reprografia e Serviços Gerais; e Waldir Malaquias – Serviços Gerais.

Algumas reflexões finais sobre esta história

Éramos uma grande família, formada por quase 60 servidores técnico-administrativos. Durante os 10 anos em que atuei como técnica no DQ, embarcamos juntos em uma viagem dentro de um balão de ensaio liderada por nossos supervisores e chefes que, devidamente guiados por uma bússola, não nos deixavam perder o rumo. Passávamos horas mergulhados em pias, bancadas e montagens, livros e documentos, sonhando com o futuro.

Hoje, após algumas décadas, estou convencida de que o corpo técnico formado na década de 1980 contribuiu significativamente para a solidez e prosperidade do atual Departamento de Química da Universidade Federal de Minas Gerais. Atribuo esse resultado à nossa excelente convivência e à ausência de concorrência ou competição entre nós. Como em qualquer grupo, tínhamos algumas discussões, mas todos participávamos ativamente de tudo. Talvez, devido às nossas origens, princípios morais e educação semelhantes, nossos valores não apresentavam grandes diferenças.

Além disso, nossa busca por conquistas pessoais e profissionais estava sempre voltada para o bem comum, para o crescimento do DQ e para o avanço da ciência. Espero que as novas gerações também sejam imbuídas do espírito de coletividade do qual poderão se orgulhar no futuro, assim como nós nos orgulhamos hoje.

UM PERÍODO DE CRESCIMENTO: EXPANSÃO DO DEPARTAMENTO DE QUÍMICA DE 2002 A 2006

Ione Maria Ferreira de Oliveira[1]

Falar da expansão do Departamento de Química (DQ) durante a minha chefia de 2002 a 2006 me traz imensa alegria e honra.

Ao assumirmos o DQ em 2002, o Professor Vito Modesto de Bellis e eu estávamos conscientes dos deveres e empenho que nos seriam exigidos. Por isso, disponibilizamos energia e tempo, na perspectiva de que, com dedicação e trabalho, estaríamos fortalecidos para cumprir a grande missão que surgia.

Em julho de 2006, o DQ contava com 78 docentes e 36 servidores Técnico-Administrativos em Educação (TAE). Os cursos de graduação de excelência, nas modalidades Bacharelado e Licenciatura, destacaram-se pelos resultados alcançados no Exame Nacional de Cursos (PROVÃO)[2], em que obtiveram conceito A em todas as suas participações. A pós-graduação, avaliada com conceito 6 na Coordenação de Aperfeiçoamento de Pessoal de Nível Superior (CAPES), evidenciava nossa notável capacidade de formação avançada de profissionais altamente especializados. Vários pesquisadores do nosso Departamento tiveram seus projetos de pesquisa aprovados e financiados pelo Conselho Nacional de Desenvolvimento Científico e Tecnológico (CNPq), pela Fundação de Amparo à Pesquisa do Estado de Minas Gerais (FAPEMIG) e por outros órgãos de fomento, o que contribuiu para uma crescente e significativa produção acadêmico-científica no DQ.

É importante ressaltar as atividades de extensão e serviços prestados, os quais contaram com a participação de vários docentes e funcionários técnico-administrativos em Educação do Departamento. Na época, tínhamos um convênio de prestação de serviços com a Agência Nacional de Petróleo (ANP). Esses eram os pontos fortes do nosso Departamento, nas áreas de Ensino, Pesquisa e Extensão.

No entanto, ainda tínhamos o grande desafio de construir um prédio para abrigar os laboratórios de ensino, que foram destruídos no incêndio ocorrido em 1987, no Pavilhão Central de Aulas (PCA) do antigo Instituto de Ciências Exatas (ICEx), hoje parte da Escola de Engenharia. Tratava-se de um sonho de todos os ex-chefes do DQ que nos antecederam, como também de toda a comunidade do

---

[1] **Professora aposentada, Chefe do Departamento de Química na Gestão 2002-2006.**
[2] **Exame aplicado pelo** Instituto Nacional de Estudos e Pesquisas Educacionais Anísio Teixeira (INEP).

Departamento, já que, em decorrência do incêndio, os laboratórios de ensino (Laboratórios de Aulas Práticas) foram transferidos para instalações provisórias na Unidade Administrativa 3, situada no Campus Pampulha.

Com o financiamento de um dos projetos aprovados pela FINEP e com o trabalho dos funcionários do Campus 2000, a expansão não se limitou aos laboratórios de ensino. Foi possível ampliar as instalações com a construção dos Laboratórios de Infraestrutura, que formaram a Central Analítica, que passou a englobar os seguintes laboratórios: Absorção Atômica, Raios X, Cromatografia Gasosa e Líquida, Análise Térmica, Ultravioleta-Visível e Infravermelho. Essa Central também incluiu o Laboratório para Pesquisas em Pilhas a Combustível de Óxidos Sólidos (PACOS), construído a partir do projeto da Companhia Energética de Minas Gerais (CEMIG) e da Agência Nacional de Energia Elétrica (ANEEL), cujo título foi "Desenvolvimento de um Protótipo de Pilha a Combustível de Óxido Sólido de 50 W". A ampliação do Anexo II, referente à construção do Laboratório PACOS, foi aprovada por unanimidade pela Câmara Departamental em 13 de maio de 2004, e o termo de assinatura do projeto ocorreu em 24 de junho de 2004. O prazo de execução, inicialmente de três anos, acabou se estendendo por quase cinco anos. Esse Laboratório foi inaugurado em 19 de outubro de 2006, com cerca de 200 m^2. A área foi também ampliada com a construção de um Laboratório de Reações Especiais e um laboratório para tratamento de resíduos gerados em experimentos, juntamente com um almoxarifado para armazenamento de produtos químicos dos Laboratórios de Ensino e de Pesquisa. A responsabilidade pela gestão desses espaços ficava a cargo dos professores ou pesquisadores do Departamento. Assim, esse pequeno complexo de laboratórios juntou-se ao Laboratório de Ressonância Magnética Nuclear (RMN), que já funcionava em espaço próprio.

As obras do Anexo I (Laboratórios de Ensino) e do Anexo II (Laboratórios da Infraestrutura) foram somente possíveis com a implementação do projeto Campus 2000, a partir do ano 2002. O Campus 2000 consolidou várias obras, levando para a Cidade Universitária (Campus Pampulha) a maioria das unidades (faculdades e escolas) da UFMG, antes espalhadas pelo Centro de Belo Horizonte. A reforma de várias unidades e a ampliação dos prédios do Campus Pampulha foram igualmente concluídas.

Após a obra de ampliação em 2006, o Departamento de Química passou a ocupar mais 5.200 m^2. A área concluída do Anexo I (laboratórios de ensino) foi de 4.200 m^2; a do Anexo II, de 1.000 m^2.

Não obstante o orçamento para a conclusão das obras não ter sido suficiente conforme inicialmente planejado, nenhum dos projetos ficou prejudicado, já que algumas adequações nas plantas foram executadas.

Para a construção dos Anexos I e II e para o remanejamento dos laboratórios e de outros espaços do prédio atual do DQ, formaram-se comissões, o que tornou possível o maior êxito das obras. Contando sempre com os docentes e os servidores técnico-administrativos, as obras foram finalizadas em tempo menor do que o previsto. Foram formadas as seguintes comissões: (i) Comissão do Espaço Físico do Prédio Atual do DQ: Professoras Ana Lúcia Americano Barcelos de Souza, Clotilde Otília Barbosa de Miranda Pinto, Dorila Piló Veloso e Maria José Marques e o servidor Rúbio Alves Moreira. (ii) Anexo I: Professores Claudio Luis Donnici, Dario Windmoller, Humberto Osório Stumpf e Maria José Marques e o servidor Lucas Rocha da Costa. (iii) Anexo II – Professores Dario Windmoller, Isabel Cristina Pereira Fortes, Maria Helena Araújo e Rosemeire Brondi Alves e o servidor Marcos Moacir Barbosa. Essas comissões trabalhavam simultaneamente, e todas as sugestões eram levadas para a aprovação pela Câmara Departamental.

No entanto, é importante destacar que a construção não foi fácil como imaginávamos. Inicialmente, houve um corte significativo de R$1.400.000,00 (um milhão e quatrocentos mil reais) dos recursos destinados ao Anexo I, decorrente do aumento da área inicialmente programada e também da desvalorização da moeda. Diante desse corte e seguindo as recomendações das comissões, aprovadas por unanimidade pela Câmara Departamental, foram utilizados recursos próprios do Departamento, ou seja, recursos gerados pelo Núcleo de Extensão com o projeto da Agência Nacional do Petróleo (ANP). Além disso, outra sugestão feita pelos engenheiros da obra Humberto de Oliveira Campos, coordenador do Campus 2000; e Victor Maschtakow consistiu no aproveitamento das instalações dos laboratórios que haviam sido destruídos e estavam localizados na Unidade Administrativa 3. Após uma análise desses materiais, as instalações foram aproveitadas. Contudo, dada a grande preocupação para se evitar que a obra ficasse inacabada, a Câmara Departamental aprovou todas as sugestões das comissões. Com isso, a fim de que fosse dada continuidade à construção, alguns laboratórios não foram imediatamente concluídos.

As obras dos Anexos I e II ocorreram simultaneamente. Enquanto o Anexo I avançava em sua construção, o projeto do Anexo II ainda estava sendo elaborado. As medidas de segurança desses anexos, assim como a integração deles ao prédio central do Departamento, foram encaminhadas pela Câmara Departamental à Comissão do Anexo II, cuja arquiteta responsável era Valéria Soares de Melo Franco.

O Anexo I foi concluído com financiamento do Departamento de Química, com recursos oriundos do Núcleo de Extensão. Em agosto de 2003, parte desses recursos já havia sido alocada para a finalização do Anexo I, sendo utilizada na alvenaria dos laboratórios. Ao final da obra, foram construídos 32 laboratórios no Anexo I, que atendem às disciplinas Físico-Química, Química Analítica, Química Geral e Inorgânica e Química Orgânica; e, ainda, um Laboratório de Ensino especificamente, outro de Informática e um auditório, totalizando uma área de 4.200 m². A inauguração desse Anexo junto com o Auditório I, antiga Sala 120 do Departamento de Química, aconteceu no dia 19 de abril de 2004. O evento contou com a presença da reitora Ana Lúcia Almeida Gazzola, do vice-reitor Marcos Borato Viana, dos pró-reitores dessa gestão, dos engenheiros e da arquiteta responsável pela obra, bem como do professor convidado Nelson Maculan Filho, secretário de Educação Superior do Ministério da Educação (SESU/MEC), que representava o governo federal na época. Nesse momento, 17 laboratórios estavam concluídos e o restante seria finalizado à medida que o DQ captasse recursos. Graças ao empenho da Professora Vânya Márcia Duarte Pasa, coordenadora do Laboratório de Ensaios de Combustíveis (LEC), o financiamento foi obtido para as obras dos auditórios do Departamento e do Anexo I e também para os laboratórios desse anexo.

Em novembro de 2003, a arquiteta do Campus 2000 apresentou o projeto do Anexo II, que também sofreu alterações para se adequar ao orçamento disponibilizado. A planta foi aprovada por unanimidade pela Câmara Departamental, em 13 de novembro de 2003. Esse anexo foi inaugurado em 2 de fevereiro de 2006 e contou com a presença do Excelentíssimo Sr. Presidente da República, Luís Inácio Lula da Silva. Também estiveram presentes ministros de Estado, deputados, o prefeito de Belo Horizonte, a reitora da UFMG (Ana Lúcia Almeida Gazzola), o vice-reitor (Marcos Borato Viana), os pró-reitores dessa gestão, os diretores das unidades acadêmicas, os chefes de Departamentos e outros membros da Universidade. Não obstante a inauguração do Anexo II, as obras ainda estavam inacabadas e faltavam recursos para a instalação dos equipamentos. A finalização desse anexo foi somente possível em decorrência de um novo financiamento obtido por meio do aditamento do Projeto Apoio Institucional – FINEP, no qual foi acrescentada a instalação das tubulações do gás nos laboratórios do Anexo II do Departamento de Química. Desse modo, os recursos concedidos foram suficientes para a conclusão dos laboratórios desse anexo.

Durante a expansão do DQ, em conjunto com a Comissão de Obras elaboramos um projeto para a reestruturação do antigo prédio. Essa revitalização promoveu alterações na área administrativa, na cantina, no Centro de Estudos de Química (CEQ), nas oficinas mecânicas e eletrônicas, na biblioteca, criando novos espaços para os atuais professores e também para os que estavam sendo admitidos. Nessa época, foram ainda estabelecidos gabinetes individuais para os professores titulares em exercício e para os professores eméritos e visitantes. A continuidade da reforma do espaço físico do prédio atual da Química foi realizada pela Chefia que nos sucedeu no mandato, a da Professora Grácia Divina de Fátima Silva.

Com a expansão do Departamento de Química, elaboramos um Plano Diretor no qual foram contempladas as áreas administrativa, de ensino, de pesquisa e de extensão. Nesse plano, cujos objetivos eram o aprimoramento e crescimento dos docentes, dos funcionários técnico-administrativos em Educação e alunos, consideraram-se o aumento das áreas, as modificações e a utilização dos espaços.

Por fim, há ainda muitas histórias a serem lembradas e contadas. Foi, certamente, um período marcado por grandes conquistas, realizações e momentos de alegria para todos os membros do Departamento de Química.

OITENTA ANOS DO CURSO DE QUÍMICA DA UFMG E SEUS ARTÍFICES

Guilherme Ferreira de Lima[1]
José Domingos Fabris[2]
Luiz Cláudio de Almeida Barbosa[3]

Se você quer ir rápido, vá sozinho.
Se você quer ir longe, vá acompanhado.
Provérbio africano

A Revolução de 1930 inaugura a Era Vargas (1930-945) no Brasil. O período tem início com a instalação do Governo Provisório de Getúlio Vargas (1930-1934). O breve espaço de tempo de vigência da Constituição brasileira de 1934 é seguido pela fase autoritária do Estado Novo (1937-1945). Em seu mandato constitucional iniciado em 1934, o presidente nomeia Gustavo Capanema seu ministro da Educação e Saúde, cargo que ocupa até 1945, tendo, a partir de 1937, Carlos Drummond de Andrade como seu chefe de Gabinete.

O período de exercício do ministro Capanema produziu, por motivos políticos, o fechamento da efêmera Universidade do Distrito Federal, de Anísio Teixeira, mas também promoveu as reformas do arcabouço do ensino, nos níveis secundário e universitário, e levou à criação da Faculdade Nacional de Filosofia, Ciências e Letras (FNFI), inspirada na Lei nº 452, de 5 de julho de 1937, que organizou a Universidade do Brasil, que sucedeu a Universidade do Rio de Janeiro, fundada em 1920 por Epitácio Pessoa[4]:

> A Faculdade Nacional de Filosofia, Ciências e Letras, a Faculdade Nacional de Educação e a Faculdade Nacional de Política e Economia, ora instituídas, ministrarão os cursos de filosofia, de Ciências, de Letras, de educação, de política e de economia, os quais, regulados em lei, passarão a substituir os cursos de que tratam o decreto n. 19.852, de 11 de abril de 1931 [...].

---

[1] Subchefe do Departamento de Química (ICEx UFMG) – gestão 2022-2023.
[2] Professor Emérito do Departamento de Química – ICEx.
[3] Chefe do Departamento de Química (ICEx UFMG), gestão 2022-2023.
[4] https://www2.camara.leg.br/legin/fed/lei/1930-1939/lei-452-5-julho-1937-398060-publicacaooriginal-1-pl.html.

O Decreto-Lei nº 1.190, de 4 de abril de 1939, consolida as bases legais da FNFI[5]:

"Art. 1º – A Faculdade Nacional de Filosofia, Ciências e Letras, instituída pela Lei nº 452, de 5 de julho de 1937, passa a denominar-se Faculdade Nacional de Filosofia. Serão as seguintes as suas finalidades:

a) preparar trabalhadores intelectuais para o exercício das altas atividades de ordem desinteressada ou técnica;

b) preparar candidatos ao magistério dos ensinos secundário e normal; e

c) realizar pesquisas nos vários domínios da cultura, que constituam objeto de ensino."

A FNFI passa a focar os "estudos nos campos da cultura desinteressada" até com abordagem humanista, para transcender os limites da formação puramente profissional, alternativamente ao modelo tradicional do ensino superior brasileiro até então.[6]

O cenário em Belo Horizonte

As instituições italianas locais haviam criado, em 1936, o Instituto Ítalo-Mineiro Guglielmo Marconi, voltado ao ensino secundário.[7,8] O Instituto funcionou na sede da Casa d'Italia, na Rua Tamoios, 341, até ser transferido, em 1941, para o prédio próprio, na Avenida do Contorno, 8476, em Belo Horizonte.[9]

A Faculdade de Filosofia de Minas Gerais foi criada no dia 21 de abril de 1939, por uma Comissão de Docentes do Instituto Marconi, ainda na Casa d'Italia, quando se realiza a sessão inicial preparatória[10], separadamente da Universidade de Minas Gerais (UMG). Participaram dessa Comissão: Arthur Versiani Velloso, Braz Pellegrino, Clóvis de Sousa e Silva, Guilhermino César, José Lourenço de Oliveira, Mário Casasanta, Nivaldo Reis, Orlando de Magalhães Carvalho e Vincenzo Spinelli.

---

[5] https://www.planalto.gov.br/ccivil_03/decreto-lei/1937-1946/del1190.htm. Acesso em: 5 jan. 2924.
[6] Decreto Nº 19.851, de 11 de abril de 1931, por Francisco Campos, Ministério da Educação e Saúde, no Governo Provisório de Getúlio Vargas. Disponível em: https://www2.camara.leg.br/legin/fed/decret/1930-1939/decreto-19851-11-abril-1931-505837-publicacaooriginal-1-pe.html.
[7] Haddad, M. de L. A. Comemorando o cinquentenário da Faculdade de Filosofia de Minas Gerais. *Revista do Departamento de História da UFMG*, v. 9, p. 9-20, 1989.
[8] Haddad, M. de L. A. *Faculdade de Filosofia de Minas Gerais*. Belo Horizonte: Formato Editora Gráfica, 2015. 142 p.
[9] Haddad, *op. cit.*, 2015. p. 53.
[10] Haddad, *op. cit.*, 1989. p. 7.

Em junho de 1941, é encaminhado ao Ministério da Educação e Saúde o pedido de autorização para funcionamento dos cursos de Física, Química, História Natural, Letras Anglo-Germânicas, Pedagogia e Didática.[11] Em 18 de março de 1941, foram oficialmente abertos os cursos da Faculdade de Filosofia de Minas Gerais (FFCL-MG), já no prédio do Instituto Marconi, onde permaneceram até 1942 (Figura 1).[12]

Figura 1 – Sede inicial da Faculdade de Filosofia de Minas Gerais, no prédio do Instituto Marconi.[13]

Da primeira turma, admitida em 1943, um único estudante concluiu, em 1945, o Curso de Química da FFCL-MG.[14] Todos os estudantes concludentes do curso até 1952 são nomeados no Quadro 1.

---

[11] Idem, p. 16.
[12] Em 1952, já incorporada à UMG, a Faculdade de Filosofia mantinha 12 cursos, a saber: Filosofia, Física, História Natural, Ciências Sociais, Línguas e Letras Neolatinas, Didática, Matemática, Química, Geografia e História, Línguas e Letras Clássicas, Pedagogia, Línguas e Letras Anglo-Germânicas. Os cursos tinham duração de três anos, à exceção de Didática, com apenas um ano, por se tratar de um complemento aos demais cursos. Para mais detalhes, veja: Machado Filho, A. M.; Morais, E. R. A. *Universidade de Minas Gerais*: Belo Horizonte-Minas Gerais – Brasil. Rio de Janeiro: Serviço dos Países, 1952. 102 p. (Coleção de monografias sobre universidades).
[13] Idem, p. 58.
[14] de Paula, J. A. *A presença do espírito de Minas (a UFM e o desenvolvimento de Minas Gerais)*. Belo Horizonte: Editora UFMG, 2019. 295 p. (Quadro 1, pág. 156).

Quadro 1 – Estudantes concludentes do Curso de Química pela Faculdade de Filosofia, Ciências e Letras de Minas Gerais, de 1945 a 1952[15]

Ano de conclusão	Formando
1945	Robespierre Sachetto Gomes
1949	José Doche
	Alceu Duarte
1950	Aníbal Antônio da Silva Pereira
	Benito José Savassi
	Celso Costa
	Dulce de Andrade Silveira
	Herbert Magalhães Alves
	João Batista Filho
	Robert Hanison Millet
1951	José Israel Vargas
	Samuel Debrot
	Virgílio Hudson Passos
1952	Fernando de Melo Abreu

De 1942 a 1952, a Faculdade de Filosofia de Minas Gerais utilizava, por concessão do Governo do Estado de Minas Gerais, as instalações da Escola Normal Modelo (atual Instituto de Educação do Estado de Minas Gerais).[16] Em 1952, mudou-se e passou a ocupar quatro andares do Edifício Acaiaca[17,18], no Centro de Belo Horizonte, onde permaneceu até 1961, quando foi transferida para o prédio da Rua Carangola, 288, no bairro Santo Antônio.[19]

---

[15] Marques Netto, A. Cf. Coelho, M. de L. (sem data). *O Curso de Química da UFMG – Breve histórico*. Monografia de conclusão do curso de pós-graduação em Educação da Faculdade de Educação da UFMG (Comunicação pessoal).

[16] O prédio que abriga o Instituto de Educação do Estado de Minas Gerais começou a ser construído em 1897, localizado na Rua Pernambuco, 47, Funcionários – Belo Horizonte-MG. Para informações sobre o Instituto, veja: https://bit.ly/3JahIwL.

[17] Batista, B. T. *O curso de Geografia da Faculdade de Filosofia de Minas Gerais, 1939-1959*. Trabalho de conclusão do curso de Geografia da UFMG, 2016. p. 60; 98 p.

[18] Segundo Machado Filho, A. M.; Morais, E. R. A. Universidade de Minas Gerais: Belo Horizonte-MG – Brasil. Rio de Janeiro: Serviço dos Países, 1952. p. 60. Em fins de 1951, foram adquiridos dois andares do Edifício Acaiaca para a instalação da sede da FAFI. Note que esta informação é conflitante com a referência 16 acima.

[19] https://www.fafich.ufmg.br/a-faculdade/historia. Acesso em: 5 jan. 2023.

A Faculdade de Filosofia, Ciências e Letras de Minas Gerais da UMG

Em 30 de outubro de 1948, o Conselho Universitário aprovou a incorporação da Faculdade de Filosofia de Minas Gerais à Universidade de Minas Gerais (UMG), decisão que foi referendada pelo Conselho Nacional de Educação, em 12 de novembro de 1948, e homologada pelo ministro da Educação, em 26 de novembro de 1948.[20]

"Em fins de 1963, o Conselho Universitário da UMG[21] aprovou novo estatuto, que adotou alguns itens da reforma, referentes à estrutura universitária. Eram inspiradas na Universidade de Brasília, criada em 1962 [...]. A alteração estatutária previa a criação de seis Institutos Centrais: Matemática, Física, Química, Ciências Biológicas, Ciências Geológicas e Direito Público e Ciência Política."[22] Posteriormente, suprimiu-se o último e foram criados os de Filosofia, de Ciências Humanas e de Letras, totalizando oito unidades.

Relata o Professor Márcio Quintão Moreno, que era, então, docente de Física da UFMG: "O Professor Herbert Magalhães Alves, Catedrático de Química Orgânica e Biológica, preocupava-se com uma ameaça pouco visível ao efetivo êxito dos três institutos. A questão referia-se à composição de suas Congregações que, na legislação da época, era formada quase que somente pelos professores catedráticos. [...] Das novas unidades criadas pela reforma, só o Instituto Central de Química atendia a esse requisito; no caso da Matemática e da Física, para determinadas decisões, por exemplo, concursos para o magistério, a congregação teria de ser completada com catedráticos de unidades antigas e afins. [...] Discutimos essa questão, por iniciativa dele, e convenci-me de sua legitimidade e importância; concluímos que a melhor solução seria reunir as três unidades previstas em uma só, que teria porte suficiente e óbvias afinidades para adotar as decisões adequadas que preservassem a reforma. Ele decidiu levantar o assunto na Comissão de que era membro, que acatou por unanimidade a proposta por ele defendida de unificação. Essa mudança radical na implantação dos primeiros institutos centrais foi apresentada ao reitor,

---

[20] Haddad, *op. cit.*, 2015, p. 87.
[21] A UMG, federalizada em 16 de dezembro de 1949 pela Lei nº 971, passou, em 1965, a adotar a denominação atual de Universidade Federal de Minas Gerais (UFMG). Disponível em: https://www2.camara.leg.br/legin/fed/lei/1940-1949/lei-971-16-dezembro-1949-363551-publicacaooriginal-1-pl.html. Acesso em: 4 jan. 2024.
[22] Moreno, M. Q. A criação do ICEx. In: Bigonha A. S. (ed.). *50 Anos do ICEx*, 2018. 61 p. Disponível em: www.icex.ufmg.br/icex_novo/wp-content/uploads/2022/09/50anos_ICEx.pdf.

que a apoiou e submeteu ao Conselho Universitário, o qual igualmente aquiesceu em fazer a alteração estatutária requerida. Eis, pois, como nasceu o nosso Instituto de Ciências Exatas [...]"[22], em 9 de dezembro de 1968. O reitor nomeou o Professor Francisco Magalhães Gomes o primeiro diretor do ICEx, cuja posse ocorreu nessa mesma data.

Na década de 1970, foram ainda acrescidos ao ICEx os Departamentos de Ciência da Computação e Estatística e os respectivos cursos de graduação.[23]

O Departamento de Química no ICEx da UFMG

O sonho sonhado por gerações tem continuamente ganhado forma real e solidez da instituição acadêmico-científica devotada ao acolhimento de talentos, na formação de profissionais da Química e na expressão intelectual, na ciência e no desenvolvimento tecnológico, para o bem-estar da sociedade, em um ambiente natural harmonioso.

Buscou-se homenagear, neste capítulo, os artífices da edificação histórica do Curso de Química da UFMG, mediante a nomeação de um elenco mais recente, com atuação de, digamos, a partir da década de 1970. São, primariamente, dados conseguidos da base dos registros oficiais da UFMG, especialmente os contidos no Departamento de Aposentados e Pensionistas, mas, apesar dos esforços atentos, não seria improvável que alguns nomes tenham sido involuntariamente omitidos.

A obra da construção institucional continua, e o Departamento de Química do ICEx da UFMG permanecerá no propósito do sonho de ser um dos responsáveis acadêmico-científicos primordiais de desenvolvimento deste país.

---

[23] Para mais detalhes sobre a reestruturação da Faculdade de Filosofia e a criação dos Institutos Centrais, veja: Haddad, op. cit., 2015. p. 115-120.

Artífices do sonho, nas cinco décadas mais recentes

Quadro 2 – Chefes e Subchefes do Departamento de Química, de 1970 a 2023

Luiz Cláudio de Almeida Barbosa	Guilherme Ferreira de Lima	2021 - 2023
Ruben Dario Sinisterra Millan	Vito Modesto de Bellis	2018 - 2021
Dario Windmöller	Vito Modesto de Bellis	2013 - 2017
Antônio Flávio de Alcântra	Elene Pereira Maia	2011 - 2013
Grácia Divina de Fátima Silva	Dorila Piló Veloso	2007 - 2011
José Domingos Fabris	Hélio Anderson duarte	2006 - 2007
Ione Maria Ferreira de Oliveira	Vito Modesto de Bellis	2002 - 2006
Fernando Carazza	Liu Wen Yu	2000 - 2002
José Caetano Machado	Fernando Carazza	1998 - 2000
José Caetano Machado	Délio Soares Raslan	1996 - 1998
Ana Maria Soares	Rosana Zacarias D. Fernandes	1995 - 1996
Ana Maria Soares	Gerson de Souza Mól	1993 - 1995
Vito Modesto de Bellis	Elizabete Marques	1991 - 1993
Marco Antônio Teixeira	Afonso Celso Guimarães	1987 - 1991
Peregrino do Nascimento Neto	Jane Maria Netto de M. Alves	1984 - 1987
José Caetano Machado	Sebastião André Pereira	1982 - 1984
Eucler Bento Paniago	José Milton de Rezende	1980 - 1982
Luiz Gonzaga Fonseca e Silva	Romilda Raquel Soares da Silva	1975 - 1980
José Israel Vargas	Luiz Gonzaga Fonseca e Silva	1973 - 1975
Raimundo Gonçalves Rios	Willibrordus Joseph A. Copray	1972 - 1973
Raimundo Gonçalves Rios	Antônio Augusto Lins Mesquita	1970 - 1972

Quadro 3 – Coordenadores e subcoordenadores do Programa de Pós-Graduação em Química do Departamento de Química, de 1971 a 2023

Willian Ricardo Rocha	Maria Helena de Araujo	2022 - Atual
Hélio Anderson Duarte	Maria Helena de Araujo	2017 - 2022
Ângelo de Fátima	Hélio Anderson Duarte	2016 - 2017
Ângelo de Fátima	Letícia Malta Costa	2014 - 2016
Humberto Osório Stumpf	Ângelo de Fátima	2011 - 2014
Humberto Osório Stumpf	Clésia Cristina Nascentes	2009 - 2011
Humberto Osório Stumpf	Rossimiriam Pereira de Freitas	2006 - 2009
José Domingos Fabris	Humberto Osório Stumpf	2005 - 2006
Dorila Piló Veloso	João Pedro Braga	2003 - 2005
Dorila Piló Veloso	Ione Maria Ferreira de Oliveira	2001 - 2003
Heloiza Helena Ribeiro Schor	Dorila Piló Veloso	1999 - 2001
Heloiza Helena Ribeiro Schor	Délio Soares Raslan	1997 - 1999
Fernando Carazza	Rosalice Mendonça Silva	1995 - 1997
Milton Francisco de Jesus Filho	Fernando Carazza	1993 - 1995
Heloiza Helena Ribeiro Schor	Haroldo Lúcio de Castro Barros	1991 - 1993
José Rego de Souza	Antônio Marques Netto	1989 - 1991
Eucler Bento Paniago	Marco Antônio Teixeira	1983 - 1989
Afonso Celso Guimarães	Alaide Braga de Oliveira	1981 - 1983
Afonso Celso Guimarães	Dorila Piló Veloso	1980 - 1981
José Rego de Souza		1978 - 1979
Carlos Alberto Lombardi Filgueiras		1973 - 1978
Ruy Magnane Machado		1971 - 1973

Quadro 4 – Coordenadores e subcoordenadores dos cursos de graduação em Química, de 1969 a 2023

Dario Windmöller	Dalva Ester Da Costa Ferreira	2023 - Atual
Valmir Fascio Juliano	Dario Windmöller	2021 - 2023
Valmir Fascio Juliano	Gilson De Freitas Silva	2017 - 2021
Amary César Ferreira	Lúcia Pinheiro Santos Pimenta	2013 - 2017
Ana Lucia Americano Barcelos De Souza	Amary César Ferreira	2011 - 2013
Ana Lucia Americano Barcelos De Souza	Simone De Fatima Barbosa Tofani	2007 - 2011
Amelia Maria Gomes do Val	Jose Danilo Ayala	2003 - 2006
Amelia Maria Gomes do Val	Isabel Cristina Pereira Fortes	2002 - 2003
Amelia Maria Gomes do Val	Nelson De Souza Pereira	2001 - 2002
Wellington Ferreira de Magalhães	Nelson De Souza Pereira	1999 - 2001
Mauro Mendes Braga	Nelson De Souza Pereira	1997 - 1999
Mauro Mendes Braga	Ruben Dario Sinisterra	1996 - 1997
Mauro Mendes Braga	Eduardo Nicolau dos Santos	1995 - 1996
Clotilde Otilia Barbosa de Miranda Pinto	Julia Midori Kodama Babá	1992 - 1995
Clotilde Otilia Barbosa de Miranda Pinto	Mirian Bernardes Gomes De Lima	1990 - 1992
Maria Ignês Cascelli	Clotilde Otilia Barbosa De Miranda Pinto	5/1990 - 8/1990
Maria Ignês Cascelli		1986 - 1990
Luiz Otávio Fagundes Amaral		1984 - 1986
Ilton José Lima Pereira		1980 - 1984
Romilda Rachel Soares Silva		1977 - 1986
José Caetano Machado		1973 - 1977
Herbert Magalhães Alves		1969 - 1963

Quadro 5 – Servidores técnico-administrativos e docentes que prestaram serviços ao Departamento de Química da UFMG, principalmente a partir da década de 1970[24]

Adalgiza Alves Perétuo	Daniel Rodrigues de Moura
Adolfo Pimenta de Pádua	Delba Gontijo de Figueiredo
Afonso Celso Guimarães	Delio Soares Raslan
Alaíde Braga de Oliveira	Denia Diniz de Freitas
Alair Luiz Pereira	Dirceu de Barros Correa
Aluísio Pimenta	Dorila Piló Veloso
Amélia Maria Gomes do Val	Dulcinéia do Carmo Fernandino Teixeira Branco
Ana Lúcia Americano Barcelos de Souza	Éder Paulo Moreira
Ana Luiza de Quadros	Edith Moysés Campos
Ana Maria Soares	Edmilson Soares Ribeiro
Ancelmo Alves Diniz	Edson Borges Profeta
Ângela Cristina dos Santos Assunção	Edward de Souza
Ângela Graciano Scoralick	Eládio de Almeida Pimentel
Antônio Augusto Lins Mesquita	Eli das Graças da Silva
Antônio Flávio de Carvalho Alcântara	Elias Guerra Felipe
Antônio Marcelino Guerra	Elias Mansur Netto
Antônio Marques Neto	Elizabete Marques
Arsulino Pereira da Silva	Elísio Henrique Gerken
Arysio Nunes dos Santos	Elzi de Oliveira Fantini
Baldomero Rodrigues Albini	Emílio Osório Neto
Bernadette de Fátima Trigo Passos	Eucler Bento Paniago
Carlos Alberto Montanari	Eurípedes Goulart Santos
Carlos Alberto Lombardi Filgueiras	Eva Villani Marques
Celso Aníbal Petersen Cypriano	Fernando Carazza
Christina Maria Salvador Nunes Coelho	Geovane Eraldo de Oliveira
Clotilde Otília Barbosa de Miranda Pinto	Geraldo Aurélio Cordeiro Tupynambá
Clóvis Renato de Freitas	Geraldo Francisco de Andrade Reis
Cynthia Peres Demiicheli (24/11/21)	Geraldo Magela de Senna

---

[24] Dados gentilmente reunidos dos arquivos do Departamento de Química do ICEx/UFMG (DQ) e da Seção de Pessoal do ICEx pela Maria de Andrade Neves Brasil, secretária do Departamento. Alguns servidores aposentados também foram consultados e contribuíram para resgatar vários nomes que não constavam dos registros. Assim mesmo, pode ser que alguns tenham involuntariamente sido omitidos. Esperamos que, progressivamente, possamos construir um banco de dados ainda mais amplo, de modo a alcançarmos a memória completa e a nos permitir, por justiça plena, citar todos os que contribuíram com o sonho vívido pela construção e institucionalização do Curso de Química da UFMG.

Geraldo Valadares Baia
Gilberto do Vale Rodrigues
Grácia Divina de Fátima Silva
Gluglielmo Marconi Stefani
Haroldo Lúcio de Castro Barros
Helmuth Guido Siebald Luna
Heloisa de Oliveira Beraldo
Heloiza Helena Ribeiro Schor
Hermeto Barbosa Machado
Herbert Magalhães Alves
Hertz Freire Batista
Hiedda Nancy Sander Mansur
Ilton José Lima Pereira
Ione Maria Ferreira de Oliveira
Isabel Cristina Pereira Fortes
Ivan de Menezes
Jane Maria Netto de Magalhães Alves
João Batista Freire
João Edmundo Guimarães
João Pedro Braga
João Pedro de Paula Dias
Joaquim Teixeira de Oliveira
Jorge Gonçalves Lopes
José Bento Borba da Silva
José Caetano Machado
José Dias de Souza Filho
José Domingos Fabris
José Israel Vargas
José Milton de Rezende
José Rego de Souza
José Souto Fernandes
Júlia Midori Kodama Baba
Juliana Alves dos Santos Oliveira
Lilavate Izapovitz Romanelli
Liu Wen Yu
Lourdes Ferreira Brandão Guerra
Lucas Rocha da Costa

Lucia Tosi
Luiz Carlos Ananias de Carvalho
Luiz Carlos Gomes de Lima
Luiz Gonzaga Fonseca e Silva
Luiz José Leonardi
Luiz Matagrano
Luiza de Marilac Pereira Dolabella
Marcelo Junqueira Maciel
Márcia Chaves Coelho
Márcio Antônio de Araújo
Marco Antônio Teixeira
Marcos Moacir Barbosa
Maria Amélia Diamantino Boaventura
Maria Aparecida Miranda Silva
Maria do Carmo Maltez Miraglia
Maria Elisa Paiva Silva
Maria Eliza Moreira Daí de Carvalho
Maria Helena de Paula
Maria Inês Castelli
Maria Irene Yoshida
Maria José de Castro Mendes
Maria José de Sousa Ferreira da Silva
Maria José Marques
Maria Lúcia Expedito Pedro
Maria Teresinha Caruso Sansiviero
Marilda Conceição da Silva
Marília Ottoni da Silva Pereira
Mariza Guimarães Drumond
Marluce Rodrigues Gris Petinelli
Mauro Mendes Braga
Milton Francisco de Jesus Filho
Mírian Bernardes Gomes de Lima
Mirra Angelina Neres da Silva
Neide Maria de Souza Rezende
Nelson Gonçalves Fernandes
Nelson Pereira de Souza
Nicholas Farrell

Nívea Regina Vitalino Melo
Onésimo Raimundo Lopes
Paulete Maria Pitangueira Gerken
Peregrino do Nascimento Neto
Protógenes Umbelino dos Santos
Raimundo Gonçalves Rios
Renato José dos Reis
Renato Tunes
Ricardo Assis Machado
Rogério Mesquita Fonte Boa
Romário Alves de Oliveira
Romilda Rachel Soares da Silva
Rosalice Mendonça Silva
Rosana Zacarias Domingues
Rosangela Ferreira Nolasco
Rosária da Silva Justi
Rubio Alves Moreira
Ruy Magnane Machado
Ruth Helena Ungaretti Borges
Samuel Debrot
Sandra Carvalho
Sandra Simões Rocha
Sayonara Egraer dos Santos
Sheyla Maria de Castro Máximo Bicalho
Simone de Fátima BarbosaTofani
Sônia Maria Rodrigues
Tanus Jorge Nagem
Terezinha Atanazio Gomes
Vany Perpétua Ferraz
Victor Heinrich Arndt
Vito Modesto De Bellis
Wagner Batista de almeida
Wanderley Gonçalves de Oliveira
Welington Ferreira de Magalhães
Wellerson Fonseca Ribeiro
Willian George Dodd
Willibrodus Joseph A. Coprey
Ynara Marina Idemori

Zilda Alves Ribeiro Teixeira

Quadro 6 – Docentes do Departamento de Química da UFMG, em dezembro de 2023

Adão Aparecido Sabino	30/11/2005
Adolfo Henrique de Moraes	07/03/2016
Adriana Ferreira Faria	21/02/2011
Adriana Nori de Macedo	13/08/2018
Amanda Silva de Miranda	13/08/2018
Amary César Ferreira	01/10/1979
Ana Paula de Carvalho Teixeira	27/11/2013
Anderson Dias	04/06/2018
Ângelo de Fátima	06/09/2006
Arilza de Oliveira Porto	09/01/1995
Bernardo Lages Rodrigues	21/02/2011
Brenda Lee Simas Porto	16/01/2017
Bruno Gonçalves Botelho	20/03/2017
Camila Nunes Costa Corgozinho	12/07/2010
Cinthia de Castro Oliveira	28/06/2016
Claudia Carvalhinho Windmöller	19/02/1998
Claudio Luiz Donnici	14/02/1992
Cleiton Moreira da Silva	26/01/2016
Clésia Cristina Nascentes	23/11/2004
Cynthia Lopes Martins Pereira	01/07/2009
Dalva Ester da Costa	12/06/2018
Dario Windmöller	19/02/1998
Dayse Carvalho da Silva Martins	13/11/2012
Diogo Montes Vidal	23/03/2017
Eduardo Eliezer Alberto	16/02/2016
Eduardo Nicolau dos Santos	30/06/1993
Elena Vitalievna Goussevskaia	03/10/1995
Elene Cristina Pereira Maia	27/09/1995
Elionai Cassiana de Lima Gomes	29/02/2016
Eufrânio Nunes da Silva Júnior	08/10/2010
Fabiano Vargas Pereira	27/01/2009
Fernando Barboza Egreja Filho	17/05/1993
Flávia Cristina Camilo Moura	27/10/2009
Gabriel Heerdt	13/08/2018
Gaspar Diaz Muñoz	06/09/2006
Geraldo Magela de Lima	21/02/1989
Gilson de Freitas Silva	16/08/2011
Glaura Goulart Silva	06/05/1993
Grasiely Faria de Sousa	22/03/2017
Guilherme Dias Rodrigues	03/09/2012

Guilherme Ferreira de Lima	05/02/2016
Hallen Daniel Rezende Calado	02/09/2010
Heitor Avelino de Abreu	02/02/2009
Hélio Anderson Duarte	30/03/1999
Heloísa de Oliveira Beraldo	01/09/1975
Helvécio Costa Menezes	06/12/2013
Henriete da Silva Vieira	06/09/2006
Heveline Silva	15/02/2016
Humberto Osório Stumpf	30/01/1987
Isolda Maria de Castro Mendes	13/11/2012
Jacqueline Aparecida Takahashi	09/04/1996
Jadson Cláudio Belchior	27/09/1996
Jarbas Magalhães Resende	30/06/2009
João Paulo Ataíde Martins	18/08/2016
José Danilo Ayala	27/09/1995
Júlio César Dias Lopes	23/06/1994
Leonardo Humberto Rezende dos Santos	02/05/2017
Letícia Malta Costa	30/11/2005
Leticia Regina de Souza Teixeira	29/10/2008
Lucia Pinheiro Santos Pimenta	17/02/1997
Luciano Andrey Montoro	21/11/2012
Lucienir Pains Duarte	03/08/2004
Luiz Carlos Alves de Oliveira	09/03/2011
Luiz Claudio de Almeida Barbosa	06/11/2012
Luiz Otávio Fagundes Amaral	01/09/1975
Marcelo Machado Viana	02/02/2016
Marcelo Martins de Sena	07/07/2009
Maria Helena de Araújo	18/02/2000
Mariana Ramos de Almeida	07/03/2016
Monique Aline Ribeiro dos Santos	28/09/2023
Nelcy Della Santina Mohallem	30/04/1992
Patricia Alejandra Robles Azocar	06/12/2013
Paulo Jorge Sanches Barbeira	23/10/1996
Renata Costa Silva Araújo	24/08/2010
Renata Diniz	19/07/2016
Ricardo Mathias Orlando	04/12/2013
Rita de Cássia de Oliveira Sebastião	17/11/2008
Roberta Guimarães Correa	07/11/2016
Rochel Montero Lago	01/11/1996
Rodinei Augusti	25/09/1995
Rodrigo Lassarote Lavall	21/02/2011
Ronaldo Lepesqueur Fabiano	02/03/1986
Rosemeire Brondi Alves	01/04/1996
Rossimiriam Pereira de Freitas	11/11/1997

Rubén Dario Sinisterra Millán	01/09/1993
Stefannie de Sá Ibraim	03/12/2020
Thiago Teixeira Tasso	05/08/2019
Tiago Antônio da Silva Brandão	01/09/2010
Tulio Matencio	05/04/1999
Valmir Fascio Juliano	26/07/1996
Vânya Márcia Duarte Pasa	07/03/1995
Vinicius Caliman	10/11/1997
Wagner da Nova Mussel	05/12/1990
Willian Ricardo Rocha	30/11/2005
Willian Xerxes Coelho Oliveira	25/04/2017
Zenilda de Lourdes Cardeal	17/05/1994

Quadro 7 – Professores eméritos, em dezembro de 2023

Carlos Alberto Lombardi Filgueiras
Dorila Piló Veloso
Eucler Bento Paniago
Heloiza Helena Ribeiro Schor
José Domingos Fabris
José Israel Vargas

Quadro 8 – Docentes substitutos, em dezembro de 2023

Camila Cristina Almeida de Paula
Gabrieli Lessa Parrilha
Jesus Alberto Avendaño Villarreal
Luciano Roni Silva Lara
Maíra dos Santos Costa

Quadro 9 – Servidores técnico-administrativos do Departamento de Química, com as respectivas datas de admissão pela UFMG, em dezembro de 2023

Nome	Data
Ana Carolina Beltrão Moutinho	03/10/2016
Ana Cristina Morgado	05/01/1994
Anderson Perpétuo de Souza	17/01/1990
Andreza Rodrigues de Souza Santos	30/07/2014
Antônio de Pádua Lima Fernandes	10/07/2017
Antônio Gustavo Novais Diniz	07/05/1992
Bruno Rocha Santos Lemos	08/02/2010
Diogo Facundes Fontenele Romanato	06/09/2022
Edson Pereira da Silva	07/08/2013
Eni da Conceição Rocha	23/10/1993
Fabiana da Silva Ferreira	24/08/2021
Isabela Toledo Lima	04/02/2019
Ivana Silva Lula	30/12/1993
Janaina de Paula e Silva	15/12/2004
Jefferson Leite Dias	09/12/2014
Júlio César de Souza	01/12/2004
Kaíssa Pereira Barbosa	07/12/2022
Letícia Peres Morato Gonçalves	03/04/2020
Lilian Fátima Bréscia	12/04/1987
Luciana Flávia de Almeida Romani	13/08/2012
Ludmila Gonçalves de Oliveira Xavier	13/11/2023
Mabel Vieira Soares	01/10/2012
Márcia Cavalcanti Moreira	07/12/2022
Maria de Andrade Neves Brasil	01/06/2016
Marina Caneschi de Freitas	09/08/2018
Marley Alisson Perdigão de Assis	11/02/1994
Natália Gomes Dias	06/12/2017
Nayara Jassanan Resende dos Santos	27/11/2015
Renata Brandão Teixeira de Macedo	21/11/2011
Renato Sílvio Siqueira	18/06/2019
Ricardo Carvalhaes Henrique	01/12/2004
Rosângela Alves de Souza	30/06/1977
Samuel R. Souza de Carvalho	28/01/2010
Sergio Ferreira da Silva	22/09/2008
Simone Regina Luiz Gomes	15/02/2019
Silvio Thimoteo Teixeira	13/04/1992
Thiago Neves Pinto Amaral	25/07/2016
Victor Rubim Otati	27/11/2015
Victoria Silva Amador	09/10/2017
Welinton Pereira Rosa	19/01/2017
Wladmir Teodoro da Silva	20/01/2010
Werônica de Lima Furtado	17/07/2023
Yuri Alves Pereira	10/02/2010

1ª. edição: Abril de 2024
Tiragem: 300 exemplares
Formato: 16x23 cm
Mancha: 12,3 x 19,9 cm
Tipografia: EB Garamond 11
                Open Sans 18
                Roboto 9/10
Impressão: Offset 75 g/m²
Gráfica: Prime Graph